U0396979

中国古代科技名著译注丛书

Translation and Annotation of
Jingjing Lingchi
or the Book of Optical Principle at the End of Qing Dynasty

镜镜詅痴 译注

[清] 郑复光 著

李磊 译注

上海古籍出版社

图书在版编目(CIP)数据

镜镜詅痴译注／(清)郑复光著；李磊译注.—上海：上海古籍出版社，2015.11（2023.7重印）
（中国古代科技名著译注丛书）
ISBN 978-7-5325-7809-2

Ⅰ.①镜…　Ⅱ.①郑…　②李…　Ⅲ.①几何光学—普及读物　Ⅳ.①O435-49

中国版本图书馆 CIP 数据核字(2015)第 229978 号

中国古代科技名著译注丛书
韩寓群　徐传武　主编
镜镜詅痴译注
［清］郑复光　著
李　磊　译注

上海古籍出版社出版发行
（上海市闵行区号景路 159 弄 1-5 号 A 座 5F　邮政编码201101）
(1)网址：www.guji.com.cn
(2)E-mail：guji1@guji.com.cn
(3)易文网网址：www.ewen.co
苏州市越洋印刷有限公司印刷
开本890×1240　1/32　印张15.875　插页5　字数411,000
2015 年 11 月第 1 版　2023 年 7 月第 2 次印刷
印数：1,101—2,200
ISBN 978-7-5325-7809-2
N・16　定价：65.00 元
如发生质量问题，读者可向工厂调换

出版说明

中华民族有数千年的文明历史，创造了灿烂辉煌的古代文化，尤其是中国的古代科学技术素称发达，如造纸术、印刷术、火药、指南针等，为世界文明的进步，作出了巨大的贡献。英国剑桥大学凯恩斯学院院长李约瑟博士在研究世界科技史后指出，在明代中叶以前，中国的发明和发现，远远超过同时代的欧洲；中国古代科学技术长期领先于世界各国；中国在秦汉时期编写的《周髀算经》比西方早五百年提出勾股定理的特例；东汉的张衡发明了浑天仪和地动仪，比欧洲早一千七百多年；南朝的祖冲之精确地算出圆周率是在 3.141 592 6～3.141 592 7 之间，这一成果比欧洲早一千多年……

为了让今天的读者能继承和发扬中华民族的优秀传统——勇于探索、善于创新、擅长发现和发明，在 20 世纪 80 年代，我们抱着"普及古代科学技术知识，研究和继承科技方面的民族优秀文化，以鼓舞和提高民族自尊心与自豪感、培养爱国主义精神、增进群众文化素养，为建设社会主义的物质文明和精神文明服务"的宗旨，准备出版一套《中国古代科技名著译注丛书》。当时，特邀老出版家、科学史学者胡道静先生（1913—2003）为主编。在胡老的指导下，展开了选书和组稿等工作。

《中国古代科技名著译注丛书》得到许多优秀学者的支持，纷纷担纲撰写。出版后，也得到广大读者的欢迎，取得了良好的社会效益。但由于种种原因，此套丛书在 20 世纪仅出版了五种，就不得不暂停。此后胡老故去，丛书的后继出版工作更是困难重重。为了重新启动这项工程，我社同山东大学合作，并得到了山东省人民政府的大力支持，特请韩寓群先生、徐传武先生任主编，在原来的基础上，重新选定书目，重新修订编撰体例，重新约请作者，继续把这项工程尽善尽美地完成。

在征求各方意见后，并考虑到现在读者的阅读要求与十余年前已有了明显的提高，因此，对该丛书体例作了如下修改：

一、继承和保持原体例的特点，重点放在古代科技的专有术语、名词、概念、命题的解释；在此基础上，要求作者运用现代科学的原理来解释我国古代的科技理论，尽可能达到反映学术界的现有水平，从而展示出我国古代科技的成就及在世界文明史上的地位，也实事求是地指出所存在的不足。为了达到这个新的要求，对于已出版的五种著作，此次重版也全部修订，改正了有关的注释。希望读者谅解的是，整理古代科技典籍在我国学术界还是一个较年轻、较薄弱的一门学科，中国古代科技典籍中的许多经验性的记载，若要用现代科学原理来彻底解释清楚，目前还有许多困难，只能随着学术研究的进步而逐步完成。

二、鉴于今天的读者已不满足于看今译，而要阅读原文，因此新版把译文、注释和原文排列在一起，而不像旧版那样把原文仅作为附录。

三、为了方便外国友人了解古老的中国文化，我们将书名全部采用中英文对照。

四、版面重新设计，插图在尊重原著的前提下重新制作，从而以新的面貌，让读者能愉快地阅读。

五、对原来的选目作了适当的调整，并增加了新的著作。

《中国古代科技名著译注丛书》的重新启动，得到了许多老作者的支持，特别是潘吉星先生，不仅提出修订体例、提供选题、推荐作者等建议，还慨然应允承担此套丛书的英文书名的审核。另外，本书在人力和财力上都得到了山东省人民政府和山东大学的大力支持。在此，我们向所有关心、支持这项文化工程的单位和朋友们表示衷心的感谢；同时希望热爱《中国古代科技名著译注丛书》的老读者能一如既往地支持我们的工作，也期望能得到更多的新读者的欢迎。

上海古籍出版社
2007 年 11 月

前 言

　　《镜镜詅痴》是清末学者郑复光所著的一部光学原理著作，刊行于 1847 年，是我国最早的物理学专著，其内容既有传统格物学的特点，又有很大的独创性。关于书名的含义，郑复光在序言中自为之解："以物象物，即以物镜镜。可因本《远镜说》，推广其理。敢曰尤贤，詅吾痴焉耳。"王锦光、洪震寰著《中国光学史》中说："'镜镜詅痴'之首'镜'字是动词，就是照的意思；'世人鬻物于市，夸号之曰詅'，'詅痴'意思是本无才学，又好夸耀于人，适成为'献丑'。因此'镜镜詅痴'这四个字可以解释为'就镜照物问题之愚见'。跟《光学管见》相似，颇有自谦之意，但当然也含有对于有些人轻贱科学著作的怨愤之情。"第二个"镜"是名词，被郑复光用作光学仪器和光学元件的统称。又"詅痴"一词，早见于"詅痴符"之说。詅痴符，称文拙而好刻书行世的人，如《颜氏家训·文章》："吾见世人，至无才思，自谓清华，流布丑拙，亦以众矣，江南号为'詅痴符'。"也有用于自谦与此处同者，如（清）厉鹗《樊榭山房集·自序》："有杂文若干卷……得毋蹈'詅痴符'之诮邪！"亦省作"詅痴"，如（清）王夫之《咏史》之九："奇字詅痴万卷，危言卖绽千春。"

一、《镜镜詅痴》作者郑复光生平

　　郑复光生平事迹资料一向少见，仅在《镜镜詅痴》和《费隐与知录》（郑复光另一著作）的题词和序文以及桂文灿《经学博采录》中有所提及，均为寥寥数语。程恩泽《吴篁洲迁葬志》和《面东西晷铭》两文分别述及郑复光的两件事迹。《歙县志》有郑复光传，但内容亦采自上述资料。在此次校释过程中，查阅所及，从《顾先生祠会祭题名第一卷子》、何绍基《东洲草堂文钞》、罗士琳《句股截积和较算术》等文献中发现一些涉及郑复光身世行止的内容；丁拱辰《演炮图说辑要》附《郑浣香来札》和陈庆镛跋中也有先前诸文献所述未及之处；孙诒让《墨子间诂》曾引《镜镜詅痴》大段文字。基于这些新近查获的材料，也基于反复研读郑复光诸书的一些新发现，将郑复光生平作一概述并略加考订如下。

郑复光（1780—1853 以后），字元甫，又字浣香（或作瀚香、浣芗、瀚芗等），自称与知子①，安徽歙县人。清代著名格物学家。毕生致力于学术研究，自幼博涉群书，研习算学和西法，制作过很多机械和科学仪器。所著《镜镜詅痴》五卷，为中国历史上第一部物理学（光学）专著，卷末所附《火轮船图说》亦为中国较早研究蒸汽机的珍贵文献。书中除独创定量光学理论外，还有研制大量光学仪器的记录。另有算学和博物学论著多种。

其生卒年资料，原仅见于桂文灿《经学博采录》："道光癸丑（原点校按：当作"咸丰癸丑"）夏，复至京师……年已七十四矣。"由此可推断郑复光生于乾隆庚子年（1780），卒于咸丰癸丑年（1853）以后。佚名《顾先生祠会祭题名第一卷子》载，郑复光与顾炎武同生日，则郑生于庚子年五月二十八，公历 6 月 30 日。

郑复光幼年行止在《费隐与知录》中略有数笔。"余十二三随侍山左"，可知其父曾赴山东为官或作幕，郑复光随行。同时还述及当时观摩曲阜书法家桂馥（1736—1805）作隶书之事，并前后多次言及幼年学习书画的情况。

郑复光的早年事迹在诸文献中均一笔带过，主要就是"少

---

① 郑复光《费隐与知录》，上海科学技术出版社，1985 年。

贡成均"、"博涉群书"、"尤精算术"① 和 "雅善制器"② 数端。
"少贡成均"指成为国子监监生，故人称郑复光为"上舍"或
"明经"。至于"博涉群书"，虽无具体记载，但仅看《镜镜詅
痴》中引用书目四十余种，从古到今，从中到西，从科技典籍
到笔记小说俱有，即可见一斑。

"尤精算术"之事，亦属确凿。一是郑复光与著名数学家徐
有壬、李锐、汪莱、罗士琳等颇多学术交往③。二是《镜镜詅
痴》中随处可见深研《几何原本》、《崇祯历书》、《灵台仪象
志》、《历象考成》等历算巨著的痕迹。三是郑复光本人著有算
学著作多种（详后）。他在所著《筹算说略》中详解二次、三次
方程解法时提到，这些算法来自李锐和张敦仁对秦九韶、李冶、
朱世杰三家著作的"精诣神解"④。当时是朝廷重新闭关、禁教
之时，而第一期西学东渐在国内掀起的历算热却方兴未艾，中
国数学家致力于发扬失传的古算，对历算学进行中西会通的工
作，成果累累。张敦仁任扬州知府时，汪莱、李锐、焦循齐集，
可谓数学家盛会。张、李等人对宋元三家的天元术、开方术等
古算法的阐释、发扬和改进，均属当时的算学顶尖成就，郑复
光对之已经了然精熟，著书发挥，而且在《镜镜詅痴》中大加
运用。郑复光曾自述幼年开始习算的情形：

> 复光，歙西下士，习举子业，南北闱⑤十数科不售，今
> 已作壁上观矣。自维识陋寡闻，又爱博不专，无以成一艺
> 之名。幼习算术，顾其术精奥，即浅浅者，亦为百工技艺

---

① 桂文灿《经学博采录》卷六第十三条，华东师范大学出版社，2010 年。
② 郑复光《镜镜詅痴》张穆题词，光绪二十七年刻本。
③ 参见桂文灿《经学博采录》卷六第十三条、郑复光《镜镜詅痴》张穆题词、郑
复光《费隐与知录》包世臣序、罗士琳《句股截积和较算术》（道光二十八年刻本）
卷首。
④ 郑复光《筹算说略》，上海古籍出版社《续修四库全书》本。
⑤ 南北闱：指明清选拔举人的乡试，每三年一次在省城举行，江南乡试称南闱，
顺天乡试称北闱。

所必资，故笃嗜其书。贫不能置，则假贷流抄一二，间有
会悟，又质鲁健忘，不能深入堂庑。①

从这段文字中，可以得知他处未提及的一个重要事实，即
郑复光曾十余次参加乡试，均未考取。但他爱好广泛，自幼嗜
习数学，因贫无力买书，乃借书抄录，加以领悟而时有所得。
而早就领悟到数学是精密技术的基础（"百工技艺所必资"），这
在当时属于先进而罕见的科学思想，对郑复光能取得成就至关
重要。

至于他的数学水平，自述则过谦，《歙县志》所言则可能过
誉："以明算知海内，凡四元、几何，中西各术，无不穷究入
微。"但从《镜镜詅痴》看，郑复光对某些计算应用题，往往采
用比例法、天元术等多种方法得出同一个方程，解方程则采用
笔算式，筹算、笔算俱精，而书中亦表现出他在几何学方面也
有相当素养。可见"凡四元、几何，中西各术，无不穷究入微"
之说尚可，而"以明算知海内"则不然，应以包世臣之言为当：
"郑君性沉默，不欲多上人。与汪君同里，李君亦所朝夕，而名
则远逊。"②桂文灿在《经学博采录》中也表达了相同的意思。

再看自谦的"爱博不专"一语，其"爱博"二字，实为郑
复光研学生涯之一大特色。且不论他还擅长书画，《费隐与知
录》所涉"凡天文、日月、星辰、风云、雷雨、霜雪、寒暑、
潮汐、水天、冰炭、饮食、衣服、器皿、鸟兽、虫鱼、草木之
理"③俱全，也不乏精专之论，可以说，这本百科知识问答集，
就是郑复光自幼兴趣广泛，一生遨游山河，"又好为深沉之思"④
的结果。

在历算学热潮流中，郑复光很快建立了自己独特的科学思

---

① 丁拱辰《演炮图说辑要》卷首附《郑浣香来札》，道光二十二年刻本。
② 郑复光《费隐与知录》包世臣序。汪、李二君即清中期历算名家汪莱、李锐。
③ 桂文灿《经学博采录》卷六第十三条。
④ 梁启超《中国近三百年学术史》，中国书店出版社，1985年。

想，并选择了一条与众不同而艰难的道路，即将研究重点转向仪器制作。他在给丁拱辰的信中说：

> 至于制器，亦古人一种技艺，不惟商鼎周彝流传者，足征制造精工，即《考工》论述，具见格理渊微，是自古文人未尝不究心于此。后世视为工匠末事，鄙弃不道，过矣。宜其视西人为巧不可阶也。迩来算学一道，颇能复古。仆所知交者，徐君青太守有壬、罗茗香上舍士琳诸公，皆能推阐古法，得不传之绪于残章断简之中，既出西人上矣。唯制器一道，儒家明其理，工人习其事，不能相兼，故难与西人争胜。大抵西学从《几何原本》一书出，童而习之，群聚讲求，故能深入理要，又多制器之器，不惜繁费，故能准确无差。其借资为助者，一算学，一重学，一视学，一律吕学。律吕另有专用，算学颇不乏人，唯重学、视学，知之者鲜，故制器难精，亦其一也。①

在这封信中，郑复光接着表达了自己坚定的志趣，后面又列举寥寥可数的几位知交同道，既慨叹其人之少，又欣喜于志同道合，特别欣喜于得知制器一道还有丁拱辰这样的高人。

也许是郑复光精诚所至，他的这种思想和志趣还是受到友人肯定的。程恩泽就完全同意他的观点。《经学博采录》"歙县程春海侍郎"条中说："侍郎尝谓近人治算，由《九章》以通四元，可谓发明绝学，而仪器则罕有传者。乃与郑君复光有修复古仪器之约。"《清史稿》中亦有此语。乾嘉道咸年间，历算学大兴，跻身经学殿堂，而制器仍属微末，这是很有偏颇的。可以说，郑复光的观点具有超前性，预示中国应全面迈出科学与技术结合发展的步伐。

他的制器事迹，也以这件修复古仪器之事最为有名，这当

---

① 丁拱辰《演炮图说辑要》卷首附《郑浣香来札》。

然是程恩泽的名望所致,程当时与阮元并列全国士林首领。古仪器名"面东西晷",程恩泽记录了这件事的起因和结果:"此器创于齐太守彦槐①,张大令作楠②,然自午初至未初无景,是一大病,因与吾友郑浣芗谋而补成之。"③《畴人传》亦载此事。④《清史稿》未提郑复光,只说程恩泽"欲修复古仪器而未果"⑤。应该是"未果"在先,然后与郑复光"谋而补成之"。

郑复光制作仪器的最大成就,当然主要在用力甚巨的光学仪器方面。后来的收获亦为世人所知,陈庆镛替他总结道:"为仪器,积成书,其创测海镜、测天镜、测远镜,独出心思,巧夺前人。"⑥ 其他方面的制作,惜无详细记载,只有张穆提到"脉水之车",可能就是《费隐与知录》所探讨的那些抽水设备及其原理。

郑复光的光学研究发轫于早年某次与族弟郑北华同游扬州之后。在扬州见到取影灯戏,一种西洋传入的幻灯机,想必出于一向爱好科学探索的习性,就想把原理弄个明白,于是"归而大究光影之理"⑦,与郑北华一起研讨,每有心得则"援笔记之"⑧,开始同时撰写《镜镜詅痴》和《费隐与知录》两书。

接下来是一段默默无闻、埋头研究的漫长时光。"时逾十稔,然后成稿"⑨,其时间段难于确考。张穆见到书稿是在道光十五年(1835),郑复光自述,成书后,"萧山广文黄铁年先生见而嗜之,欲为付梓,仆病未能也。重拂其意,复加点窜,又

---

① 齐彦槐(1774—1841),字梦树,号梅麓,又号萌三,安徽婺源人。清代学者、书画家,在天文仪器的制作发明方面颇有成就。
② 张作楠(1772—1850),字让之,号丹村,浙江金华人。潜心于天文、数学,曾自费招工匠制仪器、刻算书,并自行设计天文仪器。与齐彦槐常一起研讨。
③ 程恩泽《程侍郎遗集》卷十《面东西晷铭》,商务印书馆《丛书集成》本。
④《畴人传汇编》三编卷二"程恩泽"条,广陵书社,2009年。
⑤《清史稿》列传一百六十三"程恩泽传",中华书局,1977年。
⑥ 丁拱辰《演炮图说辑要》卷首陈庆镛跋。
⑦ 许承尧等编《歙县志》卷十"郑复光"条,民国二十六年铅印本。
⑧ 郑复光《镜镜詅痴》自序。
⑨ 同上。

已数年"①。据此，研究之始至少在道光十五年之前十几年。《费隐与知录》中提到著书缘自"丙子之秋，小住维扬"，与"推究物理"的"北华族弟"一起"互相证明"，"日积月累，编为一帙"。《镜镜詅痴》中也说是书之作始于"再游邗上"，"北华弟好深湛之思，归而相与研寻"。人物、地点、事件都相同，基本可以确定郑复光于嘉庆二十一年丙子（1816）开始全力投入光学理论建设和光学仪器制作。初稿的创作，耗时十年，应形成于19世纪30年代以前。其后反复修改，所历年数不详。而事实上，不断的修改和增订，一直持续到最终出版之时。确定刊刻是在道光二十四年（1844），印成于道光二十七年（1847），而书中还有道光二十五年（1845）前往钦天监考察天文望远镜的记事。

此后有记载的行止，始于著作初稿完成，开始长期游寓京师之时。最早何时赴京不详，据罗士琳记载，道光十二年壬辰（1832）秋闱，平阳知县、数学家黎应南对他说起"向与子同寓京邸，曾以句股截容方积诸题，授郑子澣香"②，则郑复光在道光十二年之前已到京城。此后在京时间可能断断续续，先后共长达十几年（"余寓都门尝十余年"③）。

初到京师，郑复光先与同乡名宦程恩泽等人有往来。道光十四年（1834），他做了一件为时人称道的事情。其师吴熔，"寄籍京师，殁葬永定门外翟家庄……无嗣。君门弟子郑上舍复光，痛君祀之将斩也，谋于同里诸君，醵钱若干，以道光十四年十月十二日，迁君枢及配蒋、妾某枢凡三于石榴庄歙义园，俾祭扫无阙"。程恩泽称此事"可为世风劝"④。《歙县志》也以此事赞其"尤笃风义"。

为师迁葬之际，适逢郑复光丧子，仍"抑哀制泪，奔走数

① 郑复光《镜镜詅痴》自序。
② 罗士琳《句股截积和较算术》卷首。
③ 郑复光《费隐与知录》。
④ 程恩泽《程侍郎遗集》卷八《吴篁洲迁葬志》。

日，乃定计"①。

次年（道光十五年乙未，1835）冬，初晤张穆于京师银湾客馆，张从之学算，"围炉温酒，无夕或间"。此时，《镜镜詅痴》已经成稿，光学仪器研制已有大成。在一个月夜，郑复光取出自制望远镜，邀张穆共同观看月亮上的凹凸斑点，张描述道："黑点四散，作浮萍状。欢呼叫绝。"郑复光就此为张解说望远镜的原理，"旁喻曲证，亹亹不竭"。次日，将《镜镜詅痴》手稿给张穆观看，张"读而喜之，以为闻所未闻"，请文书抄录了副本，收藏起来。②

据《费隐与知录》的成书时间和其中提到的一些事情，可以推定郑复光在道光二十一年（1841）之前有一番游历。《经学博采录》也称他到京之后，曾"游于秦、晋、粤、滇之域"。《费隐与知录》中常提到"余寓灵石张家庄年余"、"幕甘省半年"、"滇省余尝至两地"等行踪。从"幕"字可知，游历期间仍以坐馆教书为业。

郑复光畅游各地之际，一路伴随着大量研究活动：研究山西水缸出汗的物候，比较甘肃和新疆迪化（今乌鲁木齐）的气候，比较西北、云南、广东的气候，比较北燕和西凉的气候，研究山西人晒皮方法，研究山西风箱，与"墨林兄"研讨磁偏角现象，研究山西灵石的牝狼和牝獾，论云南和西北的饮食烹调及其味觉原理，等等，都是亲临其地的考察。其他很多条目，未提地名，但也看得出与游历之地有关。广东一地，所及甚多，且与《镜镜詅痴》言及之处吻合。两书记载参观青铜冶炼、制作玻璃、裁玻璃、贴锡箔、制作透镜，看见双副眼镜和诸葛灯，购买八分仪，等等活动，注明者有数十次之多。其中，八分仪"曾于粤游时得之，已二十余年"③，则即使这一笔是《镜镜詅

---

① 程恩泽《程侍郎遗集》卷八《吴篁洲迁葬志》。
② 郑复光《镜镜詅痴》张穆题词。
③ 郑复光《镜镜詅痴》。

痴》付刊（详后）前夕补记，事情也已在 19 世纪 20 年代，可见前往广东不止一次。广东是望远镜等西洋光学仪器出现较多，也是国内较早开始生产玻璃和透镜之地，出于研究需要而多次专程前往是完全可能的。

道光二十一年辛丑（1841）与包世臣同客江西。据包称，他与郑复光以世交相习数十年，但过去只听说他"能通西法"而已，此次，郑复光向他出示《费隐与知录》手稿，包阅后对其中说理之明白极为佩服，"当郑君之未说也，循其迹几于圣人所不知；及其既说而目验之，则夫妇之所与知也"①。

道光二十一至二十二年丑寅之交（1842 年初），时值鸦片战争爆发，有人颇惊诧于洋人能将望远镜架在轮船桅杆上，窥测内地虚实，但国内却找不出以一技之长与之匹敌者。张穆因此向当局推荐郑复光，并以所藏《镜镜詅痴》副本为证。但当局"不甚措意"，后来形成"和谈"局面，这个提议遂不了了之。②

道光二十二年壬寅（1842），《费隐与知录》出版。

以上史实还涉及一个重要问题，张穆说："甲辰春，浣香复来京师。灵石杨君墨林，耳其高名，礼请为季弟子言师，兼谋刻所著论算各种。"③ 这句话很容易让人以为郑复光于道光二十四年（1844）才刚刚认识杨墨林，而后者立即聘他为塾师。杨墨林是寓京晋商，老家在灵石县。郑复光在灵石住了一年多，又提到"墨林兄"，要说是另外一人，则人名、地名同时巧合的可能性较小。应该认为郑、杨相识于道光二十一年（1841）之前，聘师之事也可能先于道光二十四年发生，只是在出游归来、重回京城之际，开始筹划印书。

杨墨林是一位对郑复光帮助很大的人物，名尚文，字仲华，别字墨林。不仅家业殷实，也是著名藏书家和出版家，学识和

① 郑复光《费隐与知录》包世臣序。
② 郑复光《镜镜詅痴》张穆题词。
③ 同上。

为人也很为士林称道，常有慈善义举，关心和赞助文化。与张穆、何绍基关系密切，此二人与郑复光同为其弟杨尚志（字子言）之师。① 杨尚文曾在张、何协助下出版《连筠簃丛书》，刻印精良，所收均为罕见古本或作者无力刊印的著作，并含有数种科学著作，成为历史上的名刻。《镜镜詅痴》即因刻入《连筠簃丛书》而得以面世。每卷卷首注明张穆编校、杨尚文绘制插图，卷末则署"受业杨尚志校字"。

道光二十四年（1844）春重返京师的郑复光，与一大批重要人物来往密切。当时，张穆和何绍基是名满天下的中青年才俊，学问渊博，文采风流，在政治上亦有国士之才能。二人为纪念顾炎武，发起集资活动，于顾炎武生前寓居的报国寺内建造顾炎武祠。道光二十三年癸卯（1843）十月建成。于次年开始，一年三次举行会祭活动，分别为春祭、顾炎武生日祭和秋祭，这是当时十分著名、影响颇大的一个士人圈子，名曰"顾祠雅集"或"顾祠修禊"。据《顾先生祠会祭题名第一卷子》记载，郑复光自道光二十四年甲辰（1844）九月初九秋祭首次参加这项集会开始，又参加了此后两年六次会祭中的五次。

参与集会的人，多有著名学者和官员。《经学博采录》提到，郑复光在北京与张穆、何绍基、户部侍郎程恩泽、监察御史陈庆镛、音韵学家苗夔等人友善往来，"互以文学相砥砺"。除程恩泽外，另四人都是"顾祠雅集"中的人物。其余题名诸人中，与郑复光有友好往来和学术交流事迹的还有翰林院编修冯桂芬、湖北籍学者叶志诜，以及杨尚文、杨尚志兄弟。后来将郑复光著作收入《海国图志》的魏源也在其中。

同年，郑复光与丁守存、陈庆镛一起厘定《演炮图说辑要》。② 陈还替郑复光寄信给丁拱辰。③

---

① 何绍基《东洲草堂文钞》卷十七《灵石杨君兄弟墓志铭》，同治六年刻本。
② 丁拱辰《演炮图说辑要》卷首陈庆镛跋。
③ 丁拱辰《演炮图说辑要》卷首附《郑浣香来札》。

次年（道光二十五年乙巳，1845），先后与罗士琳和冯桂芬上钦天监观象台考察，并向春、夏官正杜氏兄弟咨询望远镜问题。①

同年，参加顾祠五月二十八生日祭和九月九日秋祭。

道光二十六年（1846），参加顾祠二月二十五日春祭、五月二十八生日祭、九月二十一日秋祭。其中，生日祭题名上附记有一笔"浣香与先生同生日，同人称祝"。②

道光二十七年丁未（1847），杨尚文兄弟同归山西灵石老家，郑复光同去。③ 同年，《镜镜詅痴》出版。

此后六年，踪迹难考，直至咸丰三年（1853）重现京师，时年 74 岁。

前已述郑复光的游历情况，概言之，足迹广及鲁、苏、京、赣、晋、秦、陇、粤、滇，且一路伴随着不懈的科学研究。

而从郑复光的交往中，也可见其为人为学之道。可以说，他有两个主要圈子，一个就是前述顾祠学派，其中大多是主张抗英自强、革除弊政、以实学救国兴邦的政治人物，多有林则徐的门生、部下或支持者。桂文灿和包世臣虽未参加顾祠活动，但也属此列。

另一类是科学研究中的志同道合者。早年结识者多为数学家，主要有前述他人提及的李锐、汪莱和郑复光自己提及的徐有壬、罗士琳。后来，郑复光还特别提到过知交中的善能制器者四人。④ 沈舫（凫村），《费隐与知录》中作"沈钫"，事迹不详，时已作古。陈德培（子茂），林则徐的亲信幕僚，时正在甘肃，先是护送被贬的林则徐西行，林复出暂署陕甘总督时，重新入幕参与督造大炮。易之瀚（蓉湖），出身扬州盐商世家，罗士琳的好友，也以研究数学名，但其制器事迹仅见于《镜镜詅

---

① 郑复光《镜镜詅痴》。
② 佚名《顾先生祠会祭题名第一卷子》，民国影印本。
③ 同上。
④ 丁拱辰《演炮图说辑要》卷首附《郑浣香来札》。

痴》，书中提到他达七次之多。第四位是丁守存，著名火器专家，陈庆镛的好友，在郑复光研究蒸汽机时，给予大量帮助。

较早认识的还有黄超（铁年），一位清贫的县学教谕，却最早为郑复光筹划出版著作。其女黄履曾将取影器和望远镜结合起来，制作出一种远程取影器。① 还有早期和长期合作者郑北华，郑复光的著作中多次提到与他共同研讨的情况。

其实与顾祠学派的交往中，也多有科学研究交流。除前述陈庆镛事迹外，还有冯桂芬也曾陪同郑复光上观象台参观，叶志诜曾将一枚收藏的光学元件提供给郑复光进行研究。②

在《镜镜詅痴》中，郑复光因研究而会晤过的人很多，如休宁（一说歙县）书画家洪范（石农），钦天监官员杜熙英、熙龄兄弟，歙县书画家吴大冀（子野），鲍嘉荫（云樵）、嘉亨（墨樵）兄弟，梅余万，庞子芳，程鲁眉，张明益，陈六桥，张姓铜工，俞姓业镜者，项轮香，以及广东铜行、玻璃肆的经营者和工匠等等。

郑复光虽然"性沉默"，但学术交流非常主动。在他人记载的情境中，不论是初识张穆，还是与多年世交包世臣相聚，还是74岁时会见张穆弟子吴敬之③，均以自己的著作和制作、收藏的科学仪器相赠或见示，足见其对自己的事业之执着和对他人之诚恳。

郑复光的著述，除已刊行的《镜镜詅痴》、《费隐与知录》外，还有《经学博采录》提及的《割圆弧积表》、《正弧六术通法图解》，张盛藻钞本《笔算说略》和《筹算说略》（现已收入上海古籍出版社《续修四库全书》），以及现藏山东省博物馆的《周髀算经浅注》一卷（清钞本，王筠校），现藏安徽省博物馆的《郑元甫札记》、《郑浣香遗稿》，后者内含数学研究笔记。

附带一笔郑复光之说被桂文灿纳入《经学博采录》的情况。

---

① 陈文述《西泠闺咏》卷十三《天镜阁咏黄颖卿》题注。
② 冯、叶事均见于郑复光《镜镜詅痴》。
③ 桂文灿《经学博采录》卷六第十三条。

此书意在汇集散落于民间的经学见解，重视说理精确的新见，而以两千余字专条采郑复光之说，桂文灿自有其道理。《费隐与知录》中，有几条系训释《周礼》、《春秋》、《诗》等经书中的词句，均涉及自然现象或天文大地测量。以往训经，重在字面，有时难免穿凿附会，强为之解。郑复光一生从事自然科学研究，讲究可以验证的实理，解释上追求"字字着实"，运用观察实验的结果，又参以西法，所以桂文灿觉得他的说理明白而新颖。

二、《镜镜詅痴》的成书背景、体例和内容

如前所述，此书的形成可能始于嘉庆二十一年（1816），初稿形成于 1835 年以前，正好处于西学东渐中断了约有百年的时期。明万历年间至清康熙年间为西学东渐的第一期，其间又有两个高潮。第一个高潮在明末，徐光启、李之藻、李天经、王征、李祖白等中国学者和官员与利玛窦、邓玉函、熊三拔、龙华民、汤若望、罗雅谷等欧洲来华传教士合作，翻译编撰了一批科学书籍，其中一些传教士还供职钦天监，帮助历法改订。第二个高潮在康熙年间，南怀仁、戴进贤、张诚、白晋、雷孝思、杜德美等传教士受到重用，在天文历法、数学和地图绘制方面做了很多工作。这一期西学东渐从明万历十一年（1583）利玛窦来华开始，至雍正二年（1724）禁教为止。鸦片战争后才开始第二期。第一期西学东渐有以下特色：

（一）作为两个差异较大的文化传统之间的初期接触，输入的西学不仅内容上很不充分，而且双方的目的都不在于科学本身。中国方面主要是出于一些技术需要，传教士则是要用学术来提高和保障他们及其宗教在中国的地位。传教士译著极多，其中科学类书籍现存者有一百多种，约占译著总数的 30％。①

① 参见梁启超《中国近三百年学术史》，中国书店出版社，1985 年；徐宗泽《明清间耶稣会士译著提要》，中华书局，1949 年；钱存训《译书对中国现代化的影响》，香港《明报月刊》，1974 年 8 月号。

（二）传播内容在学科上限于天文历算、地理和地图绘制、机械和水利等几个方面。从时间上说，所传多为15世纪中叶至16世纪初，即近代科学开始之前的西方科学知识。基本没有输入完全成型的理论，成型的科学思想和科学方法则更是谈不上。

（三）零星的科技知识的传入，迎合了中国学术界开始注重经世致用之学的风尚，在中国还是产生了影响，禁教期同时也成了消化期。除官方赖以改造了历法和版图、编成几部天文历算大型丛书之外，对民间的影响尤为深远。主要有三个方面。第一，历算热的兴起。西方天文学和数学开始输入之后，中国知识分子基本能正视其中的先进性，对之进行研究，并致力于中西会通的工作，由王锡阐和梅文鼎开一代风气。乾嘉时期，经学家校释古书时，复兴了传统算学，且中西并重，产生了一大批数学家，成果丰富，使中国古代数学转变为近代数学。前面提到的汪莱、李锐、焦循、张敦仁、徐有壬、罗士琳等，都是这一运动中的佼佼者。但在当时，对公理化方法也还认识不足。第二，格物学的变化。在西学影响下，"格物致知"被赋予了新的含义。一些学者用"格物"或"格致"专指对自然现象的研究，出现了一些新颖的专著，明清笔记中开始出现对西学的介绍和探讨。第三，奇器的研制。西洋仪器和玩具的传入，重要性不在译书之下，其吸引兴趣方面的作用甚至更大。这掀起了国内研制奇器的不大不小的热潮，并形成了一些早期的产业，如《镜镜詅痴》中涉及的玻璃业、眼镜业、精密机床加工业（如制作螺丝）等。

（四）基本上没有传入独立的物理学理论，也几乎没有人认识到物理学是独立的学科，传入的物理学内容，仅仅是附着于机械、零星的力学知识，和附着于天文观测的几条光学知识。不仅十分零散，而且还夹杂一些过时或错误的知识。对于力学，有关译著中倒还提到了"重学"一词；对于"光学"，则连名目都没有。

可以说，郑复光首先的一个创见，就是仅凭西方传来的一些光学仪器和玩具，以及混杂在天文学译著中稀少而十分零散的那么几条光学知识，就独具慧眼地发现了光学是一门独立的理论科学和基础科学。同样重要的是，他从历算学译著中发现了科学方法。单是这两点，创造性就是巨大的。

　　而郑复光当时从西学所能吸收的光学知识，其实十分有限，正确者更是稀有。某些译著有一定启发作用，但对于整个理论的创建，可以说几乎没有起到作用。梁启超说："大抵采用西人旧说旧法者什之二三，自创者什之七八。"① 此说亦属不完全统计。《镜镜詅痴》中引用次数较多的是《远镜说》、《灵台仪象志》、《人身说概》和《崇祯历书》等四种，而前三种中含糊和错误的表述也是突出的。其余如《几何原本》、《浑盖通宪图说》、《仪象考成》，以及涉及西学的《天经或问》、《畴人传》等，每种提及一两次，多半也属无关紧要。而且有时是同一条重复引用，有时是引出作为批判和商榷的对象。这样一来，直接引用、采纳的条目，比例就远没有梁启超说的那么高。倒是在《测量全义》（《崇祯历书》之一种）中解释郭守敬"景符"时，提到了光的叠加和独立传播定律，以及光的直线传播定律。而在当时，也只有郑复光在这样不显眼的地方发现这几个定律的基本性。但后来郑复光按自己的独特方法创建透镜理论时，没有用到任何一条西学知识，他的主要工作完全是独创性的。

　　《镜镜詅痴》在体例上对当时西学中的历算著作多有借鉴。利玛窦和徐光启合译《几何原本》（底本是利玛窦的老师、德国数学家克拉维乌斯的注解本）。译本中在命题下常附有以"解曰"或"论曰"开头的段落，对命题作进一步的论证、解说和分析；有些命题后面又有一系列的推论及其论证，则以"一系"、"二系"、"三系"等开头；又常有"法"或"法曰"附条，表明几何作图的详细步骤。《几何原本》中译本的这些体例和诸多用语，对其他西学译著有较大影响，包括《崇祯历书》在内

① 　梁启超《中国近三百年学术史》，中国书店，1985 年。

的很多书中都有这类条目。郑复光研习西学诸书既久，对其严谨性和系统性领悟深刻并产生自觉追求，《镜镜詅痴》遂与笔记式传统格物论著有了很大差别。借鉴来的体例，首先表现在按严谨分类布置章节并对条目进行编号，各条之间按编号前后互相征引、互为依据。其次是条目后面也常附以"解"、"论"、"系"、"图"、"法"等。其功能在于，每条正文均为结论性或原则性陈述，"解"对正文作出进一步的解释、论证或举例说明；"论"则是对其中的疑点、难点进行辨析，或另寻角度多方求解；"系"与"解"和"论"又有不同，后二者与所附正文有直接、要紧的关系，是正文的延续、展开和必要补充，而"系"是顺便论及与此有点关系的其他问题，属于相关性和扩展性条目。各类解说条目中常有"如云不然"或"或问"开头的句子，也是由借鉴《几何原本》而来，但郑复光将其化为独特而熟练的科学论证方法，可称之为"理想实验反证法"，即通过设想一种与常理不同或相反的情况，推出错误或荒谬的结论，以此反证常理的正确。此外，《镜镜詅痴》中还常有"法"、"试法"和"验法"等附条，"法"为实验的步骤、要领或布列算式、方程及计算求解的步骤，"试法"是以实验观察为具体例证来说明原理，"验法"多为检验仪器精度或材料质地之类的程序和方法。大量正文和"解"、"论"、"系"均附有图解和图示，其中部分达到严格论证的水准。梁启超注意到《镜镜詅痴》在体例上的先进性和对传统格物学的超越，他在《中国近三百年学术史》中介绍此书时总结道："理难明者则为之解，有异说者则系以论，表象或布算则演以图。"

全书凡5卷，共4篇，每篇若干章，每章若干条。

第一篇为"明原"。题解称："镜以镜物，不明物理，不可以得镜理。物之理，镜之原也。作明原。"意为该书旨在建立一套用镜照物的理论，即光学成像原理。而这一篇是探讨成像问题的基础知识。"物之理"的"物"有色、光、景（影）、线、目、镜等六类，每类各成一章。

第一章"原色"，凡 9 条，建立了一套颜色学理论。受到《灵台仪象志》等书中有关西方早期颜色学论述的影响，认为一切颜色变化可以归结为浓淡。但是在大量观察和归纳的支持下，这一章的讨论比较正确地完成了对颜色的分类；关于颜色的性质，涉及了色相、明度、饱和度、透明度、反差、大气消光对颜色视觉效果的影响等；正确地认识到光和色的本质联系。独创内容很丰富。

第二章"原光"，凡 18 条，为关于"光体"的总界说。根据传统学说和自己的归纳，对光体进行分类，主要是分为与光源行为有关的"外光"和与成像行为有关的"内光"，根据《测量全义》引入了光的叠加和独立传播原理。

第三章"原景"，凡 13 条，为关于"影"的界说。主要通过"形"与"色"区分了"影"和"像"，讨论了本影、半影问题，以及平面镜成像、小孔成像和透镜成像的基本特性。

第四章"原线"，凡 11 条，引入"光线"概念并界说光线的行为。其中"光线"概念除了作为光的几何抽象模型之外，也包括"目光线"和"镜光线"等假想物。此章成果较为丰富。第一，根据《测量全义》引入了光的直线传播定律。第二，根据《测量法义》等书中的"镜心测高之法"，揣摩出光的反射定律，同时介绍了这种测量法。第三，辨析了沈括"格术"一词的含义；在小孔成像实验中，发现了先成孔的投影、后成光源的像这一全过程；发现了小孔孔径与景深的关系。

第五章"原目"，凡 12 条，探讨眼睛的结构与视觉原理。采纳了《远镜说》和《人身说概》等书中的解剖学知识，论述了眼睛的调节功能，以及近视眼和远视眼的成因。

第六章"原镜"，凡 11 条，关于光学元件和光学仪器的总界说。将"镜"分为"通光"（透镜）和"含光"（反光镜）两类。继而将元件按材料、色彩和形状继续细分，将仪器按功用列举。还涉及几条关于光学元件一般性质的知识。

第二篇为"类镜"。题解称："镜之制，各有其材；镜之能，各呈其用，以类别也。不详厥类，不能究其归。作类镜。"此章专门论述光学元件的性能与材料类型、材料质地、材料颜色以及元件形状的关系。故相应分为四章。

第一章"镜资"，凡 4 条，关于透明材料和反光材料的光学性质。

第二章"镜质"，凡 7 条，关于玻璃、烧料、水晶、透明云母等材料的透明性和均匀性，天然产品、舶来品和各地土产之间的比较，以及水晶的鉴定。

第三章"镜色"，凡 3 条，论有色水晶和有色玻璃的性能和用途。

第四章"镜形"，凡 18 条，按标题是关于光学元件形状与其光学行为的关系，而光学元件按形状分为"平"和"圆"两类，由于"圆"类是全书主体和重中之重，后面专篇讨论，所以此章专讲平面镜和方棱镜。除古人早已认识到的平面镜成像左右易位等知识外，此章的超越性在于对光的反射定律的应用，解决了物、像位置的对称性和视场问题。

第三篇为"释圆"。"圆"指表面为球面的光学元件。这一篇，前已述，是全书的重中之重，具有完全的独创性。

第一章"圆理"，凡 16 条，关于透镜的基本概念和基本原理。最主要的内容是通过实验确立了顺三限（顺收限、顺展限、顺均限）和侧三限（侧收限、侧展限、侧均限）。顺三限分别为凸透镜的像方焦距、物方焦距和二倍焦距，侧三限分别为凸透镜内表面反射的像方焦距、物方焦距和二倍焦距。在此基础上，探讨了凸透镜成像共轭性的整个过程，以及各种成像的特点和用途。这实际上导致郑复光对透镜性质、性能和用途有了很多正确而熟练的把握，也为后面研究透镜组和各种光学仪器的研究打下了基础。当试图解释透镜成像行为的内在原因时，由于缺少光的折射行为的几何模型，郑复光在这一章和下一章中提出了几个假说（他自己当然没有"假说"一词）：一、认为透镜本身具有"镜光线"，系以镜面为底面、以焦点为顶点的一个圆锥，具有约束光束使之会聚的能力。二、眼睛发出的"目线"与"镜光线"和实际光束三者之间，方向有顺和不顺的关系，由此导致影像不同程度的清晰和模糊。三、透镜的两个表面会反复成对方的像（这是正确的），而这些"反照虚影"会加强凸透镜的聚光能力，导致平凸透镜、对称双凸透镜和不对称双凸透镜的聚光能力有区别。这些假说虽有一定实验基础，在思路上也有一定逻辑性，但在今天看来是不尽合理的。用这些假说解释透镜和透镜组的成像特性，在书中占有较大篇幅，一方面导致此书难解，一方面也导致学术界对该书的价值持有谨慎态度。但我们应该能认识到，在科学的漫漫历程中，这种现象是正常的，不可因之而忽视或埋没一个创造性理论的正确和光辉的部分，而后者恰恰是主要部分。

第二章"圆凸"，凡 28 条，专论凸透镜的成像特性。较多反映了用上述假说进行解释的困难，但也从实验上发现了更多凸透镜成像的细节。发现并确立了另一个重要常数切显限，为眼睛通过凸透镜观察到最大正立像的物距（数值上也等于焦距），用以表征凸透镜作为放大镜的特性。其中还有定量研究，主要是为了处理同一枚凸透镜的各个限之间的换算，以及不同凸透镜之间成像常数的互相换算，这些内容由精确实验和线性插值法而来，具有很高的创造性和正确性，而恰恰也是以往研究的薄弱之处。

第三章"圆凹"，凡 23 条，专论凹透镜的成像特性。由于凹透镜不生实像，不能直接测量焦距，所以研究基本上属于定性水平，实验结果也都是正确的。但套用凸透镜定量规律的做法，则不正确。

第四章"圆叠"，凡 22 条，对如下四种透镜组进行了定量研究：开普勒式望远光组、伽利略式望远光组、两枚同号透镜密接、两枚异号透镜密接。其中除第二种未能从数值上确定无焦性之外，第一种得出了完全符合现代理论的正确结果，后两种则有很精彩的近似公式。这一章还建立了两种望远光组的合理的放大倍率，提出对放大倍率与图像亮度的关系的正确认识，还分析了谢尔勒望远光组的结构原理。

第五章"圆率"，凡 6 条，分别为如下六个定量问题的数学模型和例题：凸透镜常数换算、凹透镜常数换算、开普勒式望远光组的两镜距和两镜焦距比计算、两枚异号透镜密接的系统焦距计算、伽利略式望远光组的两镜距和两镜焦距比计算、两枚同号透镜密接的系统焦距计算。

第四篇为"述作"。其题解表达了郑复光重要的科学思想，将在后面论述。此篇是关于 17 种 32 式光学仪器的研制。每种一章，包括铜镜和玻璃平面镜、眼镜、洋画镜（平面镜和放大镜组合）、取火镜、舞台照明灯、家用聚光灯、取景镜（简易照相机的光学部分）、简易幻灯机、三棱镜、多宝镜（多隔平面镜）、圆柱反光镜、万花筒、透光镜、滤色镜、测日食镜、八分仪和望远镜。从设计原理到设计改进，以及原料的采选和制备、零件的加工和组装、使用方法和保养等面面俱到。

卷末附《火轮船图说》，分为架、轮、柱（包括气筒）、外轮、外轮套、锅灶、桅、绳梯、破风三角帆、破浪立板（包括舵）、全图等 11 段，论述了整个轮船的结构和各个部件制作、组装方法。重点是分析蒸汽机的构造和工作原理。这个课题的研究，得到另外两位格致专家丁拱辰和丁守存的大力帮助。

三、《镜镜詅痴》的成就和价值

该书出版后，当时见过之人，无不对之惊叹和赞赏。后来也陆续有一些有识之士对之注目。先是魏源从郑复光著作中辑出《火轮船图说》和《西洋远镜作法》二文，收入《海国图志》，字句略有调整，并增加一二史料。① 咸丰三年（1853），艾约瑟、张福僖合译《光论》，为西方光学知识系统输入之始，张

---

① 魏源《海国图志》卷八十五、卷九十五，光绪二年刻本。

福儶在序中写道："……西人汤若望著《远镜说》一卷，语焉不详。近歙郑汶光著《镜镜詅痴》五卷，析理精妙，启发后人，顾亦有未得为尽善者。"[①] 这句话简明地道出了当时的实际情况，即仅有的光学专著就是这么两本。而对两书优劣的评语，也算中肯。孙诒让《墨子间诂》释"经下第四十一"中"景到"二字，全引《镜镜詅痴》"原线"第八条[②]，说明这位训诂家注意到了中国古代某些科学课题的传承性和郑复光的突破性。20世纪之后，梁启超重新发现了该书的学术价值和历史意义。他认为，在当时的中国，很多科学都还处于历算学的附属产品的地位，而这些附属产品中，"最为杰出者，则莫如歙县郑浣香复光之《镜镜詅痴》一书"。他还说："浣香之书，盖以所自创获之光学知识，而说明制望远、显微诸镜之法也……其书所言纯属科学精微之理，其体裁组织亦纯为科学的。"[③] 其中很多人也都不约而同地慨叹，"艺成而下"之毒，使人们难以认识该书的价值。

20世纪80年代以来，国内学术界为解开该书的内容、弘扬其价值，做了很多工作。王锦光、闻人军在《中国早期蒸汽机和火轮船的研制》（《中国科技史料》，1981年第2卷第2期）一文中，介绍了郑复光研究蒸汽机的情况。王锦光、洪震寰著《中国光学史》（湖南教育出版社，1986年）和《中国物理学史》（河北科学技术出版社，1990年）两书（笔者参与部分章节的撰写）中，都专门论及郑复光和《镜镜詅痴》；林文照有专文《十九世纪前期我国一部重要的光学著作〈镜镜詅痴〉》（《科技史文集》第12辑，1984年）。以上文献均涉及郑复光生平事迹及《镜镜詅痴》一书的内容、体例，分析了其中一些局部问题；王锦光、李磊《清代著名光学家郑复光》（《光的世界》，1987年第

---

① 张福儶《光论》序，商务印书馆《丛书集成》本。
② 孙诒让《墨子间诂》，中华书局，2007年，第323页。
③ 梁启超《中国近三百年学术史》，中国书店，1985年。

5 期）和李磊《中西近代科学融合的一个实例考察——〈镜镜詅痴〉研究》（《宗教与文化论丛》［一］，吉林人民出版社，1993年）两文，开始对书中的定量部分作出阐释；钱长炎《关于〈镜镜詅痴〉中透镜成像问题的再探讨》（《自然科学史研究》，2002 年第 2 期）也对顺三限等透镜常数提出一些定量分析，但其中观点、结论值得商榷。

《镜镜詅痴》的成就和价值，长期得不到较充分的认定，一方面是由于它的时代命运：产生于科学研究极端不被重视的时期，而出版之后，又适逢国门大开，第二期西学东渐兴起，乃在一定程度上被搁置和淹没。

但另一方面是由于它的难解：其定量部分一直隐藏在一堆特殊术语、表格、例题和天元术布列程式后面，一直未被解析出来；由于"镜光线"等假说与现代光学实在相去太远，显得十分晦涩；制作部分涉及大量明清手工业术语，很多原材料、零件、工具和工序的称呼都与今不同；全书内容不仅涉及光学，还涉及古算、冶金铸造、金属钎焊、抛光、玻璃制造加工、天文、航海测量仪器、机械等等，较难全面解释。由于上述原因，至今对该书的评价尚嫌保守和含糊，对其定位也难免漂浮游移。

也就是说，书中的每一个概念、表格、数据，究为何物，究有何用，正确与否，是需要一一明确解析清楚的。这样才能对该书达到的水平进行客观的评价。

该书前两篇，是对中国古代格物学中的光学知识、传入西学中的光学知识和自创的光学知识进行融汇，有独立开创一门新学科之功。而且，所谓"融汇"并非简单拼合、汇集，而是吸收了近代科学的一些思想方法，对理论框架进行逻辑整合，内容上有丰富的创见，对当时的传统和西学均有超越。其缺点是对传统中光辉的《墨经》光学竟只字未提，对折射的认识也一直不足。当然，后一点属于时代的局限性。

其中对传统格物学的挖掘、保存和发扬光大，对今天的史学研究仍具有重大意义。郑复光对几个传统光学课题都做了三项工作：收集并阐明前人之说，用实验加以证实，用自创理论加以深化和发展。最具代表性的有三项：一、关于小孔成像，用实验解释了全过程，对"格术"作出新解和发展；二、关于透光镜，为今天的研究提供了大量线索，总结出集大成的解释，并提出一种原理上的创见，与现代解释一致；三、关于冰透镜，进行了大型实验，有完整的实验报告，以及根据自创理论作出的定量设计和改进。

更重大的成就在后两篇，其要者如下：

"释圆"篇：一、建立了凸透镜成像常数换算的代数模型。我们经过解析和验算，发现这个模型完全是正确和有效的（尽管是近似的）。详见"圆率"第一条注②。二、完全确立了凸透镜成像共轭性质的全过程。详见"圆凸"第十九条注⑩。三、确立了开普勒望远光组的无焦两镜距和最佳放大倍率。详见"圆叠"第八条注⑧，"圆率"第三条注②。四、得出两枚异号透镜密接的组合焦距近似公式。详见"圆叠"第十二条及注。五、得出两枚同号透镜密接的组合焦距近似公式。详见"圆叠"第二十二条及注。

"述作"篇：几乎囊括了当时所有的光学仪器。其价值首先在于一个"全"字。据很多明清史料记载，当时中国涌现出一大批光学仪器制造家，比如书中提到的黄履庄，以及李约瑟专门研究过的薄珏和孙云球等等，但他们的制作都只有一些名目流传下来。只有在郑复光的著作中，所有仪器都描述得十分详细，成为现在考察当时民间研制光学仪器情况的珍贵史料。第二个价值在于创造性，对每一件仪器都有基于原理的定量设计和改进，并能掌握多元件系统的转像和连续成像原理，这完全是走在时代前面的。郑复光还通过大量查阅书籍和大量走访同好、工匠，记录保存了丰富的近代手工业资料。如关于金属钎焊和抛光工艺，从配方、工具到加工程序，比专门论及这些问题的其他文献还要详尽，这是跟他的科学素养有关系的。又如"放字旧法"，记录了早期制作大字招牌的技术。

我们应该首先确认《镜镜詅痴》的突破性和创造性。李约瑟认为，在 17 世纪，中西之间的科学技术传播和交流都极为困难，以致"（中国的）光学家们只可能在他们自己的古老传统上构造光学仪器"①。说白了就是当时中国开始模仿技术，但没有理论。而郑复光是突破这种局面的第一人，他获得了巨大成果，保存了珍贵史料，流传了科学精神。

综上所述，可以从以下几方面确认《镜镜詅痴》的学术地位和历史地位：

（一）它是中国的第一部物理学专著，标志着光学在中国摆脱了附属于天文学和仪器制作的地位，独立为一门新科学，这与伽利略称他的运动学和弹性学为"两门新科学"有着相同的意义。

（二）它使仪器制造不再是单纯的技术活动，而正式与科学理论联系在一起。这标志着中国近代知识分子开始认识到科学和技术的内在联系，及其对人类生活的重要性，并身体力行地实践了这种崭新的认识。

（三）它使科学理论超越了古代那种限于经验片段的、思辨的层次，独立地使中国物理学的水平达到一个新的高度，即达到了系统实验、逻辑构造和定量分析的水平。

（四）它反映了文化交流的实质远远不是功利主义的取长补短或互通有无，任何文化产品都会受到不同文化传统和现实条件的作用，不可能照搬，真正的交流只能有一个结果，那就是根据自身条件和需要进行创造。

在以往对郑复光及其《镜镜詅痴》的评价中，看得出一种善意的惋惜，就是感叹其光学未能成为现代理论的一部分，颇有"要是能发展为后来的理论就好了"之意。但与其以这样的愿望加诸别人，不如反思自己为什么有这样的愿望。事实上，

---

① Joseph Needham and Lu Gwei-djen, *The Optick Artists of Chiang Su*, *The Proceedings of the Royal Microscopical Society*, vol. 2, part I, 1967.

《镜镜詅痴》的命运也就是中国的命运的缩影——曾经落后而自强不息，自有传统而必须走向世界。郑复光做到了他能做的一切，其精神也是后世之所需。

在科学史上，《镜镜詅痴》的命运也并不稀少和特殊，像牛顿光学、歌德颜色学、电磁场和电磁波理论之前的早期电子理论等，也并不因为被取代而丧失其价值。这些理论一方面反映出科学探索的真实历程，使后人看到早期创造的那种独辟蹊径、筚路蓝缕的景象。另一方面，这些理论在日后又会日益显示出其中的不可取代之处。

对于《镜镜詅痴》反映出可贵的精神这一点，是以往的评价中一致肯定的，但也要在充分认识其水准的基础上，才能折射出这种精神应有的深度和力度。

四、郑复光的科学思想和科学方法

关于《镜镜詅痴》大幅度地超越了古代科学，在西学东渐中断期独立地把中国物理学水平向前推进这一点，与郑复光的科学思想和科学方法有关，其中一些，在今天也可能有借鉴和启发作用，略论如下。

1. 儒者之事与匠者之事

科学史界有一条受到广泛赞同的结论，即科学产生于学者传统和工匠传统的结合。换言之，单纯的学者传统和单纯的工匠传统都很难产生科学。近代欧洲的实验主义思潮和产业革命，促成了这种结合，结果是近代科学得以发生和发展。即使在古代，较大的科学成就，也来自这种结合，比如古希腊的阿基米德、中国古代的《墨经》、沈括、赵友钦，阿拉伯的阿勒·哈增等，都是例子。有了学者传统，才有建立统一理论的追求，而不停留在零散、表面的经验层次上，但结果往往是构造出缺少实证性的抽象体系。所以理论中的概念必须在工匠层面上取得意义。这一点，后来被爱因斯坦等人总结为最基本的科学理论属性，即一切科学理论必须建立在可观测量之上。牛顿在《自然哲学的数学原理》的开篇中表示，所谓力学，就是机械加几何学。

《镜镜詅痴》"述作"篇题解说："'知者创物，巧者述之'，儒者事也。'民可使由，不可使知'，匠者事也。匠者之事，有师承焉，姑备所闻。儒者之事，有神会焉，特详其义。作述作。"这段话表明郑复光已经明确关注到儒者之事与匠者之事相分离的状况。他还关注到当时儒者热衷于历算学而忽视制造的状况。要将分离的双方结合起来的思想，在他那里是很清晰的。在前述致丁拱辰的信中，这种思想表达得更加精准。他直接批判了传统文化中的弊病，即轻视工匠技术，导致技术不够精密，却又反过来以为西洋技术的精巧无法赶上。这显然是理性和志气俱失的。他认为学者的理论和工匠的技术"不能相兼"，正是"难与西人争胜"的原因。他敏锐地觉察到，西洋的法宝有两项，一是几何学，二是精密机床，而前者是人人从小学习、整个学术群体不断合作研讨的基础理论。可以说他认识到了几何学的方法论意义。他还明确指出，不重视力学和光学（"重学"和"视学"），机械和仪器制作就难以精良。几乎可以说，在西学输入还只限于历算的时候，他已经独立发现了物理学这门学科的存在，以及物理学与精密工程技术的关系。这些观点，即使放在今天，也是精辟之论。只可惜在当时，由于其先进性，反而很少受到重视。但郑复光自己则因思想明确而意志坚定，甘于寂寞，将思想付诸毕生的实践。

他早年就热爱数学和机械仪器制造，在上述思想的指导下，终于自觉地使二者结合。他的光学理论，绝大多数概念都产生于实验，多数分析也基于实验，同时明确地对大量实验结果作系统化处理，使理论由一系列相互联系的实证性判断组成，起到统一解释自然现象和指导生产的作用。这就是匠者之事和儒者之事的结合，这种思想是他取得创造性成果的观念基础。《镜镜詅痴》出版后的二三十年间，西方近代科学开始较为全面地传入中国，从出现在文字上的知识来看，固然丰富起来，但在物理学上却几乎没有什么独立的创造，这恐怕不能说与科学思想无关。

2. 实证性思想

中国古代有优良的思辨传统，其思辨也十分注重与经验的联系，但这个"经验"包括身心体验，与西方科学从视觉经验中提炼出来的几何量不尽相同，思辨概念也难免模糊和过于抽象。在儒者传统中，这种状况到了郑复光的时代也没有多少改变。但在郑复光的著作中，却明显表现出对这种状况的反思。有人问郑复光："西说可尽信欤?"郑答："吾信其可信者而已。"① 哪些是可信者，哪些是不可信者呢？比如当时有些传教士认为古希腊的"四行"比中国的"五行"正确，郑复光认为，不论"五行"还是"四行"，都并非真能"包举万物"，"特于万物中拔其尤异者"而已，即使"六行"亦无不可。这是明确地以经验归纳思想反对先验原理思想。而对于与实证性有关的见解，哪怕是某本历算书中偶尔提到测量一个数据必须以多种测法参证，郑复光也十分注重，引以为原则。当性理学谈到"内光"、"外光"时，或用来说阴中有阳、阳中有阴，或用来发挥阳施阴受，而郑复光只取其成像和照明这两个可观测属性。又比如冰透镜问题，郑复光也明显将古书中的阴极生阳之类的说法置之一边，只考虑透镜的孔径和焦距。又比如，当时很多人都喜欢谈论西洋仪器和玩具，但只是以之为趣谈，郑复光却不谈则已，要谈就谈到可以制作出来为止，讲究精密和详尽。当然，由于时代的限制，郑复光并非每时每刻都能自觉，他自己也有很多思辨性猜测，但他的这种思想，在当时已经属于相当先进了。

3. 公理化端倪

公理体系的实质是什么，这个问题至今没有单一答案。不论是实证性逻辑体系、纯思维构造，还是直觉归纳，其表观上

---

① 郑复光《费隐与知录》。

有三个特征：对事物及其概念的分类最少而够用，概念之间无矛盾，不包含特例。

公理化思维和相应的方法，是古希腊和近代欧洲特有的文化成分，并成为近现代科学区别于古代科学的主要特征。这种基础性的思想方法，在西学东渐中一直没有明确地传入中国，但在历算学中却隐含着一二。所以我们前面说，郑复光能从历算学中把这种思想发现出来，运用到一门自己开创的新科学中，是很了不起的。

在第一篇"明原"中，郑复光就建立了很多出色的分类体系，如他将矿物的颜色分为实色和虚色，与现代矿物学的分法完全一致。又如，将光被物体、光学元件、大气所改变的结果统称为"景"，同时分为"形"（投影）、"色"（大气光色）和"形色兼"（像）三种，等等，都体现了分类的完整性和最小化。

郑复光直接从历算学中借鉴的方法，一是在分类的基础上对条目进行编号，使整个理论系统中的原则性陈述互为依据；二是为确立每条的原则性而以"解"和"论"进行论证和辨析。当然，《镜镜詅痴》中的科学理论还没有达到严格数理证明的程度，但那的确是一整个学术传统的事情，绝非一个人所能建立和完成。

《镜镜詅痴》反复出现"通为一例"之说。为将平凸透镜、对称双凸透镜和不对称双凸透镜通为一例，而建立"凸限全率表"；为将凸透镜和凹透镜通为一例，而借凸透镜数据作为凹透镜的虚拟数据；由于基本的开普勒望远光组和改进的谢尔勒式光组都是纯由凸透镜组成，所以解释上力求统一，等等，这些努力有时达成正确结果，有时也有错误，但思想方法的指向很明确，都是为了去除特例、追求一般性。如果没有这种思想，就会就事论事，而不可能建立起那些一般公式（如透镜密接的组合焦距）。

4. 独特的系统实验

郑复光在实验中最常用的手段是逐个更换变量，然后连续改变每一个变量。比如先固定物距，连续移动像屏；或固定眼睛距镜片的距离，连续移动物体等。这样的实验在书中有几十个，直接导致了一系列重要发现。如"原线"第十条发现小孔成倒像要先成正投影，"圆理"第九条测出各个透镜常数，"圆凸"第十六条发现凸透镜的各种成像细节和眼睛直接观察的各个范围，第十九条发现凸透镜成正立放大像的范围，"圆凹"第十条和第十九条发现凹透镜的成像细节，"圆叠"第九条发现开普勒望远系统的无焦两镜距，等等。

在连续改变变量实验中，郑复光十分注意发现几种情况，一种是极限情况，即从量变到质变的界限。比如影像"大极复小"、"昏极复清"、"昏极而至于不见"、"大极而倒"等。还有一种是"理也"和"势也"的矛盾，"理"就是理想情况，"势"就是实际情况，比如两面平面镜对照，互相成对方的像，理是"层景无穷"，势则"穷于不见"。正因为把握了这种矛盾，郑复光才能对光学仪器的性能调节经常有深刻的论述。比如望远镜的放大倍数和图像亮度的矛盾，书中多次论及，直接导致对放大倍数的合理设计，以及对物镜口径的正确认识。

《镜镜詅痴》中还有不少理想实验，最典型的是关于透光镜。铜镜背面的图案会出现在反射光斑中，原因何在？郑复光提出，先把背面图案铲平，如果反光图案有变，就说明真的"透光"，否则就与"透"无关；再取一镜，先磨正面、再铲背面，分别试验，就可以判断到底是否因为正面有隐约的镶嵌；再铸造一枚铜镜，先在正反两面都铸上同样花纹，然后将正面花纹磨掉，如果仍有反光图案，就能证明自己提出的"刮磨"说。由于透光镜都是他人珍藏的古镜，郑复光专程前往借观，所以实验"无力为之"。

5. 大量查阅走访，综合各家优劣

前面已经提及，《镜镜詅痴》引用书籍多达四十余种，走访过的人物有姓名者二十余人，其他工匠和手工业主可能不计其数，属于直接学术交流的重要人物有十几个，其中多有长期合

作者。碰到疑难问题时，往往先汇集各家之说，再一一辨析比较，或者与他人反复交换意见。这明显地反映出一种科学研究的群体性现象，而记录了这一重要情况的，恐怕在郑复光的著作之外并不多见。这是一个值得继续研究的问题。

　　本次译注，结合笔者多年的研究结果，对以往研究中的难点和被搁置的问题做了一些工作，但由于水平有限，错误在所难免，望读者不吝赐教。

凡　例

一、《镜镜詅痴》校释底本为光绪二十七年（1901）《连筠簃丛书》刻本。

二、异体字如葢（盖）、睂（眉）、镫（灯）、肰（然）、歫（距）等，一般改为通用字，不宜改者出注。

三、通假字如豪（毫）、弟（第）、从（纵）、然（燃）、匡（框）等仍依原刻，并于首次出现时出注。

四、"句股"在原文中不变，注文中用现代术语"勾股"。

五、原书若有讹误和脱衍，一般出校，不径改原文。至于"凹镜"误为"门镜"之类则径改原文并出校。

六、关于译注分段。原书有条目编号，每条长者有数页，短者仅一行。若将长者切开，短者数条合并，则难免引起体例混乱，且较长条目的叙述实际上非常连贯，也不宜分割，故译注分段一律按原条目，一条一段。

七、插图说明。正文插图扫描自《镜镜詅痴》原刻，由译注者按文意重新放置图片位置。注释中用于辅助说明的插图为译注者草绘。所有插图序号为译注者所加。

目　录

镜镜詅痴题词

　　乙未[1]冬，初晤浣香于银湾[2]客馆，从之学算。围炉温酒，无夕或间。

　　一日，夜深月上，出自制远镜[3]，相与窥月中窅胅[4]。黑点四散，作浮萍状。欢呼叫绝。浣香因为说远镜之理，旁喻曲证，亹亹[5]不竭。次日，复手是书见示。穆读而喜之，以为闻所未闻。倩胥录副，藏之箧衍[6]。

　　逮丑寅之交，海孽鸱张[7]。或颇诧其善以远镜立船桅上，测内地虚实。惜无能出一技与之敌者。穆因从臾[8]当事延浣香幕中，以所录副本为券。当事既不甚措意，未几，抚局[9]大定，议亦遂寝。

　　甲辰[10]春，浣香复来京师。灵石杨君墨林[11]，耳其高名，礼请为季弟子言[12]师，兼谋刻所著论算各种。穆曰，是无宜先于《镜镜詅痴》者。因稍为画定体例，附《火轮船图说》于后。

　　尝念天下何者谓之奇才，实学即奇才也。一艺之微，不殚数十年之讲求则不精。屠龙[13]刻楮[14]，各从所好。精神有永有不永，而传世之久暂视之。

　　浣香雅善制器，而测天之仪、脉水之车[15]，尤切民用。今老矣，有能奇其才者，乃知所学之适用也。

　　道光二十六年丙午秋八月朔日，平定张穆[16]题。

【注释】
　　[1]乙未：道光十五年（1835）。
　　[2]银湾：据（清）戴璐《藤阴杂记》记载，北京宣武门外有河名"银湾"，附近多有各省会馆。
　　[3]远镜：望远镜，当时又称千里镜。
　　[4]窅胅（yǎo dié）：一般作"窅胅"，喻凹凸貌。

〔5〕亹（wěi）亹：同"娓娓"。水流貌，滔滔不绝貌，勤勉不倦貌。常用于形容诗文或谈论动人，有吸引力，使人不知疲倦。

〔6〕箧衍（qiè yǎn）：方形竹箱，盛物之器。

〔7〕丑寅之交：道光辛丑、壬寅年之交，即1842年初。　　海孽：海上来的妖孽，指第一次鸦片战争期间的英国侵略者。　　鸱（chī）张：像鸱鸟张翼一样，比喻嚣张，凶暴。

〔8〕从臾（yú）：即"怂恿"，意为怂恿。从，通"怂"。臾，通"恿"。

〔9〕抚局：招抚的局面、安排、措施。指1842年8月，清政府被迫签订不平等的《南京条约》。抚，招安敌手使之归顺。以战败屈辱求和为抚局，是清政府这样的封建王朝的制度性用语。

〔10〕甲辰：道光二十四年（1844）。

〔11〕灵石：地名，今山西省灵石县。　　杨尚文（1807—1856）：字仲华，别字墨林，山西灵石人。清代藏书家。所藏颇多善本、珍本、秘本。曾选择家藏有价值的书籍，辑刊《连筠簃丛书》（"连筠簃"为藏书楼名），道光二十八年（1848）刊成。丛书编校和刻印颇精，为道光名刻。所辑内容包括史地、金石、声韵、数学、光学等，均为有价值的罕见古书或作者无力刊印的著作。道光二十四年（1844），杨尚文替其弟杨尚志聘郑复光为师，并将郑所著《镜镜詅痴》编入丛书，使这一瑰宝得以保存和流传。

〔12〕季弟子言：杨尚文之弟杨尚志（1821—1856），字子言。郑复光的学生，为《镜镜詅痴》校字。

〔13〕屠龙：比喻高超的技艺或高超而无用的技艺。《庄子·列御寇》："朱泙漫学屠龙于支离益，单千金之家，三年技成，而无所用其巧。"

〔14〕刻楮（chǔ）：比喻技艺工巧或治学刻苦。《韩非子·喻老》："宋人有为其君以象为楮叶者，三年而成。丰杀茎柯，毫芒繁泽，乱之楮叶之中而不可别也。"象，指象牙。楮，一种落叶乔木，树皮是制造桑皮纸和宣纸的原料。

〔15〕测天之仪、脉水之车：天文测量的仪器、抽水的水车。地下水又称"水脉"，"脉水"为"脉"字名词作动词，意为抽取地下水。据郑复光另一著作《费隐与知录》记载，他曾与几位同道一起，对虹吸现象，以及利用虹吸原理取水、利用橐籥（鼓风机）抽真空等技术有过较多研究。

〔16〕平定：地名，今山西省平定县。　　张穆（1805—1849）：谱名瀛暹，字蓬仙，后名穆，字诵风，又字石州、月斋，世有人取石州同音称之石洲、硕州、硕洲或石舟，晚号靖阳亭长，山西平定人。近代爱国思想家，博学的学者，在经史、训诂、地理、天文、算术、诗文、金石书篆等方面都有建树，所学广及兵法、农政、经济、水利、海运。于西北边疆地理学方面成就尤高。

【译文】

　　乙未年冬，在银湾客馆与浣香初次会面，跟随他学习算学。围着火炉温酒，没有一晚间断。

有一天，夜深月上，（浣香）拿出自制的望远镜，我们一起观看月亮上的凹凸。只见黑点四散，像浮萍一样，不禁欢呼叫绝。浣香就此为我讲解望远镜的原理，广泛比喻，详细证明，娓娓道来，滔滔不绝。第二天，他又把这本书［的手稿］递给我看。我阅读之后非常喜欢，觉得闻所未闻。于是请文书抄录了副本，收藏在箱子里。

到了辛丑、壬寅年之交，海上来的妖孽很嚣张。有人很好奇他们善于把望远镜架在轮船桅杆上，窥测内地的虚实。可惜无人能拿出一技之长与之匹敌。我因此怂恿主事的官员聘请浣香为顾问，并以所录副本为证明材料。主事官员当时就不太在意，不久和谈局面大大安定，这个建议于是不了了之。

甲辰年春，浣香又来北京。山西灵石县的杨墨林君，耳闻他的高名，礼聘他为弟弟子言的老师，同时计划刻印他著的几种算学著作。我说，那就没有比先印《镜镜詅痴》更恰当的了。于是稍微为此书划定体例，把《火轮船图说》也附在后面。

我曾想，普天之下什么叫奇才，实学就是奇才。一门微小的技艺，不竭尽几十年的研习和探索就不能精。好大喜功还是精益求精，各人有各人的喜好。精神有永恒和不永恒，要看传世是长久还是短暂。

浣香向来善于制作器具，其中天文仪器和引水机械，特别切合民用。如今他已经老了，如果人们能认识其才学之奇绝，就会明白他所钻研的知识是多么适用了。

道光二十六年丙午秋八月朔日，平定张穆题。

镜镜詅痴自序

　　测实易，测虚难。非测虚难，虚必征实之难也。而非虚非实则尤难。

　　昔西士作《几何原本》[1]，指画抉发，物无遁形。说远镜者不复能如几何，岂故秘哉？良难之也。盖镜以物形，是缘虚求实。而物以镜像，是摄实入虚。以实入虚者，而实中之虚以生。以虚求实者，而虚中之实弥幻。虚邪实邪，抑非虚非实者邪？吾呜呼测之。虽然，非此物不有此象，非此镜不觌[2]此形。以物象物，即以物镜镜。可因本《远镜说》[3]，推广其理。敢曰尤贤，詅吾痴[4]焉耳。

　　忆自再游邗上[5]，见取影灯戏[6]。北华弟[7]好深湛之思，归而相与研寻，颇多弋获[8]，遂援笔记之。时逾十稔，然后成稿。萧山广文黄铁年[9]先生见而嗜之，欲为付梓，仆病未能也。重拂[10]其意，复加点窜，又已数年，稍觉条理粗具，而疵颣[11]多有，殊不足存。顾念成之之艰，得一知己，覆瓿[12]无憾已。弄之敝麓[13]，以待深思笃好如铁年、北华其人者。

　　古歙[14]郑复光书。

【注释】

　　[1]《几何原本》：古希腊数学家欧几里得（公元前 300 年左右）所著的建立几何学公理体系的著作。明末来华意大利耶稣会士利玛窦（Matteo Ricci，1552—1610）和中国学者徐光启（1562—1633）根据德国人克拉维乌斯（Christopher Clavius，1537—1612）的拉丁文本辑注本《欧几里得原本》（十五卷）合作翻译，定名为《几何原本》。但只译出前 6 卷，于 1607 年刊行。后 9 卷由英国人伟烈亚力（Alexander Wylie，1815—1887）和中国数学家李善兰（1811—1882）于 1857 年译出。

　　[2] 觌（dí）：见，相见。

　　[3]《远镜说》：明末清初来华德国耶稣会传教士汤若望（Johann Adam

Schall von Bell, 1591—1666) 著, 1626 年刊行, 在我国最早介绍望远镜的专著。

〔4〕詅 (líng) 吾痴: 为自谦"献丑"之意。詅, 叫卖。

〔5〕邗上: 扬州的古称, 因邗江而得名。

〔6〕取影灯戏: 一种娱乐游戏。在玻璃上画人物故事, 用"取影灯"将其投射到屏幕上观看。"取影灯"是由两枚凸透镜组成的一种简易幻灯机, 见"述作"篇之"作放字镜"。

〔7〕北华弟: 郑复光的族弟郑北华。

〔8〕弋获: 射而得禽, 泛指擒获, 收获。弋, 用带绳子的箭射鸟。

〔9〕萧山: 地名, 今杭州市萧山区。 广文: 明清时对地方儒学教谕的称呼。 黄铁年: 黄超, 字铁年, 仁和 (今杭州) 人。生卒年不详。曾任山阴校官。

〔10〕重 (zhòng) 拂: 难违。颜师古注《汉书》曰: "重, 难也。"拂, 违背。

〔11〕疵纇 (lèi): 瑕疵。后文又作"疵累"。纇, 原指丝上的疙瘩, 引申为瑕疵, 毛病, 缺陷, 缺点。

〔12〕覆瓿 (bù): 覆盖酱罐, 形容著作无价值。瓿, 古代的一种小罐。

〔13〕弆 (jǔ): 收藏, 保藏。 簏 (lù): 竹箱。

〔14〕古歙 (shè): 徽州, 古为歙州, 故称。即今安徽歙县。

【译文】

测实易, 测虚难。也不是测虚难, 难在虚必须求证于实。而测非虚非实就更难。

以前西洋学者作《几何原本》, 规范剖析, 使物体的形状清楚明白。但是关于望远镜的讲解却不再能够像几何学一样, 难道是故意保密吗? 实在是难做到啊! 镜通过物体显形, 是循着虚去求实。而物体通过镜成像, 是把实摄入虚。让实进入虚, 实中之虚就由此而生。从虚中求实, 虚中之实就更加迷幻。究竟是虚是实, 还是非虚非实? 唉, 我努力去测! 即使如此, 不是这个物就没有这个像, 不是这个镜就看不见这个形。以物体表现物体, 就是以物照镜。就以《远镜说》为基础, 来推究发扬其中的道理。不敢说更加超越, 只是献丑罢了。

回想起 [我著书的事情], 缘自第二次游扬州, 看见取影灯戏。族弟郑北华喜好深入透彻地思考问题, 回去之后和他一起研讨, 收获颇多, 于是拿起笔 [把心得] 记下来。历时十年, 终于成书。萧山的儒学教谕黄铁年先生, 看了就喜爱它, 想把它刻印出来, 因为我生病，无力为之。又难以违背他的美意，重新加以修改，这样又过了几年，才稍觉粗具条理，但瑕疵还很多，很不值得留存。考虑到创作的艰难，如果能得一知己，拿去盖酱罐也无憾了。把它藏在书箱里，以待铁年、北华这样一心热爱深思的人。

古歙郑复光书。

镜镜詅痴卷之一

歙　　郑复光　浣香　著
灵石　杨尚文　墨林　绘图
平定　张穆　　石洲　编校[1]

明　　原[1]

　　镜以镜物，不明物理，不可以得镜理。物之理，镜之原也。作明原。

【注释】
　　〔1〕明原：阐明基本原理。明，阐明，表明，说明，使明了。原，根本，根由，原由。此为全书第一篇之总题。题下为郑复光自注的题解。整篇内容为基本概念和基本原理。
　　按：此书的各篇、章名，含有一个有趣的文字游戏，均以两个字的动宾结构为题，即篇名的最后一字，为章名的第一个字，前者为名词，后者为动词。此第一篇"明原"之"原"为名词，以下"原色"、"原光"等章题中之"原"为动词，意为推究根由。第二篇之篇名为"类镜"，"镜"为名词，指光学元件和光学仪器；各章为"镜资"、"镜质"等，其中"镜"字宜解为动词，有"明察"之意。第三篇为"释圆"，"圆"指球面透镜；各章为"圆理"、"圆凸"、"圆凹"、"圆叠"，其中"圆"字宜解为"自圆其说"之"圆"。第四篇为"述作"，"作"为名词之"制作"；各章一律为"作某某镜"，"作"为动词之"制作"。只有此篇的各章名，因含有光学仪器名称，不得不突破两个字的体例。

【译文】
　　镜是用来照物的，不明白物的道理，就不能得出镜的道理。物的道理，就是镜的根本。因此作这篇《明原》。

原　色[1]

一

天下之物，无不有色，不越乎本色、借色而已。析之，则曰实、曰虚，曰有形、曰无形，曰有质、曰无质。

解曰：

实色，谓生而有色。如丹砂[2]、石青[3]，透观则暗，有质也。若燕支[4]、靛花[5]，透照则明，无质也。[6]

虚色，谓本非其色。如螺蛳[7]有光，侧视之，则或红或绿，有形而虚也。[8]若太虚[9]无物，远视之，则时青时黑，无形而虚也。[10]

本色兼借色。如土壤色黄，日照则红；粉墙色白，日匿则黑是也。[11]

【注释】

〔1〕原色：即推究色的根由。

按：在此章中，郑复光采纳了西方来华传教士著作中一些论及颜色的零星条目，加上自己的大量创见，建立了一个比较严谨而内容丰富的颜色学体系，且多数结论与现代相符，十分难得，故借此先作一总评。

所采传教士学说，主要是明末清初来华比利时耶稣会士南怀仁（Ferdinand Verbiest，1623—1688）的一个类似色度表的颜色序列，另外可能还参考了《崇祯历书》中的一些零星条目。郑复光创立的颜色学体系为：

第一条，颜色的分类。与现代矿物学的"自色"与"假色"之分一致。另以"无质"和"有质"区分透明与不透明，以"有形"和"无形"区分大气的光色和物体的光色，也很合理。

第二条，论色与光有关。并指出光照强度对色彩的影响。

第三、四、五、六、七条，论光的浓淡，近似现代的"色度"概念。但又有不同，除考虑到今天所谓色相、明度和饱和度之外，还纳入透明度、反差、大气消光等因素。

在第七条中，将"远差"分为形的远差和色的远差，完全等同于现代所谓几何透视和大气透视。并作图正确解释了几何透视的原理。

其结构的严谨性还可从另一角度看出，颜色的意义有三层：1. 物体的颜色取决于物体本身的性质和照射光的性质；2. 颜色的性质是光的性质的表现；3. 颜色是不同性质的光在视觉上的表现。郑复光的思路也基本上反映了这三个层次及顺序。当然，其中的每一点，当时中西都还没有达到数理分析的水平。

由此可见，在早期西学输入的有限影响下，郑复光已经在很高程度上掌握了科学的方法。其定义、分类、概括、阐释和举例都比较符合现代科学，且体例严谨，内容全面，与传统的随笔式博物学已不可同日而语。所创堪称集传统与西学之大成，且有较大发展之作，确为当时国内独一无二、登峰造极的颜色学。

〔2〕丹砂：又称朱砂，即硫化汞（HgS），为大红色天然矿物。古代方士以之为炼丹主要原料，宗教活动中用作画符的颜色笔，亦用于制作国画颜料，同时也是中药药剂。

〔3〕石青：即蓝铜矿，一种含铜的碳酸盐矿物，蓝色，有玻璃光泽。经研磨成粉可作国画颜料，本身可作为宝石或观赏石，又入药。

〔4〕燕支：即胭脂，一种红色颜料，妇女用作化妆品，亦用作国画颜料。

〔5〕靛花：又称青黛，用马蓝（南板蓝根，爵床科）、木蓝（豆科）、蓼蓝（蓼科）、菘蓝（北板蓝根，十字花科）等植物的茎、叶加工成的粉末状物，青黑色，可作国画颜料，古代女子常用以画眉，亦入药。

〔6〕实色对应于现代所谓物体选择性吸收日光产生的颜色，现在也视之为物体自身的颜色。郑复光又将实色分为有形和无形，即透明和不透明。

〔7〕螺蜔（diàn）：即"螺钿"，一种中国传统的手工艺品，将螺蛳壳或贝壳磨制成有天然彩色光泽的薄片，镶嵌在器物表面，拼成图案或文字。钿，以金银珠宝或介壳镶嵌器物。

〔8〕郑复光的实色与虚色之分，与现代矿物学将矿物选择性吸收日光产生的颜色叫做自色，将内反射、内散射、干涉等引起的颜色叫做假色的分法一致。螺蜔内表面呈现的颜色是最明显的假色（虚色）。

〔9〕太虚：天，天空。

〔10〕这种无形的虚色，是指天空中日光经过大气折射、散射的颜色。

〔11〕本色兼借色，指物体本身有色，又"借"（反射）了照明光的颜色。

【译文】

天下万物，无不有颜色，不外乎本色和借色罢了。细分说来，可分为实和虚、有形和无形、有质和无质。

解：

实色，意思是生来就有颜色。如丹砂、石青［之类］，对着光看是暗的，属于有质［的实色］。如燕支、靛花［之类］，被逆光照射时是透明的，属于无质〔的实色〕。

虚色，意思是本不是它自身的颜色。像螺蛳那样自身明亮，侧着看它，或红或绿，就是有形而虚色。像天空那样空无一物，从远处看它，时青时黑，就是无形而虚色。

还有本色兼借色。比如土壤本来是黄色，被日光照射就显得红；粉墙的颜色本来是白，日光隐匿时就显得黑，均属此类。

二

目睹物而知形，然形非色不见[1]，色非光不见，故色必资乎光。[2]昼资乎日，夜资乎月、星与火。光盛则色显，光微则色隐。[3]

【注释】

〔1〕见（xiàn）：古同"现"。

〔2〕这几句话很有逻辑性，亦与现代概念相合。按现代视觉理论，一切视觉表象都是由各种颜色在不同光照下造成的。所以诸要素的存在顺序是，先有物，物有形，形以色见，色以光见，所见为影，影由线（光线）生，见者为目，镜可助目。这就是"明原"篇中各章的顺序：原色、原光、原景（影）、原线、原目、原镜。其中，"色非光不见"之语，将"色"与"光"联系在一起，后来在"原光"和"原景"等章中，进一步指明光、色同类，很有见地。

西方在17世纪由格里马尔迪（F. M. Grimaldi，1618—1663）、胡克（R. Hooke，1635—1703）、牛顿（Isaac Newton，1643—1727）等人先后猜测色是光的某种属性（参见亚·沃尔夫著《十六、十七世纪科学、技术和哲学史》，商务印书馆，1984年），但诸学说仍属思辨阶段，且似未传入中国。当时来华传教士论及颜色之处多见于《崇祯历书》。如《交食历指》云："目所司存，惟光惟色，而色又随光发见。"又如《五纬历指》说到，五星之色各有不同是"由本体之色所染故也"。这些说法可能对郑复光产生一定影响，但都显得零散且语气含混。

〔3〕此条继讨论物体的颜色之后，进而讨论光与色。这是接近色的本质的一种创见。最后一句特别阐明色彩与亮度的关系。

【译文】

眼睛看见物体而得知其形状，但形状只有靠颜色才能显现，颜色只有靠光才能显现，所以颜色必须借助于光。白天借助于日光，夜晚借助于月光、星光和火光。光炽烈则颜色彰显，光微弱则颜色暗淡。

三

物依色而现其形，色浓则明，色淡则藏。[1]色立乎异[2]，则相得益彰；色傍乎同，则若存若亡。

解曰：

以气异者，如冬寒候冷，嘘气如云，暖冲寒出，气异而见也。寒尽春回，暖与气同，故不见。以色异者，如烘云托月[3]，纨素生辉，白与黑异而见也。雪满空山，白鹇[4]失素，白与白同则不见。

【注释】

〔1〕色浓、色淡：郑复光经常使用"浓淡"概念来表征光和色的性质。关于色的浓淡，以今天的眼光看来，是一个综合指标，包括了颜色的色相、明度和饱和度，甚至包括对比度等其他因素。色度定义皆人为规定，在今天也没有单一标准，郑复光的类似色度定义的理论，从视觉心理上说，是自成一套且很有道理的。关于光的浓淡，则对应于光强。　藏：隐匿。

〔2〕异：此处指对比度。

〔3〕烘云托月：国画中画月亮的一种方法，月亮留白，通过渲染乌云将其衬托出来。

〔4〕白鹇：鸟名，又叫白雉，雄鸟背部白色（有黑纹），雌鸟通体棕绿色。

【译文】

物体靠颜色来显示其形状，颜色浓则明显，颜色淡则隐匿。一种颜色处在反差之中，就相得益彰；一种颜色与同色相傍，就若存若亡。

解：

由气［不同］产生的反差，就好比在寒冷时节，吹出的气像云一样，热气冲破寒气而出，这就是由于气的反差而显现。

冬去春来，［吹出的］热气与［空］气相同，所以不显现。由颜色［不同］产生的反差，就好比［绘画中的］烘云托月，又如白绸缎发出耀眼的光芒，都是因白与黑的反差而显现。漫山披雪，白雉鸡也失去了［显眼的］白色，这就是因为白与白相同，所以不显现。

<h2 style="text-align:center">四</h2>

凡色万有不齐，皆可以五色该之，皆可以浓淡概之。如深绿似青，则青可以该深绿也。浅绿似黄，则黄可以该浅绿也。而青之与黄，间色[1]成绿，是绿淡于青而浓于黄也。[2]（图 1）

图 1

【注释】

〔1〕间（jiàn）色：间于两色之间的颜色，亦即两色调和而成的颜色。

〔2〕以上颜色学的讨论，多有采自南怀仁《新制灵台仪象志》之处。图 1 也是依照其附图之"一百一十一图"绘制的，其中几种颜色的名称略有差异。南怀仁用"浓淡"一词来表述颜色性质，并以"白、黄、红、青、黑"为由淡到浓，还认为任意两种颜色混合所成之色，浓淡即介于二者之间。这一说法与胡克在《显微术》（*Micrographia*）中的论述最为相似，胡克认为蓝、红二色

是原色，其他颜色都是由于这两种颜色合并或冲淡而产生的。详见第二条注〔2〕。南怀仁采用中国传统的"五色"来立论，可能是为了让中国人便于接受，故其对五色浓淡的分等，与欧洲诸学者的见解不同。除胡克的蓝红二元色之说，欧洲还流行亚里士多德之说，认为颜色是光明和黑暗按不同比例混合而成。马尔齐（M. Marci, 1575—1667）、巴罗（I. Barrow, 1630—1677）、胡克和牛顿等人都不同程度地认为，不同颜色的差别仅在于浓度。（参见亚·沃尔夫著作及卡约里《物理学史》。）

郑复光虽然采纳了《新制灵台仪象志》中的内容，但他显然意识到仅凭图 1 中的序列，实不足以概括颜色的千变万化，因此他先在前三条中作出许多重要补充，如本色借色、有形无形、有质无质之分，如关于形、色、光的联系，如关于大气与日照对色的影响，如色的对比反衬等，继而又提出后面几条有价值的发展。

由上述情况可见，当时欧洲的颜色学仍处在定性的思辨和猜测阶段，结论不统一。颜色学要到光的波动学说完全建立以后，以光的波长确定不同颜色的性质，才进入数理分析阶段。所以郑复光在其所处的年代，通过会通和自创，使颜色学水平达到当时的世界水平。

【译文】

颜色丰富多变，但都可以用五色来包容，都可以用浓淡来概括。比如深绿近似青，于是青可以包容深绿。浅绿近似黄，于是黄可以包容浅绿。而青与黄，调和就成了绿，这是因为绿比青淡，又比黄浓。（图 1）

五

实色，浓淡有定者也。人巧间之，本章四。遂成多种虚色。在空随时变幻，本章一解。固亦宜然，[1]大抵不越乎浓淡而已。本章四。为次其等，白为最淡，深则黄，深则红，深则青，最深至黑而止。试观深黄与浅红，似未可亚也，而辨藤黄之画于灯下，视若无色者，唯黄连浓汁，灯下可见，色较深也。较红淡矣。又观浅青与深红，似未为胜也，而辨石青之画于黄昏，无殊夫黑者，视[2]红浓矣。[3]

【注释】

〔1〕郑复光认为虚色是实色互相调和的间色。其"间色"的含义与今天相

同，但现代以三原色为基本色。

〔2〕视：对照，比较。

〔3〕郑复光以其"借色"之说对南怀仁的"色度图"进行补充，认为浓淡不能只从颜色本身来论，还要考虑到光照因素，这是很合理的。

【译文】

实色，就是有确定浓淡的颜色。人巧妙地调和它们，本章第四条。就产生了各种虚色。虚色在虚空中不时变幻，本章第一条解。这也是自然而然的，总的来说也不外乎就是浓淡。本章第四条。排一下顺序，白色最淡，深一级为黄，再深为红，更深为青，最深到黑为止。试看深黄与浅红〔相比〕，〔浓度〕似乎不见得更低，而在灯光下审视用藤黄颜料画的画，看起来就像没有颜色，只有黄连浓汁，在灯光下可见，因为它的颜色较深。因为这时黄色就比红色淡。再看浅青与深红〔相比〕，〔浓度〕似乎并不更高，然而在黄昏光下看用石青颜料画的画，跟黑色没有区别，因为这时青色就比红色浓。

六

色莫淡于白，白亦有浓淡。粉为最浓，以次而淡，至空而止。〔1〕

解曰：

玻璃视物，虽若无隔，究能辨之者，是亦淡白也。空中无物，白昼黄昏究觉有别，是空非无色也。

或疑空虽淡白，然白昼未必淡于玻璃。此钩金舆羽〔2〕之说，非正论也，何也？

两色同类〔3〕，唯淡色中见浓则显，浓中见淡则不显。异类则否。如烘云托月之类，本章三解。今玻璃与空，同一淡白，隔玻璃于空，见玻璃之色；隔空于玻璃，不见空之色，此浓淡之分矣。

【注释】

〔1〕很明显，这些条目都是对第三条中五色相间序列的补充，此处以"空"

为最淡，则"浓淡"概念又包括了透明度的含义。

〔2〕钩金舆羽：金子比羽毛重，但不能说三钱多的金子比一车羽毛还重。比喻二者悬殊太大，不可作比。或指类比失当。语出《孟子·告子下》："金重于羽者，岂谓一钩金与一舆羽之谓哉。"钩金，三钱多的金子。舆，车。羽，羽毛。

〔3〕此处描述颜色的对比，"同类"应指相同和相近的色相，如大红与粉红同属"红"类，也包括白与浅灰、黑与深灰之类；同类之间的差别在于"浓淡"，即由不同明度和纯度导致的"深浅"。

【译文】

最淡的颜色莫过于白色，白色也有浓淡。粉为最浓，依次渐淡，至虚空而止。

解：

〔透过〕玻璃看东西，虽然就像没有遮挡，但终究能辨认出玻璃，是因为玻璃也是淡白色。虚空中什么都没有，但白昼和黄昏终究感觉不同，是因为虚空也并非无色。

也许有人会质疑说，虚空虽然是淡白色，但是白昼〔的颜色〕未必比玻璃淡。这种说法类比不当，不是正论，为什么？

当两种颜色同类时，在淡中显出浓才明显，浓中显出淡则不明显。颜色不同类则未必。比如〔绘画的〕烘云托月之类，见本章第三条解。现在玻璃和虚空，同为淡白，把玻璃隔在虚空中，能看见玻璃的颜色；把虚空隔在玻璃中，看不见虚空的颜色，这就是因为有浓淡的差别。

七

凡视物，近大而远小，是为远差[1]。色近则显而浓，色远则淡而隐，亦远差也。[2]一由于目力不及，一由于蒙气[3]迷离。本西人第谷说[4]。

论曰：

或谓，物远则淡，由于蒙气，其理易明；物远则小，其理难测。曰，此视法[5]中度数之学[6]也。如图（图2）：

图 2

物大戊己，移远则如丙庚。夫丙庚与戊己，其大自等，而自甲视之，在己为六十度者，移至庚，止得三十度，故小也。

【注释】

〔1〕远差：郑复光从《崇祯历书》中借用的一个概念，以表示透视。但他有创造性的发展，他明确地把透视分为几何透视和大气透视两种，与现代理论一致。"近大远小"为几何透视。

〔2〕此处定义第二种远差，即大气透视。接着正确解释了两种远差产生的原因。

〔3〕蒙气：又叫清蒙气，指大气。见下注〔4〕。

〔4〕西人第谷说：见《日躔历指》"论清蒙气之差"条。书中介绍第谷学说时，把大气折射改变天体视位置的现象叫做"蒙气差"，作为天文学概念沿用至今。而"蒙气"一词取自中国原有的对空中大气的称呼，如《汉书·京房传》："蒙气衰去，太阳精明。"郑复光的"远差"不是指折射，而是指导致物体颜色近浓远淡的大气消光现象。郑复光从蒙气概念得到启发，正确地解释了该现象。第谷（Tycho Brahe，1546—1601），丹麦天文学家，被认为是古典天文学的最后集大成者，也是近代天文学的奠基者。

〔5〕视法：指透视的法则。"法"在此书中为最常用的概念之一，但在具体上下文中可指办法、方法、法则、标准、规范、模式等。

〔6〕度数之学：近代翻译西学用语，即指"数学理论"。

【译文】

大凡看东西，近大而远小，这就是远差。近处的颜色浓而明显，远处的颜色淡而晦暗，也属于远差。前者是视力达不到，后者是因为蒙气迷离。根据西洋人第谷的学说。

论：

也许有人会说，物体远则看起来淡，是由于蒙气，这个道理容易明白；物体远则看起来小，这个道理难以揣测。[我们]说，这是关于透视规则的数学理论。如图（图2）：

某物高戊己，移到远处则为丙庚。丙庚与戊己，长度固然相等，但从位置甲去看，在位置己有60度［高度角］的，移到位置庚，只有30度，所以看起来就小了。

原　光[1]

一

光亦色类也，然有异乎色者：色以黑为浓，以白为淡；光以白为浓，以黑为淡。夫色以自显，必须借光；光能显色，亦须借色，故衬以黑暗则更显，若光在明处，反闪烁映目而不真。[2]

【注释】

〔1〕原光：推究"光"的根由。郑复光所称的"光"，除用以指光束、光明、光亮之外，还指"光体"，包括光源体和各种具有光学作用的镜体。

〔2〕此条以"浓淡"概念将光与色统一为一类。此处所言光的浓淡，相当于现在所谓光的强度。

【译文】

光也属于色一类，但有不同于色之处：色以黑为浓，以白为淡；光以白为浓，以黑为淡。色凭自身显现，必须借助光；光能显示色，也必须借助色，所以用黑暗的背景衬托则更明显，如果光在明亮的地方，反而闪烁刺眼看不真切。

二

物之光者[1]，一曰外景[2]，日与火是也；一曰内景[3]，金与水是也。本《性理》[4]。外影者，射影生光也；内影者，光能含影[5]也。今名内光、外光。[6]本《灵宪》[7]。

【注释】

〔1〕物之光者：意为作为光体的物体。此处之"光"，据下文，为"光体"，在多数情况下省作"光"，详见下条注〔1〕。

〔2〕外景（yǐng）：郑复光借用传统格物概念，用以指向外发出光照，投射他物影子的光体，详后。外，作动词，意为离于外，向外，发出。景，古同"影"。

〔3〕内（nà）景：郑复光借用传统格物概念，用以指向内收纳影像的光体，详见后。内，作动词，指收纳于内，向内，含纳。

〔4〕《性理》：疑指（明）胡广等编《性理大全》，其中广采宋儒之说，多论及此。如张载《正蒙》有云："火日外光，能直而施；金水内光，能辟而受。"朱熹《朱子语类》云："清明内影，浊明外影；清明金水，浊明火日。""内景（影）"或"内光"指金属镜面和水面映照物像，"外景（影）"或"外光"指日与火照亮他物。这是中国传统自然学说中一条常识级别的结论，但并非起源于宋代理学，比如《大戴礼记·曾子天圆》和《淮南子·天文训》中都有"火日外景而金水内景"之语。

〔5〕中国古代把铜镜、水面等反射面能照出物体影像的现象解释为影像"含"（容纳）在镜子表面。

〔6〕此处和以下几条，郑复光定义了一组互相对应、关联的关于"光"的概念，其含义，相对于传统格物学概念，有直接取用，也有加以拓展变化的；相对于现代科学概念，也有完全对应和不完全对应的。故先将这些概念系统梳理在此，以免产生混乱。

第一级是分为"外光"和"内光"。"外光"指向外发光，对应于发光体即光源。"内光"指容纳影像，对应于光学元件。需要特别说明的是，"内光"在古代只是指铜镜或水面等反射系统，但郑复光为统一体例而将其延伸到透射元件。即透明的透镜和不透明的反光镜都是内光体。

"外光"一词，在不同上下文中，可指发光体、发光体向外发出的光、发光体向外发光的行为。"内光"亦然，可指镜体（包括水面之类）、镜体容受的光或镜体容受光的行为。

第二级是将"内光"分为"通光"和"含光"。"通光"指透明，下属概念有通光体（透明体）、通光凸（凸透镜）、通光凹（凹透镜）等。"含光"指反射，下属概念有含光体（反光体）、含光凸（凸面镜）、含光凹（凹面镜）等。

但除"含光"之外，还有几个概念与反射有光——"借光"、"受光"、"发光"、"返照"、"对照"，其含义互有关联甚至相近，易生混乱。"借光"相对于"本体之光"，重在指并非自身发光，是借他处射来的光而发亮、反射，即主要考虑光的来历，不涉及反射行为。"受光"重在指承受他处的光照，而自身被照亮，即主要考虑受光体的状态，亦不涉及反射行为。"发光"即向外发射光，"本体之光"和"借光"均能发光，此时才涉及反射行为，即"借光发光"指反射光束射向他处，但还不涉及光束在反射面上的行为。"返照"才是指光束到达反射面并改变行进方向（斜射或反向）的行为。"对照"特指物体面对反光镜，影像映入镜中的状况。诸概念虽各有所重，行文中又因意思相近或相通而互相借用。这种复杂局面在现在是不存在的，就是一个反射现象而已。但很显然，在古代产生这种复杂性的根本原因，是不能严格区分虚像和实像。在很多具体情况下，郑复光和古人也能区分虚实，郑也能确定平面镜的虚像位置，但尚未达到将上述现象的解释统一在一个反射概念之下的程度。对译文而言，上述概念因情况复杂，有时不能译为"反射"。

以后译文中，凡与现代概念严格一一对应者，则译为现代概念。主要是将"通光凸"、"通光凹"、"含光凸"、"含光凹"译为"凸透镜"、"凹透镜"、"凸面镜"、"凹面镜"，将"返照"译为"反射"，等等。与现代概念相近、相关而不相等者，则保留原术语。"含光"、"借光"和"受光"诸概念，在明确表示反光时，则译为"反光"或"反射"。

但须注意，"借光"、"受光"和"发光"三种行为，为一切内光体共有，包括透镜和平玻璃，它们的"发光"就是透射，光也是"借"来的，本身也被别的光源照亮（受光）。

〔7〕张衡《灵宪》："夫日譬犹火，月譬犹水。火则外光，水则含景。"

【译文】

作为光体的物体，一种叫外影，日与火属此类；一种叫内影，金与水属此类。根据《性理》。所谓外影，就是投射他物的影子并自己发光；所谓内影，就是光体能含纳影像。现在命名它们为内光、外光。根据《灵宪》。

三

外光、内光，皆是光体[1]。然有本体之光[2]，有借光[3]，有发光[4]。如日为外光，自他[5]有耀，本体之光也；月为内光，视日圆缺，故为借光；受光[6]于此，发之于彼，光所不到，返照生明，[7]是为发光。体光浓于借光，借光浓于发光。[8]按：刘邵[9]《人物志》曰"金水内映不能外光"，是指金水本体而言耳，若借光则亦发为外光矣。[10]

【注释】

〔1〕"光体"一词来自《崇祯历书》和《远镜说》等书。在《镜镜詅痴》中，用以统称光源和光学元件。此处和以后都把"光体"作为专门术语，不加翻译。个别明确指发光体之处，则译为"发光体"。

〔2〕本体之光：指自身发光的光体（光源）。

〔3〕借光：借他处射来的光再发出光的光体，多数时候针对反射元件。但其他光学元件（如透镜）也不是自身发光，所以也是借光。"借光"有时为"借光之光体"的略语，有时指光体的借光行为。

〔4〕发光：发出光照。"本体之光"的发光为自身发光，"内光（体）"的发光为"借光"发光。

〔5〕自他：自身和他物，自己和他人。

〔6〕受光：容受光照。纵观全书，"受光"也是一个专门术语，指镜体将外来的光容受在自身之中，这是借光发光的基础。多数时候针对反射元件，相当于说反光。针对透镜时，通常特指眼睛观察到镜面充满光亮的现象，郑复光称之为"塞满"。详见后。

〔7〕光所不到，返照生明：反射能改变光的行进方向，所以光本来照不到的地方，会被适当的反射光照亮。"返照"即反射。这一认识很重要，因其具有科学所需的明确性，成为之后正确解释一系列自然现象和实验现象的基础。

〔8〕这几个概念的关系为：本体之光（自身发光）能发光（发出光照耀他物）；内光为借光（被别的光照亮），也能发光（发出反射光照耀他物）。

〔9〕刘邵（约180—约245）：或作刘劭、刘卲，字孔才，邯郸人。三国时文学家。所著《人物志》是我国研究人事制度的早期著作。

〔10〕此处进一步明确，"外光"仅指光源，不论其为自身发光还是反射光。

【译文】

外光和内光，都是光体。但是有本体之光、借光和发光之分。比如太阳为外光，自身和他物都有光耀，这就是本体之光；月亮是内光，根据太阳的运动呈现圆缺变化，所以是借光；在此处受光，再发射到别处，光到达不了的地方，通过反射产生明亮，这就是发光。〔本〕体光比借光浓，借光比发光浓。按：刘邵《人物志》说"金水内映不能外光"，是指金和水本身而言，如果得到借光，也就能发光而成为外光了。

四

光以形为体，如日之圆、火之尖。以明为用。如日烛乎昼，火烛乎夜。体之光必浓于其用。其射物者，用也。惟入镜则见体形〔1〕，镜为内光故也。本章二。其穿通光〔2〕而射至他壁，仍是其用，壁非内光故也。若束以细孔，去壁远近如法〔3〕，则能见倒体形，谓之取影〔4〕。镜心凸者透照〔5〕，凹者对照〔6〕，俱能之。详于后。

【注释】

〔1〕据下文，此处之"镜"泛指透镜和反光镜。光源体的光进入镜体，就生成自身的像。

〔2〕通光：后省一"体"字，应为"通光体"，即透明体。见下第六条。

〔3〕如法：依照成法。下文中有大量"如法"，或指取适当程度，或指按已知方法和规定。此处为前者。

〔4〕取影：后文常作"取景（yǐng）"。1. 指小孔成像。这是中国古代传统格物约定俗成的专门术语。2. 指凸透镜或凹面镜将远光会聚到焦点（或将远处景物会聚成最小实像），这是郑复光出于成像结果的相似性所作的推广。3. 泛指所有用像屏接收实像的情况，这是郑复光的进一步推广，从后文中可以看出，在这种情况下，"取影"完全对等于"成实像"。4. "取影"既指取影的行为，即"获取影像"（相当于动词"成实像"）；又指该行为的结果，即"所取之影"（名词"所成的实像"）。由于上述多义性，"取景"不宜译为其他现代表达，但若仍作"取景"，则易混淆于现在同字不同义的摄影、写生术语。故一般在译文中作"取影"，必要时以方括号注明具体指小孔成像，还是凸透镜或凹面镜聚焦，还是其他成像情况。

〔5〕镜心凸者透照：指光通过凸透镜透射。镜心凸者，指镜面中间凸起。透照，指透过透明体照射。

〔6〕凹者对照：指光通过凹面镜反射。

【译文】

光〔体〕以形状为本体，比如太阳的圆形和火的尖形。以照明为作用。比如太阳在白天照耀，火在夜晚照耀。本体之光必定浓于它的作用之光。它照射物体的光，就是作用之光。只有进入镜体才显出本体的形状，这是因为镜体是内光。本章第二条。它穿过透明体而射到别的墙上，仍是它的作用，这是因为墙壁并非内光。如果用小孔约束光，距墙壁的距离适当，就能见到颠倒的发光体形象，这就叫取影。凸透镜透射和凹面镜反射，都能这样。于后详解。

五

光近则显而浓，光远则淡而隐，亦远差也，原色七。但光力〔1〕胜于色。

【注释】

〔1〕光力：此书中经常出现、含义较宽泛的概念，其所指包括现代所谓光

的强度（如此处）、光学系统的会聚本领、光通量等。译文中一般作为专门术语保留不译。

【译文】

光在近处就明显而浓烈，光在远处就浅淡而晦暗，这也是远差，"原色"第七条。但是光力胜于颜色。

六

镜是内光，有二种：一曰通光，能透照见物；玻璃之类。一曰含光，只返照见物。铜镜之类。[1]

【注释】

〔1〕此处将镜分为透镜和反光镜两种。"通光"和"含光"是一对专门术语，对应于透射和反射。

【译文】

镜属于内光，有两种：一种叫通光，能透射呈现物［像］；玻璃之类。一种叫含光，只能反射呈现物［像］。铜镜之类。

七

光莫盛于日，万光之主，火于焉生。记小说[1]载一事，云伍相国[2]使西北，命西洋人赍[3]火具往。至一处，不见日光。西洋人云，此处火已不热。更前，并火不能存矣。因试以貂袖，毛不焦灼。可见火生于日也。故日性下济[4]，火性上炎[5]，子母相感，形尖亲上，体殊用似，而光次之。月与星借日为光，本章三。又其次也。星体太小，《历书》[6]言星体甚大，此专论其视体。姑不论。若月之远耀，绝胜于火，而月下察书，不及一灯荧然者，借光不如本体之光也。

【注释】

〔1〕小说：指中国传统的笔记体小说，"小说"二字可理解为"短小隽永的记事或随笔"。

〔2〕伍相国：指乾隆年间官至大学士、上书房总谙达的伍弥泰。此处转述的

记事，见于袁枚《子不语》"黑霜"条："严道甫向客秦中，晤诚毅伯伍公，云：雍正间，奉使鄂勒，素闻有海在北界，欲往视，国人难之。固请，乃派西洋人二十名，持罗盘火器……随往……〔洋人〕云，前去到海，约三百里不见星日……至是水亦不流，火亦不热。公因以火着貂裘上试之，果不燃，因太息而回。"

〔3〕赍（jī）：怀抱着，带着，拿着。

〔4〕下济：向下施利益恩泽以养万物之象。

〔5〕上炎：火焰光热蒸腾之象。

〔6〕《历书》：《崇祯历书》的简称，来华耶稣会士汤若望等与中国钦天监人员合作编撰的天文历法丛书，后汤若望加以修订增删，进呈清廷，由顺治帝改名为《西洋新法历书》。后又经删补收入《四库全书》，为避乾隆讳改名为《西洋新法算书》。

【译文】

最炽烈的光莫过于太阳，它是所有光的主宰，火由它而生。记得某〔笔记体〕小说中记载着这样一件事，说伍相国奉命出使西北，让西洋人带着生火的工具一起去。到了一个地方，不见日光。西洋人说，这里的火已经不热。再往前，连火都不能保存了。于是〔伍相国〕用貂皮袖子去火上试，毛都不会烧焦。可见火是由太阳而生的。所以日光有向下施泽的特性，火光有向上升腾的特性，就像母子之间互相感应，尖形〔象征〕向上亲近，〔火与日〕本体有别而作用类似，但光的强度不如。月亮和星星是借太阳的光，本章第三条。光的强度更不如。星体太小，《历书》说星体很大，这里只讲它的视大小。姑且不论。至于月光照耀远处的能力，远胜于火，而在月光下看书，却比不上一盏微弱的灯，原因在于借光不如本体之光。

八

白昼空明[1]之中皆有光焉。日出迄入，虽日所不及，室隩[2]皆见，实本体之光所映，可知其盛矣。唯朦景刻分[3]，本《历书》，谓昧爽[4]、黄昏候也。乃日光返照，空中生明，透光下土，是亦借光，故光力逊耳。[5]

【注释】

〔1〕空明：在此书中近于一个专门术语，大约指"明亮的空间"或"虚空中的光亮"。该概念应来自《远镜说》，其中云："盖物之有形者，必发越本象于空明之中，以射人目。"

〔2〕朦景刻分：天文测量中的两个时刻阶段。《测天约说》（《崇祯历书》之一种）云："日既入地平之下，则有朦胧分—名昏度，一名黄昏，行地平之低度十八，后此为夜。""追近地平下十八度，复为朦胧分—名晨度，一名昧旦，一名黎明，一名昧爽。""早为晨分，暮为昏分。或并曰晨昏。或省曰朦，曰朦影，曰朦度。"即一天有两个朦景刻分，一个是黎明，一个是黄昏。朦影，光影朦胧之谓。朦，微明，模糊不清。刻分，时刻，以漏壶上的刻度得名。

〔3〕陬（zōu）：角落。

〔4〕昧爽：拂晓，黎明。

〔5〕此处根据第三条定义的"借光"反射，来解释拂晓和黄昏时分不见太阳本体而天空已经明亮的现象（事实上这种现象还与折射有关）。再根据第六条定义的各种光的强弱顺序，来解释拂晓和黄昏的光毕竟较弱的现象。

按：《测天约说》中说："凡黎明将近，日将出地平，上有云则为朝霞；黄昏之始，日初入地平，上有云则为晚霞，所以赤色者，为日光返照……"夹注中所谓"本《历书》"盖亦指此。

【译文】

白天的明亮空间里都充满了光。从日出到日落，即使日光照不到的地方，屋子里的角角落落都能看见，正是本体之光的映照所致，它的强烈可想而知。只有到了所谓"朦景刻分"，根据《历书》，指黎明和黄昏时分。[这时的光]是日光的反射，在空中产生明亮，再透射到地面，这也属于借光，所以光力比不上[日光本身]。

九

物在空中亦必有光焉，乃能见物。原色二。此光二种：一曰大光明，一曰次光明。本《远镜说》。[1]大约居暗视明则物愈明，是大光明也；居明视明则物亦明，是次光明也。若居明视暗，则物不可见。

【注释】

〔1〕《远镜说》云："通光之体，又分二体。一谓物象遇大光明易通彻者，比发象原处更光明，而形似广而散焉。一谓物象遇次光明难通彻者，比发象原处少昏暗，而形似敛而聚焉。"此处所谓"物象遇大光明"，其实是指光线从光密媒质进入光疏媒质，"物象遇次光明"是指光线从光疏媒质进入光密媒质。译介西学初期，科学术语的翻译和解释较困难，这种"语焉不详"或晦涩费解之处较常见。郑复光取"大光明"和"次光明"概念分别指"居暗视明"和"居明视明"，与《远镜说》本意不同。

【译文】

物体在空间中也一定是有光的，才能看见物体。"原色"第二条。这样的光有两种：一种叫大光明，一种叫次光明。根据《远镜说》。大致说来，在暗处看亮处，则物体更加明亮，这就是大光明；在亮处看亮处，物体也还明亮，这就是次光明。如果在亮处看暗处，就看不见物体了。

<h2 style="text-align:center">十</h2>

大地之上水土湿，蒸为清蒙气[1]，原色七。随时厚薄。此气与玻璃相似，因其有淡白色，故能借光生光，含影成像。黄人抱珥[2]、海市蜃楼，皆原于此。因其附地而圆，故能升卑为高，映小成大。日在而见月食，星大而若有芒，多原于此。详后。

【注释】

〔1〕清蒙气：即大气。《测天约说》云："地居天中，日周其外，因于太阳，如受燔炙，恒出热气，是名清蒙之气。"参见"原色"第七条注〔3〕。

〔2〕黄人抱珥（ěr）：一种大气光像，为太阳两旁半环形的光晕，凸向日，如一对左右易位的括号。黄人，中国古代称日珥现象为黄人守日，亦早知其为"日旁云气"。抱，环绕，拥抱，合围。珥，原指珠玉耳环，亦专指日珥、月珥。

按：此处以光的反射解释几种大气光像，有合理之处，但更全面的解释需要对折射的认识。西学东渐至郑复光的时代，始终未能成功输入西方的折射知识，虽有点滴描述也不清楚。此处所论，与当时西学著作中的表述基本相当，如《日躔历指》（《崇祯历书》中之一种）云："清蒙之气者……其质轻微，略似澄清之水，其于物体，不能隔碍人目，使之隐蔽，却能映小为大，升卑为高。"

【译文】

大地上面的水土是湿的，蒸发成清蒙气，"原色"第七条。厚薄随时变化。这种气与玻璃相似，由于它有淡白色，所以能通过借光而产生光，通过含纳影像而生成物体的像。黄人抱珥和海市蜃楼等现象，都出于这个原因。由于它附着在地球上而呈圆形，所以能把低处的[物]抬升为高处的[像]，把小的[物]投射成大的[像]。太阳还在就看见月食，大的星星好像有芒刺，大多也是这个缘故。详见后。

十一

外光不能含物影，内光则无论通光与否，皆能受光发光。但不通光者专以受光为用，故名含光。通光者专以透光为用，而兼能受光。故含光者受光显，通光者受光微。受光显者发光显，受光微者发光微。[1]

【注释】

〔1〕此条阐明反光体不能透光，但透明体却有微弱反光。

【译文】

外光［体］不能含纳物像，内光［体］则不论是否透明，都能受光然后发光。但不透明的专门以受光为作用，所以叫做含光。透明的专门以透光为作用，但同时也能受光。所以含光体受光明显，透明体受光微弱。受光明显的发光也明显，受光微弱的发光也微弱。

十二

光体受光而发于他处，正对则正发，与本光体合一而不见。斜对则斜发，与本光体歧分而生明。[1]其发光有大小，或由镜形不等，或由远近生差。

【注释】

〔1〕此处描述反射现象，"正对"指镜面（光体）与入射光束垂直，正对则反射光束与入射光束重叠，斜对则二者之间呈一定角度岔开。

【译文】

光体受光再发射到别处，正对则正着发射，与原发光体的光合在一起而看不见。斜对则斜着发射，与原发光体的光分为两路而明晰。这样的发光［强度］有大小，有时是因为镜子的形状不同而导致［强度］不等，有时是因为距离的远近而产生差别。

十三

光体发光，由于光面[1]。面有一点未光，则无可发；[2]或一点凹凸，则光线不同，所发光中必见黑影。[3]

【注释】

〔1〕光面：光洁的表面。

〔2〕表面不光洁，则没有反射光可发。

〔3〕此条规律是后面郑复光阐释"透光镜"原理的重要依据，见第四篇"述作"之"作透光镜"。

【译文】

[反] 光体能发 [反射] 光，是由于光洁的表面。表面有一点未达到光洁，就没有光可以发出；或者有一点凹凸，就导致光线不同，所发出的光中一定呈现黑影。

十四

两光体同照，光复处必深，而各体之本光不乱。本《历书》。[1]

【注释】

〔1〕《测量全义》（《崇祯历书》中之一种）："有光之多体同照，光复者必深，而各体之本光不乱。"这是在中国首次介绍光的叠加和独立传播原理。

按：此处第十四、十五、十七三条，均来自《测量全义》卷末论郭守敬景符的条目。第十六条为郑复光根据自己的理论解释"表高影虚"现象。详见后。

【译文】

两个光体一起照射，光重叠之处必定加深，但各光体自身的光并不混淆。根据《历书》。

十五

有大光体射于地上，中有暗体，分光为二，即如二光体。本《历书》。[1]

【注释】

〔1〕《测量全义》："有大光体，中有暗体，分光体为二，即一光体为有光之两体。"

【译文】

当有大光体照射到地面上时，如果中间隔着暗的物体，把光体一分为二，就如同有两个光体。根据《历书》。

十六

光之所照，中有物焉，必有物影见于地。若物去地近，则影浓而清。如物小而去地远，则影淡而模糊。如物大而远，则影中浓而边淡，《元史》所谓"表高影虚，罔象非真"[1]是也。盖光虽被物遮，余明映照，犹能溢入景际；承景之地，离物既远，遮光之体少，受光之地多，故余明映发而景淡也。

如图（图3）：

图 3

物在甲，则甲至乙一段为受光之地，若远至丙，则丙至丁一段受光之地必多于甲乙，故余明力大而景淡矣。

【注释】

〔1〕《元史·郭守敬传》载郭守敬因"表高景虚，罔象非真，作景符"。《元

史》此处所言，与郑复光的这一段，都是在说影子的本影、半影现象。半影是本影外围一圈浓淡渐变、没有明确界限的模糊区。罔象，一指古代传说中的水怪或木石之怪，一指水盛貌，一指虚无之象。此处为取其第三种含义，表示影像的半影区淡而模糊、若有若无。

【译文】

[日] 光在照射时，如果中间有物体，必定有影子出现在地面上。如果物体离地近，则影子浓而清晰。如果物体小而离地远，则影子淡而模糊。如果物体大而 [离地] 远，则影子中间浓而边缘淡，《元史》里说的"表高景虚，罔象非真"（圭表太高影子就虚，恍惚不真）就是指这种情况。原因在于，光虽然被物体遮住，但余光映照，还能渗到影子边际里面；承接影子的地面，离物体既已较远，则遮光的体积小，受到映照的区域大，于是就有余光映射，因而影子变淡。

如图（图3）：

物体在位置甲时，甲至乙一段为受到映照的区域。如果物体远移到丙处，则丙至丁这段受到映照的区域必大于甲乙，所以余光强烈导致影子变淡。

十七

日光下射，中悬暗体，地下有影焉。以日射物言，则日上边射物上边，日下边射物下边。若以目测，则目在物下边必见日上边，目在物上边必见日下边。[1] 两者似相反，而理则相需。若墙有方孔，墙景中必现方光孔形，则孔之上边必当光之上边，孔之下边必当光之下边。然而在孔为上，在墙则为下。盖孔居墙中，墙之下是孔之上，孔之下又为墙之上矣。[2]

【注释】

〔1〕此处表述不够明确。《测量全义》云："两光体各射光，过小孔，反照之。上体之光在下，下体之光在上，右在左，左在右。用横梁，暗体也，分日轮为上下二分，即成两光体。两体之两光过隙，则日上分之光在下，下分之光在上，横梁在上下之间，实得中景。塔影倒垂，义同于此。"对照可知，《测量全义》所言，系指小孔成像，固有物与像颠倒之说。上文描述的是直接投影，没有这种日与影上下相反的关系。或许是指观察者面对影子、横梁和太阳，并

以影子远离人的一边为上边、靠近人的一边为下边，那么此时影子的"上边"和"下边"，的确对应于太阳下边和上边的投影射线。

〔2〕此句亦不够明确。或许指方孔的朝上表面位于下方，朝下表面位于上方。

【译文】

日光向下照射，中间悬着暗的物体，地面就有了影子。从太阳照射物体来说，是太阳的上边照到物体的上边，太阳的下边照到物体的下边。如果以眼睛观察，那么眼睛在物体的下边必定看见太阳的上边，眼睛在物体的上边必定看见太阳的下边。两者好像相反，但道理是相同的。比如墙上有方孔，则墙的影子里必定出现形如方孔的光斑，此时孔的上边必定处于光的上边，孔的下边必定处于光的下边。然而对孔来说为上，对墙来说则为下。原因在于，孔位于墙当中，墙之下是孔之上，孔之下又成为墙之上了。

十八

空明之中或别有光体，其映照所及，必有所见，是为晕光[1]。此光复必深之理也。本章十四。

【注释】

〔1〕晕光：后文中数次出现这个概念，指的是远处的光透过透镜（即此处所言"光体"）时，在远离结像面的位置上，像屏接收到的不是光源的像，而是镜片的投影，且黑影外围有一圈"虚光"，郑复光称之为晕光。实则为半影。

【译文】

明亮的空间中如果另有光体，它映照所及之处，一定有所见，这就是晕光。这就是两光重叠而变深的道理。本章第十四条。

原　景[1]

一

物之可见者色也，色之显露者光也，原色二。光之入目者景也。故物远则色小光微而不见，日暮则光微色暗而不见，由入目之景淡也。

【注释】

〔1〕原景：推究"景（影）"的根由。"景"包括影子和影像，详见下条及注。

【译文】

物体可见是因为颜色，颜色显露是因为光，"原色"第二条。光进入眼睛就成为影像。所以物体远则色小光弱而看不见，傍晚则光弱色暗而看不见，都是因为进入眼睛的影像浅淡。

二

景，有形，有色，有形色兼。[1]日照大地，灯照一室，其景皆红者，色也。物入光中，景肖物状者，形也。镜花水月，景不殊真者，形色兼也。

【注释】

〔1〕此指"景"有三种。中国古代一直将投影之影和成像之像都叫做"景"（影），此处郑复光将物体对照明光的反射也归为"景"，这种"影"在后面用以指照明光直接投射在屏幕上的光斑时，尤其显示出这个概念的必要性。对传统的"景"字进行明确的光学界说，表现出郑复光对理论的严谨性和精确性有刻意的追求，已经不同于传统格物学。

【译文】

影，有形状之影，有颜色之影，有形色兼备之影。阳光照亮大地，灯光照亮房间，影都［偏于］红色，这就是颜色之影。物体进入光亮之中，影反映物体的形状，这就是形状之影。镜中花、水中月，影与实物没有区别，这就是形色兼备之影。

三

景有对光[1]见者，有背光见者。物对内光，景入光内，对光见景者也。[2]物在外光之中，景落于地，背光见景者也。[3]对内光者，其景真，有形有色也。背外光者，其景黑，见形不肖色也。本章二。是故欲见色必对内光，不对内光，不能肖色。惟取景[4]，则不必对内光而可以肖色，但其形倒耳。[5]原光四。

【注释】

〔1〕光：为"光体"之省文。"外光"的"光体"即发光体，"内光"的"光体"即光学系统（如透镜或反光镜之类）。

〔2〕此指物体面对光学系统成像。

〔3〕此指物体在光源照射下产生影子。

〔4〕取景：指小孔成像。见"原光"第四条。

〔5〕此句进一步完善"景"的界说，颇有逻辑性。基于"原色"部分将视觉归结为形与色，而作出上一步界说，此处再根据"内光"和"外光"之分，认为投影是外光所为，成像是内光所为。但因内光涉及镜片，故又未将小孔成像归入。从此条可以看出，郑复光要认真清理影、像混淆，实像、虚像混淆的意图已很明显，虽未尽善，但已明显进步。

【译文】

影有面对光体呈现的，有背对光体呈现的。物体面对内光体，影进入光体之内，这就是对光现影。物体置于外光之中，影投在地上，这就是背光现影。面对内光体的，它的影逼真，有形有色。背对外光体的，它的影是黑的，呈现形状而不能反映颜色。本章第二条。因此要呈现颜色必须面对内光体，不面对内光体，不能反映颜色。但在［小孔成像］取影［的情况下］，则不必面对内光体就可以反映颜色，只是形状颠倒而已。"原光"第四条。

四

景若不肖色，则景有自具之本色，其色恒黑。此色有浓淡二种：

其一，背外光见景，其色必黑，本章三。近浓而远则淡。盖景以光衬，如烘云托月，近则合度，远则空明映入，所谓罔象非真，故淡也。原光十六。

其一，对内光见景，欲取其色，缘有他故，取色不真，谓时已黄昏，镜之照物必不能仍肖本物之色之类。但具为体，其色亦黑，必淡于本物之色。是又一理，未可泥于黑为五色最深之说也。原色五。

【译文】

如果说影不能反映颜色，那么影有自身具备的本色，其色总是黑色。这种本色有浓淡两种：

一种是，背对外光体呈现影，其色必定是黑色，本章第三条。近处浓而远处淡。原因在于，影是由光来衬托的，就像［绘画的］烘云托月那样，近则恰如其分，远则虚空中的光亮映到影里，即所谓"罔象非真"（影子恍惚不真），所以影子就淡。"原光"第十六条。

一种是，面对内光体呈现影，本想获取它的颜色，因为有别的缘故，所得的色彩不真，指的是到了黄昏时分，镜子照物必定不能依然反映出本来物体的颜色之类［的现象］。只是表现形体，颜色也只是黑色，必定比本来物体的颜色淡。这又是一种事理，不可拘泥于黑色为五色中最深的说法。"原色"第五条。

五

景自肖形，然由于光相对之面而生，光与面不必正相当对，于是乎景遂变易物之本形，而有不肖者矣。

【译文】

影自然与物形相像，然而是根据与光源相对的面而产生，光源和面未必总是正对，于是影就会改变物体本来的形状，而有不相像的了。

六

光与物大小相等[1]，其景虽远，相等而无尽。物大光小，则景渐远渐大而无量。物小光大，则景渐远渐小而无景矣。本《测天约说》。[2]故物逼于灯，移物渐远，则景渐小；物逼于壁，移物渐远，则景渐大，光小物大故也。若日中置物于地，移物远地，则景渐小者，日去地甚远，视日似小而实则大也。[3]《历书》谓日大于地五倍有奇。[4]

解曰：

此指日体两边出线而言。而光之照物，必具两种，其一自

日中心出两线，射物两边，则现大景[5]。北华云，曾挂钮子于
楼上，地下见胡桃大景，但淡而难见耳，即此景也。

【注释】

〔1〕光与物大小相等：指的是平行光。这种不太精确的说法来自《测天约
说》，但该书有附图，可断定为平行光。

〔2〕《测天约说》卷上"第十八题"附"视学一题"："凡物必有影。影有
等、大、小，有尽、不尽……若光体大于物体，其影渐远渐杀，锐极而尽。若
光体小于物体，其影渐远渐大，以至无穷。若光、物相等，其影亦相等，亦
无穷。"

〔3〕全书中大量出现这种连续改变变量以观察全过程的实验，得到很多重
要发现。可以说是郑复光的科学研究方法的一大特点。

〔4〕此说未查出。《测天约说》卷下"太阳篇"说："太阳之容大于地之容
一百余倍也。"

〔5〕大景：此即包括半影的影子。因太阳的视直径较小，故"中心出两线"
之说也能近似，实际上半影区的投影边线，是从光源体左边到物体右边、从光
源体右边到物体左边的两条射线。

【译文】

光体与物体大小相等时，无论影子多远，大小一直［与物体］
相等以至无穷。物体大于发光体，则影子越远越大没有限度。物体
小于发光体，则影子越远越小直至没有影子。根据《测天约说》。所
以，把物体贴近灯，然后渐渐往远处移，则影子逐渐变小；把物体
贴近墙壁，然后渐渐往远处移，则影子逐渐变大，都是光源小于物
体的缘故。如果在日光中把物体放在地上，然后使它逐渐远离地
面，则影子逐渐变小，是因为太阳离地很远，看上去小，其实却是
大的。《历书》说太阳比地球大五倍多。

解：

这是指太阳两边射出的线而言。但光照射物体的方式，必
定有两种，其中一种是太阳中心射出两条线，射到物体的两
边，就会出现大影子。北华说，他曾经把钮扣挂在楼上，看见
地上有核桃大的影子，只是很淡而难于观察到，说的就是这种
影子。

七

景自肖形。然有透照之景，有返照之景。原光六。透照与返照相反，故透照肖形者，返照必左右易位。

【译文】

影自然与物形相像。但有透射之影，有反射之影。"原光"第六条。透射和反射相反，所以透射时与形相像的，反射时必定左右颠倒。

八

影自肖形，若物在空明之中，物之方者，影可变成三角。[1]

如图（图4）：

图4

甲乙丙壬辛丁为方物。缘空明光大，似分为两光体。左边有光成丁己戊丙景，右边有光成丙己庚丁景。空明光淡，故景亦淡。而丙丁丁则两景相复而深，故成锐景也。若日远、视径[2]小，难分两体，又光盛景浓，止见方景焉。

【注释】

〔1〕此处所言是本影、半影的一种极限情况。两个半影区的前端刚刚交汇，使梯形本影变为三角形本影。郑复光经常通过连续改变变量的实验，发现一些极限情况。

〔2〕视径：视直径。

【译文】

影自然与物形相像，但如果物体处在明亮空间中，方形的物体，影子可以变成三角形。

如图（图4）：

甲乙丙壬辛丁为方形物体。因为明亮空间中的光是大范围的，所以好像［被物体］分成了两个光体。左边的光形成丁己戊丙影，右边的光形成丙己庚丁影。明亮空间的光是淡的，所以影子也淡。而［三角形］丙丁己则是两个影子的重叠，所以加深，成为边缘清晰的影子。如果像太阳那样距离又远、视直径又小，不能被分成两个光体，而且光照强烈、影子浓密，那就只呈现方形影子了。

九

物必有景。镜通光，虽似有似无，而既成为物，即有其景，但微而难见耳。然必有镜形见于壁，是其景也。[1]

【注释】

〔1〕此段言玻璃不全透明，透镜在光照中也有影子。

【译文】

物体必定有影。透明的镜片，虽然似有似无，但既然成为物体，就有影子，只不过微弱而难于看见罢了。但一定有镜片的形状见于墙壁，那就是它的影子。

十

景必肖形。故内光者反照物景，虽左右易位，本章七。而其肖形，则光体[1]薄者，能现厚影；光体近者，能现远景；物切光面[2]，能成合景；物离去声[3]光面，能成离如字[4]景。

解曰：

设有盆贮水，深如丙子，中安半规形如己辛癸，必见己壬癸景于盆水内。夫辛丙足九十度，则丙壬亦必足九十度，不得不成己壬癸矣。光体止于丙子，而子壬乃出盆外，是光薄见厚景，光近见远影也。如云不然[5]，是物虽已辛癸，景只已子癸矣。然使更设已丑癸形，必见已子癸景，是物两而景止一，有是理乎？（图5）

又：

如寅卯与戌亥皆光面，设午申未形，午未切光面，成辰酉巳景，必合成全圆，为合景。如设角、氐、亢[6]形，氐、箕不切，光面成心、房、尾景，则房距箕亦必不切，为离景。[7]（图6）

图 5　　　　　　　　　图 6

【注释】

〔1〕此时的"光体"指盆中之水。

〔2〕光面：光体的反射面，即镜面。

〔3〕离：离开。古文中"离"作某些动词时读去声，类似于"衣"作动词时读 yì。

〔4〕如字：古代注音术语，意为按本音读。

〔5〕以下论证即为前言中所说郑复光的"理想实验反证法"，从假想的相反情况推出谬论，以此反证先前结论的正确。书中以"如云不然"或"或问"开头之处，多有此例。

〔6〕角、氐、亢，及下面的箕、心、房、尾等都是二十八宿名。郑复光用天干地支和二十八宿名作为变量符号，相当于现在的 a、b、c、d 之类。

〔7〕虽无"实像"和"虚像"概念，但郑复光在大量实验观察的基础上，对平面镜的虚像对称于物这一点是认识得很清楚的，这一条比较明显。这种认识，使得他在"述作"篇中解释或设计有关光学仪器时，能得出非常精确的结论。参见"述作"篇"作显微镜"章。

【译文】

影必定与物形相像。所以内光［体］反照物像，虽然左右颠倒，本章第七条。但要说它对形状的逼真反映，则薄的光体，能呈现厚的影像；近处的光体，能呈现远处的影像；物体紧贴镜面，能成合影；物体离开镜面，能成离影。

解：

设一个盆中装着水，水深为丙子，盆中放置一个半球形物体如己辛癸，必然在水中看见影像己壬癸。辛丙与水面成 90 度，则丙壬也必定成 90 度，影像就不得不是己壬癸。光体只有丙子，于是子壬就超出了盆外，这就是薄的光体呈现厚的影像，近处的光体呈现远处的影像。如果说不是这样，那就是物体即使为己辛癸，影像也只是己子癸了。那么要是再有一个物体己丑癸，必然出现影像己子癸，这岂不是物体有两个而影像只有一个，有这样的道理吗？（图 5）

又［解］：

如果寅卯和戌亥都是镜面，设有物体午申未，午未紧贴镜面，产生影像辰酉巳，必然合成一个全圆，成为合影。如果设置物体角、氐、亢，氐、箕不紧贴，镜面产生影像心房尾，则房距箕也必定不紧贴，成为离影。（图 6）

十一

景必肖形。故形实[1]者，景虚[2]而亦实；形虚者，景虚而又虚。

解曰：

凹为虚圆镜，单凹[3]者，平面必相背成凸景。[4]凸为实圆镜，单凸者，平面必相背成凹景。然凹景虽凸，仍为凹用；凸景虽凹，仍为凸用。形虚者，景虚；形实者，景虽虚而实也。

【注释】

〔1〕此处"形实"指凸透镜的球弧形是从真实球体上截取的，下面的"形

虚"指凹透镜的球弧形是挖空形成，不在真实球体之上，而在其外。后面"释圆"篇专讲透镜时，说得更明确。

〔2〕当时还没有严格界定实像和虚像的条件，但郑复光有时也能作出区分。

〔3〕单凹：一面平一面凹的透镜，今称平凹透镜。后面的"单凸"亦同。

〔4〕平凹透镜的凹面通过其平面成反射虚像，反射虚像皆反向对称，故凹面的像为凸面。后面凸透镜的情况同理。透镜的两个表面都有反射作用，是郑复光的一个重要发现，对其研究透镜性质有重要意义。

【译文】

影必定与物形相像。所以实的形状，影像既虚又实；虚的形状，影像虚而又虚。

解：

凹透镜是虚的球弧形镜片，其中的单凹透镜，平的一面必定〔因与凹面〕相背而呈现凸的影像。凸透镜是实的球弧形镜片，其中的平凸透镜，平的一面必定〔因与凸面〕相背而呈现凹的影像。但凹的影像虽为凸，仍起凹的作用；凸的影像虽为凹，仍起凸的作用。形状虚的，影像也虚；形状实的，影像虽虚而实。

十二

日为圆体，光照大地，地上有物如横梁，景落在地，其横梁上边反是日之下边，横梁下边反是日之上边。〔1〕必于横梁上开细孔，透露日光，方是日之中心，是为中景〔2〕。本《元史》影符〔3〕说。

【注释】

〔1〕此处与"原光"第十七条类似，表述不够明确。不知"横梁上边反是日之下边，横梁下边反是日之上边"是指梁还是梁的影子。若指梁，没有这种日与影上下相反的关系；若指梁影，影为地上平面，本无所谓上下。其可能性见"原光"第十七条注〔1〕。

撇开这一费解之处不论，此条讨论的是《元史·天文志》中关于测日圭表的投影问题。《元史·天文志》："按表短则分寸短促，尺寸之下，所谓分秒太、半、少之数，未易分别；表长则分寸稍长，所不便者景虚而淡，难得实影。"

意思为，用短表测量，误差较大；用长表测量，误差虽可减小，但影子虚化。为解决这一问题，郭守敬先后进行两次改进。先是在高表上设横梁，用横梁影子代替表端影子，对日心位置的测量精度有所提高，但"表高景虚"（见"原光"第十六条及注）的问题仍未解决且加剧。后来利用小孔成像原理发明"景符"，大大提高测量精度。见下注〔3〕。

〔2〕中景：指落在圭表刻度上的太阳影像的中心位置，古代以表影长度测时日，这个位置的精确度十分关键。此处描述的现象是，横梁上开小孔，太阳经过小孔所成的实像为一小光斑，可较精确地确定日心位置。这个见解是正确的，但郭守敬的景符并不是在横梁上开孔。见下注〔3〕。

〔3〕影符：即"景符"，是郭守敬发明的圭表附件，利用针孔成像确定日心位置，提高测量精度。《元史·天文志》："景符之制，以铜叶，博二寸，长加博之二，中穿一窍，若针芥然。以方匡为趺，一端设为机轴，令可开阖，揾其一端，使其势斜倚，北高南下，往来迁就于虚梁之中。窍达日光，仅如米许，隐然见横梁于其中。旧法一表端测晷，所得者日体上边之景。今以横梁取之，实得中景，不容有毫末之差。"从这段话可知景符的制式，是在一小块铜板上穿一个小孔，用时在圭表刻度尺上通过移动、倾斜，使小孔、横梁、太阳三点成一线，此时落在刻度尺上的不是虚化的影子，而是太阳的清晰缩小实像，即一个小圆斑，圆斑中心有一道横线是横梁的像，因此指示刻度与过去的表不可同日而语。

【译文】

太阳是圆形，光照到大地，地面上有横梁一样的物体，影子投在地上，横梁的上边反而是太阳的下边，横梁的下边反而是太阳的上边。必须在横梁上开小孔，让日光透过，才是太阳的中心，这叫"中景"。根据《元史》中关于景符的说明。

十三

借光取影[1]，由于交线[2]。或因孔束之线成交，或因镜面弯环[3]之光线成交，原光四。其理自同，而交处则不同，有在向光前面者，有在背光后面者。

解曰：

前无所碍则顺入如甲丙与乙丁，顺入则出交得景如过孔自戊至庚。出交者虽远，皆能取景，但渐淡耳。（图7）

图7

　　前有交线如寅碍之[4]，则倒入如子入辰，丑入卯。倒入则约光成景如卯辰入午。约光者，稍出入即不能取景，缘交处异势[5]故也。（图8）

图8

【注释】

　　〔1〕借光取影：指各种光学系统对平行光聚焦，或对远处景物成缩小实像。郑复光将透镜和反光镜都归为"内光"，"内光"本来就是用以界定自身不发光却能"借"他处的光来照明或成像的情况，所以一切光学系统必借光。

　　〔2〕交线：相交的光线。会聚光束到了会聚点，形成一个圆锥体形，但主光轴的侧剖面（即圆锥的侧剖面）为交会于一点的两条直线，"交线"即指此。有必要说明的是，西方几何光学以"光线"（直线）为光的抽象模型，但郑复光时代的传教士著作中并未讲清此点，仅出现一些示意性"光路图"，致使郑复光以为物与物互相照射时，彼此发出一些真实的（而非抽象的）"线"，且这些线之间有实际的相互作用。这种想法使得郑复光在解释透镜机理时遭遇了困难，详见"释圆"篇。

　　〔3〕弯环：指球弧面的形状。

　　〔4〕凸透镜前面有真实的"交线"存在，是郑复光的一个假说，详见"释圆"篇。

　　〔5〕异势：具体情势有差异。此处所指，是关于景深。从后面相关条目看，

郑复光对此有较清晰的认识。当小孔的孔径小或透镜的焦距短，景物较远时，景深大，在结像面附近的某个范围内都能得到清晰实像。反之，小孔的孔径大或透镜的焦距长，景物较近时，景深小，稍微偏离结像面，影像就模糊。

【译文】

借光取影，是由交线造成的。或因为受到小孔约束的光线形成交点，或因为球弧形镜面的光线形成交点，"原光"第四条。道理本来相同，但相交之处有所不同，有的位于面向光照的前面，有的位于背对光照的后面。

解：

前面没有阻碍就顺着入射如甲丙与乙丁，顺着入射就越过交点得到影像如穿过小孔之后从戊到庚。越过交点后，再远也能得到影像，只是越远越淡。（图7）

前面有交线如寅阻隔光线，就会颠倒入射如子射到辰，丑射到卯。颠倒入射之后就约束光线而成像如卯辰射到未。约束光线〔成像〕时，〔位置〕稍有出入就不能获得影像，是相交之处的具体情形不同的缘故。（图8）

原　线[1]

一

物与物交，必有相射之线。光能照，有光线；目司视，有目线；景承光，有景线；镜受景，有镜线是也。[2]

【注释】

〔1〕原线：推究"光线"的根由。郑复光所称的"光线"，除用以指物体发出的光线而与现代概念相近之外，也用以指各种假设的实体。详见以下各条。

〔2〕以上各种"线"均为郑复光自创假说中的概念，见上条注〔2〕。

【译文】

物体与物体相遇，一定有互相照射的线。光能照明，就有光线；眼睛负责看，就有目线；影像承接光照，就有影线；镜片容受影像，就有镜线，等等。

二

两线相距等而不相合者，为平行线。若相距不等，一端相距狭，一端相距阔者，名广行线，此几何家旧称也。今以同一广行线，又视其所举[1]者而异辞，如自狭向阔言之，名侈行线；若自阔向狭言之，名约行线。[2]侈行线愈行愈阔，永不相合。约行线愈行愈狭，必交合为一而成角，名交角。线过交复歧为二，又永不相合矣。(图9)

图9

【注释】

〔1〕举：动作行为。直线概念不包括方向性，故统称广行线。现在作为射线（光线）概念，两条射线的方向性和位置关系将决定不同结果。

〔2〕以下常以"侈行"和"约行"为动词，相当于"发散行进"和"会聚行进"。

【译文】

两条直线［保持］距离相等而不交会，为平行线。如果相距不等，一端相距窄，一端相距宽，叫做广行线，这是几何学家原来的概念。现在就同是广行线而言，又视其行进方式而给予不同名称。以从窄到宽而言，叫侈行线；以从宽到窄而言，叫约行线。侈行线越行越宽，永不相交。约行线越行越窄，必定交会到一处而形成一个角，叫做交角。两线过了交点重新分岔为二，就永不相交了。(图9)

三

线之相射，或正或斜，或自此射至彼而反折，皆是直线而无曲。[1]

【注释】

〔1〕此为光的直线传播定律。

按：当时几条几何光学的基本原理，首次出现都是在《测量全义》卷末解释郭守敬"景符"的条目中，如"原光"第十四条中光的独立传播原理，此条亦然。可见早期译介西学之零散性。郑复光能从中发现这几条的基本性，实与其光学造诣有关。《测量全义》云："有光之体，自发光，必以直线射光至所照之物。"

【译文】

光线射来射去，或正或斜，或是从此处射到彼处而反折，都是直线而没有弯曲。

四

一线自此处射至彼处而反折，与此线仍合而为一，不能见其反折也。若一线自此处斜射至彼处，复反折而斜射至他处，是二线也。原光十二。论其形歧，可名侈行。其会一，可名交角。而原其为一线所生，故名折线。

【译文】

一条光线从此处射到彼处而反折，［反射光线］与这条［原发出的］光线重合为一条，就看不见光的反射了。如果一条光线从此处斜射到彼处，再反折而斜射到别处，这就成了两条光线。"原光"第十二条。以它分岔的形状而论，可以叫侈行。它有一个交会点，可以叫交角。但考虑到它是由一条线生成，所以叫做折线。

五

折线必是斜射，故其所会之角，必正而不偏[1]。此镜心测高之法[2]所本也。法见《测量全义》[3]。

解曰：

乙丁丙为镜，平置地上。有高在辛，人目于镜心见之，则目必在己。故以庚甲为一率，己庚为二率，甲壬为三率，得辛壬高。[4]

试依庚壬作丑甲垂线，则丑甲辛与丑甲己二角必等。[5]如云不然，若丑甲癸与丑甲己二角不等，是四率仍辛壬，而高实子壬，则不可测矣。寅戌即如己庚，甲戌即如甲庚，故两形相等，则甲角必相等。（图 10）

图 10

【注释】

〔1〕此为光的反射定律。

按：至此，几何光学的基本定律独缺折射定律。此后可知，郑复光的整部光学，就是在缺少折射定律的情况下，进行整体的探索和创造。这一方面使《镜镜詅痴》的独创性和中国特色十分显著，另一方面也使研究工作显得十分艰难。我们作为现代科技的享用者，领略早期科学探索的实际历程，是一件饶有趣味且大有益处的事情。

〔2〕镜心测高之法：用平面镜测物体高度的方法。将平面镜置于地上取水平，观察者在镜子中心看见物体的最高点，此时镜心、人眼、人足三点构成的直角三角形，相似于以被测物高度和被测物距镜心的距离为两条直角边的直角三角形，通过相似三角形关系可计算出被测物高度。

〔3〕《测量全义》：疑为《测量法义》之误。前者中不见此条，后者中则有

"以平镜测高"一条，图文均与此处相符。《测量法义》，利玛窦、徐光启译著的介绍西方测量术的著作，约成书于 1607—1608 年。

〔4〕此处指比例算法，即利玛窦、李之藻编译的《同文算指》中介绍的西方笔算"三率法"（或"三数法"），通过比例式 a∶b＝c∶x 求 x，其中 a、b、c 分别为一率、二率、三率。亦即中国传统算术之"今有术"。

〔5〕"丑甲垂线"即入射点处的法线，"丑甲辛"角即入射角，"丑甲己"角即反射角。此处更明确地表述了"入射角等于反射角"。同时说明前面的比例式来自相似三角形关系。

【译文】

折线必然是斜线，所以它交会的角，必定正而不偏。这是"镜心测高法"所根据的原理。该法见《测量法义》。

解：

乙丁丙为平面镜，平放在地上。有［某物体］顶端在辛处，人眼在镜子中心看见它，则眼睛的位置必定在己处。于是以庚甲为一率，己庚为二率，甲壬为三率，即可算出高度辛壬。

试作庚壬的垂线丑甲，则丑甲辛与丑甲己两个角必定相等。如果说不是这样，假如丑甲癸与丑甲己两个角不相等，此时四率仍然是辛壬，而实际的高度是子壬，这样就没法测量了。寅戊等于己庚，甲戊等于甲庚，所以两个三角形相等，那么［以］甲［为顶点的两个］角也必定相等。（图 10）

六

凡线者，点引而长也；面者，点积而广也。物与物交射在于面[1]，线亦出于其面。面之积点无穷，故线亦无穷。今撮举立论，则概之以上下两线，或左右两线。[2]

【注释】

〔1〕物与物交射在于面：物体互相交叉照射的光束其实是一个面［而非线］。

〔2〕此条明确表示，物体发出的光为光束，但以光束侧剖面的轮廓线来代表之。

【译文】

线，是由点延伸拉长而成；面，是由点积累扩展而成。物体与物体互相照射是发生在面上，线也出自那个面。一个面所包含的点有无穷多个，所以线也有无穷多条。现在为论说方便而择取关键，则将其概括为上下两线，或左右两线。

七

物线相射，因相对而生。相对者，必无不正。而物与物则有大小不等。此之上边射彼上边，此之下边射彼下边，则成广行斜线。然而人见为斜，在线仍是正相当对。如或非正，则不能相射矣。

故有平面在前如甲乙，与平面镜如辛戊壬相对，人目在甲，可见丁于辛，不能见乙于辛。以甲与辛若辛与丁，方为正对也。若自甲视戊，则可见乙矣。又设辛癸壬圆面凹镜，则自甲视辛，可以见乙。以丙辛癸与子乙丑正对也。依显[1]，自甲视壬，必见甲成倒象[2]矣。(图11)

图11

【注释】

〔1〕依显：利玛窦、徐光启译《几何原本》术语，原为"依此推显"，简称

"依显"，意为"由此推证"。

〔2〕在此书中，"象"字和"景"（影）字一般有明确区分，"象"指形象、形状，"景"才是指光学系统所成的影像。此处"倒象"亦指"颠倒的形状"。

【译文】

物体的光线互相照射，是发生在面对面的情况下。所谓面对面，就一定没有不正。但物体与物体却有大小不等的情况。此物的上边射到彼物的上边，此物的下边射到彼物的下边，就形成两条不平行的斜线。但是人看起来是斜的，对于线本身仍然是互相正对。如果不正，就不能互相照射了。

因此，设有平面在前如甲乙，与平面镜如辛戊壬相对，人眼在甲处，可以在辛处看见丁，不能在辛处看见乙。因为甲与辛等同于辛与丁，才是正对的。如果眼睛在甲处看戊处，就可以看见乙了。又设辛癸壬是一个凹面镜，则从甲看辛处，可以看见乙。因为丙辛癸与子乙丑是正对的。同理，从甲处看壬处，必然看见甲变得形状颠倒。（图11）

八

两物相射，约行线自此至彼则止，不能有交；若中有物隔，则约行至所隔之物而止；设隔处有孔，则射线穿孔约行，不至彼物不止；如彼物甚远，则约行必交，穿交而过，则此之上边必反射彼下边，此之左边必反射彼右边者，势也，能无成倒景乎？塔景倒垂，此其理也，本《历书》。〔1〕算家称为格术〔2〕。本《梦溪笔谈》〔3〕。格者，隔也。〔4〕譬如击桨，手后则桨前，隔于桨桩〔5〕也。譬如摇橹，人左则橹右，隔于橹脐〔6〕也。又如两人凭窗，东西列坐，鸢自东而西，两人皆见；或闭窗开孔，西坐见鸢，则东坐必不见，而鸢之景亦在西壁；迨鸢飞至西，景必反移至东壁，推之上下，不得不然，岂不成倒景乎？

【注释】

〔1〕见"原光"第十七条注所引《测量全义》对小孔成倒像的解释。"塔景倒垂"指楼塔经小孔成倒像于暗室之中的现象。

按：小孔成像是中国古代的一个传统格物课题。早期研究则有《墨经》，已然作出正确而简明的解释。北宋则有《梦溪笔谈》，解释水准易峰突起。宋末元初则有赵友钦，其《革象新书》记载了壮观的实验。元代郭守敬将小孔成像应用于"仰仪"和"景符"，至郑复光又达一个高潮。可见郑复光的光学是在两条研究路线上同时展开的，一是在西学影响下开辟新的研究范围，二是总结和推进传统格物课题。其中一些思维方式和表述方式，也与传统有明显的继承关系。

〔2〕格术：从字面上看，似为一种成型的科学理论或方法，但"格术"二字至今仅见于《梦溪笔谈》，且无具体解释，只有几个比喻，故学界基本将其存疑待考。但"格"字的意思是清楚的。沈括认为，小孔成像和凹面镜成像的影像颠倒，与摇橹一样，都是因为"中间有碍"，导致"本末相格"，而小孔、凹面镜焦点和橹的支点，就是那个"碍"。所以，"格"就是两条相交的直线，以交点为"碍"（阻隔），两边的位置关系或运动方向发生上下颠倒或左右颠倒。从下文可以看出，郑复光完全抓住了"阻隔"和"颠倒"这两个关键点，所以他对"格"的解释和运用是非常合理的。

〔3〕《梦溪笔谈》：宋沈括所著笔记体著作。其中大量篇幅涉及自然现象研究，记录了大量民间科技成果和作者的研究结果，体现出作者很高的科学素养，一些数学、天文、物理、地质问题的探讨为当时世界先进水平，反映了北宋科技的辉煌成就。沈括（1031—1095），字存中，号梦溪丈人，钱塘（今杭州）人。

〔4〕将"格"训为"隔"（阻隔，阻碍，障碍）。此处是《梦溪笔谈》之后，迄今能见到的第一条对"格术"的解释。王锦光、洪震寰认为此解释较平允，因为第一，字面上训"格"为"隔"合乎古意；第二，此解释系从《梦溪笔谈》本文出发，未加入臆想成分；第三，其解释符合古代水平。（见王锦光、洪震寰《中国光学史》，湖南教育出版社，1983年。）

〔5〕桨桩：今称"支桨架"。

〔6〕橹脐：按文意即橹的支点，此部件今称"支钮"、"橹头"或"球钉"。

按：清代经学家孙诒让在所著《墨子间诂》中解释"景到"（训为"影倒"）二字时，引述此条全文，以"郑复光《镜镜詅痴》云"开头，词句略有出入。

【译文】

两个物体相对照射时，约行的光线从此物到彼物而止，不能产生交点；如果中间有物体阻隔，则约行到该间隔物而止；假使间隔物上有孔，则〔两条〕射线穿过孔继续约行，不到达对面的物体就不会停止；如果那个物体很远，则约行线必定相交，穿过交点之后，则此物上边〔的光线〕必定反而射到彼物下边，此物左边〔的光线〕必定反而射到彼物右边，这是情势之必然，能不成倒像吗？所谓"塔影倒垂"，就是这个道理，根据《历书》。算术家称之为"格术"。根据《梦溪笔谈》。格，就是隔。好比划桨，手往后则桨往前，就是因为桨在支桨架处受到阻隔。好比摇橹，人往左［摇］则橹向右［偏］，就是因为橹在支钮处受到阻隔。又比如两个人倚靠在窗边，一东一西并排而坐，鹰从东边飞到西边，两个人都看见；倘若关闭窗户，在上面开一个孔，坐在西边的人看见鹰时，坐在东边的必定看不见，同时鹰的影子也在西墙上；等鹰飞到西边时，影子必定反而移到了东墙上。推论到上下，也不得不如此，岂不就成倒像了吗？

九

日光射物，万线齐发，光彻上下，无处不照。设光中有屏，屏受日光止得日体之一分去声。故只见日光，无所为日之形体也。（图 12）

图 12

【译文】

　　日光照射物体，万千光线一起发出，光明遍及天地，无处不被照亮。假如此时日光中有一个屏幕，那么屏幕接受的日光只得到日体的一小部分。所以只见日光，无以形成太阳的形状。（图 12）

十

日光射屏，只见为光，不见日之形状，此为有色无形。原影二。若中隔堵墙，墙中有孔如柳氏，光线穿孔，为孔所约，必交于尾。使设屏于交内，用承其光如觜参，必孔方景方矣。[1]如移屏置当交处，则孔景模糊。[2]若渐移出交，则日边全纳入孔，为无穷光线所聚，光复必深。原光十四。夫纳入全分，故见日体；景出交线，故成倒形，[3]此为有色兼有形也，原景二。孔虽方，必成圆象矣。凡过此交，不论孔形，皆见光象，日圆故圆。过此皆圆，第渐淡耳。光线过交则侈，故力渐杀。依显，屏在交外，则无论远若虚危，近若张星，此两线界中有物在星，必见景于斗；移物至张，必见景于牛，亦成倒景。惟物近孔则不倒。(图13)

图13

若贴孔则无景，何也？物既贴孔，即如与孔合一，成不方孔；孔所居者，模糊之处，则物亦适当模糊之处，而景落虚无，原光十六。故但见倒日体而已。

一系：

旭日穿隙，西壁固见圆光，然日为圆体，倒景无征。设造塔东壁之外，与日参直，果塔距壁远合度，必见倒景于西壁所见光中矣。此《历书》所谓塔景倒垂者也。若塔近不合度，则景大，遮孔无光；或孔大，距西壁在交内，皆不可见。(图14)

图14

二系：

取景有大小，因光与孔之大小而生差。取景有远近，因光距孔之远近而生差。盖交角大则景亦大，交角长则景遂远，此其大较[4]也。然孔之束光，虽亦能使浓，但孔过小则光力不畅遂[5]，而孔不小则距交必极远，故余明侵入，取景犹未尽善也。[6]独凸凹镜法，与孔相较，为体既大，缩光甚短，又有镜光[7]为助，其能力[8]固应有特异者矣。孔至大者，径二三分，距约数尺；镜酌中者，径五六分，距二三寸，大相径庭矣。

【注释】

〔1〕这是一个通过连续改变变量作出重要发现的典型实验。它揭示了小孔成像的全过程：光束穿过小孔后，在会聚到交点之前，先成孔的正立投影，正当交点则没有影像，过了交点才产生倒立缩小像。观察过程可谓十分细致。

〔2〕这个现象可以从投影的角度理解为，交点就是本影收缩为零的那个点。也可以从成像的角度理解为，此时的像无穷小。

〔3〕此句说像屏在交点之外的位置，才能接收到小孔所成的实像。

〔4〕大较：大概，大略。

〔5〕畅遂：通达，顺畅。

〔6〕此句指出小孔孔径与景深的关系。

〔7〕镜光：郑复光假设透镜有固有的"镜光线"，详见"释圆"篇。

〔8〕能力：有时泛指光学元件的一般性能，有时有特指。针对凸透镜时，相当于现代所谓折射本领，或会聚能力；特别在讲取火镜时，明显相当于集光本领。针对望远镜，指的是放大倍数、视场和亮度的综合性能。译文中"能力"一般作为专门术语保留不译。

【译文】

日光照射到屏幕上，只呈现为光，不呈现太阳的形状，这就是有色无形。"原影"第二条。如果中间隔着墙壁,墙上有孔如柳氏,光线穿过孔时,受到孔的约束,必然会聚在尾处。假使把屏幕放在交点以内,用来承接光照如觜参,结果必定是孔方影也方。如果移动屏幕使它正当交会处,则孔影模糊。如果渐渐移出交会处,则太阳的轮廓全部纳入小孔,[影像]由无数光线会聚而成,光重叠必加深。"原光"第十四条。纳入全部,所以呈现太阳的整体;影像越出交会点,所以成为颠倒的形状,这就是有色兼有形,"原景"第二条。即使孔是方形,也必定形成圆像了。只要过了这个交点,不论孔是什么形状,一律呈现光源形状,太阳是圆形,于是像也是圆形。过了这个位置之后,像一直都是圆形,只是逐渐变淡而已。光线过了交点就散开,所以强度逐渐减弱。由此推之,屏幕放在交点之外,则无论远到虚危,还是近到张星,这两条射线之间有物体位于星处,必定在斗处呈现影像;把物体移到张处,必定在牛处呈现影像,同样成为倒像。但物体靠近小孔则[影像]不颠倒。(图13)

至于[物体]紧贴小孔就没有影像,这是为什么?因为物体既然紧贴小孔,就如同与小孔合为一体,成为不是方形的孔;孔的位置,是模糊之处,则物体也正好处于模糊之处,而影像落入虚无,"原光"第十六条。所以只呈现颠倒的太阳形状而已。

一系:

早晨的阳光穿过孔隙,西墙上固然呈现圆形光斑。但太阳是圆形,无法证明像是倒的。假使在东墙外造一座塔,垂直于太阳光,如果塔与墙壁的距离恰当,就必定在西墙上所见的光斑中呈现倒像了。这就是《历书》中所谓的"塔景倒垂"。如果塔太近,距离不恰当,则影子偏大,将孔隙遮得没有光亮;或者孔偏大,导致西墙与之相距在交点之内,都不能呈现[倒像]。(图14)

二系:

取影有大有小,因光源和孔各自的大小而产生差别。取影有远有近,因光源和孔之间的距离远近而产生差别。原因在于,交角大则影像也大,交角拉得长则影像也就投得远,这说的是一个大概。然而孔对光的约束,虽然也能使光变浓,但孔太小则光力不够通畅,而孔不够小则交点离它必定很远,于是余光侵入，取影效果尚未十分圆满。唯有凸透镜和凹面镜的取影模式，跟小孔相比，作为光体体积又大，把光收束起来的距离又很短，又有镜光作为助力，其能力自然应该有非同一般之处。最大的小孔，当口径二三分时，[聚光] 距离有几尺长；适中的透镜，口径五六分时，[聚光] 距离二三寸，真是大相径庭啊。

十一

光亦色类，原光一。而较浓。日穿户隙，每见圆辉，他物有色，不易得见者，物明户亦明故也。若暗室隙中，时亦见倒景矣。如"塔景倒垂"之类。惟凸镜光力，初不事[1]暗室，然暗则更胜，此取景法所必资者也。

【注释】

〔1〕事：使用，任用，役使。

【译文】

光也属于色一类，"原光"第一条。但是更浓。日光穿过屋子的缝隙，常常能见到圆形的光斑，[屋外] 其他有色物体，却不容易看见，这是物体和室内同时明亮的缘故。如果透过暗室的缝隙，有时也能见到颠倒的影像。比如"塔景倒垂"之类。唯有凸透镜的光力，原本不是用于暗室，但暗就 [能力] 更胜，这是取影技术必须借重之处。

原　目[1]

一

目中心黑点，资乎肾水[2]，亦水类也。是为内光，故含影见物。

【注释】

〔1〕原目：推究眼睛的根由。这一章可以说是当时中国最全面的关于眼睛的学说，囊括了生理学方面和光学方面，也囊括了西学、中医学的相关内容和

自创内容。对西学内容（主要来自《泰西人身说概》、《远镜说》和《新制灵台仪象志》）有引用，也有发挥，还有不同意见。

〔2〕肾水：中医理论认为肾五行属水，故肾脏称肾水。又指肾中阴精，形态可为水气。此指后者。

【译文】

眼睛中间的黑点，靠肾水滋养，也属于水一类。这属于内光，所以能含纳影像并呈现物形。

二

目照物[1]，似不通光之镜，实则通光之体，但居明视暗，他人不能见其通光耳。[2]

论曰：

目照物，与含光镜[3]同，若不通光者，然而视物则有独擅之能者，知其实通光也。如云不然，何清朦内膜[4]照物自同，而视焉不见乎？《远镜说》云"人睛中有眸[5]，张闭自宜，睛底有◎，原本如此，想是圆其象[6]耳。屈伸如性，高洼二镜自备目中"云云。若不通光，屈伸何为？《人身说概》[7]云"脑中从颈髓生两细筋，上合为一，复分为两支到两眼"，又云"五官容受外来，送至脑中与总觉之司[8]，如置邮[9]然"云云。若不通光，又何物之能送？

【注释】

〔1〕目照物：指眼睛作为凸面镜，映照出物体的反射影像。

〔2〕此句描述的现象为，观察者在亮处，被观察的眼睛在暗处（眼眶里），所以看不出眼睛是透明体。这就好比观察者在屋外，透过玻璃窗看室内，如果室内是暗的，则看不见室内的景象，反而看到玻璃上反射出室外的景物，玻璃因此好像是不透明的。居明视暗，处于亮处看暗处。

〔3〕含光镜：即反光镜。详见"原光"第二条。

〔4〕清蒙内膜：应指眼球的表层。中医早已注意到人眼的这个表层结构，将其清澈明朗的状态称为"清"，模糊混浊状态称为"蒙"，严重混浊则称

"翳"。观察眼睛表层,能看见它像凸面镜一样反射外面景物,但它本身却因透明而不容易被看见。郑复光在此处描述的就是这些现象。

〔5〕眸:应指瞳孔。

〔6〕圆其象:用圆表示其形象。圆,作动词。

〔7〕《人身说概》:又名《泰西人身说概》,明末来华德国耶稣会士邓玉函(Johann Terrenz,1576—1630)等编译,成书于17世纪二三十年代,后由毕拱辰润色,刊行于1643年,为最早向中国介绍西方解剖学的书籍。现国内只存钞本,近由复旦大学董少新先生发现罗马中央图书馆收藏的刻本。

〔8〕总觉之司:按文意应即"感觉中枢"。《人身说概》云:"人生而具五官也,以能容受外来万物之所施,即送至脑中与总觉之司,如置邮传命者然。夫总觉之司者,脑也。"

〔9〕置邮:用车马传递文书信息。

【译文】

眼睛映照物体,好像是不透光的镜子,其实是一个透明体,只是在明处看暗处,别人不能发现它透光罢了。

论:

眼睛映照物体,就跟反光镜一样,好像不透光似的,但是看东西却具备独有的能力,可知它其实是透光的。如果说不是这样,为何清朦内膜映照物体依然 [与反光镜] 相同,但它本身却不看见呢?《远镜说》说"人的眼睛里有眸子,开合自如,眼睛底部有 [形状如] ◎ 原书上如此,想必是借圆圈表现它的形象。[的东西],随意卷曲或伸展,使得眼睛本来就自备凸、凹两种透镜"等等。如果不透光,它为何要卷曲或伸展?《人身说概》说"大脑中从颈髓生出两支细筋,往上合为一支,再分为两支到达两眼",又说"五官接受外来 [信息],输送到大脑中传达给总觉之司,就像驿路车马传递文书一样"等等。如果不透光,又有什么东西可以传送呢?

三

目睛内有物如水晶球,本《人身说概》。[1]故外面包裹,其形必凸。凸者,返照物景恒小,能使当前全境毕照。盖视法有二:其一,从目中心出两线,射物上下,以取物全体而得其形;其一,从睛上下二边各出一线，以射物细分[2]而察其质。两法之线皆三角理[3]，凸则角愈展，而物景小，故全境皆收入也。[4]

【注释】

〔1〕《人身说概》云："问：人眼睛内有小球如水晶而悬系者何？答：水晶球乃眼睛第一器具……"

〔2〕细分（fèn）：指细节。分，成分，部分，构成。

〔3〕三角理：此书中将有关角度的规律称作"三角理"，三角未必指"三角形"。此处指视角。但"原目"这一章里的"三角视物"一说，是受到《远镜说》插图的误导，所指角度不是眼球中心对物体的张角，而是物体上的一点对眼球上下边缘的张角。详见下第五条及注。

〔4〕按现在的说法，凸透镜（成缩小实像时）和凸面镜表面曲率越大，焦距越短，影像越小，视角越大。这是郑复光通过反复实验而熟知的规律，但此处将其与假想的"三角目线"相联系，难免含混。

【译文】

眼睛里有一个像水晶球一样的东西，根据《人身说概》。所以它外面的包裹层，形状必然是凸〔球〕形。凸球形，反射映照的物像总是变小，能把面前的整个范围映照出来。视觉模式有两种：一种是，从眼睛中心伸出两条线，分别射向物体的上边和下边，用来摄取物体的整体而获取它的形状；另一种是，从眼睛的上下两边各伸出一条线，射向物体的细部而看清它的质地。两种模式中的射线都与角度的规律有关，〔越〕凸则角度越张开，而物像就越小，因此整个范围都能收纳进来。

四

视法近大远小，是远差也。原色七。间有远而觉大者，则蒙气差[1]也。

【注释】

〔1〕蒙气差：因大气折射导致天体视位置与实际位置不同的差异。这是一个由明末清初翻译西方天文学而沿用至今的术语。

【译文】

视觉规律是近大远小，这就是远差。"原色"第七条。间或有感觉远处的物体反而显得大的情况，那是由于蒙气差的缘故。

<h1 style="text-align:center">五</h1>

睛形有二解：一曰外凸[1]，有聚光能力；一曰内长[2]，有伸缩能力。外凸之光线，以广行为用[3]。内长之光线，以收展为用[4]。故妙龄睛足，可聚成三角，以察近细；亦能展杀三角[5]，以瞩高远。[6]其劣者，则为短视，为老花，各有二种[7]，分疏于后。

【注释】

〔1〕外凸："外凸"和下面的"内长"为一对概念，将此条和以下几条联系起来看，这两个概念并非指眼睛内部的实物组织，而是指两个结构特征。"外凸"，指眼睛的最外面形如凸透镜。"内长"，《远镜说》中有"高洼二镜自备目中"之语，郑复光据此认为"睛为长体，其面为凸，其底为凹"（"原目"第七条中），而这一凸一凹之间的距离可伸缩，犹如伽利略望远镜一样。而"外凸"的"聚光能力"和"内长"的伸缩能力，亦来自对《远镜说》的发挥。应该说，除以为眼球底部有凹透镜系受误导之外，这条论述仍属当时比较先进的视力生理学知识。

〔2〕内长：见上注。

〔3〕以广行为用：指以会聚成角为作用。

〔4〕以收展为用：指以收展角度为作用。

〔5〕展杀三角：指展开光线而使会聚角消失。杀，削减，减少。

〔6〕以上几句语义简略，有费解之处，要弄清究竟为何意，须查明其与《远镜说》的关系。

《远镜说》有如下两幅"光路图"：

图 15

图 16

图 15 题为"物象从镜平行入目之图",图旁注:"甲,近物之象,散射镜面,平行入目。"即这是人眼通过凸透镜看近处物体的光路示意图。

图 16 题为"高镜视大之图",图旁注:"甲乙物体射象于镜面丙丁,入目与戊,戊目视象于丙丁,丙丁两界引长之,则至己庚,己庚大乎甲乙,此近视者用中高镜视物必大之故也。""高镜"为"中高镜"的省语,意为"中间高起之镜",即凸透镜。此图为人眼通过凸透镜看远处物体的光路示意图。

应该说,光路图以及文字的粗疏和易生误会之处是有的,但意思是对的。然而这是我们今天熟知几何光学之后,倒回去看的结果。在当时,这些图文引起郑复光的误解,让他以为眼睛看东西,是由眼睛发出真实的"目线"去看。于是图 15 就成了"聚成三角,以察近细",图 16 就成了"展杀三角,以瞩高远"。由此可知,"原目"第三条中的"从目中心出两线,射物上下,以取物全体而得其形"亦指图 16,"从睛上下二边各出一线以射物,细分而察其质"亦指图 13。

〔7〕从下文看,所谓近视眼和老花眼"各有二种",是各有"外凸"有缺陷和"内长"有缺陷两种。

【译文】

　　眼睛的结构要从两方面剖析:一是外凸,有聚光能力;一是内长,有伸缩能力。外凸的光线,以会聚为作用。内长的光线,以伸缩为作用。所以青春少年眼力充沛,可以会聚〔光线〕形成交角,以便看清近处和细节;也可以展开〔光线〕消除角度,瞭望高处和远处。目力不济的,就成为近视和老花,又各有两种情况,于后面分别解释。

六

　　短视之睛凸[1]多深[2],老花之睛凸多浅。[3]凡凸者,照景必小，凸深愈小。景之小者，视物必觉大也。[4]引镜自照，景与面相若也，而目中面景，不能充满黑子[5]焉。

短视凸深，与小而近者宜，而不能见远。睛凸深者，不见远而视近则愈明。如蜻蜓之属，目若半球，深极矣，故一二尺外，绝不畏人，不见远也；若近至寸许，虽捷者攫[6]之则难，视近至巨且明也。

老花凸浅，与大而远者宜，而不能察近。

盖物虽大而远，遇凸之深者，其景束于黑子微至[7]之处而不大；景束[8]愈小，则视觉愈大，茫然不见矣。物虽小而近，遇凸之浅者，其景溢于黑子轮廓之外而不小；景溢愈大，则视觉益小，昏而不清矣。[9]

此短视、老花之一种也。[10]

论曰：

目凸深，则微至。《考工记》[11]之言，察轮欲其微至，谓轮至地者微也。凡圆与平相切，微至则圆者，理也；而圆小愈微者，势也。[12]微至，则物大而景小。景小，则以三角视物[13]，而形觉大，故宜视近。

凸浅，则几平[14]。几平，则景小亦杀[15]去声。景杀，则似平行视物而线角[16]展，故宜视远。

景束、景溢，其理必然。第在本人目力，既有定限，亦有难于自觉者。然以常人之目，试视一字，颇明显也；徐徐近之，必有昏花之处；以意牢记其大小，再骤引远至明显处，必觉略大；再渐远之，然后渐小。夫近大远小者，远差理也，今反远大近小，非景溢而觉其小乎？由是，则老花之理明，而近视之理可反推矣。

【注释】

〔1〕睛凸：与上条之"外凸"及下条之"睛为长体，其面为凸"为近似概念，指眼睛的结构有形如凸透镜的部分，相对于今天的解剖学来说，尚属模糊概念，并不对应于"晶状体"或"角膜"之类。

〔2〕深：指度数深，即曲率大，对应于透镜焦距短。"浅"则反之。"深浅"

为此后常用概念，与现在的含义相同。

〔3〕此句将眼睛比为凸透镜，对近视眼和老花眼进行定义。大略地说，近视眼的晶状体相当于焦距偏短（凸深）的凸透镜，老花眼相当于焦距偏长（凸浅）的凸透镜。

〔4〕观察别人的眼睛，或用镜子观察自己的眼睛，效果如同凸面镜。凸面镜成缩小虚像，镜越凸，像越小，像越小，视角越大。这些方面，郑复光较娴熟。

〔5〕黑子：应指瞳孔。

〔6〕撄（yīng）：接触，触碰。

〔7〕微至：本意为车轮与地面接触面积最小，后引申为圆与平面或直线相切的切点，亦用以喻圆的形状标准。此处指影像与眼球外表面的接触面极小。但须注意，这个影像不是现代视觉理论所指的落在视网膜上的实像，而是瞳孔里的反射虚像。以下郑复光一直以这个反射影像解释眼睛的视觉机理。

〔8〕景束：与上文"微至"有关，指落在凸度深的眼球表面的反射影像收束得很小。此处提出一对概念："景束"和"景溢"。景溢，指落在凸度浅的眼球表面的反射影像溢出瞳孔之外。

〔9〕以上将眼睛作为凸面镜来观察，对现象的描述是正确的。凸面镜曲率越大，反射影像越小（影束）；曲率越小，影像越"不小"（景溢）。但以此来解释视觉机理，只能是比较含糊的猜测。

〔10〕此条讲述"外凸"缺陷引起的近视和老花。

〔11〕《考工记》：我国先秦时期的一部科技知识与手工业规范的百科全书式典籍，本为单行之书，曾一度散佚，相传西汉河间献王刘德因《周官》六官（天、地、春、夏、秋、冬）缺《冬官》，遂以《考工记》补入，后《周官》改名《周礼》，故又称《周礼·冬官·考工记》。"微至"之说引自《考工记》，其"总叙"云："凡察车之道，欲其朴属而微至。"

〔12〕此后常有"……理也……势也"之语。这是郑复光的一种独特研究方法，通过连续改变变量，观察某种变化的全过程，趋近其极限情况，获取对对象理想状态的认识，并随时注意与具体状态的联系和区别。故"理也"和"势也"，相当于"理想情况"和"具体情况"。

〔13〕以三角视物：见图15，指以会聚成角的目线视物。

〔14〕几平：指凸透镜曲率太小则几乎为平板透明体。

〔15〕杀：使削减，使减少。按"原目"第五条注的分析，此处指影像对眼睛的张角（图15中的光束的张角）变小（杀），会聚光束趋向平行光束。"杀"下郑复光注"去声"，这种读法一般只见于古文（或方言）。

〔16〕线角：见图16中那两条上下张开的虚线，郑复光认为那是眼睛发出的"目线"。

【译文】

近视眼的睛凸多较深，老花眼的睛凸多较浅。凡是凸［镜］，反射的影像必小，凸度越深［影像］越小。在影像小的情况下，［眼睛］看物体必定感觉大。拿镜子自照，影像和面孔一般大，而眼睛里面孔的影像，却［小得］填不满瞳孔。

近视眼的睛凸较深，与小而近的物体相宜，但不能观察远处。较深的睛凸，看不清远处，但看近处却更分明。就好比蜻蜓之类，眼睛像个半球，这是深到极点了，所以一二尺之外，绝不会怕人，因为它看不见远处；但如果近到一寸来长，敏捷的人也难碰到它，因为它看近处的东西很大而且清晰。

老花眼的睛凸较浅，与大而远的物体相宜，但不能细察近处。原因在于，物体即使大但只要远，遇到较深的睛凸，影像就收束到瞳孔的微至之处，因而不大；影像收束越小，看起来就觉得越大，就茫然不见了。［反之］，物体即使小但只要近，遇见较浅的睛凸，影像就溢出到瞳孔的轮廓之外，因而不小；影像溢出越大，看起来就觉得更小，就模糊不清了。

以上是近视眼和老花眼的情况之一。

论：

眼睛的睛凸深，则微至。这是《考工记》里的说法，［其中说到］检验车轮的要求是微至，意思是指轮子的着地面积要微小。当圆与平面相切时，微至则圆，这是理想状况；而圆越小就越微，这是具体情势。微至，则物体即使大，影像也小。影像小，则以三角［目线］看物体，因而觉得大，所以适宜于看近处。

睛凸浅，则几乎是平。几乎是平，则影像即使小，［对眼睛的张角］也削减。影像［对眼睛的张角］削减，则近似平行看物体时［目］线角展开，所以适宜于看远处。

影像收束和影像溢出，道理就是这样。只是人的视力，既然各有确定限度，也就难免有自己不能察觉的情况。但试以正常人的眼睛，去看一个字，那是很清晰的；慢慢凑近，必定有一个昏花的位置；用心记住此时的大小，再忽然拉远到看得清的位置，一定感觉比先前略大；再逐渐拉远，此后就越来越小。近大远小，这是远差的道理，现在反而远大近小，难道不是因为影像溢出，因而感觉变小吗？这样一来，老花的道理就清楚了，近视的道理也可以反推了。

七

人有终日一编[1]，视不逾几席者，即成短视。有务于眺远，不耐近察细书者，即成老花。[2]缘睛为长体，其面为凸，其底为凹。《远镜说》所作 ◎，疑是圆其凹形。凹与凸合，伸长则见近，缩短则见远。习于伸者，不良于缩，是以不见远也。习于缩者，不良于伸，是以不察近也。此短视老花之又一种也。[3]本《远镜说》。《人身说概》云，近视，小球[4]不在前而近中心。殆因已缩，不能再缩视远耳。[5]

一系：

试法[6]：目前数寸，隔纱视物，合眸微启，则纱之经纬井然，而外物模糊不清；若昊[7]其目，则外物呈露，而纱之经纬茫然矣，岂非伸缩眸子之故乎？短视者多朦胧其目[8]而觑远，知其伸缩皆与常人反也。[9]

【注释】

〔1〕终日一编：整天对着书。编，原指编简，后泛指书籍。

〔2〕以上以简约的语气转述《远镜说》对近视眼和老花眼的解释。《远镜说》云："世有自少好远游、喜远望者，年老目衰，则不苦视远物而苦视近物，不耐三角形射线而耐平行射线，习性使然耳。"又云："有书生日不去书史，视不逾几席，习惯成性，喜三角形视近，不耐平行视远者……"

〔3〕此条讲述"内长"缺陷引起的近视和老花。

〔4〕小球：即"水晶小球"，见前面第三条。

〔5〕《人身说概》云："凡人水晶小球在眼睛前面，此视法之常也。若不在前而近眼睛之中心，则为近视。"现代对近视眼结构特征的描述是，眼球前后轴过长或晶状体折光力过强。相比之下，《人身说概》的文字较含混。郑复光又根据自己的"内长"假说来猜测其文意，这反映了早期科学研究的真实状况。

〔6〕试法：指以实验观察为具体例证来说明道理，为郑复光常用论证体例之一，详见前言。

〔7〕昊（jú）：犬视貌。

〔8〕朦胧其目：指眯眼。

〔9〕此条的描述很有趣，发现了正常眼睛眯眼看近处和近视眼眯眼看远处的不同。我们知道，前者是因为物体太近，经眼睛所成的像落在视网膜之后，眯眼则通过压迫作用使角膜和晶状体凸起，增大屈光度，使像的位置能落在视

网膜上；后者则是缩小瞳孔以增大景深。但是将这些作用一律解释为眼球的伸缩，从今天的解剖学角度看，还不够清楚。至于说近视眼的"伸缩皆与常人反也"也是不太合理的。

【译文】

有的人整天对着书，目光不离开书桌，就会变成近视。有的人专门致力于眺望远处，受不了看近处的小字，就会变成老花。因为眼睛是一个有厚度的物体，外表面是凸形，底部是凹形。《远镜说》里画的◎，可能就是以圆圈图示眼睛的这个凹［球］形。凹形与凸形结合，彼此之间距离伸长就能看见近处，缩短就看见远处。习惯于伸长的，缩短能力不佳，所以看不见远处。习惯于缩短的，伸长能力不佳，所以看不清近处。以上是近视眼和老花眼的另一种情况。根据《远镜说》。《人身说概》说，近视，小球不在前面而接近中心。大概是因为已经收缩，不能通过进一步收缩来看远处了。

一系：

测验法：透过眼睛前面数寸处的纱看物体，眼睛欲闭微睁，则纱的纹理清晰可辨，而外面的物体模糊不清；如果睁眼盯着看，外面的物体就显露出来，而纱的纹理却模糊掉了，这难道不是伸缩眼球的缘故吗？近视的人往往眯着眼睛看远处，由此可知近视眼的伸缩都跟正常人相反。

八

目有两，闭一用一，其视力相若者，光同故也；各视一物，则一明一昏者，心不二用也。故常人视物，必两目并集，使两光相叠，而视益明，盖光复必深也。原光十四。若为物所碍，两目不能并用，必闭其一，而视亦明，视力专也。本《仪象志》[1]。是以眇一目及睛斜者，止一目得力，虽不相叠，亦不害于视耳。

论曰：

两目左右各出视线，会于一物，不惟欲使光叠益明，且目有两，不致一眇而废视，此造物所加意也。[2]故目有疵者，或一斜一正，则两视线不能相会，爰用一目，左右互代，亦不废视。如云不然，则视线到物两歧，岂不物一而见两乎？

医家谓精不足则视物两歧[3]，此又一理，以一目之光散成两线也。试以指按目，视灯头，则见歧成两三灯头也。

短视竟有两目深浅者，曾见定造鸳鸯眼镜云。

【注释】

〔1〕《仪象志》：即《新制灵台仪象志》，南怀仁主编，其他钦天监官员参与编写，完成于 1674 年。内容主要是星图和星表，前四卷介绍钦天监观象台上的天文仪器及其安装、使用方法，旁及不少物理学知识。

该书卷十四中说道："往昔尝法制广大之窥筒，内安四玻璃镜，而两目并用，窥天则一目而用双玻璃远镜，所视极其分明。"《远镜说》中则有"止用一目，目力乃专"之说。

〔2〕人眼有两只主要是为了获得立体视觉，这种认识在当时尚未出现。

〔3〕《灵枢·大惑论》："精散则视歧，视歧见两物。"视歧，指视一物为二物的症候，相当于现在所说的复视。复视的解剖学原因有多种，主要原因是，支配眼球转动的六条肌肉的其中一条或几条，伸缩不正常，导致不能双眼单视，而在视网膜上形成分开的两个影像。

【译文】

眼睛有两只，闭一只用一只，两只的视力差不多，是因为它们的光相同；分别各看一个物体，则一明一暗，是因为一心不能二用。所以正常人看东西，一定是两眼同时注目［于一处］，使两道目光重叠，从而视觉更明晰，原因是光重叠就必然变深。"原光"第十四条。如果被物体遮挡，两只眼睛不能并用，必然闭上一只，却仍然看得清，这是因为专注。根据《灵台仪象志》。因此瞎了一只眼睛的人以及斜视的人，只有一只眼睛能用，虽然不能产生光的重叠，但也不妨害看东西。

论：

两只眼睛从左右分别伸出视线，交会到一个物体上，不仅是要让光重叠而更明晰，而且眼睛有两只，不至于瞎掉一只就失去视力，这是造物的特别关怀。所以眼睛有残疾的，有时会一只斜一只正，则两眼的视线不能交会，于是只用一只眼睛，左右轮流使用，也不丧失视力。如果说不是这样，那么视线伸到物体时分为两支，岂不是物体只有一个而看见两个了吗？

医家所谓精气不足就会把一物看成两物，这是另一个道理，是一只眼睛的光散成两束的缘故。试以指头按住眼睛，看油灯的火苗，就会看见分成两三个火苗。

近视眼居然还有两只眼睛深浅不一的，曾经见过有人定做鸳鸯眼镜。

九

目线视物，因物大小以收展合视法。然人目有不同，故两线角亦有大小，而视物大小各不同矣。

论曰：

月初出地，或谓如盂，或谓如轮，由人心所拟不同，何至相悬若是？故知视角异也。

一系：

试法：取数寸之物，逼目视之，眸不动，必不能见两端；徐引远之，使恰见两端而止，量目距物，可知此人目角几何也。

二系：

目有雀盲[1]者。鸡及诸禽，入夕则瞑不能视，而非盲也。如鸱、鼠，明于夜，而瞀[2]于昼；鱼、虾，察于水，而眊[3]于陆，此物各一性，触觉之殊，无关光也，在人则为病耳。医家谓，为肝血不足。盖肝主目[4]，肝不足，故触觉应异常人也。此专论光，姑略焉。

【注释】

〔1〕雀盲：即夜盲症。因麻雀在暗处看不清东西，故称。

〔2〕瞀（mào）：目眩，眼花。

〔3〕眊（mào）：眼睛失神、昏花。

〔4〕肝主目：中医有"肝主目"之说。《素问·金匮真言论》："东方青色，入通于肝，开窍于目。"《素问·五脏生成》："肝受血而能视。"《灵枢·脉度》："肝气通于目，肝和则目能辨五色矣。"

【译文】

〔眼睛用〕目线看物体，根据物体的大小通过收展来吻合视觉法则。但各人的眼睛有不同，所以两条目线的角度也各有大小，于是看见的物体大小也就各人不同了。

论：

月亮刚升上地面时，有人说像盆，有人说像轮，任凭人心的揣度不同，何至于有这么大的悬殊呢？所以知道这是视角差异。

一系：

测验法：取一个数寸长的物体，凑近眼睛看，眼珠不动，必定看不见两端；慢慢拉到远处，到刚好看见两端时停住，量出眼睛到物体的距离，就能得知此人眼睛的目线角是多大了。

二系：

眼睛有雀盲眼。鸡和其他禽类，黄昏后就昏花迷离看不见，但并不是失明。像猫头鹰和老鼠之类，夜里眼睛亮，而白天眼睛花；鱼和虾之类，在水中能明察，而在陆地上就眼睛失神，这些都属于事物各有本性，感官的感觉有差别，与光无关，对人来说就是病症。医家说，这是肝血不足。肝主目，肝不足，所以感觉就该与正常人不同。本书专门讨论光，〔这方面的论述〕姑且从略。

十

目上边必射物上边，下边必射物下边，故物入目，各如其分而不淆。若有他故隔碍，则宁昏然不见，而目线仍如常不变。

解曰：

目线三角，或深或浅，因物收展，其常也。设物隔小孔，孔束物线成交，目出交外，则目顺交线[1]，即为交隔，故目仍如常，三角视孔，止见物塞满孔隙，昏然不见物形矣。如云不然，则目顺交线，岂不见物为倒象乎?[2]

【注释】

〔1〕目顺交线：指"目线"顺着"物线"会聚成交的方向。

〔2〕观察小孔成像，需要通过半透明屏幕直视，或通过投影屏幕反射，否则看不见像而看见小孔里的眩光。

【译文】

眼睛上边［的目线］必定射向物体的上边，下边［的目线］必定射向物体的下边，所以物形进入眼睛时，各部分的位置依旧，不互相混淆。如果因其他缘故被阻隔，则宁可模模糊糊看不见，而目线仍然照常不变。

解：

目线的角，或大或小，根据物体的大小来收展，这是它的常规。假设物体［和眼睛之间］隔着一个小孔，小孔约束物体的光线形成交会，眼睛在交点之外，那么目光顺着交会的光线，就受到交点的阻隔，所以眼睛仍然只是像平常一样，［以］三角［目线］去看小孔，于是只能看见物体［的光］充满孔洞，模模糊糊看不见物形了。如果说不是这样，那么目光顺着交会的光线，岂不是要看见物体成为倒像了吗？

十一

目为内光，原光二。故照物见景。在人见为见景，在己即见物形。若取景，则不必于内光原光四。而可见倒景于目。在人见为见倒景，在己反不能见物形，有交线隔目线故也。本章十。

解曰：

照物得景，内光含其景故。取景得倒，格术原线八。聚其光故。含其景，是目中有物象也。聚其光，非目中有物象也。夫取景法，物必塞满孔之边，景恒溢出眸之外。故物景之大有定度，目线之法无所施，取景虽明，视物反窒矣。如云不然，则物既见倒景入目矣，使目亦见物形，岂不倒顺两景交错乎？

【译文】

眼睛属于内光，"原光"第二条。所以能映照物体呈现影像。在别人看来是呈现影像，在自身却是看见物形。如果是［小孔成像］取影，则无须内光"原光"第四条。而可以看见眼睛上有倒像。在别人看来是呈现倒像，在自身反而看不见物形，这是有交线阻隔目线的缘故。本章第十条。

解：

映照物体产生影像，是内光含纳该影像的缘故。取影得到倒［像］，是格术"原线"第八条。会聚光线的缘故。含纳影像，这是眼睛里有物像。会聚光线，不属于眼睛里有物像。对于取影模式，物体［的光］必定充满孔的边缘，而影像总是溢出眼球之外。因此，物像的大小有确定尺度，目线的法则却无所施展，所取之影虽然清晰，看物体却反而有窒碍了。如果说不是这样，那么物体既然呈现为倒像进入眼睛，假使眼睛又同时看见物形，岂不是有正反两个影像交错在一起了吗？

十二

尘封垢腻，光之累也，洗拭是宜。目液涌濡，所以洗之；阑干目眶也。启闭，所以拭之。本《人身说概》。[1]

一系：

目以收展三角视近远，是也。而谓老花为平行，则非

矣。《远镜说》不得于言，顺文失当[2]，今正之，故体其意
而圆其语也。

【注释】

〔1〕此句实为郑复光自己的概括。《人身说概》之说不尽相同，其中说，眼
皮"动时能扫浴眼睛"，又说人眼内有玻璃汁、水晶汁、水汁，前两种用来养
水晶球，水汁"即泪也，而常无用，故出于前"。

〔2〕不得于言：《孟子·公孙丑上》有"不得于言，勿求于心"之语，其义
至今有多解。但此处的"不得于言"为评价他书文辞，显然是字面上的意思，
指言辞上不够妥帖。　　顺文：使文句通顺。

按：《远镜说》中有"三角形视近"、"平行视远"之说。该书虽有较早介绍
西方光学知识之功，但其中的一些错误表述和错误的光路图，也是导致明清时
期光学研究中有不少含混推测的原因。再加上《人身说概》中对眼睛构造和视
觉机理的解释同样有问题，所以"原目"一章中多有以误解订正含混之嫌。

【译文】

灰尘堆积、污垢黏结，是光体的累赘，应该加以清洗擦拭。眼
睛里的液体涌出来润泽，就是为了清洗；阑干就是眼眶。一开一合，
就是为了擦拭。根据《人身说概》。

　　一系：
　　眼睛通过收展三角［目线］来看远近，这是对的。至于说
老花眼［的目线］是平行的，那就不对了。《远镜说》表述不
佳，行文不顺，现加以更正，是为了领会它的意思，使它的语
句完整。

原　　镜[1]

一

镜为内光，故能含光、透光、借光、发光。[2]

【注释】

〔1〕原镜：推究"镜"的根由。此书中的"镜"，一方面泛指凸透镜、凹透

镜、凸面镜、凹面镜、平板玻璃、三棱镜，以及其他形状的透明体、反射体等光学元件，另一方面也泛指各种光学仪器。凡指透镜和面镜之处，若与现代语义相合，则相机译为"镜片"或"镜面"。作为总称则一般不译，仍作"镜"。

　　〔2〕"内光"、"含光"、"透光"、"借光"、"发光"几个术语，见"原光"第二、三、六条。

【译文】

　　镜是内光［体］，所以能含光、透光、借光、发光。

二

　　镜之类，概言之不越乎通光、含光两种。镜之体，概言之不越乎平面、凸面、凹面三种。而析言之，则有多种。分详于后。

【译文】

　　镜的类型，大略地说不外乎透明和反光两种。镜的形状，大略地说不外乎平面、凸面和凹面三种。但细分说来，则有很多种。分别在后面详细说明如下。

三

　　通光镜，其质四：曰烧料[1]，曰玻璃，曰水晶，曰玻璃纸[2]。其色五：曰五色[3]玻璃，曰五色晶，曰熏黑玻璃。[4]其形十一：曰平，曰凸，曰凹，曰方，曰三棱，曰多面如多宝镜[5]之属，曰空球如金鱼缸之属，曰实球，曰空管如寒暑表之属，曰实管如料丝灯[6]之属，曰转筋管[7]如水法条[8]是也。

【注释】

　　〔1〕烧料：在中国传统工艺中，玻璃、琉璃、釉都叫做料或烧料。玻璃烧料，一般是用含有硅酸盐的岩石粉末与纯碱混合，加颜料，加热熔化，冷却后凝结而成，熔点较低，透明度较小。此处所指烧料，是清代广东或北京生产的有较高透明度的烧料。

　　〔2〕玻璃纸：用云母制成的透明薄片。云母，见"镜质"篇第七条。

　　〔3〕五色：泛指彩色，有色。

　　〔4〕以"五色"概括所有色彩，故云"其色五"。

〔5〕多宝镜：详见"述作"篇之"作多宝镜"。

〔6〕料丝灯：以玛瑙、紫石英等为主要原料煮浆抽丝制成的灯。明郎瑛《七修类稿·事物五·料丝》中记载："料丝灯出于滇南，以金齿卫（今云南保山）者胜也。用玛瑙、紫石英诸药捣为屑，煮腐如粉，然必市北方天花菜点之方凝，然后缲之为丝，织如绢状，上绘人物山水，极晶莹可爱，价亦珍贵。盖以煮料成丝，故谓之料丝。"

〔7〕转筋管：螺旋纹的玻璃棒。

〔8〕水法条：即螺旋纹的玻璃棒，由钟表发条带动旋转，形成流水、喷泉、瀑布等视觉效果。明末清初，西方传教士带到中国的钟表有验时钟表和玩意钟表之分。验时钟表就是普通钟表，不带玩意。玩意就是充分利用机械联动，使钟表带有一些会动的观赏附件。水法是玩意的一种。

【译文】

透明镜，材质有四种：烧料、玻璃、水晶和玻璃纸。颜色有多种：有色玻璃、有色水晶和熏黑玻璃。形状有十一种：平、凸、凹、方、三棱、多面比如多宝镜之类、空心球比如金鱼缸之类、实心球、空心管比如温度计之类、实心管比如料丝灯之类和转筋管比如水法条就是其中一种。

四

含光镜，其质二：曰玻璃，曰铜。其形五：曰平，曰凸，曰凹，曰球，曰柱。其色一：曰白。

【译文】

反光镜，材质有两种：玻璃和铜。形状有五种：平、凸、凹、球和柱。颜色只有一种：白色。

五

通光之用二十一，不以镜名者八：曰玻璃窗，曰玻璃灯，曰表壳，曰水法条，形如螺挺[1]，旋转则如水上下，自鸣钟内饰也。曰玻璃瓶，以贮药露，暴诸日中，耗水不泄气。曰玻璃金鱼缸，曰寒暑表，曰料丝灯。此八种皆资其明，故隶焉，然不烦诠说。其以镜名者十有三：曰眼镜，曰显微镜[2]，曰火镜，曰取景镜，曰放字镜，曰诸葛灯镜，曰三棱镜，曰多宝镜，曰万花镜，曰测高远仪镜，曰视日镜，曰测日食窥筒镜，曰远镜。[3]

【注释】

〔1〕螺挺：螺栓，螺丝钉，螺纹杆。

〔2〕此书中的"显微镜"一律指放大镜，与现在用来作为 microscope 译名的概念无关，即单枚凸透镜或凹面镜，详见"述作"篇之"作显微镜"。

〔3〕以上各镜，详见"述作"篇，每种镜均有专章。在该篇中，"火镜"又叫"取火镜"，"万花镜"又叫"万花筒镜"，"测高远仪镜"又叫"测量高远仪镜"，"测日食窥筒镜"又叫"测日食镜"。

【译文】

透明体的用途有二十一种，不以镜为名目的有八种：玻璃窗、玻璃灯、表壳、水法条、形状像螺纹杆，旋转起来就像水流上下运动，是自鸣钟的装饰部件。玻璃瓶、用来贮存药水，暴晒在日光中，水分会消耗但不会漏气。玻璃金鱼缸、温度计和料丝灯。这八种都是借助于透亮的特性，所以附属于这个类别，但不再多加解说。以镜为名目的有十三种：眼镜、显微镜、火镜、取影镜、放字镜、诸葛灯镜、三棱镜、多宝镜、万花镜、测高远仪镜、视日镜、测日食窥筒镜和望远镜。

六

含光之用七，不以镜名者一：曰球。施之帷幄以为饰，亦无大用。其以镜名者六：曰照景镜，曰凸心镜[1]，曰地灯镜，曰阳燧取火镜[2]，与地灯镜同而用异，故别出。曰透光镜，曰柱镜。[3]

【注释】

〔1〕凸心镜：为了以较小镜面照出整个人脸，使中心部位略微凸起的铜镜。详见"圆凹"第二十三条。

〔2〕阳燧取火镜：中国古代称用于取火的凹面镜为阳燧。

〔3〕以上各镜，详见"述作"篇。

【译文】

反光体的用途有七种，不以镜为名目的有一种：〔反光〕球。安放在帐幕里作为装饰，也没什么大用处。以镜为名目的有六种：照景镜、凸心镜、地灯镜、阳燧取火镜、与地灯镜为同一物但用途不同，所以单列出来。透光镜和柱镜。

七

镜所资要药^[1]二：曰水银，曰生净典铜锡^[2]。

【注释】

〔1〕药：本意为药材，亦指加工业中所用的某些化学辅料。

〔2〕生净典铜锡：生，指未经重新熔炼；净，指纯净；典铜锡，又叫点铜锡、点锡、点铜，大量的锡（96％）和少量的铜掺和后加热定型的一种混合金属，民间多用以制作容器用具。

【译文】

镜所需的重要辅料有两种：水银和纯净的典铜锡。

八

镜有光线^[1]，各因其形与位置者而生，故能受光，能发光；能摄光使相顺，能拗^[2]光使不通；能聚光使浓，能散光使无。是以镜线与目线相顺则显，相拗则隐。相同则加深，相反则克制。^[3]顺目则宜，拗目则不宜。加深与克制，则有宜有不宜。夫有宜有不宜者，得其用则有济，失其用则为害。

　　解曰：

　　相顺者，如透视平镜，无施不可。相拗者，如斜视立方，豪^[4]无所见。理详后镜形章。相同者，如凸与睛同，宜视近，虽短视人可作显微，而视远则昏。相反者，如凹与睛反，宜短视人视远，非短视则昏，而视近必除。

【注释】

〔1〕镜片自有某种真实存在的"光线"，这是郑复光的一个假说，见"原线"第一条，详见"释圆"篇。

〔2〕拗：在书中为一常用词，有时为动词，指扭转或倒转；有时为形容词，与"顺"相对。一般情况下，"顺"是指几种光线方向一致，不互相穿越；"拗"是指几种光线方向相反或交叉，互相穿越。郑复光认为这分别是导致影像清晰或模糊的重要原因。

〔3〕此处省略的主语既可为"镜线与目线"，亦可为"镜与目"。

〔4〕豪：通"毫"。

【译文】

镜有［自己的］光线，各自根据形状和位置而形成，所以能受光，也能发光；能控制光线使其［方向］相顺，也能倒转光线使其不能透过；能把光会聚起来使之变浓，也能把光发散开去使之消散。因此，镜线与目线互相顺从则彰显，互相抵触则晦暗。［镜与目］相同就会加深，相反就会互相克制。［镜光］顺从目光则合用，抵触目光则不合用。加深与克制，则有合用之处，也有不合用之处。所谓有合用之处，也有不合用之处，是指使用得法就有助益，使用不得法就有危害。

解：

［镜线与目线］互相顺从的情况，比如透过平板透明体去看，怎么用都行。［镜线与目线］互相抵触的情况，比如斜着看［透明］立方体，什么都看不见。道理详见后面"镜形"章。［镜与目］相同的情况，比如凸透镜与眼睛相同，适宜于看近处，即使近视的人也可以用来做放大镜，但看远处就显得模糊。［镜与目］相反的情况，比如凹透镜与眼睛相反，适宜于近视的人看远处，不近视反而模糊，并且看近处时必须拿掉。

九

镜以鉴景，而镜亦有景。[1]原景九。通光者两面透光，必能自相照而成多景。[2]然虽有此理，非目在局外者所能见耳。

【注释】

〔1〕中国古代对两个镜子对照时互相反复成像以至无穷的现象认识较早。

（唐）陆德明《经典释文·庄子音义》"天下"篇"今日适越而昔来"句释文中说到："鉴以鉴影，而鉴亦有影。两鉴相鉴，则重影无穷。"

〔2〕郑复光观察到透镜的两个表面兼有反射作用，也有互相反复成像的现象。如此细致的观察十分难得。郑复光之所以重视这一现象，是因为后面建立透镜理论时用以解释透镜的聚光能力。详见"圆凸"第六条。

【译文】

镜是用来照出影像的，而镜本身也有影像。"原景"第九条。透明体两面透光，必定能够自己互相映照而产生很多影像。但是，虽然存在着这样的事理，却不是局外人的眼睛所能注意到的。

十

凡物近目大、远目小，为远差，镜亦宜然。故物切镜则景与形等，远则见小。然有大小之不可以常理论者，则由于镜形之光线殊科[1]，而其为差则一也。

解曰：
凹视物，远则骤小；凸视物，远则反大，似不可与远差同论矣。而渐远渐差，其理自同。说详于后。

【注释】

〔1〕殊科：不同，悬殊。

【译文】

大凡物体距离眼睛近就显得大、距离眼睛远就显得小，这是远差，镜片也应该如此。所以物体紧贴镜面，则影像与物体形状相等，［物体移到］远处，则［影像］显得小。但也有大小不能按常理来论的情况，那是由于镜体形状［所决定］的［镜］光线各自不同，但作为大小之差则是统一的。

解：
用凹透镜看物体，物体到了远处就急剧变小；用凸透镜看物体，到了远处反而变大，似乎是不能与远差混为一谈了，但大小随着距离变化的次第差别，所遵循的道理自然相同。解释详见后。

十一

镜不合目，离目视物，虽无所见，亦无损也。切目视物，即有所见，必害目矣。

论曰：

镜不合目，其线相拗，必至昏然，甚则豪无所见。本章八。盖镜既切目，是强目线穿镜光线[1]，拗折[2]害目，固不待言矣。若离目视物，景纵不到镜，不过见为空镜而已，目之视镜，与视他物同；目视物景，与视镜质同，无所于强也，又何损焉？

【注释】

〔1〕"目线"与"镜光线"同为郑复光自创假说中的专门术语，详见"释圆"篇。

〔2〕拗折：指两种光线逆向而抵触。折，倒转，翻转，反转。

【译文】

与眼睛不匹配的镜片，将它与眼睛拉开距离［并透过它］去看物体，即使无所见，也没有损害。如果把它紧贴眼睛去看东西，就会有所见，但必定会损害眼睛。

论：

与眼睛不匹配的镜片，它的［镜］光线就会［与目线］互相抵触，必然导致模糊不清，甚至什么也看不见。本章第八条。因为镜片既然紧贴眼睛，那就是较强的目线穿越镜光线，逆向抵触而损害眼睛，这自然是不用多说的了。如果将它与眼睛拉开距离［并透过它］去看物体，即使影像到不了镜片上，也不过是呈现为空镜片而已，此时眼睛看镜片，就跟看其他东西一样；同时眼睛看物像，就跟看镜片的质地一样，没有什么勉强，这还能有什么损害呢？

类　镜[1]

镜之制[2]，各有其材；镜之能，各呈其用，以类别也。不详厥类，不能究其归。作类镜。

【注释】

〔1〕类镜：镜的分类论说。类，作动词，意为归类，以类为别。
〔2〕制：形制，形状与构造。

【译文】

镜的形制，各自具备其材质；镜的能力，各自展现其作用，都是根据类型来分别的。不清楚它的类型，就不能根究它的归属。因此作这篇《类镜》。

镜　资[1]

一

透照资乎通光，返照资其受光。透照者必取通光体，返照者必取受光体。通光体兼能受光，故玻璃亦可作含光镜。

【注释】

〔1〕镜资：按现在的语言习惯，即"镜的原材料"。但按此书的标题体例，此篇各章题中的"镜"字宜解为动词，意指"明察"，见"明原"篇注〔1〕。故"镜"在此有双关之意，"镜资"意为"明察镜之资"，以下各章俱同。"资"在此意为"制造之所资"，即原材料。

【译文】

透射凭借的是透明［属性］，反射凭借的是反光［属性］。透射［元件］一定要采用透明物质，反射［元件］一定要采用反光物质。透明物质同时也能反光，所以玻璃也可以用来制作反光镜。

二

有光之体，皆能受光。光在其面，则面受光。光在其体，必背受光，乃可资其返照。[1]

【注释】

〔1〕此条讨论了一个重要的现象：玻璃或透镜并不完全透明，两个表面都有反光，也能产生微弱的反射影像。这条预备知识关涉后面的透镜常数"侧三限"的原理，详见"释圆"篇。

【译文】

明亮的物体，都能反光。表面明亮，则表面反光。通体明亮，背面也必定反光，才能提供反射的条件。

三

铜为光体，而不通光。以为镜则色带黄，必资汞锡助其光。

解曰：

铜色本黄，杂锡则青，青近白，故宜于镜。磨镜药[1]亦汞锡为之。

【注释】

〔1〕磨镜药：用于镜面抛光的化学辅料。

【译文】

铜是一种光体，但是不透明。用来做镜子则颜色有点偏黄，一定要借助汞锡来增加它的光亮。

解：

铜的本色是黄色，掺锡就会变青，青接近白，所以适合做镜子。镜子的抛光辅料也是用汞锡制作成的。

四

玻璃为通光体，而兼受光。以为含光镜，必资汞锡阻其通。

解曰：

玻璃作含光镜，其取之，盖有二端：

一取玻璃为光明之最。缘通光而受景微，宜阻其通。然或不能贴合，未善也。唯锡洁白，汞最光明，且汞能柔锡，使贴合玻璃为一体，故能阻其通而受光烂焉。此资汞锡助玻璃之用者，一也。

一取水银为受光之最。缘其体流，必凝于物而后可，此铜镜所为作也。然铜色光劣，尘侵易退，未善也。锡故当胜，而遇汞则化，不能自立，唯用玻璃为之干[1]，而蒙其面，能隔尘而不隔光。此资玻璃妙汞锡之用者，二也。

【注释】

〔1〕干（gàn）：事物的主体或重要部分。

【译文】

玻璃是透明体，同时也能反光。用它来做反光镜，一定要靠汞锡来阻挡光的透过。

解：

用玻璃制作反光镜，取材于它的原因，说来有两点：

一点是看中玻璃为明亮［物质］之最。但由于它透明而反影像微弱，有必要阻挡光的透过。然而有时［阻挡层］不能贴合，还不算完美。由于锡色洁白，汞最明亮，而且汞能软化锡，使它与玻璃贴合为一体，所以能阻挡光的透过并使得反光灿烂。这种借助汞锡增强玻璃效用的考虑，是第一点。

另一点是看中水银为反光［物质］之最。但由于它是流体，必须凝结在别的物体上才行，铜镜就是靠这一点来制作的。但是铜的颜色光泽不佳，受到灰尘的侵袭时容易褪色变暗，还不算完美。锡固然应该有优势，但遇到汞就会软化，不能自成形状，只有用玻璃作为躯干，同时盖住它的表面，能挡住灰尘而不隔绝光照。这种借助玻璃改善汞锡效用的考虑，是第二点。

镜　　质[1]

一

镜质贵明净，疵累[2]有二：一由于生质[3]，一由于形质。故拣选必严，工力尤宜到也。

> 解曰：
> 料色[4]混，玻璃有纹、有泡，水晶有绵[5]之类，生质之疵也。平镜不平，凹、凸不圆，则光线相拗；磨砻[6]草率，则镜光未莹，形质之疵也。若是者，则有不清不确之累。

【注释】

〔1〕镜质：镜的质地。此章讨论光学元件原材料的品质。

〔2〕疵累：瑕疵，缺陷，毛病。

〔3〕生质：未经加工的原材料。

〔4〕料色：烧料的成色，详见"原镜"第三条。色，成色，原指金银制品（主要是钱币）中纯金、纯银的含量。

〔5〕绵：指晶体中的絮状杂质。

〔6〕砻（lóng）：磨砺。

【译文】

镜子的质地贵在明净，缺陷有两类：一类出在原材料，一类出在形状加工。所以拣选必须严格，做工尤其要到位。

> 解：
> 烧料的成色混浊，玻璃有花纹和气泡，水晶有絮状体等等，属于原材料的缺陷。平镜不平，凹镜和凸镜不圆，则光线

互相抵触；打磨草率，则镜子的光泽不够明净，这些就是形状上的缺陷。有这些毛病，就有不清晰、不逼真的麻烦。

二

镜照物虽真，而通光者返照必有玻璃差[1]。本《仪象志》。盖内光体能受光，而体既通光，则正面透见背面，背面亦透见正面，两面各照一物，是生两景，而有相距之差矣。

【注释】

〔1〕玻璃差：指与玻璃厚度有关的一种反射影像错位重叠现象。玻璃的前表面有反射光，同时进入玻璃的光会在后表面反射，再折射而出，于是产生两个影像。这个概念来自《新制灵台仪象志》，其卷四中论及折射，将现在所谓"光疏媒质"称为"易通光之体"或"易透之体"，"光密媒质"称为"难通光之体"或"难透之体"；也介绍了折射面上光线入射点的法线概念（称之为"径线"），可惜未能讲清折射定律。其中将折射造成的光线偏折或影像错位称为各种"差"。书中说道："玻璃差者，则光或是物象，同一理。从空明之器透玻璃离于径线远近之差也。"郑复光借用"玻璃差"概念时，并不涉及折射原理。

【译文】

镜子映照物体虽然逼真，但透明体的反射必定有玻璃差。根据《灵台仪象志》。原因在于，内光体能反光，而整体既然透明，就会正面透出背面，背面也透出正面，两面各自映照物体，就会产生两个影像，于是就有位置错开的偏差了。

三

铜镜质坚，其光在面，面者无厚，故无玻璃差，是其所长。惟铸成后必须刮磨，刮易磨难，工惜磨力，故砥平[1]者鲜。验法：斜迆日中，视发光处莹如止水，工力乃到耳。否则亦不易验。

【注释】

〔1〕砥（dǐ）平：平直，平坦。

【译文】

铜镜质地坚硬，反光层在表面，面是没有厚度的，所以不产生玻璃差，这是它的优点。只是铸成之后必须刮磨，刮易磨难，做工的人舍不得花力气打磨，所以完全平坦的很少。测验法：在阳光下拿得偏斜一点，看见反光照射之处像平静的水面一样晶莹，才算做工到位。否则也不容易检验。

四

玻璃作含光镜，莹彻不染纤尘，是其所长。然质脆，又性畏鱼腥，程鲁眉[1]云，玻璃灯下鱼汤熏蒸，往往碎裂，解法，地铺棕荐[2]则无碍。又，轿用棕底，则玻璃窗不畏炮震。物类相制也。且由火化吹成，《多能鄙事》[3]有炼琉璃法：黑铅[4]四两，硝石[5]三两，白矾[6]二两，熔三物，以白石末[7]二两，捣、飞[8]极细，和之，用铁筒夹抽成条[9]。此当是作料丝[10]法。予亲见张明益熔玻璃于铁管一端，其一端套木嘴，含而吹之成泡。欲作管，则火而长之。欲作方，则火而范[11]之。据云，闻广人以博山[12]石粉[13]加铅药[14]炼成料，亦如此吹成大泡，再火而平之。予曾游粤，见肆中吹成之泡，高三尺余，大如瓮，剖成者形似瓦，洵不诬也。故多泡多纹，不能砥平，更有玻璃差，是其所短。惟红毛又名荷兰，有谓即英吉利，有谓近为所并。非即英吉利地，大约是大西洋总称。其国甚多，粤人亦不能析也。玻璃坚厚少疵，但质愈厚，玻璃差愈大耳。曾见屏风镜，高三尺，厚半寸者，此甚难得。其厚二分者，时一遇之。程鲁眉云，红毛玻璃不畏鱼腥。

解曰：

玻璃贴以汞锡，含光在背，背透景于其面，面亦含光有景，故生玻璃差。此两景一浓一淡，以面通而背阻也。镜资四。正视则遮，侧视则见。乃侧视至于目与镜切，则背景渐近于面，两景又合一而不见矣。

一系：

试以指甲切镜面，目稍侧，则见浓景在背面，与指甲相离；别有相切淡景，乃正面所照，故必有两也。间或甲景内又有一虚圈，有似三景者，则是正面所照指端之景，非用景[15]也。试剪甲使尖，可证其非。又，或玻璃薄，止见一景，乃相距甚微之故；谛视之，必应有见。故两景相距大小，可验玻璃厚薄。

【注释】

〔1〕程鲁眉：疑为郑复光走访的匠人之一。后面的"张明益"亦同。

〔2〕棕荐：棕垫子。

〔3〕《多能鄙事》：十二卷类书，内容为日常生活百科，其中多有工艺技术的史料，明初托名刘基所撰。以下转述与原文有出入。《多能鄙事》卷五"炼琉璃法"条："黑锡四两，硝石三两，白矾二两，白石末二两。右捣飞极细，锅用炭火熔前三物，和之……用铁筒夹抽成条。"

〔4〕黑锡：即铅。《多能鄙事》原文为"黑锡"，黑锡是铅的别称。

〔5〕硝石：主要成分硝酸钾，其无色透明棱柱晶体的性状适宜于作为玻璃原料。

〔6〕白矾：即明矾，化学名十二水合硫酸铝钾，因其无色透明立方晶体的性状，可用于仿冒水晶。

〔7〕白石末：疑为石英砂或石灰石的粉末。

〔8〕捣、飞：两道工序。飞，将捣过的细末置于水中以漂去其浮于水面的粗屑。

〔9〕从两个铁筒之间的缝隙里把尚未冷凝的玻璃拉成条。

〔10〕料丝：抽成丝状的烧料（玻璃）。

〔11〕范：用模子浇铸。

〔12〕博山：今山东淄博市西南端。博山是清代烧料玻璃及其制品的主要产地，产品称"博山料"，作为京城料器行业的主原料又称"京料"，以区别于由洋行销售的进口玻璃"洋料"。

〔13〕石粉：应与白石末类似，为玻璃原料，即含有二氧化硅之类的酸性氧化物质的矿石。

〔14〕铅药：以铅为主要原料制成的粉状材料。中国古代炼制"铅汞齐"的工序和成品演变出许多应用，比如做化妆品用的铅粉之类。此处的铅药应属此类。

〔15〕用景：指需要观察的影像。用，有用的，用得着的。

【译文】

玻璃制作的反光镜，晶莹透彻、纤尘不染，这是它的优点。但质地较脆，又天生怕鱼腥，程鲁眉说，玻璃灯下，有鱼汤熏蒸，往往碎裂，解决的办法，地上铺棕席就不妨事了。他还说，轿子里用棕榈铺垫，玻璃窗就不怕被鞭炮震破。这是事物互相克制的道理。而且玻璃是经过加热融化、吹气［凝结］而成，《多能鄙事》载"炼琉璃法"：黑铅四两，硝石三两，白矾二两，把这三种物质熔化在一起，取白石末二两，捣碎后再到水中漂去粗屑得到极细粉末，加以混合，用铁筒夹抽成条。这应该是制作烧料丝的方法。我曾亲眼看见张明益把玻璃熔化在铁管的一头，另一头套木嘴，含着把玻璃吹成泡。要制成管状，就通过加热拉长。要制成方形，就加热后用模子定型。据说，传闻广东人用博山的石粉加铅料炼成烧料，也像这样吹成大泡，然后加热做平。我曾游历广东，见到作坊里吹成的玻璃泡，高有三尺多，与水缸一般大，剖开来的形状像瓦，真是一点不假。所以气泡和纹路较多，不够平整，况且有玻璃差，这是它的缺点。只有红毛又名荷兰，有人说就是英吉利，有人说最近被英吉利吞并。其实并非英吉利的地域，大概是大西洋的总称。那里国家很多，广东人也分不清楚。玻璃坚硬厚实，少瑕疵，只是质地越厚，玻璃差就越大而已。曾经见过一种屏风镜，高三尺，厚半寸，这一种很稀奇。厚度是二分的，偶尔会遇见。程鲁眉说，红毛玻璃不怕鱼腥。

解：

把汞锡贴在玻璃上，反光在背面，背面透出影像到正面，正面也反光生成影像，于是产生玻璃差。这两个影像一浓一淡，是正面透光而背面不透光的缘故。"镜资"第四条。正对着看会遮住，侧着看就能看见。于是侧着看直到眼睛紧贴镜面，则背面的影像逐渐接近表面，两个影像又合为一个，就看不出［玻璃差］了。

一系：

试把指甲紧贴镜面，眼睛稍微侧一点，就会看见一个比较浓重的影像在背面，与指甲是分离的；另有一个与指甲紧贴的浅淡的影像，这是正面映照出来的，所以必定有两个影像。偶尔指甲的影像里会出现一个微弱的圆圈，好像有三个影像，那是正面映照的指头的影像，不是所要观察的影像。试把指甲修剪成尖形，就可以证实它不是［所要观察的影像］。还有，玻璃较薄时，只见一个影像，这是两影距离微小的缘故；仔细盯着看，一定应该能看见。所以两个影像的距离大小，可以用来检验玻璃的厚薄。

五

洋料[1]侧视之，其色亦白，与视玻璃侧面或绿或黄者稍异，[2]应别一种。佳者，明净殊胜。博山料佳者亦明净，间有入火变米汤色，故火镜中多有混色者，取火差可，照物殊不了了[3]。

【注释】

〔1〕洋料：对当时进口玻璃的称谓。

〔2〕按：中国古代的玻璃工艺，一方面很早就有透明度高的制品，另一方面又长期不以制作透明材料为目的，重在色彩鲜艳和软化加工，所以配方中硅酸盐比例较低，熔点不高，且加入各种金属使之产生丰富色泽，主要用于仿制宝石和制作精美挂件、配饰、玩具、摆设品等等，与不透明或半透明琉璃、陶和瓷的釉彩、景泰蓝等工艺属于一路。不同于源自阿拉伯、兴旺于欧洲，以无色透明为目的的玻璃。清代开始生产无色透明玻璃后，传统工艺的惯性仍然存在。

〔3〕了了：清楚，明白。

【译文】

优质的洋料，侧着看，颜色仍是白色，与看玻璃侧面时泛出绿色或黄色的情况不同，应该另作一类。光洁透明方面很出众。优质的博山料也能光洁透明，偶尔在火中会变成米汤色，所以取火镜很多都有杂色，取火还可以，照东西就不大清楚。

六

水晶为天生玉石之类，明彻最胜，惜不能大而无绵。得其净者，取以为镜，别为银晶，以示贵重。今海州[1]所产，其白烂然夺目。洋产稍黑而明净。黑宜养目。凡晶性凉，能消热气。目力久用，不无眦火[2]，眼镜宜之。然则料自火出，必忌作眼镜矣，当慎辨之。其别有五：

一曰绵。绵是其病，然正如玉之莱菔花[3]、砚之鹦鹆眼[4]也。

一曰纹。银晶无绵，法，闪[5]侧向明，睨[6]而审谛，见有如水波、云头堆起之纹，摸之实无此，不能伪为者也。

一曰皱。晶不必定有纹，然必有晶之形，则橘皮皱[7]是也。视法同上，若肌肤之有毛孔然，然视之较难，须善会之。

一曰重。晶与料较重必镇手，亦犹玉之与料。

一曰舐。与玻璃等同时舐之，晶则其凉彻骨，此法最易而无失。

【注释】

〔1〕海州：即今连云港市海州区。

〔2〕眦（zì）火：中医名词，指眼角干涩、肿痛等上火症状。眦，眼角。

〔3〕莱菔花：古玩术语，指玉石上因质地不匀而呈现的一种花纹，一般为同心圆加散开纹，像切开的萝卜剖面。莱菔，萝卜。

〔4〕鹦鸰眼：古玩术语，指砚台原料端石上特有的圆形斑点，形如鹦鸰眼。鹦鸰，鹦鹆。鹦鸰眼又叫鸲鹆（八哥）眼。

〔5〕闪：侧转，使偏侧。

〔6〕睨：斜着眼睛看。

〔7〕橘皮皱：也是古玩术语，指烧炼温度不太高导致的釉面或烧料上的一种斑点，通常不被看成瑕疵而看成特色。此处郑复光观察到天然水晶的表面也有类似的不完全光滑现象。

【译文】

水晶属于天然玉石一类，明亮透彻方面最出众，只可惜不能大块取材而不含絮状体。[人们]得到其中比较纯净的，用来制作镜片，把它另作一类叫做银晶，以表示它的贵重。当今海州出产的，其白色光耀夺目。西洋产品稍黑但是光洁透明。黑色适宜于养护眼睛。大凡水晶都性凉，能消除热气。眼睛用得久了，难免眼角上火，用眼镜是有益处的。这样的话，烧料出自火中，是必定不宜用来制作眼镜的了，应当小心分辨。区别的方法有五点：

一是絮状体。絮状体是缺陷，但正如玉石的莱菔花和砚石的鹦鸰眼一样[具有观赏价值]。

一是纹路。银晶没有絮状体，[辨别]的方法是，将它对着光倾斜晃动，斜着眼睛仔细看，会看见水波或云朵堆积起来一样的纹理，摸上去其实没有[这些纹路]，这是无法伪造的。

一是皱纹。水晶未必一定有纹路，但一定有晶体的形状特点，那就是橘皮皱。观察方法同上，所见就跟皮肤上有毛孔一样，但较难观察到，需要用心体会。

一是分量。水晶的分量与烧料相比，手感必定更重，就像玉石和烧料相比。

一是舔。与玻璃比不出差别时就舔一下，是水晶就会感觉冰凉彻骨，这个方法最方便而且不会出差错。

七

玻璃纸为天生云母[1]之属，起层似明瓦[2]。其透若玻璃，色明而稍黑，其薄似纸，软脆不可折。然掷地不碎，入火不焦，亦一异也。向来用之窗棂，近今玻璃价减，殊形其陋。然用以钩字，明而无玻璃差，又可拭除改易，是其独擅之长。

一系：

焚香者，意取幽细。以玻璃纸置炉炭上，投沉香片[3]，其香清永而不烈。

二系：

近自东洋来水晶扇，颇似玻璃纸。形质既大，插骨、收折，均非玻璃纸所及。然不甚行，想因不坚牢故耳。余曾渍以水，则涨成混色，似凉粉之所为者。然则作字其上，不可蘸水拭除矣。附记于此。

【注释】

〔1〕云母：一种造岩矿物，钾、铝、镁、铁、锂等层状结构铝硅酸盐的总称。颜色随化学成分的变化而异，其中白云母常有无色透明者。

〔2〕明瓦：用牡蛎壳、蚌壳等磨制成的瓦状半透明薄片。古时常用以装在屋顶天窗或其他窗户上。

〔3〕沉香片：瑞香科植物沉香的木材切片。

【译文】

玻璃纸属于天然云母制品，像明瓦一样有层状结构。它的透光性像玻璃，色泽明亮但稍偏黑，薄得像纸，又软又脆不能折叠。但扔在地上不碎，掉进火里不焦，也算一个奇特之处。一向是用在窗户上，现今玻璃价格下降，使它显得很粗劣。但是用来描字样，既清晰又没有玻璃差，还可以擦除涂改，这是它独具的特长。

一系：

焚香，追求的是优雅含蓄。把玻璃纸放在炉炭上，再放上沉香片，香气清幽持久而不浓烈。

二系：

近来从东洋传来一种水晶扇，很像玻璃纸。首先是取材大块，安插扇骨和收折，都不是玻璃纸所能及，但不太流行，猜想是由于不够坚固扎实的缘故吧。我曾用水把它打湿，就漫延成浑浊的颜色，跟凉粉的表现相似。这样的话，把字写在上面，就不能蘸水擦掉了。附记于此。

镜　　色[1]

一

水晶生具五色[2]。除金晶见纪文达公说，忘其书名。[3]贵重罕见外，其余诸色，只可充玩器。惟墨晶能养目及视日，具有大用。盖目最畏明——以光相夺也，黑能杀之；视久生火，晶能凉之；色深者能视日不眩。料厚益黑，故作眼镜者以厚为贵。独墨晶以薄为贵，盖薄而能黑，乃真墨晶也。别有茶晶，乃其浅者，价则大减。然亦稍能养目也。

色亦有伪作者，久则退。本《博物要览》[4]。

【注释】

〔1〕此章讨论透明材料的颜色，主要是讲养护眼睛用的有色镜片。

〔2〕天然水晶中含有微量杂质时会呈现颜色，以下的金晶、墨晶、茶晶都属此类。

〔3〕纪文达公：纪昀（1724—1805），字晓岚，河北献县人。清乾隆年间的著名学者和官员，曾任《四库全书》总纂修官。卒后嘉庆帝御赐碑文有"敏而

好学可为文，授之以政无不达"之语，故谥号文达，乡里世称文达公。所著
《阅微草堂笔记》卷十五"姑妄听之一"："漳州产水晶，云五色皆备，然赤者
未尝见，故所贵惟紫。别有所谓金晶者，与黄晶迥殊，最不易得。"

　　〔4〕《博物要览》：有两种，一署谷泰撰于明天启年间，十六卷；一署谷应
泰撰于清初，十二卷。两书内容均为碑刻、字画、古玩见闻录，相应各卷内容
基本一致，表述略有不同。关于水晶的内容，前者见于卷十三，后者见于卷
八。从后面"镜色"第三条的引文看，郑复光所据为十二卷本。

【译文】

　　水晶天然具备色彩。除了金晶见于纪文达公的笔记，忘记书名。贵重
罕见之外，其他几种颜色，只能充当玩具。唯有墨晶能养护眼睛，
还能用来观察太阳，用处很大。眼睛最怕太亮——因为亮光刺眼，
黑色能减弱光强；眼睛看久了会上火，水晶能降低火性；深色的能
用来看太阳而不眩目。烧料不仅厚而且更黑，所以制作眼镜的人以
厚为贵。唯独墨晶以薄为贵，因为既薄又能够黑，才是真墨晶。另
有一种茶晶，属于颜色较浅的墨晶，价格则低得多。但是也多少能
起到养护眼睛的作用。

　　[水晶的]颜色也有伪造的，时间久了就会退掉。根据《博物要览》。

二

　　玻璃作窗，室内视外，为居暗视明，原光九。是其长处。五
色玻璃作窗，外人更难于窥伺，且辉煌可观，间一用之，亦致
饰之美也。

　　　一系：

　　《多能鄙事》炼琉璃法云，欲红入朱[1]，欲青入铜
青[2]，欲黄入雌黄[3]，欲紫入赭石[4]，欲黑入杉木炭。张
明益云，玻璃内五金皆可参入。据此，则物皆可参，所以
能成五色。然未见有黑者。惟绛色，似黑而透照，仍带红。
即墨晶亦然。岂本是黑色，因透照映光，致似绛邪？抑黑
则无所见，故取绛代之邪？观围棋黑子，稍透者映光，必
带红黄。而灯熏玻璃，除视日外，一无所见。殆兼有二

理矣。

【注释】

〔1〕朱：即朱砂。硫化汞的天然矿石，大红色。

〔2〕铜青：铜锈，铜绿。

〔3〕雌黄：三硫化二砷的天然矿石，橙黄色。

〔4〕赭石：以氧化铁为主要成分的矿石，褐色、棕色、土黄色或红色。

【译文】

用玻璃做窗，从室内看外面，属于处在暗处看亮处，"原光"第九条。这是它的长处。用有色玻璃做窗，外面的人更是难于窥探，而且辉煌可观，间或采用一下，也能产生装饰的美观效果。

一系：

《多能鄙事》"炼琉璃法"说，想要红色就加入朱砂，想要青色就加入铜青，想要黄色就加入雌黄，想要紫色就加入赭石，想要黑色就加入杉木炭。张明益说，玻璃里面各种金属都可以掺入。由此看来，其实任何物质都可以掺入，所以能产生各种色彩。但是没见过有黑色玻璃。只有绛红色玻璃，接近黑色并且透明，仍然带有红色，即使墨晶也是如此。莫非本来是黑色，因为透明而映出光亮，导致有点像绛红色？还是因为黑色就看不见，所以用绛红色来代替？看围棋黑子，稍微透明而映出光亮的，一定带点红黄色。而油灯熏黑的玻璃，除了用来看太阳之外，什么都看不见。大概两种事理都是存在的吧。

三

视日食，无黑玻璃则用熏黑玻璃视之。日光虽盛，绝不射目。法：取平玻璃，于油灯烟上熏遍用之。熏热时，宜放纸上，俟其自冷。最忌风与湿，盖冷与热相激，则有迸裂之患。

一系：

《博物要览》云：凡水晶，不可用热汤滚水注之，粉裂如击。[1]盖水晶体本冷，故与热不宜，不可不知。

【注释】

〔1〕(清) 谷应泰撰十二卷本《博物要览》卷八："凡用水晶什物，不可用热汤滚水注之，注之粉裂如击破者。"

【译文】

观察日食，没有黑玻璃就用熏黑玻璃来看。日光尽管强烈，绝不会刺眼。方法：取平玻璃，在油灯的火烟上遍体熏黑后即可使用。熏得发热时，应该放在纸上，等它自己冷却。最忌讳的是冷风和潮湿，因为冷和热互相激荡，就会有碎裂的担忧。

一系：

《博物要览》里说，凡是水晶，都不能用热汤滚水浇注，否则将会像受了重击一样粉碎。原因在于，水晶的质地本来是冷的，所以与热不相适。这一点不可不知。

镜　　形[1]

一

平形者，惟铜镜可一面平。若玻璃镜，无论用通光、用含光作镜，皆须两面砥平，方为平镜。故铜镜磨工不足，及玻璃拣选不精，隐有起伏痕迹者，是平而不平也，皆有改形之累。

【注释】

〔1〕此章讨论镜的形状与其光学性质的关系。由于凸透镜和凹透镜是全书的主体内容，专辟一篇，所以此处主要讨论了平面镜和方棱镜（立方透明体）。

【译文】

外形呈平面的，只有铜镜可以一面平。如果是玻璃镜，不论是利用透明还是利用反光来制作镜，都必须两面平坦，才是平镜。所以铜镜打磨功夫不足，以及玻璃拣选不精，以至隐约有起伏痕迹的，都属于似平而非平，都有［影像］变形的麻烦。

二

镜面必合度。如平者必中准[1]，凸凹必中规是也。设破为二，未经移动，照物自仍如常度，未改故也。若稍移动，即如二镜，必物一而景二矣。多一破，即多一景。

【注释】

〔1〕中准：符合测量平面的仪器。中，符合。准，古代测量水平的仪器，又称"水准"、"水平"等。《汉书·律历志上》："准者，所以揆平取正也。"

【译文】

镜面必须合乎标准。比如平面必须符合水准仪，凸面和凹面必须符合圆规等等。假使破为两半，只要不被移动，映照物体自然仍旧符合正常尺度，因为没有发生改变。如果稍微移动，就如同两个镜子，必定是一个物体而有两个影像了。破裂多一块，影像就多一个。

三

镜以能力胜者，愈大愈佳，尽其才也。

【译文】

以能力取胜的镜片，总是越大越好，那就充分发挥了它的天生材质。

四

含光镜对物得景，故光线所对，无不毕含。而人之见物，则视立处之目所射镜两边线之角大几何，止见几何。

论曰：

如一图（图17左）。甲为镜，目在乙。线射戊而折到庚，射己而折到辛，止见庚辛界内。若进至寅，所见渐广，目线角大也。若移丙，则射戊到子，射己到丑。移丁，则射壬、癸亦然。盖物入镜到目，各从其线而不乱。

如二图（图17右）。未自入卯，申自入辰。故物在酉必右入卯、左入辰。在戌者，见酉不见戌也。如云不然，岂不物景重叠乎？

图 17

【注释】

〔1〕此条以光的反射定律解释平面镜成像的可见范围，不再是定性思辨，而有清晰的反射光路几何模型，这是西学输入后的一种新气象。

【译文】

反光镜对着物体就产生影像，所以光线能对到的地方，［其影像］无不全部容纳［于镜面之中］。但是人所能看见的物［像］，则取决于观察者的眼睛射向镜面两边的目线的张角有多大，就只能看见多广。

论：

如第一图（图17左）。甲是镜子，眼睛位于乙。目线射到戊就反折到庚，射到己就反折到辛，只能看见庚辛以内的范围。如果眼睛推进到寅，看见的范围逐渐变广，这是目线角变大的缘故。如果眼睛移到丙，则目线射到戊而折到子，射到己而折到丑。眼睛移到丁，则同样反折到壬和癸。一般来说，物［像］进入镜子再传达到眼睛，都是各自依从自己的光线而不混淆。

如第二图（图17右）。未自然进入卯，申自然进入辰。所以在酉处的物体必定是右边映入卯，左边映入辰；而在戌处的人，能看见酉而看不见戌。如果说不是这样，那岂不是［多个］影像重叠了吗？

五

凡目视物，在目前者可见，在目后者不可见；无隔者可见，有隔者不可见。而镜线反折，能使可见者不见，不见者可见。

解曰：

如一图（图18左）。甲为镜，乙在目前，丙在目后，见乙不见丙也。而甲镜所照，缘为丁隔，能使见丙不见乙。

如二图（图18右）。甲为镜，戊无隔而己有隔，见戊不见己也。而甲镜所射，缘戊居癸辛线外，能使见己不见戊。

图18

【译文】

大凡眼睛看东西，在眼睛前面的可见，在眼睛后面的不可见；无遮挡的可见，有遮挡的不可见。但是经过镜线的反折，能使可见的看不见，不可见的看得见。

解：

如第一图（图18左）。甲是镜子，乙在眼睛前面，丙在眼

晴后面，本来是乙可见而丙不可见。但经过甲镜的映照，由于
被丁遮挡，能导致丙可见而乙不可见。

如第二图（图18右）。甲是镜子，戊不被遮挡而己被遮
挡，［本来是］戊可见而己不可见。但对于甲镜的照射范围来
说，由于戊位于癸辛线之外，能导致己可见而戊不可见。

六

含光镜对物得景。若以镜对镜，人居其间，必见镜中含镜，
而见多景，何也？镜亦有景，而景中有镜也。若两镜相距愈近，
则镜景亦愈多，何也？视线近而角大也。

论曰：

司马彪注《庄子》谓，鉴以鉴景，而鉴亦有景，两鉴相
鉴，则层景无穷。[1]而梅勿庵[2]征君[3]则曰，六七层以上亦遂
有穷。今按：无穷者理也，有穷者势也，亦不可限其层数。
盖照一层，必远一层，原镜十。而小一层；远则深，深故暗；
小则微，微故隐，势穷于不见也。原色七。故移两镜距，使视
线近，则暗者显；视角大，则微者巨，其层数必较多矣。

【注释】

〔1〕(唐)陆德明《经典释文·庄子音义》多引（西晋）司马彪《庄子注》，
但此语为陆氏而非司马氏所发，出自《天下篇》"今日适越而昔来"句下注。
原文"景"为"影"，"层"为"重"。

〔2〕梅勿庵：梅文鼎（1633—1721），字定九，号勿庵，安徽宣城人。清初
著名的天文、数学家。

〔3〕征君：对征士的尊称，指不接受朝廷征聘的隐士。

【译文】

反光镜对着物体就产生影像。如果将两面镜子相对，人处在它们
中间，必定看见镜子中含有镜子，并且看见多重影像，这是为什么？
因为镜子也有影像，而影像中又有镜子。至于两面镜子距离越近，镜
中重影也就越多，这又是为什么？因为视线拉近从而视角变大。

论：

司马彪注《庄子》说，镜子用来照出影像，而镜子本身也有影像，两面镜子互相映照，则重重影像无穷无尽。而梅勿庵处士却说，六七层以上也就有穷了。今按：无穷是理想情况，有穷是实际情况，其实不可能限定它的层数。一般来说，每多照出一层，必定比前一层远，"原镜"第十条。同时比前一层小；远就深，深就暗；小就微弱，微弱所以隐匿，最终势头穷尽于看不见。"原色"第七条。所以改变一下两面镜子的距离，使视线拉近，则暗的变得明显；视角增加，则小的变大，结果层数就必定比先前增多了。

七

方形[1]，六面俱平，通光四照。如晶章[2]类，是非镜也，然具有镜理，故论之。至方体不通光者，则无可论焉。然必物自背透，景从面见。故斜对其面，能见其背所切之物，而目与物真形反不相参直，是亦折线。原线四。

论曰：

如图（图19）：

图19

碗底置钱，目在乙，视钱于甲，为碗边丁所遮而不见。若充以水至丙，则见矣。夫水为通光，甲自透景于丙，为直线；目自乙视丙，亦直线；丁遮甲而不遮丙，其见之也宜矣，而乙丙与丙甲实为折线。设广碗边之丁于庚，则庚不遮甲。目线至甲，虽直射而无所蔽，亦必见钱于丙，而不能见钱于甲也。如云不然，岂不置一钱而见两钱乎？

又设图（图 20）以明之：

图 20

有直竹四节两根相等，一根平置，如子巳；一根插池内，必当如子丑，而目自子视之，则为子辰寅。夫子丑本直竹，乃至辰若折者，辰丑之景透浮水面为辰卯，而辰丑真形为斜迤，故景亦斜迤，而似辰寅也。又，辰寅本与午巳等，缘丑上透卯，必成垂线，故辰寅若短于午巳也。又鱼者居子见鱼在寅，其投叉必下向丑。渔夫习之熟，故知之悉。此通光视物不得不然之理。本《远镜说》。[3]

或谓，池底之物，既浮其景，则应在水面，是见丑于卯，非见丑于寅也。曰，丑自浮于卯，而象若在寅，此水差也。本《仪象志》。即镜中远差之理。[4]如云不然，则铜镜之光在面无厚，返物景有近有远，乃以同含于面之故，遂谓物之远近并在一处，其可乎？

【注释】

〔1〕方形：此指立方体。而平面方形则称"平形"。

〔2〕晶章：水晶制作的图章。

〔3〕以上关于折射的说明，包括渔夫叉鱼的比喻，大多为转述《远镜说》之语，图19亦与《远镜说》图类似。但扩大碗边之论和相应的图19虚线部分及图20，为《远镜说》所无。按：此处"本《远镜说》"四字系正文字体，但以该书体例作夹注字体，或为误刻，今仍依原文。

〔4〕《新制灵台仪象志》卷四论及折射（见"镜质"第二条），将光由空气进入水而发生折射的现象叫做"水差"。又云："凡玻璃望远、显微等镜，其所

以发现物象远近、大小、暗明、正斜之众端，皆可从此差之理而明之。"其附图之"一百一十三图"与此处图19类似。

【译文】

立方体，六面都是平的，透明时每面都有映照。就像晶章之类的东西，虽不属于镜，但具有镜的性质，所以论说一下。至于不透明的立方体，就没什么可论的了。但必定是物体从背面透出，影像呈现于正面。所以眼睛斜对着正面时，能看见紧贴在背面上的东西，而此时眼睛与真实物体反而不是正对，这种情况也属于折线。"原线"第四条。

论：

如图（图19）：

碗底放一枚铜钱，眼睛在乙处，看甲处的铜钱，被碗边丁遮挡而看不见。如果注水［使水面］到达丙，就看见了。水是透明的，甲的影像自然透射到丙，呈直线；眼睛从乙处看丙处，也是直线；丁挡住甲而不挡住丙，能看见是当然的事情，然而乙丙和丙甲事实上是折线。假设把碗边丁增宽到庚处，则庚不遮挡甲。目线到达甲处，虽然是直射而且没有遮挡，也必定在丙处看见铜钱，而不能在甲处看见铜钱。如果说不是这样，岂不是放置一枚铜钱却看见两枚了吗？

另设一图（图20）来说明：

有两根相等的四节竹子，一根平放，如子巳所示；一根插在水池里，必然应当如子丑所示，然而眼睛从子处所见，却是子辰寅。子丑本是直竹，竟然到了辰处就像折成两截，这是因为，辰丑的影像透射上浮到水面成为辰卯，而辰丑的真形是斜的，因此影像也是斜的，于是看起来就如同辰寅了。还有，辰寅的长度本来与午巳相等，由于丑往上透射到卯，必定呈垂直，所以辰寅看起来就比午巳短了。叉鱼的人位于子处看见鱼在寅处，他投鱼叉时必定往下投向丑处。渔夫训练有素，所以心里明白。这是透过透明物体看东西的必然道理。以上根据《远镜说》。

也许有人会说，水池底部的物体，既然向上浮起影像，就应该在水面，那就是在卯处看见丑，而不是在寅处看见丑。我们说，丑自然是上浮到卯处，但影像似乎在寅处，这就是水差。根据《灵台仪象志》。即镜中远差之理。如果说不是这样，那么铜镜的光在表面，没有厚度，反射物像有近有远，于是以容纳在同一个表面之内为由，就认为近处和远处的物体合并在一处，能讲得通吗？

八

方形通光者，每面能受四面之光，而视其受光，必因斜折线而见，故受光者止见一斜面；每面皆透空际之明，而视其透明，必因直穿线而见，故透明者止有一对面。

解曰：

如己底面，甲丙乙丁旁四面皆其斜面，而对面止有正面戊。故遮戊面，则目于己面无复透明处矣。若受光，虽有四面，然自甲视己，其折线止射于乙；若遮乙面，则目自甲视，不见受光。理矣。（图21）

图21

一系：

图正方体，必斜画以合视理。西法更以近阔远狭者，并视差之分寸而图之。今欲图三面于正视中，不得不反西法，作近狭远阔之状。虽于视理乖谬，时亦有所取尔。盖图以明说，不比绘事必以形求肖也。又，旧法密不容书，则作圈引线，图外书之；至背面，则别作背图。今于背面作为△，圈其背面，记号皆作左书，觉易明了。两法皆属创始，相其宜参用之。

【译文】

透明立方体，每面都能反射四周的光，但观察它的反光，必定要通过斜射而偏折的光线才能看见，所以能看见的反光面只有一个斜面；每面都能透进外围空间中的光亮，但观察它的透明，必定要通过直接穿透的光线才能看见，所以透明面只有一个对面。

解：

如对于底面己，甲、丙、乙、丁四个侧面都是斜面，对面只有正面戊。所以遮住戊面，眼睛在己面就看不见透明之处了。至于反光，虽然四面都有，但从甲面看己面，它的折线只能射到乙面；如果遮住乙面，则眼睛从甲面看，就看不见反光了。道理就是如此。（图21）

一系：

画立方体，一定是画成斜的，才符合透视法则。西洋的方法还进一步通过近宽远窄的处理，结合视差的尺度来画。现在要在正视图中画出三个面，就不得不跟西洋方法反着来，画成近窄远宽的样子。虽然对于透视原理来说是反常，但特殊场合也是有用的。因为图是用来辅助说明的，不像绘画那样一定要追求形象的逼真。还有，旧的图示法，画面太密而容不下文字，就画一个圈，引一条线，在图外面标上文字；至于背面，则另作一个背面图。现在在背面标一个△，作为背面的记号，标示文字都写成左右颠倒，这样就感觉比较明了。以上两种方法都属于首创，可以根据适合的情况斟酌采用。

九

方形，正视能透背面之物，侧视能受斜面之光。但透物之面即不能受他面光，受光之面即不能透面外物。

解曰：

自甲正视乙，能透见外戊，则不见乙受光矣。自甲侧视己，既见受乙光，则不见透外庚矣。（图22）

图 22

论曰:

自甲视丙,必以折线返照至乙,故能受乙之光,即能阻丙之透。夫甲既透明,故受光处能见也。而甲与乙对、丙与丁对,自甲穿丙视戊,则目线为斜,而镜线为拗,故透戊物处不能见也。

若置目在己庚棱线之间,则戊当辛壬棱线,目跨见甲、丁两面之交,则物分到乙、丙两面。是目自甲穿乙,得顺线[1]可透;自甲穿丙,得拗线[2]不透;自丁穿丙,得顺线可透;自丁穿乙,得拗线不透。夫丙与乙本各为一面,而各有透、不透之殊,[3]则必成半透、半不透之面,而生丑寅及癸子两线为之隔矣。夫丑寅与癸子两线,实辛壬一棱之景所缩而成。辛壬棱既各缩于两边,见其景,则辛壬之实线如处空虚,反不可见,而丑壬及辛子[4]两半透之面[5],必相连成一透明之面矣。(图 23)

图 23

【注释】

〔1〕顺线：相顺的镜光线。

〔2〕拗线：相抵触的镜光线。

〔3〕此句指乙面和丙面各有透明的部分和不透明的部分，即前面所谓乙面对甲面为透、对丁面为不透；丙面对丁面为透、对甲面为不透。此条论立方棱镜，所描述的观察结论都是正确的，但仅以"顺线"和"拗线"进行解释，是无法将光路分析清楚的。

〔4〕郑复光通常以两个对角的标号来表示一个方形。"丑壬"代表长方形"丑寅壬辛"，"辛子"代表长方形"辛壬子癸"。

〔5〕两半透之面：指两半个透明的面，而非两个半透明的面。

【译文】

　　［透明］立方体，正对着看能［看见］透出背面的物形，侧着看能［看见］反射斜面的光。但透出物形的面就不能反射其他面的光，反光的面就不能透出它外面的物形。

　　　　解：

　　　　从甲面正对着看乙面，能透出去看见外面的物体戊，就看不见乙面反光了。从甲面侧着看己面，既然看见反射乙面的光，就不能透出外面的庚了。（图22）

　　　　论：

　　　　从甲面看丙面，必然以折线反射到乙面，所以能反射乙面的光，也就能阻挡丙面的透光。甲既然透明，所以反光之处可见。而甲面与乙面相对、丙面与丁面相对，从甲面穿越丙面看物体戊，则目线是斜的，镜线是与之抵触的，所以透出物体戊之处是看不见的。

　　　　如果眼睛位于己庚棱线处，那么当物体戊正好位于辛壬棱线，而眼睛同时看见交会的甲、丁两面时，物体影像就被分到了乙、丙两面。这是因为，目线从甲穿到乙，与镜线相顺，可以透过；从甲穿到丙，与镜线抵触，不能透过；从丁穿到丙，与镜线相顺，可以透过；从丁穿到乙，与镜线抵触，不能透过。丙和乙本来各自是一面，并且各有透光部分和不透光部分的分别，于是必然形成一半透光、一半不透光的面，从而产生丑寅和癸子两条线为界限。丑寅和癸子这两条线，实际上是辛壬这条棱线的影像［向两边］收缩而成的。辛壬棱线既然分别缩向两边，见到它的影像时，辛壬这条实际的线就好像处于空虚，反倒不可见，而丑壬和辛子这两半个透明面，却必然连接成一个透明的面了。（图 23）

十

方形斜视，不透明而受光。若对明外视，自丁窥乙，则乙背明必暗，然见其不透，不见其受光矣。乙外向明，返对丙面，故为背明。若向明下视，自甲窥己，空明下透，则己受乙光，必烂如汞锡，故见其受光而不透者，亦即如汞锡之阻其通也。（图 24）

图 24

【译文】

斜着看［透明］立方体，不透明但是反光。如果对着光亮朝外看，从丁面看乙面，则乙面背光，必定昏暗，于是就看见它不透明，看不见它反光了。乙面朝外对着光亮，反射对着丙面，所以是背光。如果朝着光亮往下看，从甲面看己面，周围的光亮往下透，则己面反射乙面的光，必定像汞锡一样灿烂，因此看见它反光而不透明的情况，也就跟汞锡阻挡光线通过的情况一样。（图 24）

十一

方形受光，能阻其通，故字虽切镜不见也，字在镜外也。若作字镜面必见也，墨染镜上也。夫切镜之与镜上，一间耳，然而墨既染焉，则已连为一体矣。

【译文】

　　［透明］立方体反光，能阻挡光通过，所以即使把字紧贴镜面也不可见，因为字在镜面之外。如果把字写在镜面上就必定看见，因为墨已经染在镜面上。紧贴镜面和［写在］镜面上，相差只是一丝缝隙而已，然而墨既然染上去了，就已然连成一体了。

十二

　　方形斜视，自甲窥己，己本方面如子辛，缘目线斜射，光线斜受，两线相会，适得其半如癸，故必缩庚辛线为壬癸，变方成扁矣，若作方字，亦必成扁字矣。（图25）

图25

【译文】

　　斜着看［透明］立方体，从甲面看己面，己面本来是正方形如子辛，由于目线斜射，光线斜受，两种光线相会之处，恰好在正方形的中间如癸，所以必定使庚辛线收缩为壬癸，把正方形变扁，此时如果［在底面上］写一个正方形的字，也就必定变成扁字了。（图25）

十三

　　方形向明，自边视底，则方缩成扁。夫横之为扁者，直之即为长。故置目甲丙之间，跨见两面，其在甲窥己，缩戊庚为癸子；因丙面斜向所碍，则庚之所缩不能到寅而到子，则成癸辛壬子半圭形[1]；丙面所见亦必如之。而半圭之首斜边，两形相等而适合，必并成一曲尺形矣。目在卯壬棱线之间，下视其底，上视其面，皆为内缩，故曲尺形必外向。如二图。若移目出卯上，而下视其面，则为上缩；或移目出壬下，而上视其底，则为下缩；其曲尺形必皆内向矣。如三图。夫同一底方而缩成两形，同一缩法而缩于两面；若作一方字于上，必见为一扁宁、一长字矣。如四图。（图26）

图 26

论曰：

下视底见己，上视面见戊；在己称下缩，在戊称内缩[2]；非有二也。

【注释】

〔1〕半圭形：圭是古代帝王或诸侯在举行典礼时拿的一种玉器，上圆（或剑头形）下方。此处圭形为剑头形，即方形上面一个等腰三角形。则半圭形为长方形上面一个直角三角形。

〔2〕内缩：疑为"上缩"之误。

【译文】

[透明] 立方体朝着亮处，从侧面看底面，则正方形缩扁。横起来成为扁形的，竖起来就成为长形。所以当眼睛位于甲面和丙面之间，同时看见两面时，对于在甲面看己面的情况，戊庚收缩为癸子；由于受到丙面偏斜的阻碍，则庚点的收缩不能到达寅

点而到达子点，就成了癸辛壬子半圭形；从丙面看到的情况也必定如此。而两个半圭形头部的斜边，相等而恰好弥合，必然合并成一个曲尺形。眼睛位于卯壬棱线的中间，往下看底面，往上看上表面，都是向内收缩，因此曲尺形必定朝外。如第二图。如果把眼睛移到高出卯点的位置，并往下看上表面，则为向上收缩；再把眼睛移到低于壬点的位置，往上看底面，则为向下收缩；［两种情况］曲尺形必定都是向内的。如第三图。同一个方形底面而缩成两种不同形状，同一种缩法而缩在两个面上；如果写一个方形文字在［底面］上，就必定会看见一个扁字、一个长字了。如第四图。（图 26）

论：
往下看底部见到己面，往上看顶部见到戊面；对于己面而言叫做下缩，对于戊面而言叫做上缩，并非不同的两种情况。

十四

方形斜视，作字则可见。字在乙面，甲透其景，丙、丁皆受其光，则一字应见三字。但目居甲、丙之间，为丙面所碍，止见半景。若字偏乙面之右，目亦稍偏于甲，必见右半面全景，是一字成三字矣。唯丁所受字，斜线不得到丙，故丙面止透空明耳。（图 27）

图 27

【译文】

斜着看［透明］立方体，写字在面上就能看见。字在乙面，影像从甲面透出来，丙、丁两面都受乙面的光，则应该看见一个字变成三个字。但眼睛位于甲、丙两面之间，受到丙面遮挡，只能看见半个影像。如果字偏向乙面的右边，眼睛也稍微偏向甲面，一定能看见右半面的完整影像，这样就一个字变成三个字了。只是丁面所受的字的影像，反射的斜线到达不了丙面，所以丙面就只有光亮透过了。（图27）

十五

平形通光者，侧面甚微，姑不论。其余各体皆有侧面。但方形六面为直角，否则为锐角、钝角。夫直角斜视不透明者，以视线斜故也。至于钝角，大于直角，则视线愈斜、愈不透明可知也。若锐角，小于直角，则斜线渐杀，必渐透明矣。

【译文】

平板透明体，侧面的尺度很小，暂且不论。其他各种立体都有侧面。只有立方体的六个面为直角，否则为锐角、钝角。斜着看直角就不透明，是因为视线歪斜。至于钝角，由于它大于直角，则可想而知视线更斜、更不透明。如果是锐角，由于它小于直角，则随着斜线［的倾斜程度］逐渐减小，必然就越来越透明了。

十六

方形斜视，受光不透，亦因乎体斜线拗，故色深而黑暗耳。体愈厚，线愈拗。若杀其厚，则为锐角；杀其黑，则为青、红、黄诸色。原色五。故三棱体自其一棱透视对面，必由薄渐厚，而厚不至直角；掩映空明，必由浅渐深，而深不至黝黑；遂能透见外物，而生红绿彩色矣。云气厚薄，掩映日光，见为虹霓，其理也。本《仪象志》。[1]

【注释】

〔1〕《新制灵台仪象志》卷四"测空际异色并虹霓珥晕之象"一条中，以"厚薄"解释三棱镜色散现象和大气虹霓现象，且云："玻璃所现之彩色与虹霓之彩色，其理固无异矣。"

【译文】

斜着看〔透明〕立方体，看见它反光而不透明，也是因为位置偏斜、光线不顺，所以颜色深而亮度暗。厚度越厚，光线越不顺。如果减少它的厚度，就成了锐角；减少它的暗黑，就呈现青、红、黄等色。"原色"第五条。所以，对于三棱体，从它的某一棱透视对面，必定从薄渐厚，但最厚也达不到直角；掩映周围的光亮，必定由浅渐深，但最深也达不到黝黑；于是能透出外面的景物，并产生红绿彩色。云气有厚有薄，掩映日光，呈现为虹霓，就是这个道理。根据《灵台仪象志》。

十七

平镜及多面虽各不同，而就其面论之，皆不外乎平耳。异乎平者，惟凹与凸。镜有凹凸，其形既殊，其变自异，为用甚广，为论亦繁，非更端未易终也。特详后篇。

【译文】

平面和多面的镜虽然各有不同，但仅就面来说，都不外乎平面而已。不同于平面的，就是凹和凸。镜有凹镜和凸镜，形状既有区别，变化自然不同，用途非常广泛，解说起来也比较复杂，不另起头绪就不容易一下子说清。特于下一篇详细解说。

十八

镜有柱形，其纵面与平同理，其横面与凸同理。

【译文】

镜有呈柱形的，它的纵向与平〔面镜〕同理，它的横向与凸〔面镜〕同理。

镜镜詅痴卷之二

释　　圆[1]

镜多变者，惟凹与凸。察其形，则凹在圆外，凸在圆内。天之大，以圆成化；镜之理，以圆而神。作释圆。

【注释】

〔1〕释圆：阐释球面透镜。圆，泛指圆形和球形。对于球面透镜的形状，郑复光有时以"圆"称球弧面，有时称侧视图的圆弧。

按：此篇为全书内容重中之重，是独创性最高、成就最大的一篇。以"圆理"、"圆凸"、"圆凹"、"圆叠"、"圆率"五章，分别论述透镜基本原理、凸透镜、凹透镜、透镜组合和透镜计算。笔者曾长期查阅第一期西学东渐的各种科技文献，基本可以肯定郑复光之前中国没有关于透镜的定量讨论，即使是定性讨论，也只有《远镜说》中语焉不详的少量介绍。该篇内容一直没有得到详尽透彻的解析，致使学界对其合理性和正确性一直抱有谨慎态度，因此对郑复光及其科学成就的评价也显不足，可以说《镜镜詅痴》最光辉的篇章长期以来是处于埋没状态的。

【译文】

性质变化多端的镜片，要数凹镜和凸镜。审视它们的形状，就是凹形在圆〔球〕之外，凸形在圆〔球〕之内。宇宙的宏大，是用圆成就造化；镜片的物理，也由于圆而奇妙。因此作这篇《释圆》。

圆　　理[1]

一

镜之光线，面平者，因物收展，可平行，可广行，故有随时而移者，以顺目光线[2]。面圆者，因物收展，必广行而不平

行，故独有其不移者，能济目光线。夫以顺目为用者，自无所
违忤；以济目为用者，失其理即反以为累。原镜八。

【注释】

〔1〕圆理：可解为"圆之理"，即球面透镜的基本原理。但按此书标题体
例，此篇各章题中的"圆"字宜解为动词，有"使圆满"之意，见"明原"篇
注〔1〕。故"圆"在此有双关之意，"圆理"意为"详解圆之理"，以下各章
俱同。

〔2〕目光线：目之光线，即"原线"第一条中专门提出的"目线"。

【译文】

镜片的光线，在镜片表面呈平面时，根据物体〔的尺度而〕收
展，可以平行，也可以广行，所以会按不同情况偏移，以此顺应目
光线。表面呈球面时，根据物体〔的尺度而〕收展，一定是广行而
不平行，所以独具不偏移的光线，能够增益目光线。以顺应目光为
作用的，自然没有任何抵触；以增益目光为作用的，违背了规律就
反而有害。"原镜"第八条。

二

圆界分三百六十度。作径线自界约行至心，会成一点。圆
有定界，则心有定处，而界线之阔狭亦有定处。镜之圆者，其
光线亦然。

【译文】

圆周分为360度。作出各条径线，从圆周会聚到圆心，就交会
成一点。圆有确定的边界，圆心就有确定的位置，同时边界的宽窄
也有确定范围。呈圆形的镜片，它们的光线也是如此。

三

圆界分三百六十度，大圆与小圆等也。所异者，圆愈小则
界愈曲，度愈狭，径愈短。镜之圆者，其光线亦然。

【译文】

　　圆周分为 360 度，大圆和小圆是相等的。不同之处在于，圆越小则圆周越曲，尺度越窄，直径越短。呈圆形的镜片，它们的光线也是如此。

四

　　圆两径线约行至心则交成角，过心则侈，复歧为二，永不复交。镜之圆者，其光线亦然。

【译文】

　　圆的两条径线会聚到圆心就交会成一个角，过了圆心就散开，重新分岔为两条［射线］，永远不再交会。呈圆形的镜片，它们的光线也是如此。

五

　　物之相射，其线必直。故目正对处，其视了然；斜对处，其视眊然[1]。目能四顾于物，无不正对。余尝斜迤车中，不坐起则涂[2]过之物不能确见，足征斜对之理。若以管窥，则太斜处并隔于管口而不见。使管外口安一平玻璃，物象虽斜入镜，而斜对者不能入目也。若凹与凸，则能入目矣。何者？凹能收物使小，凸远于目，则倒物象而亦小，故皆能斜摄物景。盖物之所居虽偏，而镜之环面所对则正，是以环愈甚者，其斜摄之境愈大也。[3]

【注释】

　　〔1〕眊（mào）然：眼睛失神，视物不清。
　　〔2〕涂：通"途"。
　　〔3〕此条堪称基本原理，开宗明义，表明球面透镜比平板透明体的视场大，是因为能缩小物像，而且曲率越大，视场也越大。

【译文】

　　物体互相照射，那些光线一定是直线。所以眼睛正对的地方，所见清楚；斜对的地方，所见模糊。眼睛能朝四周观察物体，没有不正对的。我曾斜靠在车里，不坐起来则途中掠过的物体看不真切，这足以验证斜对的道理。如果用一根管来观察，则太斜之处还要被管口遮挡而看不见。假使在管口安置一块平玻璃，物像虽然斜着进入镜筒，但斜对的景物却不能进入眼睛。如果［安置］凹透镜或凸透镜，景物就能进入眼睛了。这是为什么？因为，凹透镜能收缩物［像］使之变小，凸透镜离眼睛较远时，就能颠倒物像同时也使之变小，所以都能斜着摄取物像。总的来说，即使物体的位置偏离，但透镜的球面对出去却是正的，因此球面弯曲越厉害的，斜着摄取的范围也就越大。

六

凡圆形，以弧而见。弧出于曲线，线愈曲，弧愈深。若同一曲线，平视之而曲浅，侧视之而曲深者，视线长短为之也。

解曰：

正圆以九十度为最深。椭比正圆，大径[1]较大，必深；小径[2]较小，必浅；理也。夫椭与正圆，形不同而曲无异势，九十度既最深，而椭能更深者，正圆之曲有定，椭圆之曲无穷也，故深极可以至于不见[3]。而小径反之，亦无碍于较浅。依显，凸同，正对视物稍大，侧则渐大，可成倒景，视线长短故也。如图（图28）：

图 28

辛、戊凸同，而丁戊短如椭小径，庚子长如椭大径，
甲视己虽同，必变为一深凸、一浅凸矣。

【注释】

〔1〕大径：椭圆的长轴。

〔2〕小径：椭圆的短轴。

〔3〕深极可以至于不见：椭圆长轴端点的曲率趋于无穷时，椭圆的形状趋于一条直线。

【译文】

大凡圆形，都是通过弧来显现。弧产生于曲线，曲线越曲，弧度越深。如果对于同一曲线，正着看去曲度就浅一些，侧着看去曲度就深一些，这是视线长短不同造成的。

解：

正圆以 90 度为最深。椭圆与正圆相比，长轴较大，［长轴方向］必定较深；短轴较小，［短轴方向］必定较浅；事理就是如此。按说椭圆和正圆，形状不同但弯曲的态势没有区别，90 度既然已经最深，而椭圆却能更深，是因为正圆的曲度是恒定的，椭圆的曲率却可以无穷，所以最深可以达到消失。而短轴的情况与此相反，同样可以越来越浅。由此推之，同一凸透镜，正对着看物体则稍有放大，侧着看则越侧越大，可以成倒像，这是视线长短不同的缘故。如图（图28）：

辛和戊是相同的凸透镜，而丁戊像椭圆的短轴一般短，庚子像椭圆的长轴一般长，同样是从甲看己，但必定成为一个度数深、一个度数浅的凸透镜了。

七

弧侧成椭，能使凸加深，本章六。此一理也。凸远于目，能使物见大，此又一理。

夫凸深则见物大，远目则见物愈大，凹与凸反，故凹深则见物小，远目则见物愈小。但凸远目，大极能倒物象而转小，乃如凹理矣。依显，凸镜上下侧之，则上下有远近，而物方者

见长矣；使左右侧之，则左右有远近，而物方者见扁矣。若凸
之深者，恰值物象将倒处，使上下侧之，是上下倒而左右不移
也；或左右侧之，是左右易而上下如常也，是正面变反面也。
推之凹理，侧即加深，亦能方者为长、为扁。但凸是侧处显大，
凹是侧处显小，似同而实异。又，凹不能倒物，亦无所为正变
反矣。（图 29）

图 29

【译文】

　　圆弧侧起来就变成椭弧，能使凸透镜的度数加深，本章第六条。
这是一种事理。凸透镜与眼睛拉开距离，能使物体显得变大，这又
是一种事理。

　　凸透镜度数深则显得物体变大，与眼睛拉开距离则显得物体
更大，凹透镜却与凸透镜相反，所以凹透镜度数深则显得物体变
小，与眼睛拉开距离则显得物体更小。但是凸透镜与眼睛拉开距
离时，放大到极点就能颠倒物像并转而变小，这就与凹透镜性质
相同了。由此推之，凸透镜上下偏侧，则上下有远近差异，方形
物体就显得变长；如果左右偏侧，则左右有远近差异，方形物体
就显得变扁。如果度数深的凸透镜，正好在物像即将颠倒的位
置，使之上下偏侧，就会上下颠倒而左右不变；再使之左右偏
侧，就会左右互换而上下依旧，成了正面变反面。推论到凹透镜
的规律，偏侧就会加深，也能使方形变长、变扁。但凸透镜是侧
处显得物像大，凹镜是侧处显得物像小，似乎相同而其实不同。
还有，凹透镜不能颠倒物［像］，也就没有正面变反面的情况了。
（图 29）

八

圆径之理，与圆体镜光线[1]同理。而有不同者，圆界与镜之凸凹相等，则半径线与镜光线必不等。何也？

圆径线以中心交角为断，镜光线以取景收光为凭。收光生于交，而不在交处，故必长于半径也。圆径线各因弧而不变，镜光线兼随照而生差，故其长短无定也。

【注释】

〔1〕镜光线：是郑复光的一个假说，在正式提出假说之前，已在"原景"第十三条、"原线"第一条和第十条、"原镜"第八条和第十一条、本条等多次提前使用该概念，详细的假说将在下条提出。

【译文】

圆球径线的道理，与圆球体的镜光线同理。但不同之处在于，当圆球的周界与镜片的弧度相等时，半径线与镜光线必不相等。为什么？

圆球半径线以圆心处的交角为端点，镜光线以取影会聚光束为依据。光束的会聚产生于相交，但［会聚点］不在交点上，所以必定比半径长。圆球半径线各自按弧度而不变，镜光线却还要依据不同的照射而产生变化，所以它的长短是不定的。

九

镜有光，则有光线。[1]唯圆形者，可于取景、借光[2]见之。盖聚众光于一处，光复极浓，故能见象于空中也。然此虽可见，实不足以为镜光线。盖真镜光线有二：

一出弧背如甲丙乙，则有背交如子，从交侈行子壬与子癸，名弧背光线。（图30-1）

一出弧面如甲己乙，从面约行甲丁与乙丁，则有面交如丁，名弧面光线甲庚与乙戊。[3]（图30-2）

凡约行皆有交，穿交皆变侈行，愈行愈阔。凸镜两弧相背，故有此两种光线，乃生三限[4]。因其顺透得光，名顺三限。此三限者：

图 30 - 1   图 30 - 2

一因光在极远如日，视径甚小，函于弧面光线戊庚界内，背距[5]丁革甚长，为面交所隔，故隔射[6]倒入于镜甲丙乙。透镜而出，为背线甲水与乙火所函，不得不约行，约极则成象。此处水火，以目视光，则见恰塞镜面；以版承光，则见成为倒象，[7]而面距如己斗有定度，为第一限。[8]（图 30 - 3）

图 30 - 3

一因光在极近，恰当面交如丁，交止一点，光体则大，交不能函，且背距甚短，无交可隔，故光体上下丑、寅自出两线丑甲与寅乙，直射顺入于镜甲丙乙。透镜而出，为背线甲子与乙子所函，不得不约行，则有背交，穿交乃倒，变为侈行，侈则渐大，遂亦成象。此处任远如己丝，以目视光，皆见恰塞镜面；以版承光，皆见成为倒象，而背距丁丙则有定度，为第二限。[9]（图 30 - 4）

图 30 - 4

一因光在远近之间如胃丙或毕丙，光体既大如虚危或亢氐，丁之交线不能函光，光不当交，子之视镜，不能塞满，于是面交、背交，此两交分权；面距、背距，斯两距恰等。此处如昴，以目视光，亦能恰塞镜面；以版承光，亦能见为倒象，而两距必皆有定度，为第三限。[10]（图 30‑5）

图 30‑5

第一限因收光成象，名顺收限。第二限因展光成象，名顺展限。第三限因光象相等，此伸彼缩，迭相消长，名顺均限。[11]

至于镜之对光返照，则成折线。原线三。折线所成亦有三限，同此一理，必稍侧乃见。[12] 名侧收限、侧展限、侧均限，[13] 以资后论。

凸返照即凹，亦有侧限；凹不能取景，即无顺限，故侧三限尤为凹镜所专赖。

解曰：

凡光射物，中无所隔则直射，中有所隔则隔射。直射则散为明，不见光象；隔射则聚其光，倒呈厥体。故光照孔为直射，穿孔既远，光线相交，交为之隔，变成隔射。盖光之边束于孔之边，而聚成一交，则上射下、下射上，乃见倒光象，此取景理也。是故，镜既通光，即无殊孔；凸有线交，即如物隔；光塞镜，镜束光，不得不聚成交而见为倒象者，势固然也。

在顺收限，如第三图。是光居远处如日，目在交处如斗，见光塞满。使目不动，移光任远，则光度应渐小，而塞满如故。何也？光射丁而函于戊丁庚角故也。盖光远极小至一点止矣，而光线交角亦止一点，故光既到角如丁，顺镜散射镜面，自无不满矣。此推得顺收限之理：因隔射而倒成满光，因直射而收为光体也。

在顺展限，如第四图。是光居丁处，已无交隔，目在远处如元或丝，见光塞满。使光不动，移目任远，则光度应渐小，隔凸视物，大极则倒，复小而清故也。而塞满如故。何也？过交而散为午子未角故也。盖光线穿子则侈，愈远益阔，自无不满矣。此推得顺展限之理：因直射而入于镜面，因隔射而展为倒象也。

若光出丁角之外，如第五图，则不得不隔射，而体非丁角所能函，又不能移镜光之交，故弧面之线丁戊与丁庚为无权[14]，而弧背之线甲室与乙壁乃当令[15]。何也？弧背之线愈远愈侈，虽光体甚大，故罔有弗函者也。夫既函于弧背光线之内，则必变隔射为直射。光既直射镜面，则透镜而过，不能不出交而成倒象。必出交而成倒象，则引目近镜，不能不收象而使不塞满。此皆移光移目，逐渐生差之故也。

且凡视法，渐远渐小；凸镜视法，渐远渐大。顺收限，引光任远，皆恰塞镜面，无复大小，故知是光之入交无改移，必穿交隔射也。顺展限，引目任远，皆恰塞镜面，无复大小，而倒象则渐远渐大，故知是景之出交成倒象，必光体直射也。

凡光体射镜，因为光线大力交隔所摄，故变隔射；不为光线大力交隔所摄，故能直射。今顺均限，既有光线交隔，则不应直射；而溢出光线界外，则不能隔射。乃毅然决其为直射者，以有弧背光线之大力在，则是弧背光线当令，因使弧面光线亦退处于无权，乃能循弧背线顺入镜面，及透镜而出，穿弧背线之交，遂能取景。故知是光之出交成倒象，必弧背光线直射也。而引光近镜无定度，透镜倒象亦无定度，此伸必彼缩，互为消长。[16]又知弧背线摄光直射，不与光体自生之线直射同也。

一系：

凸镜顺收限，其光线虽借光可见，然在巨日之中，亦闪烁不明。其法：宜俟日照暗室，闭门留缝，野马也，尘埃也，[17]以镜承光，仿佛似之。[18]又法：含烟喷之，光线遇烟尤灼然明显。若凹[19]镜侧收限，宜取含光者，光线方浓而易见。

二系：

平镜透明[20]，如物之有孔；对日大光，即如孔之漏日，亦应有交。但镜大于孔不啻[21]倍蓰[22]，其交益远，且无弧面光线攒聚[23]一处大力，故取景甚淡，亦无足用，姑略焉。[24]

【注释】

〔1〕这一句概括了整个假说。早在"原光"一章中，将"镜"定义为"内光体"时，即已表明镜体自身是一个光体的假设，即镜体本身有光。这些"光"通常为各种光束，其形状由镜体的形状决定。在"原线"第六条中提出，以光束的侧剖面的轮廓线来表示这些光束，称之为"光线"。对于镜光，则称"镜光线"。

〔2〕取景：此指凸透镜对平行光透射聚焦。　借光：此指凹面对平行光反射聚焦，凹面包括凹面镜表面和凸、凹透镜相对于光照方向为凹面的表面。

〔3〕透镜改变光线的方向，使之会聚或发散，现在的解释模型是折射，郑复光的解释模型是"镜光线"，所以"镜光线"是一个取代"折射"地位的解释模型。有人认为上文中的"面交"和"背交"既然对等于现在所谓的焦点，而焦点对于同一枚透镜是固定的，则"圆理"第八条所谓"镜光线兼随照而生差，故其长短无定"是不正确的，此须商榷。古文常以一个概念指各种性质类似的事物，具体含义由上下文确定。所以"交"这个概念，有时指实际光束的会聚点，此时则该交点距镜片的距离不定，正如按折射模型来解释，也是随光源的距离和大小而不同。但郑复光同时明确规定，每一枚透镜均有其固定的真镜光线和镜光交，其中"面交"对应于物方焦点（前焦点），是很明确的。

〔4〕三限：以下郑复光将通过实验，确立关于透镜成像共轭性质的三个常数，均与焦距相关。郑复光先后定义了一系列的"限"，在所有情况下，"限"都具有"常数"的意义。

〔5〕背距：不是物距，也不是第一焦距，是物体到前焦点的距离，这个变量在今天看来是不必要的，但郑复光的"镜光线"假说将涉及这个变量。详见以下几条注。

〔6〕隔射：在"明原"篇"原线"第八条中，郑复光把《梦溪笔谈》中的"格术"的"格"解释为"隔"，并以划桨和摇橹作比，表明"隔"就是两条交叉的直线，因交点固定，起到力学上的支点作用，表现为阻隔，使交点两边的方位和运动方向发生颠倒。郑复光以此正确地解释了小孔成像，同时认为凸透镜成实像和小孔成像的原理类似，都是因光线交叉而颠倒。所以"隔射"一词，意义最终回到沈括的"本末相格"，即光线首尾方位互逆的行进方式，犹言"交叉照射"。

〔7〕这是郑复光对观察凸透镜实像的一个重要描述，此后经常出现。"以目视光，皆见恰塞镜面"，指不能直接透过透镜看见物像，只能看见透镜充满光亮，必须"以版承光"，用像屏接收实像。版，通"板"。

〔8〕显然，这个"第一限"是一个特殊的像距（"面距"），其物理意义按今天的话说，就是平行光经凸透镜成像的结像面在主轴上的位置与透镜后焦点重合。"斗"就是后焦点（像方焦点）。面距"己斗"（即第一限），就是透镜的焦距。但是，郑复光根据自己的镜光线假说，认为光线方位颠倒是发生在入射到镜面之前，这在今天看来是不对的。即这是一个重要而正确的实验，但解释有问题。以下凡是以镜光线假说解释透镜成像机理之处（包括其他篇章），一般不再一一重复说明。

〔9〕这个"第二限"是一个特殊的物距（"背距"），此时光源经凸透镜成最大实像。这个物距在数值上无限接近（略大于）透镜焦距。（物距完全等于焦距时，即不成像，而产生出射的平行光束。）此时的光源位置，即"面交"，就是凸透镜的前焦点（物方焦点）。

〔10〕此时光源位于物方二倍焦距处，成像于像方二倍焦距处，物距与像距、物高与像高均相等。此"第三限"即为凸透镜二倍焦距。郑复光测得为第一限和第二限之和。本来前两限均为焦距，数值应相等，但郑复光的测量值为第一限偏大 10%，其可能的原因将在"圆率"章的相关注释中进行分析。

〔11〕至此，郑复光通过三个表现透镜成像共轭性质的实验，确立了他的光学理论中最核心的概念。顺收限和顺展限均表征焦距，顺均限为二倍焦距。三个实验分别为凸透镜成最小实像、最大实像和等大实像，一个是物在远处、像距有定度，一个是物距有定度、像在远处；一大一小，一收一展；第三个是物和像都在不近不远处，不大不小；其余情况一律以这三个为参照，此消彼长。这首先显示了收、展二限的共轭性，继而显示了全过程的共轭性。

〔12〕稍侧乃见：是实验的需要，凹面反射时，如果主光轴方向与入射光方

向一致（郑复光称为"正对"），则入射光束和反射光束重叠，观察不到反射光束及其所成的像。因此使镜片稍侧，则入射光束和反射光束之间形成一个以入射点为顶点的夹角。郑复光在"原光"第十条中已经预先准备了这条知识。

〔13〕显然，侧收限、侧展限、侧均限分别为任意反射凹面的前后焦距和二倍焦距。其中反光凹面包括凹面镜，也包括凸透镜、凹透镜对光为凹的表面。以图明之：

(a) 凸透镜侧收限　　(b) 凹透镜和凹面镜侧收限

图 31

需要注意的是，凹透镜是第一表面为凹面，入射光束直接在该表面上反射而生产侧收限，故其侧收限与凹面镜同；但是，凸透镜是第二表面为凹面，其侧收限的物理意义要复杂得多，入射光先经第一表面折射、再经第二表面反射、再经第一表面折射出来，才生成侧收限。关于凸透镜侧收限的进一步研究见"圆率"第一条"凸限全率表"及注。

〔14〕无权：没有权重，指不起作用。

〔15〕当令：掌权，指起支配作用。

〔16〕至此，郑复光通过实验完全确立了透镜共轭成像的全过程。

〔17〕野马也，尘埃也：语出《庄子·逍遥游》，"野马"意为漂浮的雾气或水汽。

〔18〕从这条附论明显看出，郑复光通过暗室中的散射光观察到透镜聚焦光束的形状，以此为"镜光线"假说的依据。后面论及的凹面镜同理。

〔19〕凹：原刻作"门"，误。

〔20〕平镜透明：对应于现在所谓"透明"的概念是"通光"，此处的"透明"意为"能透过光明"。"平镜"指平板玻璃之类的平板透明体。称其为"镜"则指其形如一枚镜片。

〔21〕不啻（chì）：不止，不只。

〔22〕倍蓰（xǐ）：又作"倍屣"、"倍徙"，谓数倍。倍，一倍。蓰，五倍。

〔23〕攒（cuán）聚：聚集，聚拢。

〔24〕按：以上是郑复光根据自己的假说，对凸透镜成像的机理进行解说。其中正确的部分是通过实验抓住了交会点和光线交叉颠倒这两个关键，这是接下来确定焦点和成像性质的基础。但对于光束发生会聚的原因，郑复光认为是来自一种强制性约束，他因此提出"镜光线"假说。根据前面的描述，"弧面光线"和"弧背光线"这两种"镜光线"（原文中有时因文言文语气而简称"镜线"、"光线"、"线"等等）是以镜面为底面，以焦点为顶点的两个圆锥，似乎是实际存在的实体，有约束光束使之会聚、相交的能力，两个圆锥的顶点即焦点叫做"镜光线交"（因语气有时简称"镜光交"、"镜线交"、"线交"、"交"等）。对于凸透镜能成种种像，郑复光的解释是，物体大小和物距的不同，导致与"交"和"交线"的关系不同，物体在"交"前还是"交"后，"交线"能函还是不能函，等等情况的差异，造成最终成像性质的不同。

又按：虽然"镜光线"假说在现在看来不太合理，但郑复光还是认真地说出了这个假说的思路脉络，其中既有实验基础，也有思辨成分：1. 受到聚焦光束形状的启发，将这个形状视为实体，并赋予其强迫光线会聚的能力；2. 受到传统格物课题"小孔成像"有关解释模式的影响，郑复光认为"格术"就是锥形光束在锥顶会聚后，发散为另一锥形光束，各光线的位置相对于锥形的中轴发生极性转换，这的确可以解释光线的会聚和颠倒两个行为，作为光路图恰好是正确的（见图7、图13、图14等），于是郑复光将这一模型推广到凸透镜；3.《远镜说》"光路图"也有影响；4. 郑复光认为透镜对光线的作用是由形状呈圆形所决定的，他发现出射光束的会聚、会聚后的发散，以及焦距长短与曲率的关系等，都与夹着一段圆弧的两条半径线相似，因此他断言，凡圆及其半径线所具有的性质，"镜之圆者，其光线亦然"，"圆理"第二、第三和第四条，就是为这种思辨作准备。应该说，这些假说并非空穴来风，也无可厚非，它相当于是取代折射模型的另一个假想模型。在人类漫长而丰富的科学探索历程中，类似的情况是很多的。大多数科学家的原始著作，除了向后人展示正确结论之外，同样也要展示探索的曲折性。

【译文】

镜片有光，就有镜光线。其中只有球弧形镜片，可以在取影〔聚焦〕和借光〔反射聚焦〕的情况下观察到〔镜光线〕。原因在于，这些情况是把很多光会聚到一处，光重叠而变得非常浓，所以能在虚空中显出［光束的］形象。然而这种光束虽然可见，实际上不足以把它当成镜光线。因为真正的镜光线是如下两种：

一种出自弧背如甲丙乙，于是有背交如子，从交点开始发散行进子壬与子癸，命名为弧背光线。（图30-1）

一种出自弧面如甲己乙，从弧面开始会聚行进甲丁与乙丁，于是有面交如丁，命名为弧面光线甲庚与乙戊。（图30-2）

凡是会聚都有交点，穿过交点一律变成发散行进，越往前散得越开。凸透镜的两个弧面［凸向］相背，所以有这两种光线，由此生出三限。因为它们顺着［光的方向］透射而产生光束，命名为顺三限。这三限是：

第一个，由于光源在极远处如日，视觉尺度很小，被包含在弧面光线戊庚的范围内，背距丁革很长，光被面交所隔，于是交叉照射而倒着进入镜面甲丙乙。透过镜片而出，被弧背光线甲水与乙火所包含，不得不会聚行进，会聚到极点就生成影像。在这个［成像］位置水火上，用眼睛看光束，都看见光恰好充满镜面；用板承接光束，都看见光形成倒像，而此时面距如己斗有确定尺度，这就是第一限。（图30-3）

第二个，由于光源在极近处，正好位于面交如丁，交只是一个点，光源体却颇大，交线不能包含它，而且背距很短，没有交点可以阻隔，于是光体从上下丑、寅自行发出两条射线丑甲与寅乙，直接照射而顺着进入镜面甲丙乙。透过镜片而出，被弧背光线甲子与乙子所包含，不得不会聚行进，于是产生背交，越过交点就颠倒过来，同时变为发散行进，发散则越来越大，结果也成一个像。这个成像位置在任意远处如己丝，用眼镜看光束，都看见光恰好充满镜面；用板承接光束，都看见光形成倒像，而此时背距丁丙有确定尺度，这就是第二限。（图30-4）

第三个，由于光源在不远不近处如胃丙或毕丙，光体既大如虚危或亢氐，［交会于］丁的交线包含不了光体，光源又不处在交点上，从子处看镜片，光不能充满，于是面交和背交这两个交点分别起作用，面距和背距这两个距离恰好相等。在这个位置上如昴，用眼镜看光束，光也能恰好充满镜面；用板承接光束，也能看见光形成倒像，而此时这两个距离必定都有确定尺度，这就是第三限。（图30-5）

第一限由于是收束光线成像，命名为顺收限。第二限由于是展开光束成像，命名为顺展限。第三限由于光源和像相等，此伸彼缩，此消彼长，命名为顺均限。

至于镜面对光反射，将会形成反折光线。"原线"第三条。反折光线也能产生三限，道理是一样的，但一定要稍微偏侧才能看见。将它们命名为侧收限、侧展限、侧均限，以备后面论述时使用。

凸透镜反射就相当于凹面镜，也有侧限；凹透镜不能取影，就没有顺限，所以侧三限尤其是凹透镜所专门依赖的。

解：

凡是光线照射物体，中间没有阻隔就直接照射，中间有阻隔就交叉照射。直接照射则散成光亮，不显现光源的像；交叉照射则把光源的光会聚起来，倒着呈现它的形状。所以光照射小孔是直接照射，穿过孔之后到了较远处，光线相交，交点将它阻隔，变成交叉照射。光束的边受到小孔的边约束，从而会聚成一个交点，上边的光就射到下边、下边的光就射到上边，于是呈现颠倒的光源的像，这就是取影的原理。因此，镜片既然透光，就跟小孔没有差别；凸透镜有光线交，就如同有东西阻隔；光充满镜片，镜片约束光，不得不会聚成交点而呈现倒像，这是必然的态势。

对于顺收限的情况，如第三图所示。此时光源处于远处如日，眼睛在交点处如斗，看见的是光充满镜面。使眼睛不动，把光源逐渐移到远处，则光源的［视角］尺度应该逐渐变小，然而却仍然充满镜面。这是为什么？是光束射到丁点同时又包含在戊丁庚角之内的缘故。最远的光源也就小到变成一点为止，而镜光线的交角也只是一个点，所以光束到了这个交角如丁，顺着镜光线散开入射到镜面，当然就不会不充满了。由此推出顺收限的原理：［入射时］因交叉照射而颠倒形成充满镜面的光，［出射时］因直接照射而收束成光源的形状。

对于顺展限的情况，如第四图所示。此时光源处于丁处，已经没有交点阻隔，眼睛在远处如元或丝，看见的是光充满镜面。使光源不动，把眼睛逐渐移到远处，则光源的［视角］尺度应该逐渐变小，透过凸透镜看物体，放大到极限就变成倒像，重新变得小而清晰。然而却仍然充满镜面。这是为什么？是越过交点之后散开成午子未角的缘故。镜光线穿过子点就发散，散得越远越开，当然就不会不充满了。由此推出顺展限的原理：[入射时] 因直接照射而进入镜面，[出射时] 因交叉照射而展开成倒像。

若光源越出到丁角之外的情况，如第五图，此时光束就不得不交叉照射，而且光源体不是丁角所能包含，又不能改变镜光线的交点，因此弧面的镜光线丁戊与丁庚变得不起作用，弧背的镜光线甲室与乙壁于是处于支配地位。这是为什么？因为弧背的镜光线越远越发散，即使光体很大，也自然没有包含不下的。既然包含在弧背光线之内，则必定变交叉照射为直接照射。光既然直接照射到镜面，那么穿过镜片之后，就不能不越出交点而变成倒形。既然必定越出交点而成倒形，那么使眼睛靠近镜片进行观察时，光就不能不收缩形状而使其不能充满镜片。以上情况都是出于移动光源或眼睛的位置，逐渐产生变化的缘故。

而且一般的透视规律，是越远越小；凸透镜的透视规律，却是越远越大。顺收限的情况是，把光源任意移远，光始终刚好充满镜面，不再有大小变化，由此可知，此时光束恒定地进入交点，必定在穿过交点之后交叉照射。顺展限的情况是，让眼睛任意移远，都看见光刚好充满镜面，不再有大小变化，而倒像则越远越大，由此可知，此时影像越出交点成倒像，必定是光束直接照射。

凡是光束射向镜片，如果受到镜光线强力交隔的控制，就会变成交叉照射；不受到镜光线强力交隔的控制，就能直接照射。现在顺均限的情况是，既然有镜光线强力交隔，就不应该直接照射；但是光源体溢出到镜光线的范围之外，则无法交叉照射。光束最终之所以毅然决定直接照射，是因为有弧背光线的强力作用存在，结果是弧背光线处于支配地位，因而使弧面光线同时退居不起作用的地位，这才能够沿弧背光线顺着进入镜面，透过镜片出来之后，穿越弧背光线的交点，于是能取影成像。由此可知，此时光束越过交点成倒像，必定是弧背光线直接照射。而且使光源靠近镜片没有限度，透过镜片的倒像也没有限度，此伸必定彼缩，互为消长。还可以得知，弧背光线控制光束直接照射，与光源自己发出的光线直接照射是不同的。

一系：

凸透镜顺收限，它的光线虽然通过反光可以观察到，但在强烈的日光中，也是闪烁不清。[观察]法：应该等阳光照进暗室，关门留缝，在水汽和灰尘中，让镜片迎着光照，所见大约与顺收限光线相似。另一[观察]法：含一口烟喷出去，光线碰到烟雾更加清晰明显。对于凹镜侧收限，最好是采用凹面镜来观察，镜光线才浓密而易见。

二系：

透明的平板镜片，就如同有小孔的物体；将它对着强烈日光的效果，就跟小孔渗漏日光相似，也应该形成交会。只是平板镜片大于孔不止几倍，其交点更加远，而且没有弧面光线紧密收拢的强力作用，所以取影[所成之像]很淡，也没什么用处，姑且从略。

十

侧三限与顺三限，皆同一日光穿孔之理，而有不同者，其势异也。故以其同而言，不过一格术耳。而以其异而言，则镜与孔异。孔之交在背光面，镜之交在向光面。不惟此也，即顺限与侧限亦异，顺限长而侧限短。不惟此也，即收限与收限亦异。光小约行，而光大则侈矣。

论曰：

顺收限，无论光大小，距镜既远，皆以约行入交，过交复侈入镜，及其穿镜而出，则视光体大小为收光之大小。前解皆以约行立论者，缘所举者只日与灯。灯不过寸许，日虽大，视径本《历书》。实小，取景皆不出一二分耳。设于室中取庭心之景，则镜径一寸，景径可二三寸，势必侈行矣。然而仍以收限名者，景体必小于光体故也。展限则否。

惟均限景亦较小，而名均者，以其在未收未展之间，而两距又等，故称均焉。

【译文】

侧三限和顺三限，同样都是一个日光穿孔的道理，然而有不同之处，那是它们的具体情势有差异。因此从它们的相同点来说，不外乎就是一个格术而已。而从它们的差异来说，镜片和孔是有区别的。小孔的光线交点在背光的一面，透镜的光线交点在向光的一面。不仅如，就是顺限和侧限也有区别，顺限长而侧限短。不仅如此，就是收限和收限也有区别，光源体小时［出射光束］会聚，光源大了就会发散。

论：

顺收限，无论光源是大是小，既然距离镜片较远，就都按会聚行进入交点，越过交点又发散行进入镜面，穿过镜片出去之后，就要看光源体的大小来决定会聚光的大小。前面的解说都以会聚行进来立论，是因为例举的光源只是太阳和灯。灯不过一寸来长，太阳虽然大，视径根据《历书》。其实不大，取影［所得之像］不超过一二分。假使在室内观察庭院的景物，那么当镜片直径为一寸时，影像尺度可以达到二三寸，这就势必要发散行进了。但是仍然称之为收限，是因为影像的大小必定小于发光体的大小。展限则不是这样。然而均限的影像也较小，却称之为"均"，是因为考虑到它处于未收未展之间，而两个距离又相等，所以就称为"均"。

十一

取景之法，于取景处置目，镜中光象必见塞满，[1]不满则取景不真，未到限故。然亦有不同者：均一满光，顺收限视光体不清，灼灼射目而已；顺展限则灯体、灯心皆一一可辨者，何也？

盖展限短于收限，若九与十，适合镜光线交，乃视物最大处。收限较长，则大极将昏处也。均限更长，倍镜光线交。固无论已。

【注释】

〔1〕按：人眼看见凸透镜镜面被"光象"塞满的现象，实际上是远处景物经透镜所成缩小实像（包括平行光的聚焦光斑）落在了人眼前焦点附近，因而被人眼折射成平行光，或会聚点落在视网膜之后很远的光束，因此人眼看不见光源的像，只看见"满光"，而且眼睛的观察位置一定是在透镜缩小实像的位置附近。在其他情况下，人眼都能透过透镜看见光源的各种像。这一类条目反映了郑复光的科学研究的一大特色，即通过细致的实验观察得出准确的观察结论。但郑复光之所以重视这一现象，是因为他猜测"塞满"与否，关系到成像的清晰度，并据此作出很多解释，在今天看来不太合理。

【译文】

对于取影模式，使眼睛位于取影成像的位置，必定见到镜片中光源的像是充满的，不满则所取的影像不真切，这是没有达到［某个确定的］限的缘故。但又有不同情况：都是充满的光，顺收限情况下看发光体是不清楚的，只有刺眼的强光而已；顺展限情况下却是灯的形状、灯心都一一可辨，这是为什么？

展限比收限短，大约 9 比 10，正好吻合镜光线交，是看物体显得最大的位置。收限较长，则处于最大而即将模糊之处。均限更长，镜光线交翻倍。自然不用说了。

十二

取景之法，凸镜愈深，收光愈小，展光愈大。盖镜光线交，凸深则角[1]大，而距[2]长则凸浅，故角大者则展物象愈大，距短者则收物象愈小，各有其比例耳。

【注释】

〔1〕角：此指"镜光线交"对镜面的张角，其角度随焦距的缩短（度数变深）而变大。

〔2〕距：指焦距，即镜光线交距镜片的距离，焦距长则度数浅。

【译文】

取影的模式，凸镜［度数］越深，会聚光束就聚得越小，发散光束就散得越大。原因在于，对于镜光线交，凸度深则张角大，而距离长则凸度浅，所以角度大的展开物像就越大，距离短的会聚物像就越小，各有各的比例。

十三

两物相射之线，有平行、佟行、约行三种。平行姑可不论。佟、约二线，平镜亦有之。特在平镜其佟行必因乎物大，其约行必因乎物小，适称本形矣。至凸与凹，则其佟约兼，视镜之环面生差；能强物形而大小之，则其镜线交所生诸限为之也。

【译文】

两个物体互相照射的光线，有平行、发散、会聚三种。平行暂且可以不论。发散、会聚这两种光线，平板透明体也是有的。只不过对于平板透明体，发散必定是由于物体大，会聚必定是由于物体小，才能与本来的形状相称。至于凸镜和凹镜，它们兼有发散和会聚，是根据镜片的弧度不同而产生变化；能迫使物形变大变小，则是它们的镜光线交所产生的那几个限作用的结果。

十四

镜有凸心、凹[1]心，形之异也。镜有透照、对照，用之异也。形同者，异用则异理。形异者，异用则同理。是故，通光凹与含光凹、通光凸与含光凸皆同形，对照无异也，而透照与对照则异。通光凸与含光凹、通光凹与含光凸皆异形，对照固异矣，而透照与对照则同。然通光者必有透视之反形[2]，又有反映之虚形[3]，是凹中有凸，凸中有凹，对照必非一景，第通光专以透照为用，可姑置而弗论焉。

【注释】

〔1〕凹：原刻作"门"，误。
〔2〕透视之反形：比如双凸透镜的两个表面都是凸面向外，但从任意一面透出的另一面，形如凹面，故称"反形"。
〔3〕反映之虚形：指透镜的两个表面互相成对方的反射虚像，作用如同面镜，这是透镜常数"侧三限"的实验基础。

【译文】

镜片有凸心、凹心，这是形状的差异。镜片有透射、反射，这是作用的差异。形状相同的，作用不同则性质也不同。形状不同的，作用不同则性质相同。因此，凹透镜和凹面镜、凸透镜和凸面镜都是形状相同，反射是没有区别的，但一个透射一个反射就不同。凸透镜和凹面镜、凹透镜和凸面镜都是形状不同，反射当然是不同了，可一个透射一个反射却是相同的。然而透明体必定有透视的反形，又有反射的虚形，于是凹中有凸，凸中有凹，〔两面〕对照必定不止一个影像，只不过透镜以透射为作用，这些可以暂且搁置不论。

十五

凹镜透照，见物恒小，同理者亦然。凸镜透照，见物能大，同理者亦然。凸镜对照，见物恒小；凹镜对照，见物能大，同理者亦然。

【译文】

凹透镜透照，总是显出物体变小，性质相同者也一样。凸透镜透照，能显出物体变大，性质相同者也一样。凸镜反射，总是显出物体变小；凹镜反射，能显出物体变大，性质相同者也一样。

十六

凸镜透照大物形者，以有镜线交能生诸限故也。凡交内能大物者，当交则大极，过交渐昏，昏极至于不可见，复渐清而倒，渐清渐小矣，[1]同理者亦然。凡镜线有交者，照物能倒物象，对光亦能取景，同理者亦然。

【注释】

〔1〕这是一个典型的人眼直接观察凸透镜成像的全过程实验。先是物体位于焦距以内，看见放大虚像（"交内能大物"）；增大物距无限接近焦点时，成最大虚像（"当交则大极"）；过了焦点，虚像消失，透镜与眼睛联合所成之

像落在视网膜之前，为模糊的正立放大像（"过交渐昏"）；透镜所生缩小实像落在眼睛前焦点上时，眼睛只能看见平行光（"昏极至于不可见"），此后是透镜和眼睛联合生成越来越小、越来越清晰的倒像（"渐清而倒，渐清渐小"）。

【译文】

　　凸透镜透照能放大物形，是出于有镜光线交能产生各个限的缘故。凡是在交点以内能放大物形的，正处于交点就大到极限，过了交点就逐渐模糊，模糊到极点以至于不可见，然后又逐渐清晰并且颠倒，接着就不断清晰同时不断缩小，性质相同者也一样。凡是镜光线有交点的，映照物体能颠倒物像，迎着光也能［聚焦］取影，性质相同者也一样。

圆　　凸[1]

一

　　镜本平面，滂沱四陨[2]，乃成凸形。故谓凸在中央、以次渐杀者，指凸之一镜言则可，指凸之真形言则大谬矣。何者？

　　凸镜多截球体，故中厚而边杀，然其真形实出于球。球，自圆心至界，任作半径线，无度不等，则何处不凸？如有一点未凸，即不中规，而凸不可用矣。

【注释】

　　〔1〕圆凸：球面透镜中的凸透镜。
　　〔2〕滂沱（pāng tuó）四陨（tuí）：形容四周向下崩塌。《周髀算经》："北极之下，高人所居，六万里，滂沱四陨而下。"滂沱，雨大貌。陨，倒下，崩溃，降下。

【译文】

　　镜片本来是平面，四周崩塌下去，就成了球凸的形状。因此，说它凸起部位在中间、［外围］相继削减，相对一枚镜片而言是可以的，如果是相对球凸的真形而言就大错特错了。为什么？

　　凸镜多半是从球体截取的，所以中间厚而周边削减，然而它的真形来自球体。球体，从球心到边界，任意作半径线，没有［哪一条］尺度不相等，那么何处是不凸的呢？如果有一点没有凸起，就不吻合圆规，而凸镜就不能用了。

二

凸之浅者，宜无过一度；其深者，宜无过三百六十度。然镜之镜物，未有用球者，特截其中一弧而已。欲较其浅深，量取则难，惟以顺收限为主。圆理九。今业镜者谓之"几寸光"。凸愈浅，限愈长；凸愈深，限愈短。故又名以凸深限。今以球径一寸，验其深限，不止一分。依显，凸镜一寸，深限无一分者，不然能无椭乎？故欲求作凸镜，深限一二分则非小不能。

【译文】

浅的凸透镜，最好不小于1度；深的，最好不超过360度。但是用镜片照物体，没有用球体的，只是截取其中一个弧面而已。要较量它的深浅，测量起来比较难，只能着重凭借顺收限。"圆理"第九条。当今经营镜片业的人称之为"几寸光"。凸透镜［度数］越浅，［顺收］限越长；凸透镜［度数］越深，［顺收］限越短。所以又称［顺收限］为凸透镜的深限。取球径1寸的凸透镜，测量它的深限，不止1分。由此可知，球径1寸的凸透镜，没有深限是1分的，否则岂不成了椭圆？所以要制作凸透镜，深限要短到一二分就只能做得小才行。

三

通光凸，有一凸，有两凸。两凸者，两面皆凸，必合两面为力。须分别论之。今一凸者名单凸，两凸相等者名双凸，两凸不等者名畸凸。[1]

【注释】

[1]郑复光对凸透镜的分类跟现代光学基本一致，此处的单凸、双凸、畸凸分别对应于现在所谓的平凸透镜（plano-convex lens）、对称双凸透镜（symmetrical double-convex lens）、不对称双凸透镜（asymmetrical double-

convex lens)。

【译文】

　　凸透镜，有一凸，也有两凸。所谓两凸，就是两面都凸，必定是两面合起来起作用。［各种情况］需要分别进行论述。现在将一凸的命名为单凸，两凸相等的命名为双凸，两凸不相等的命名为畸凸。

四

　　凡通光者，受光有两景。一为面受光，一为背受光所透。镜资二。故凸之面与含光凸等，其背所透与含光凹等。然镜能鉴景，凸亦有景。原景九，原镜九。凸反景成凹象，凹翻转又成凸象。故对照虽有凹理，而透照仍为凸用也。

【译文】

　　凡是凸透镜，都因反光而有两个影。一个由正面反光，一个由背面反光映照出来。"镜资"第二条。所以凸透镜的正面相当于凸面镜，它的背面相当于凹面镜。而且镜面能照出影像，凸面也有影像。"原景"第九条，"原镜"第九条。凸面的反面影像呈凹形，凹形翻转又呈凸形。所以反射时虽然具有凹镜的性质，透射时仍然是凸镜的作用。

五

　　凸镜光线因环面生交，故其透出能收光为顺收限。又缘镜能发光，侧出倒射亦能收光为侧收限。此两者因环面为大小，亦因光体为大小；因环面为长短，亦因远近为长短。[1]至其定限[2]，则侧收限必短于顺收限者，透照与对照其势殊也。

【注释】

　　〔1〕按：正如"取景"一词的多义性一样，此书常以一词用于多种类似情景。顺（侧）收限虽被定义为焦距，但有时也泛指一般的会聚生成缩小实像的情况，顺（侧）展限有时也指一般的投射放大实像的情况。此处称顺收限的长

短因光源的远近而改变，系泛指。而对应于透镜"深力"的顺收限，则确为常数，因此才有"圆率"一章中的那些确定的数量关系。

〔2〕定限：即有"常数"的含义。

【译文】

凸透镜的镜光线因球面而形成交会，所以透出时能收敛光束形成顺收限。又由于镜体能发［反射］光，从侧面出来反向行进也能收敛光束形成侧收限。这两种收限的大小取决于球面，也取决于光源；其长短同样既取决于球面，也取决于光源的远近。至于它们作为定限，则侧收限一定比顺收限短，这是由于透射和反射的具体情势不一样。

六

凸镜三种，各具两面，立名以资后论。双凸，两面既等，任以一面名正面，其一面即名余面。畸凸，一深一浅，深面名正面，则浅名副面。单凸，一凸一平，而平面亦有凸景，凸面名正面，则平名景面。凡双凸，正面侧收限一，余面亦一，其顺收限四。单凸，正面侧收限一，景面必三，[1] 其顺收限六。故侧收与顺收两限相求之法，皆以正面为主。双凸以四为率[2]，单凸以六为率。侧求顺，则以其率乘之；顺求侧，则以其率除之。唯畸凸正面与副面无一定之分数[3]，则无一定之率数；须先以正求副[4]，得其分数，乃可求其率数。[5] 详见下条。

论曰：

镜面既两，如单凸，甲面金石丝，乙面竹甘匏，[6] 则甲面有金木丝对弧景，对弧而生，名对弧景。此甲面景也。乙面既受光，有竹土匏对弧景，但形为竹土匏，必缩而附于竹甘匏平面内。[7]原景十。又，乙面有竹土匏弧景，亦必反照，而有竹革匏对景景，对景而生，名对景景。此乙面景也。然则一凸面三凸景，共成四凸。（图32左）

依显，双凸，则甲面有子卯丑景，乙面有午辰未景，而子申丑、子戌丑、午亥未、午酉未，共成八凸。景各有所附，不可图。[8]以横书为识别。透照之虚景无权者，其力一，则对照之虚景当权者，其力必八。两面为八与一，则测其一面必四与一，故率用四也。（图32右）

图32

单凸，凸一而景三。故透照之虚景无权者，其力一，则对照之当权者，其力三。然单凸之凸面，视双凸减半，则单凸之力亦必减半。力减半者，限必加倍，故率用六也。力三，加倍得六。[9]

双必合两面为力，推其测数，准七五折。力八与六若一百与七五。

又论曰：

双凸之凸，所以知其有八者，证以单与畸也。盖镜以光为用，而光照于面，面虽无厚，能含远近各景，原景十。故物有几色，则镜之面亦几形。镜有两面，通光面透背景，故一镜具有两面。则物之景见两象。盖畸凸与两单相并之理同，而畸之向光为一面，畸之出线[10]为一面，其凸力八，皆附于出线之一面。两单相并，其向光为一面，其出线则两面，向光之面不能出线。故凸力亦八，乃分附于出线之两面。是以推算之理，原可通于畸，而推算之法，则畸为又别也。

如一图（图33上），为畸。乙向光，则丑受景，出午线，而乙不与。丑向光，则乙受景，出庚线，而丑不与。

二图（图 33 下），为两单并。其乙与丑无异也，然各有一正面、一景面受光，而有长短两种线矣。

图 33

【注释】

〔1〕单凸平面向光时，第二表面为向光的凹面，故能反射聚焦，产生侧收限；而凸面向光时，凸面的反射光发散，第二表面为平面，为什么也有侧收限？然而这个侧收限是实际存在的，光线先由第一表面（凸面，即正面）折射进入镜体，在第二表面（平面，即影面）上反射，再经第一表面折射出来而会聚。如图：

图 34

可根据"圆率"第一条注〔2〕中的（1）式计算出，$S_{正} = \dfrac{r}{3}$，$S_{影} = r$，即正面侧收限 $S_{正}$ 为 1 时，影面侧收限 $S_{影}$ 为 3。由此可见，郑复光对透镜的定量研究是很有深度并非常精确的。

〔2〕率：在中国古算中一般指与他数相关的数。比如此处，双凸透镜的两

面侧收限之比为 1：1 时，顺收限是侧收限的 4 倍，这是一组固定关系，有"定律"之意。"以四为率"客观上相当于双凸透镜的侧、顺限之间的换算率为 4，即顺限是侧限的 4 倍。同理，单凸的换算率为 6。

〔3〕分数：此处指透镜两面侧收限的比例关系，如双凸为 1：1，单凸为 1：3。畸凸则为二者之间的任意比值，故"无一定之分数"。

〔4〕以正求副：指以正面侧收限除副面侧收限，求得倍数。见下条。

〔5〕此条和以下几条，论及凸透镜除了具有透射的焦距（顺收限）之外，两个外表面同时还有反射面镜的作用，因此也有反射面镜的焦距（侧收限）且同一镜片的两种焦距之间有确定比例，可以互求。郑复光通过实验和插值法得出互求公式，并以换算率表的方式表示。这种数量关系，是郑复光"算术光学"的一大创造，具有很高的合理性和正确性，详见"圆率"章及相关注释。

〔6〕如之前使用"天干"、"地支"、"二十八宿"等一样，此处以"八音"（金、石、土、革、丝、竹、匏、木）加"五味"中的"甘"为标注符号。

〔7〕郑复光一方面完全清楚反射影像的位置对称于物体，另一方面又依据中国古代"内光""含影"的学说，认为像的位置"含"在镜面之内。

〔8〕此指各个虚像各自附着在镜面上而产生重叠，无法在图示中适当地加以分别。

〔9〕在以上论述中，郑复光试图解释，为什么同一枚透镜的顺收限比侧收限长，且有确定换算率。单凸的换算率为 4，即单凸的顺收限是侧收限的 4 倍，亦即透射深力为反射深力的四分之一。双凸的换算率则为 6。郑复光在实验中发现凸透镜的两个表面互相反复成反射影像，他认为这些影像对反射的深力有贡献，而对透射没有贡献。于是通过如上一系列猜想，对"单率 4"和"双率 6"作出解释。

按：此条反映出《镜镜詅痴》的基本状况：丰富和精细的实验，难能可贵的定量规律，缺乏折射模型的困境。由上文可以注意到：1. 准确地观察到透镜的两个表面互相反复成像的现象。2. 顺收限和侧收限之间的换算率是正确的（详见"圆率"第一条及注）。3. 将凸透镜透射聚焦（顺收限）和内表面反射聚焦（侧收限）的聚光能力不同的现象，解释为多重影像的作用，这与现代几何光学从折射和反射角度作出的解释不符。

〔10〕出线：发出光线，但该光线特指形成侧收限的光线，即反射聚焦光束的两条轮廓线。

【译文】

三种凸透镜，都有两个表面，分别确立名称以备后面论述时使用。双凸透镜，两面既然相等，将任意一面叫做正面，另一面就叫余面。畸凸透镜，一面度数深，一面度数浅，度数深的一面叫做正面，度数浅的一面就叫副面。单凸透镜，一面凸一面平，但平面也有凸的反影，凸面叫做正面，平面就叫影面。凡是双凸透镜，正面侧收限为1时，余面也是1，相应的顺收限为4。单凸透镜，正面侧收限为1时，影面必定是3，相应的顺收限为6。所以侧收和顺收两个限互求的规则，一律以正面为准。双凸透镜以4为换算率，单凸透镜以6为换算率。通过侧收限求顺收限，就以换算率乘侧收限；通过顺收限求侧收限，就以换算率除顺收限。然而畸凸透镜的正面和副面没有一定的比值，[顺限和侧限之间]也就没有一定的换算率；必须先以正面侧收限除副面侧收限，得到两面的比值，才可以求它的[顺限和侧限]换算率。详见下条。

论：

镜片既然有两个表面，以单凸透镜为例，甲面为金石丝，乙面为竹甘匏，则甲面有金木丝对弧影，对称于弧面而生，所以叫对弧影。这是甲面的影像。乙面既然反光，就有竹土匏对弧影，只不过形状是竹土匏，实际上一定收缩而附着在竹甘匏平面内。"原景"第十条。另外，乙面既然有竹土匏弧影，也一定反射成像，而形成竹革匏对影影，对称于影像而生，所以叫对影影。这是乙面的影像。这样的话，就是一个凸面有三个凸影，一共形成四个凸面。（图32左）

显然，如果是双凸透镜，则甲面有子卯丑影，乙面有午辰未影，继而[反射生成]子申丑、子戌丑、午亥未、午酉未，一共形成八个凸面。这些影像各自附着[在相应的表面上]，无法分别图示出来，以横放的符号加以辨别。透射时虚影不起作用，深力为1，那么反射时虚影起作用，深力必然是8。两面[加起来]是8比1，那就可以推测出单是一面必定是4比1，因此把4作为换算率。（图32右）

单凸透镜，凸面有一个而虚影有三个。所以透射时虚影不起作用，深力为1，那么反射时[虚影]起作用，深力是3。但是单凸透镜的凸面，相对于双凸透镜要减半，于是单凸透镜的深力也必定减半。深力减半，收限必定加倍，所以把 6 作为换算率。深力为 3，加倍得 6。

双凸透镜必定是两面一起合成深力，推算它的数值，折合七五折。深力 8 比 6 相当于 100 比 75。

又论：

双凸透镜的凸面，之所以知道有八个，是通过与单凸透镜和畸凸透镜对照求证而得。镜片以光为作用，而光是照在面上，面虽然没有厚度，但能含纳各种距离的影像，"原景"第十条。所以物体有多少种，镜面上就有多少个形象。镜片有两个面，透镜正面映出背面的影像，所以一个镜片具有两面。物体的影像就会出现两个。畸凸透镜在性质上等同于两个单凸透镜合并，然而畸凸透镜朝着光的是一面，它发出光线的是另一面，它的凸力为 8，都附着在发出光线的一面。两枚单凸透镜合并，它朝着光的是一面，发出光线的却有两面，朝着光的面不能发出光线。所以凸力也是 8，于是分别附着在发出光线的两个面。因此，推算的原理，本来可以和畸凸透镜相通，但推算的规则，畸凸透镜却是另一种。

如一图（图 33 上），为畸凸透镜。乙面朝着光，则丑面反射影像，发出［会聚于］午的光线，乙面不起作用。丑面朝着光，则乙面反射影像，发出［会聚于］庚的光线，丑面不起作用。

二图（图 33 下），为两枚单凸透镜合并。乙面和丑面［与畸凸透镜的情况］没有差别，但各有一个正面、一个影面发生反射，就有了长短不同的两种光线。

七

畸凸正面一寸，其副面自可任长之。然长至三寸则为单，短至一寸则为双，不成畸矣。故双与单即为畸凸限两界，而其率亦可推求。其法：先以正除副，得其倍数。夫双凸余面得正面一倍者，其率为四；单凸景面得正面三倍者，其率为六，则畸凸副面得正面二倍者，其率必五。盖一倍与三倍之中数为二倍，而四与六之中数则五也。然则由二倍而减至一倍一者，其率必为四一[1]；增至二倍九者，其率必为五九可知也。[2]余仿此求之。

　　解曰：

　　以数明之。如单凸，正面侧限一寸，顺限六寸。若并一单，使正面侧限二寸，则顺限必加深而杀于六寸矣。以推之畸，将毋同乎？然两单相并，其侧限是分测所得，畸正面与副面是合测所得，正、副联体，举一并双。设平其一，则限变长。故并两单以证畸，可以明加深之理。而用以求率，则畸与双、单，例自相通。而两单相并，另为一支。详后"圆叠"。

【注释】

　　〔1〕"四一"和下面的"五九"是古代对小数的写法，意为 4.1 和 5.9，而非 41 和 59，后者则称"四十一"和"五十九"。

　　〔2〕以上双凸透镜和平凸透镜的焦距（顺收限）和内表面反射焦距（侧收限）之比，是实验测量的准确数值；不对称双凸透镜的比值用线性插值法计算。详见"圆率"第一条注释。

【译文】

　　畸凸透镜的正面［深限］为 1 寸时，副面本来可以有任意长度。但是长到 3 寸就成了单凸透镜，短到 1 寸就成了双凸透镜，不成其为畸凸透镜了。所以双凸透镜和单凸透镜就为畸凸透镜限定了两头的界限，同时它的换算率也可以推求。其方法是：先以正面［侧收限］除副面［侧收限］，得到它们的倍数。双凸透镜的余面和正面为 1 比 1 时，换算率为 4；单凸透镜的影面为正面的 3 倍时，［顺限和侧限］换算率为 6，则畸凸透镜的副面为正面的 2 倍时，换算率必为 5。因为，1 倍和 3 倍的中间数是 2 倍，而 4 和 6 的中间数就是 5。这样的话，就可想而知，从 2 倍减少到 1.1 倍时，换算率必为 4.1；增加到 2.9 时，换算率必为 5.9。其余情况仿照这个规则来求取。

　　解：

　　以实际数据来说明。设有一单凸透镜，正面侧［收］限为

1寸，顺［收］限为6寸。如果把它和另一枚单凸透镜叠在一起，使正面侧［收］限变为2寸，则顺［收］限必定加深而小于6寸了。把这种情形推广到畸凸透镜，难道会有不同吗？只不过两枚单凸透镜叠合，两个侧［收］限是分开测量所得，畸凸透镜的正面和副面［侧收限］是合在一起测量所得，正、副两面连为一体，拿起其一就兼有一双。假设把它的其中一面削平，限就变长。所以叠合两枚单凸透镜来求证畸凸透镜，可以明了加深的道理。而用来求换算率，则畸凸透镜与双凸透镜、单凸透镜，规则自然相通。至于两枚单凸透镜叠合，另是一个话题。详见后面的"圆叠"章。

八

凸镜线不可见，借光原光三。乃见。一在发光，原光三。一在晕光，原光十八。皆于取景征之。[1]

解曰：

发光兼含光、通光镜两种而言。[2]取景者，侧收限所用也。如单凸，以平面对光体，或日或灯。稍侧之，以纸蒙板片，取其洁白，或白板亦无不可。切镜稍离，用承其光，渐离渐小，小极即见倒光象，是为侧收限。过限渐大而淡，无复光象，徒发光而已。(图35)

图35

晕光专指通光镜一种。取景者，如单凸，以凸面正对光体，板承其下，切镜渐离，镜透之光镜圆则圆，镜方则方，光随乎镜，则方圆不等，皆同镜形。渐离渐小，小极即见倒光象，是为顺收限。过限渐大而淡，无复光象，与侧收限同。再离渐暗，至倍限则见镜黑景，原景九，原镜九。更远则黑景外见虚光，愈远愈大，此晕光也。[3] 缘日大而远，故景与镜略相等。若光小于镜，则景渐大。若光大而近，则景渐小。原景六。而晕光则恒大者，出于镜线佟行故耳。凡此皆诸凸所同，专言单凸者，取其于收光之理易见也，观图自明。依显，光线必有镜线为之根。（图 36）

图 36

【注释】

〔1〕郑复光认为一切光学系统必借光，因为它们不是自己发光的"本体之光"，只有在借光之后才发生光学行为。此处的"发光"则专指反射。"晕光"，按下文，指透镜被投影时的半影区。"取景"一词也在此明显表现出多义性，既专指聚焦，也泛指一般的取得影像的行为。

〔2〕此指反射聚焦成像有反光镜反射和透镜表面反射两种。

〔3〕此时像屏（板）上所见不是光源的像，而是镜片的投影。"黑影"为本影，"虚光"为半影。

【译文】

凸透镜的镜光线是看不见的，通过借光"原光"第三条。才能看见。一种情况是发［反射］光，"原光"第三条。另一种情况是晕光，"原光"第十八条。都是在［聚焦］取影的情况下验证它的迹象。

解：

发［反射］光同时指反光镜和透镜而言。［聚焦］取影的情况，为侧收限所依凭。以单凸透镜为例，使平面对着光源，太阳或灯。稍微偏侧，把纸蒙在板上，目的在于使板洁白，或者用白色的板也行。把板贴近镜片然后稍微离开，让它承接［镜片透出的］光，随着距离逐渐加大，［光斑］逐渐变小，小到极点时就呈现光源的倒像，这就是侧收限。过了这个限就逐渐变大同时变淡，不再显得是光源的像，只是发出光束而已。（图35）

晕光专指透镜一种。取影的情况，以单凸透镜为例，以凸面正对光源，板承接在下面，从贴近镜片开始逐渐离开，镜片透出的光镜片为圆形则光斑也圆，镜片为方形则光斑也方，光斑与镜片保持一致，于是不论方圆，都跟镜片形状相同。随着距离逐渐增加而逐渐变小，小到极点时就呈现光源的倒像，这就是顺收限。过了这个限就逐渐变大同时变淡，不再显得是光源的像，跟侧收限的情况相同。继续远离就逐渐变暗，到了顺收限的两倍距离时就呈现出镜片的黑影，"原景"第九条，"原镜"第九条。更远就在黑影外围出现虚光，虚光范围随着距离增大而越来越大，这就是晕光。由于太阳大而且远，所以黑影与镜片大小差不多相等。如果光源比镜片小，黑影就会逐渐增大。如果光源大而且距离近，黑影就会逐渐缩小。"原景"第六条。而各种情况下晕光却总是保持其大，是出于镜光线发散行进的缘故。所有这些现象都是各种凸透镜共有的，仅针对单凸透镜来论述，只是考虑到它会聚光束的道理容易理解而已，看图自然明白。显然，［可见的］光线一定有［不可见的］镜线作为它的根基。（图36）

九

双凸者，以丙丁乙向日，其顺收限出于丙丁乙镜光线，丙甲乙之反照虚景亦助其力，而丙甲乙之镜光线则无权。其侧收限出于丙甲乙镜光线，丙甲乙[1]之反照虚景亦助其力，而丙丁乙之镜光线则无权。（图37）依显，单凸以平向日，应有侧收限，亦有顺收限。反之，以凸向日，应有顺收限，即有侧收限。但单凸之侧收限，两面必有长短，而顺收限则反复皆同，此单之所以两面任用，而凸深之力等也。

图 37

【注释】

〔1〕丙甲乙：疑为"丙丁乙"之误。按郑复光的假设，透镜的两个表面互相成对方的反光镜像，凸面的镜像为凹面，反之亦然，这些像也在光线会聚中起作用。此处光线照射丙甲乙内表面，形同凹面镜，发生反射聚焦（侧收限），丙丁乙的镜像也是凹面而"助其力"。

【译文】

双凸透镜，以丙丁乙面对着太阳，它的顺收限产生于丙丁乙面的镜光线，丙甲乙的反射虚影也起协助作用，丙甲乙的镜光线则不起作用。它的侧收限产生于丙甲乙的镜光线，丙丁乙的反射虚影也起协助作用，丙丁乙的镜光线则不起作用。（图 37）显然，以单凸透镜的平面对着太阳，应该有侧收限，也有顺收限。反之，以凸面对着太阳，应该有顺收限，也就有侧收限。但单凸透镜的侧收限，两面一定长短不一。而顺收限则来回都一样，这就是单凸透镜两面随意使用，却深力相等的原因。

十

通光球镜[1]，双凸之足度者也，可借以征凸理。盖凸镜多是三百六十度中之一弧，其度无从量取，然其形实未有不自球截者。如图（图 38）：

甲乙丙丁为球，丙丁为全径，甲丁、乙丁为镜光交，与子丁相当。试截为不足度之弧，如丑丙寅子，其交仍在丁，为丑

图38

丁、寅丁，与卯丁相当，则凸同而数不等。[2] 故命丙丁为镜光度，则数亦等矣，[3] 是双凸之镜线交与全径等也。[4] 光在极远，其顺收限为甲辰、乙辰，与子辰相当，宜取丁辰为顺收限，以较镜光交必稍长，若十与九。[5] 夫镜光交理应在丁，验以球之顺展限[6]，必入火乃见，[7] 可证也。若侧收限，为球所无。[8] 今以不足度之凸合而推之，如丑丙寅子。则顺收限卯辰十，顺展限卯申九，顺均限十九；其侧限皆得顺限四之一，此双凸率，本章六。是则顺展为丙丁，侧展必丙卯，一倍半径，一半半径；依显，镜光交即全径丙丁，均限即收、展相并也。镜多截弧，厚为其矢，取数则微，诸限悉可不论，[9] 此特明其理耳。

【注释】

〔1〕通光球镜：指圆球透镜。

按：该光学元件属于厚透镜，在现代几何光学中，其焦距的计算也较为复杂，当玻璃的折射率较大时，焦距（球心到焦点）略大于或约等于半径。从下文看，郑复光的实验测量值是准确的，但他是按前球面到后焦点（或前焦点到后球面）来计数，所以约等于直径。

〔2〕此句意为整个球体和从球体截取的一个弧面，两者曲率相等，但焦距的数值不等。

按：这个说法不甚确切，如果两者的焦点重合，那么两者的镜心也应重合，即甲乙与丑寅重合。

〔3〕令球的直径为"镜光度"，则整个球体和一个弧面的度数相同。这与现在所说镜片的度数原理一致。

〔4〕按"圆理"第九条的定义，"镜线交"就是凸透镜的物方焦点。此句表示物方焦距（按前焦点到后球面计）等于直径。

〔5〕顺收限即像方焦距（按前球面到后焦点计），郑复光实测得与直径之比为10：9，此为误差，实应相等。详见"圆率"第一条及注。

〔6〕郑复光的各个"限"，多数时候是指与焦距有关的共轭成像常数，但有时因古文语气，也指各个常数所决定的成像情况。此处的"顺展限"，即指顺展限成像，即光源位于焦点，在透镜另一侧成最大倒立实像。

〔7〕按"圆理"第九条，顺展限是成最大倒立实像时的光源距透镜的距离，也就是物方焦距或"镜线交"的位置。郑复光实测发现，成倒立实像时，圆球透镜已经接触火苗，焦点位置按下法表示：圆球表面与主光轴有两个交点，圆球透镜的前焦点与靠近物体一面的交点重合，距另一交点的距离等于直径，即上文所谓"镜线交与全径等"，亦即下文所谓"镜光交即全径"。

〔8〕凸透镜侧收限成像，是指凸透镜内表面反射，形同凹面镜聚光成像的情况。此处意为观察不到圆球透镜的这种成像情况。

按：可以计算出，透明圆球内表面对平行光进行反射的聚焦点在球体内部，距反射面与主光轴的交点约四分之一直径。虽然观察不到侧收限，但郑复光在下文中却根据自己建立的换算率，从理论上推出侧展限是半径的一半，即下文所谓顺展限和侧展限"一倍半径，一半半径"。这种纯粹的定量推理，当时在天文学中是有的，但将其用于独创的物理学理论，郑复光恐怕是中国历史上第一人。

〔9〕这条夹注可视为"薄透镜"的定义。

【译文】

圆球透镜就是全弧度的双凸透镜，可以通过它来求证凸透镜的原理。凸透镜大多是360度中的一段圆弧，其弧度无从量取，但其形体实际上都是从球体截取的。如图（图38）：

甲乙丙丁为球，丙丁为直径，甲丁、乙丁为镜光线，与子丁相应。试截取成不全弧度的弧面，如丑丙寅子，其镜光线交点仍然在丁处，镜光线为丑丁、寅丁，与卯丁相应，这样就是凸面相同但〔子丁与卯丁〕数量不相等。因此令丙丁为镜光度，则数量也相等了，即双凸透镜的镜线交与直径相等。光在极远处，其顺收限光线为甲辰、乙辰，与子辰相应，应该把丁辰作为顺收限，因为它必定要比镜光交稍长一些，大约10比9。镜光交按理应该在丁点，以球的顺展限〔成像〕来验证，一定是球已经部分进入火苗才能看见〔像〕，这就得到证明了。至于侧收限，是透明圆球所没有的。现在按不全弧度的凸透镜〔把各个限〕合起来推论一下，如丑丙寅子。则顺收限卯辰为10，顺展限卯申为9，顺均限为19；各个侧限都是相应顺限的四分之一，这是双凸透镜的换算率，见本章第六条。如此则顺展限为丙丁，侧展限必定为丙卯，一个是半径的一倍，一个是半径的一半；显然，镜光交就等于直径丙丁，均限就是收限和展限相加。镜片大多是截取的弧面，厚度是它的矢高，数值上很小，各个限都可以不加以考虑，这里［提到厚度］只是为了剖析它的道理而已。

十一

收限、展限，虽因凸而有定度，然收限之光、展限之壁[1]，其距镜必远，方无改移。约灯体寸余、凸深即顺收限寸余，则远须尺余。若凸深八九寸，则远须丈余无定率[2]，不可为限，今名曰限距界，愈远益确，[3]凡验凸深浅宜用日月之光，职此之由[4]。

【注释】

〔1〕壁：接收实像的像屏，此前大多指墙壁，但此后郑复光经常谈到可移动的"壁"，故泛指像屏。

〔2〕定率：此书中多次使用"定率"一词，表示一组光学变量之间的确定关系（常数或定律）。此处指透镜的焦距越长，作为准平行光源的灯就需放得更远，但这个大致的关系没有确定的数量。

〔3〕按此条定义，"限距界"是保证入射光束为平行光的最小物距，越远越接近理想平行光。

〔4〕职此之由：原因在此。

【译文】

收限、展限，虽然依据凸面［弧度］而有确定尺度，但收限的光源、展限的像屏，它们距离镜片必须远，［限］才不会有变动。估计灯的火苗一寸多、凸面深度即顺收限一寸多，则需要一尺多远；如果凸面深度八九寸，则需要一丈多远，没有确定的标准，不能设为限［常量］，现称之为限距界，实际上则越远越准确，测定凸镜的深浅适宜于采用日、月的光，原因就在于此。

十二

顺三限同理，故顺收限之取景成倒也，顺展、顺均亦然；顺收限之见物塞满也，顺展、顺均亦然。而三限殊势，故顺收限之取景小，循镜线约行之势也；顺展限之取景大，当镜线出交之势也;顺均限之取景在小大之间,当两限中处之势也。三限异度,故塞满之象,顺展限大犹可见,顺收限昏而难见,顺均限茫无所见,距交短长之差也。三限各地,故顺均限有定不移,其取景止于其所;顺收限光可远而镜有定,其取景小而有常;顺展限光不移而壁任远,其取景大而无量。[1]

【注释】

〔1〕此段是对透镜成像共轭性质的总结性描述。

【译文】

顺三限有相同的原理,所以对于顺收限取影形成倒像的情况,顺展限、顺均限也一样;对于顺收限[成像时]显得物像充满镜片的情况,顺展限、顺均限也一样。但三限的具体态势有区别,所以顺收限所成的像缩小,是沿着镜光线会聚的态势;顺展限所成的像放大,是正好处于镜光线越出交点的态势;顺均限所成的像在不大不小之间,是处于前面两限中间的态势。三限的度量有差异,所以充满镜片的物像,在顺展限情况下虽然大但还可见,在顺收限情况下模糊而难于看见,在顺均限情况下茫然而看不见,都是由于距交点的距离不同。三限各有位置范围,所以顺均限[成像范围]确定不移,它的成像之处限于应有的区域;顺收限成像,光源位置可以任意远但镜片有确定位置,它所成的像缩小但是位置恒定;顺展限成像,光源位置不能动但像屏可以任意远,它的成像放大而且没有限度。

十三

取景之理,如孔受光,必四边[1]塞满,遮其浮光,而光体之边线[2]得以聚而加浓,故物象倒而清也。然物既塞满,四边之体为孔所遮,必不可见,故取景愈清之处,易目视之,必模糊不见物形矣。[3]然限既有定,而顺展限独可移壁近远者,何也?盖取景因乎塞满,壁在限距界,已见满象,再远必无不满故也,第过远光力有穷,未免渐淡难用耳。

【注释】

〔1〕四边：泛指周边一圈，非必为四边形。

〔2〕光体之边线：指光束，即从光源的上下或左右两边引出、向小孔会聚的两条线。

〔3〕小孔成像要用像屏接受影像，才能观察得到，这也是"取景"一词之所指。用眼睛直接观察实像，是看不见的。

【译文】

　　取影［成像］的事理，就像小孔受光，光必然充满孔边，孔边遮住浮光，从而光束能够会聚而加浓，因此物像颠倒而清晰。然而物像既然充满，外围的物形被孔边遮住，必然不可见，所以取影［成像］越是清晰之处，改用眼睛去看，必定模模糊糊看不见物形。然而各个限既然有确定尺度，唯独顺展限［成像］却可以任意改变像屏的远近，这是为什么？因为，取影［成像］取决于光像充满，像屏在限距界，已经能见到充满镜片的光像，更远则必定不会不满，只不过太远则光力有止境，未免越来越淡而难于发挥作用罢了。

十四

　　含光凹对照与通光凸透照同理，而无顺三限，然用其侧三限，则与顺三限同理，不重赘焉。

【译文】

　　凹面镜反射与凸透镜透射原理相同，然而没有顺三限，但运用它的侧三限，则与顺三限原理相同，这不再重复赘述。

十五

　　凸镜是次光明，[1]原光九。故无论合目与否，镜近而视远则昏。[2]若镜远而视远，出顺收限外，及物成倒，象必小而转清，[3]是兼有大光明理。盖镜质本属至明，目近镜与合一，而物明不如镜，是为居明视暗也，故昏不可视矣。交线能摄景浓，物入镜与合一，而目远视镜景，是为居暗视明也，故次光明变为大光明矣。

【注释】

〔1〕"次光明"和下面的"大光明"概念来自《远镜说》，本为"光密媒质"和"光疏媒质"的不太清楚的称谓（见"原光"第九条及注），将其与透镜相联系，也源自该书中所谓"前镜形中高类球镜而通彻焉，是即次光明意也……后镜形中洼类釜镜而通彻焉，是即大光明意也"。郑复光将"大光明"和"次光明"理解为"居暗视明"和"居明视明"。按照这种解释，凸透镜成像时，眼睛位于像方空间，可以看见浓密的会聚光束，同时透过镜片能看见物方空间里的明亮景物，这就叫"居明视明"。反之，凹透镜的光束在像方空间永远是发散，故显得"暗"，而透过镜片同样看见前方的明亮景物，这就叫"居暗视明"。郑复光还发现，当眼睛离开镜片一定距离时，通过凹透镜观察前方景物，永远是清晰的；而通过凸透镜，所见有时清晰（郑复光认为此时凸透镜兼有大光明的性质）、有时模糊、有时只见光而不见像，他认为这种区别在某种程度上是次光明性质和大光明性质的区别的反映。他还认为，更深的机理在于两种透镜的镜光线和目线之间的相互作用不同，这些猜想和论述详见以下相关条目。后面郑复光还以这种思路来解释凸透镜和凹透镜各自在伽利略望远镜中所起的作用。

〔2〕这就是正常人戴上老花镜的情况，眼睛和凸透镜联合所成之像落在视网膜之前。更详细地说，本来远处物体经凸透镜成的像是倒立缩小实像，但眼睛贴近凸透镜，这个像的位置已在视网膜后，看不见，实际光线在成这个像之前就被眼球折射而生成一个仍然倒立的放大实像，这个像的位置在视网膜之前，因而模糊，人的视觉神经将视网膜上的倒像处理为正像。

〔3〕眼睛远离凸透镜，凸透镜所生倒立缩小实像落在眼球前焦点之外，此像再经眼球成倒立缩小实像于视网膜上，两次倒像成为正像，被视觉神经处理为倒像。此时眼睛距镜片的距离必须大于二者的焦距之和，但眼睛的焦距很小，且郑复光的顺收限测量值可能系统性地偏大（见"圆率"第一条注），所以郑复光观察到，只要物距大于顺收限（可能略微偏大的焦距长），即发生前述现象。

【译文】

凸透镜属于次光明，"原光"第九条。所以不论是否与眼睛匹配，镜片靠近眼睛时，看远处就会模糊。如果把镜片移远一些去看远处，〔眼睛和镜片的距离〕超出顺收限之外，等到物体形状颠倒时，像必定缩小并变得清晰，这种情况属于兼有大光明的性质。镜片的质地本来非常明亮，眼睛贴近镜片与之合为一体，而物体不如镜片明亮，这就成了在亮处看暗处，于是就模糊不清了。相交的镜光线能收敛影像使之变浓，物像进入镜片与之合为一体，而眼睛在稍远处看镜中影像，这就成了在暗处看亮处，于是次光明就变成大光明了。

十六

目切凸视近，在顺收限内，则物必大。[1]视远出限，即昏不可视。[2]虽凸浅可视，物必反小。[3]若目离凸，则昏而渐大。[4]若目离适到限，则大塞满。[5]若目离出限，则物倒小而更清。[6]皆镜光诸线为之也。

解曰：

凸如甲丙乙，光线两种，一为镜光线，恒交于丁；一为顺收限，线恒止于庚辛。收限虽由镜线生，然因物形大小而收展，以射物上下两界。故在镜线虽似乎展，而在物实受其束。(图 39)

图 39

物近在庚辛以内，顺其三角之势，然也，物束愈小，入镜愈大。此凸切目视近而大之理也。[7]

若物远出庚辛以外如子丑，则物上下两界射至丁交，顺镜线倒入镜甲乙，是为隔射。而目线无隔射法，故自丙视之，仍自出两线，一为丙子，一为丙丑，必拗镜线穿寅、穿卯。寅子与卯丑为丁子、丁丑所约，丙寅与丙卯为甲丁、

乙丁所碍。此凸切目视远，昏而反小之理也。（图 40）

图 40

若目不切丙，物在庚辛以内，固与切凸视近同，而物更大何也？目愈离镜，镜束愈小，有远差理；物束小，故视觉大也。

若物远在庚辛以外，目离丙在顺收限如辰巳内如午，则目线顺镜线，为未、申，是展丙子、丙丑为未子、申丑。此凸离目视远，虽昏而大之理也。（图 41）

图 41

若引目当限如酉，则为酉甲、酉乙两线。此凸当限视远，物大塞满之理也。（图 42）

图 42

若引目出限如酉外，离镜既远，物自以隔射法倒入镜与合一，目自出其目线，远视镜中之象。此凸出限视远，倒小而清之理也。(图 43)

图 43

论曰：

庚辛亦隔丁交，未尝昏目；亥丙中有戌交，未尝碍目，何也？

盖庚辛虽在丁交之外，而既为顺收限，自有其镜线，且本是镜线交甲丁、乙丁所展而成，丁角既展，即如无交，不惟不昏，且助目矣。此限之物，当极清处；此限之外，必为丁交所不能展，故能碍物。夫碍物云者，亦碍其直射为隔射耳。然则镜光之戌交，不过碍目景，使见倒象于镜而已，何尝碍目光，使不见镜面之丙乎？且镜既透明，宜不隔物，今不能直见子丑正象而见倒象，此即所谓碍物也。

又论曰：

镜线丁交既有一定，何以又展于庚辛？

盖物有小大定分，既值透明之镜，必能逐分函之，而后全象见焉；镜有会聚定角，故能束约其物，必将逐层束之，而后全象函焉。物束于镜线，不得不缩；线函乎全象，不得不展。[8] 彼缩此展，是二是一；既交且展，是有是无，故毫无挂碍。然必有其处，则庚辛以内是也。至庚辛以外，乃交角当权之地，物缩所不能，交展所不及，虽透明者不能遽使不见，必生种种荆棘矣。

【注释】

〔1〕郑复光的这个实验在全书中的地位十分重要。现代几何光学可以通过作图或计算，准确确定任何实像、虚像的性质（大小、正倒、位置），但一般反而不太讨论眼睛直接观察的情况。而在郑复光的时代，眼睛直接观察的问题，关系到对透镜的运用，恰恰是需要通过实验加以解决的重要课题。因此郑复光对透镜所进行的实验，就分为两大类，一类是用像屏接收实像（以板承之），一类是用眼睛直接观察（以目视之）。所以这个逐一更换变量（视远、视近、目切、目离等）并连续改变变量（渐远、渐离等）的系统实验，不仅要发现凸透镜成像的全过程，而且也要发现眼睛观察的全过程。此实验的部分结果在前面已经提及（如"圆理"第十六条），后面也将提及，此处是首次系统的实验报告，以及根据镜光线假说对现象所作的分析。

第一步是物体置于物方焦距（顺收限）之内，眼睛在异侧贴近镜片观察，看到正立放大的虚像。

〔2〕第二步，物体超出顺收限，眼睛贴近镜片，看见模糊的正立像。原理分析见上条注〔2〕。

〔3〕第三步，换成度数较浅的凸透镜就能相对清楚一些，但影像也相应较小。度数较浅则结像面距离拉长，比先前较为接近视网膜。凸透镜度数浅则放大率低，故"物必反小"。

〔4〕第四步，理同第二步，那个视网膜前的模糊放大像随眼睛距镜片距离的增大而增大。

〔5〕第五步，眼睛距镜片的距离为顺收限，只见镜片被光塞满。此时眼睛看见的是平行光，原理分析见"圆理"第十一、十六条注。

〔6〕第六步，眼睛距镜片的距离超出顺收限，看到清晰的倒立缩小像。原理分析见上条注〔3〕。

〔7〕郑复光对凸透镜起放大镜作用的这种解释，可能受到《远镜说》"光路图"的影响，其图如下：

图44

原图旁有注："前镜近目照物之全分，前镜远目照物之一分。"图和文都有问题。而郑复光可能从中猜测到，凸透镜的会聚作用，把较大的物体收束为较小的影像，且影像与物体的大小比例越悬殊，透镜的放大作用就越大，即后文所谓"物束小，故视觉大"。郑复光对这一解释自信不疑，因为凸透镜的性质的确是度数越深则收光越小，同时作为放大镜也就把物像放得更大；而且按视角概念也讲得通，视角张开越大，则意味着物体那一头越大，眼睛这一头在比例上越小。虽然这种解释碰巧与凸透镜的性质有吻合之处，但是对实像和虚像有混淆，猜测的光路与实际不符。这种解释，在前"原目"第六条中就已出现，其中说道："景之小者，视物必觉大也。""景束愈小，则视觉愈大。"

〔8〕这些说法也应该与《远镜说》有关，其中说道："前镜视远，去目如法，物象每见其大焉。盖以全镜之体，照物体之分分，则见其大也。若镜目相近，则虽镜体，得照全象，分分不遗。"

【译文】

眼睛贴近凸透镜看近处，［物体位置］在顺收限之内，则物像必定放大。看超出顺收限的远处，就模模糊糊看不见。虽然用度数浅一些的凸透镜可以看见，但物像一定反而变小。如果眼睛与凸透镜拉开距离，则所见影像模糊并逐渐变大。如果眼睛离镜片正好到达顺收限，则所见影像大到［只有亮光］充满［镜片］。如果眼睛离镜片越出顺收限之外，则物像颠倒、缩小并且更加清晰。这些现象都是各种镜光线作用的结果。

解：

凸透镜如甲丙乙，光线有两种，一种是镜光线，总是相交于丁点；一种是顺收限，其光线总是以庚辛为界。收限虽然由镜光线而产生，但随着物形的大小而收缩或伸展，以此射向物体的上下两个边界。所以对镜光线来看好像是展开，对物体来看其实是受到它的收束。（图39）

物体近在庚辛以内，顺应它［张开］角度的态势，这样的话，物形被收束得越小，进入镜片就［张开］越大。这就是把凸透镜贴近眼睛去看近处就显得放大的道理。

如果物体远在庚辛以外如子丑，则光线从物体的上下两个边界射到交点丁，沿着镜光颠倒进入镜面甲乙，此时属于交叉照射。而目线没有交叉照射的法则，所以从丙处看去，仍然自行发出两条线，一条为丙子，一条为丙丑，必然逆着镜光线穿过寅点和卯点。寅子和卯丑被丁子、丁丑约束，丙寅和丙卯被甲丁、乙丁阻隔。这就是把凸透镜贴近眼睛去看远处，显得模糊并反而变小的道理。（图40）

如果眼睛不贴近丙，物体在庚辛以内，自然和贴近凸透镜看近处的情况相同，但物像更大是为什么？因为，眼睛越远离镜片，镜［光线对物形］的收束越小，有远差的道理在；物形被收束得小，所以看起来就觉得大。

如果物体远在庚辛以外，眼睛距丙处的距离在顺收限如辰巳之内如午，则目线顺着镜线，为未、申两线，相当于把丙子、丙丑展开为未子、申丑。这就是将凸透镜与眼睛拉开距离［并透过它］去看远处，虽然模糊但是显得放大的道理。（图41）

如果使眼睛正好位于顺收限处如酉，则目线成为酉甲、酉乙两条线。这就是眼睛正当凸透镜顺收限去看远处，显得物像大到充满镜片的道理。（图42）

如果使眼睛越出顺收限如酉之外，离开镜片既已较远，物形就自行按交叉照射的法则颠倒进入镜片、与之合为一体，眼睛就自行发出它的目线，从远处去看镜片中的影像。这就是眼睛越出凸透镜顺收限去看远处，显得倒立缩小并且清晰的道理。（图43）

论：

庚辛也隔着交点丁，却并不模糊视线；亥和丙之间有交点戊，却并不阻碍视线，这是为什么？

庚辛虽然处于交点丁之外，但既然是顺收限，就有它自己的镜线，而且本来就是相交的镜线甲丁、乙丁展开的结果，丁角既然展开，就好像没有交点一般，不仅不模糊［视觉］，而且还增强视觉。位于这个顺收限的物体，正当最清晰之处；位于这个顺收限之外的，必定无法被交点丁展开，所以能阻隔物形。所谓阻隔物形，也就是阻隔它的直接照射使之变成交叉照射罢了。这样的话，镜光线的交点戊，只不过阻碍眼睛直接看见物体，让它从镜片中看见倒像而已，何至于阻碍视线，致使它看不见镜面的丙处呢？再说镜片既然透明，本该不阻隔物像，现在不能直接看见子丑的正像却看见倒像，这就是所谓的阻隔物像。

又论：

镜线的交点丁既然是确定的，凭什么又展开到庚辛？

物体大小有确定的各部分，既然碰到透明的镜片，镜片必定能一分一分地逐渐收纳它，然后整个物像就呈现出来了；镜片有确定的会聚交角，所以能收束物形，必定会将它一层一层地逐步收束，然后整个物像就收纳进来了。物像受到镜线约束，不得不收缩；镜线收纳了整个物像，不得不展开。一收一展，这既是两回事也是一回事；既交会又展开，既是有形也是无形，所以毫无障碍。只是必须有一定的位置，那就是庚辛以内。至于庚辛以外，那是［镜光线的］交角起支配作用的范围，物像要缩小也办不到，交点展开也触及不到，即使是透明体，也不能立即使它看不见，就必然产生出种种复杂枝节了。（图43）

十七

物之上下，本乎天地定其位；物之左右，因乎对待易其名；故平镜对照，上下不移，左右必互易。惟凸以环面生交，虽上下可以互易而见倒景。然必在交外方见倒象，在交内仍是顺象也。

【译文】

物体的上下，是根据天地而确定了各自的地位；物体的左右，却要看面对的方位不同而互换名称；所以平面镜对照，［照出的影像］上下不变，左右一定互相交换。唯独凸透镜，由于球面产生［镜光］交，即使上下也可以互换而呈现倒像。但必须在交点之外才可以呈现倒像，在交点之内仍然还是正像。

十八

目切凸视近必大，盖有二端：

一以光线收物甚小，故入镜必大。入镜大者，视亦大也。

一以中凸照景甚小，故入目必小。入目小者，视觉大也。原目六。

解曰：

入镜大者：设单凸以平面如甲丙对物如己丁，物线佁行，过甲丙入甲乙丙，必展而长。（图45左）如以凸面如子丑寅对物如辰卯，物线平行，入子丑寅，及到子寅，必见其长。（图45中）此入镜皆大之故，目视镜中，能无大乎？单凸如此，双凸可知。

入目必小者：设双凸任以一面对物，虽大如巽兑，景止一点如坎，故其线之展甚大，而视亦大。（图45右）双凸必然，单凸可推矣。平面有虚凸故。

图45

此二端相反，而义实相须也。《远镜说》未备。

论曰：

凸之大物也二端，质言之，皆以曲线长于直线故。然凹亦是曲线，不惟不大物，而反小物者，何也？盖虚实异势耳。

凸为实环如甲丙乙，必长于甲乙。物如丁入长面甲丙乙，目必由短面甲乙相窥；物如壬入短面甲乙，形必于长面甲丙乙透景，故俱见为大。（图46）

图46

而凹为虚环如子丑寅，亦长于巳午。物如辰入短面巳午，目必由长面子丑寅相窥；物如卯入长面子丑寅，形必于短面巳午透景，故均见为小。（图 47）

图 47

盖物入虚环，其在凹面入者，如弓甲丙乙之上弦甲乙，弦必短于弓干也；其在平面入者，如弓戊壬己之度地[1]庚辛，地必短于弓弛也。（图 48）

图 48

物入实环，其在凸面入者角尾亢，如柱角尾亢箕之围箍氐房心，箍必长于柱径角亢也；其在平面入者壁女，如弓壁危女之液角[2]斗室牛，角必长于弓弦斗牛也。（图 49）

图 49

【注释】

〔1〕度地：指某物在地上的投影。度，测量，量度。

〔2〕液角：据《考工记·弓人》记载，古代制弓有"干"、"角"、"筋"、"胶"、"丝"、"漆"等六材，其中"角"为牛角。液，浸泡。《考工记》中又有"冬析干而春液角"之语，一般都解为冬天剖干而春天浸角。但从此处看，"液角"明显为一个名词而非动名结构。在上面这些图中，"甲乙丙"称弓干，"戊壬己"称弓弣，"壁危女"又称弓，"斗室牛"称液角，看来都是弓体弧形的代称。较有可能的是，弓干上黏附牛角的主要部位叫做"液角"。在图49中为弓干的内侧。

【译文】

眼睛贴近凸透镜看近处［则所见影像］必定放大，大致有两方面原因：

一是因为镜光线把物像收束得很小，所以进入镜片必然变大。进入镜片时变大，看起来就觉得大。

一是因为［度数］中等的凸透镜照出的影像很小，所以进入眼睛必定变小。进入眼睛时变小，看起来就觉得大。"原目"第六条。

解：

进入镜片变大的情况：设有一枚单凸透镜以平面如甲丙对着物体如己丁，物体的光线发散行进，穿过［平面］甲丙入射到［弧面］甲乙丙，必然展开而伸长。（图45左）如果以凸面如子丑寅对着物体如辰卯，物体的光线平行行进，进入［弧面］子丑寅，等到了［平面］子寅，必定显得伸长。（图45中）有上述进入镜片一律变大的缘故，眼睛在镜片中所见，能不大吗？单凸透镜的情况如此，双凸透镜也可想而知。

进入眼睛必定变小的情况：设有一枚双凸透镜，以任意一面对着物体，物体纵然大如巽兑，影像只是一点如坎，所以其光线的展开很大，看上去也就显得大。（图45右）双凸透镜的情况必定如此，单凸透镜的情况也就可以推想了。因为单凸透镜的平面上有凸面的虚影。

这两种情况相反，但道理其实是互相依存的。以上《远镜说》没有论及。

论：

凸透镜能放大物像的两个原因，简单地说，都是出于曲线比直线长的缘故。然而凹透镜也是曲线，不仅不放大物像，反而缩小物像，这是为什么呢？因为虚和实的情势不同。

凸面是实的球弧如甲丙乙，必定比甲乙长。物体如丁［的光］进入较长的面甲丙乙，眼睛必定从较短的面甲乙去观察；物体如壬［的光］进入较短的面甲乙，形状必定从较长的面甲丙乙透出影像，所以都显得变大。（图 46）

而凹面是虚的球弧如子丑寅，也比巳午长。物体如辰［的光］进入较短的面巳午，眼睛必定从较长的面子丑寅去观察；物体如卯［的光］进入较长的面子丑寅，形状必定从较短的面巳午透出影像，所以都显得变小。（图 47）

物体［的光］进入虚的球弧，从凹面进入时，好比进入弓甲丙乙的上弦甲乙，弦必定比弓干短；从平面进入时，好比进入弓戊壬己在地上的投影庚辛，投影必定比下垂的弓短。（图 48）

物体［的光］进入实的球弧，从凸面进入时角尾亢，好比进入圆柱角尾亢箕的围箍氐房心，围箍必定比圆柱的直径角亢长；从平面进入时壁女，好比进入弓壁危女的液角斗室牛，液角必定比弓弦斗牛长。（图 49）

十九

凸能大物，并能小物，以光线广行交角之故。故物近目在镜光交内，置凸切物，渐离则渐大而显，至凸切目而止，名曰切显限即镜光交。[1]

凸距物合切显限不动，引目离镜渐远更大，至大极未昏则止，名曰离显限。[2] 约目距镜亦不出镜光交。若凸距物恰合顺收限之半，则物虽大，引目再远遂不复大，[3] 镜之能力未充其量也。此交线广行渐侈之故也。

如反之，置物远在限距界[4]外，目切凸则昏而小，[5] 目远凸则昏而大，[6] 渐远至顺收限则昏极大极，殆不可见；[7] 再远则见倒象复小，愈远愈小而复清矣。[8] 此交线广行过交渐约之故也。

其极清亦有定处，第凸浅，则初倒即清，尚大于本形，其距交不足一限；[9]凸深，则倒未遽清，已小于本形，其距交不止一限。[10]此则因凸生差，不可为限也。

【注释】

〔1〕这个实验确定了凸透镜成最大正立虚像的物距，即"切显限"，数值上无限接近（略小于）物方焦距，故后面夹注说位置就在镜光交。

按：此条以下记录了一个系列实验，对凸透镜和眼睛共同决定的各种不同物距和不同观察距离下的成像特性，作出更丰富的推广研究。

〔2〕凸透镜成放大虚像时，如果像距不变（凸距物合切显限不动），那么实际像高不会因眼睛的移动而变化。此处所谓"引目离镜渐远更大"的现象，可能是眼睛逐渐远离镜片时，视场逐渐缩小，显得先前所见景物的中心部分在镜片范围内逐渐"扩张"，且边缘畸变和抖动的影响同时加剧，影像显得逐渐模糊。所以所谓"离显限"，不属于其他"限"那样的成像常数。

〔3〕理同上注，"目再远遂不复大"的现象也不是像距等于二分之一焦距（凸距物恰合顺收限之半）的必然结果，只是物距变小时，虚像的放大程度也变小，同时视场缩小和边缘畸变都不明显。

〔4〕限距界：见本章第十一条注〔3〕。

〔5〕这个现象的原理分析见本章第十五条注〔2〕。这个像并不比物更小，只是眼睛非常紧贴镜片时感觉不到放大，而相对于此后眼睛离开观察时的急剧放大就更显得小而已。

〔6〕原理分析见本章第十六条注〔4〕。

〔7〕眼睛继续远离凸透镜，当凸透镜所生缩小实像落在眼球前焦点上时，光线进入眼睛是平行光，仿佛像放大到极点也模糊到极点。此时眼睛距镜片的距离为透镜焦距与眼球焦距之和，但眼球焦距相对很小，那个距离略等于凸透镜焦距。

〔8〕眼睛继续远离凸透镜，凸透镜所生倒立缩小实像落在眼球前焦点之外，经眼球成倒立缩小实像于视网膜上，两次倒像成为正像，被视觉神经处理为倒像。

〔9〕凸透镜焦距较长，眼睛即使离开镜片一定距离，仍未处于缩小实像能落在视网膜上的位置，实际光线在成这个像之前就被眼球折射而生成一个正立放大实像，正立被视觉神经处理为倒立。

〔10〕凸透镜焦距很短，成像光束在出射面附近很快就会聚成倒立缩小实像了。

按：至此条，郑复光完全确立了凸透镜共轭成像的全过程：

物距	凸切物 (0~f)	切显限 (f)	顺展限 (f)	顺展限~顺均限 (f~2f)	顺均限 (2f)	顺均限~任远 (2f~∞)	任远 (∞)
像距			任远 (∞)	此伸彼缩 (∞~2f)	顺均限 (2f)	此伸彼缩 (2f~f)	顺收限 (f)
像的性质	正立放大	正立最大	倒立最大	倒立放大	倒立等大	倒立缩小	倒立最小
观察法	凸切目 (眼睛透过透镜)		以板承光 (用像屏接收)				

其中，虚像的像距无法测量，顺均限两侧的物距和像距为"此伸彼缩，迭相消长"。

至此可以看出，对焦距概念的确立和运用，是郑复光透镜理论的核心。焦距具有顺收限、顺展限、切显限等不同名称，表征不同的成像性质，它既是最小实像的像距，又是最大实像和最大虚像的物距；可以用它作为推算其他成像位置的常数，按确定比率换算出其他各限的数值，并界定各种性质的像的区域；它还是度量透镜深力的常数，即透镜总体性质的决定因素（"凸镜越深，收光越小，展光越大"）。

【译文】

凸透镜能放大物像，又能缩小物像，是出于光线不平行而交会成角的缘故。所以当物体距眼睛较近、位于镜光交以内时，使凸透镜贴近物体，然后逐渐拉开距离则物像越来越大、越来越明显，直到凸透镜贴近眼睛为止，[把此时物体到镜片的距离]命名为切显限[位置]就是镜光交。

凸透镜距物体正当切显限不动，使眼睛离开镜片越来越远[则所见影像也逐渐]更大，直至最大而又不模糊时就停止，把这个叫做离显限。估计眼睛距离镜片也不超出镜光交。如果凸透镜距离物体刚好是顺收限的一半，则物像虽然大，眼睛离开再远结果也不更大，说明镜片的能力没有发挥充分。以上现象是出于交叉光线越来越发散的缘故。

如果反过来，把物体置于限距界以外的远处，眼睛贴近凸透镜则[所见影像]既模糊又小，眼睛远离凸透镜则[所见影像]

又模糊又大，逐渐远离到顺收限则［所见影像］模糊到极点并大到极点，几乎看不见；再远则看见倒像并重又变小，越远越小并重又清晰。以上现象是出于交叉光线过了镜光交之后越来越会聚的缘故。

视觉最清晰之处也有确定位置，只不过，凸透镜度数较浅，则所见影像在刚刚颠倒就变清晰之时，还大于物体的本形，此时位置距离［镜光］交不到一个［顺收］限；凸透镜度数较深时，所见影像颠倒后尚未迅速清晰［之时］，已经小于物体的本形，此时位置距离［镜光］交不止一个［顺收］限。以上情况属于因凸度不同而产生变化，是不能设为限［常量］的。

二十

凸之能力，用切显限视物，极明且大。本章十九。若目不动，移凸近物则昏者，此专指老目遇稍浅凸而言。短视或少年遇凸深一二寸，不尽昏目也。凸力不足，即如目太近物而昏，非关镜也。

用离显限视物，亦极明且大。若目不动，移凸近目则昏者，物出顺收限，即如切凸视远而昏，非关目也。

不关目者，无论凸之浅深，其昏则同。不关镜者，稍浅而昏，极浅即否。何也？浅凸之顺收限本长，目距物既远，虽老目视自不昏，况加以凸乎？

【译文】

凸透镜的能力在于，运用切显限看物体，显得十分清晰并且放大。本章第十九条。如果眼睛位置不动，将凸透镜移近物体就［导致视觉］模糊，这是专指老年人的眼睛碰到度数浅的凸透镜而言。近视眼或青年人碰到一二寸深的凸透镜，并不都导致视觉模糊。这是因为凸透镜深力不足时，就如同眼睛太靠近物体而视觉模糊，与镜片无关。

运用离显限看物体，也显得十分清晰并且放大。如果眼睛位置不动，将凸透镜移近眼睛就［导致视觉］模糊，这是因为物体位置越出顺收限时，就如同贴近凸透镜看远处而视觉模糊，与眼睛无关。

所谓与眼睛无关，是指不论凸透镜是深是浅，同样会模糊。所谓与镜片无关，是指［度数］稍浅会模糊，非常浅就不模糊。［后者］是什么原因？浅度凸透镜的顺收限本来较长，眼睛距离物体既然较远，就算老年人的眼睛去看也自然不模糊，何况加上凸透镜呢？

二十一

镜线拗目线则昏，以光线交错也。如甲。凸之双者，此与彼各自成线，如乙。凸之单者，面与景各自成线，如丙。皆不交错，故视近则明。若以视远，则非镜线所及，目线必穿镜线视物，故成交错之势，不得不昏矣。(图50)

图 50

【译文】

　　镜线逆着目线就会［使视力］模糊，这是两种光线交错的缘故，如甲。双凸透镜，两面各自形成光线，如乙。单凸透镜，［凸］面和它的反影各自形成光线，如丙。都不交错，所以用以看近处就显得清楚。如果用来看远处，就不再属于镜线力所能及的范围，目线必定穿越镜线去看物体，于是成为交错的态势，就不能不模糊了。(图50)

二十二

凸镜照物，具有数象，而人之用之，各不相乱者，盖就其得力光线视之，其余自不相混也。

解曰：

镜有两面，各有透照、返照之象，是共四象。而镜面凸者，又有顺景、倒景各象，散见各条，不复枚举。凹镜同论。

论曰：

凸镜如丙壬乙辛切目如甲视近如子交内，物自以甘石入辛，得显象，而他线不与焉。使置目于坤而视远如丁戊，物自以到交如癸倒入丙乙，目视丙乙得倒象，而他线亦不与焉。即任置目至不见物处，如乾视丁戊。虽为诸线所碍，而所见昏象亦不为他线所杂。此无他，所见各形，各随其线，必不相混也。（图51）

图 51

【译文】

凸透镜映照物体，具有几个像，而当人们加以运用时，这些像并不互相干扰，这是因为［每种情况都是］凭借起支配作用的光线去看，其余光线自然不会相混。

解：

镜片有两个表面，各有透射和反射的影像，于是一共有四个像。其中镜面是凸形的，又有正像和倒像等各种像。这些都散见于各条中，不再枚举。对凹镜的论述与此相同。

论：

把凸透镜如丙壬乙辛贴近眼睛如甲去看近处如交点子以内，物体［的光］自然从甘石入射到辛，形成显眼的像，而其他光线并不参与。假使让眼睛位于坤处去看远处如丁戊，物体［的光］

自然通过到达交点如癸而颠倒进入镜片丙乙，眼睛看丙乙看到倒像，而其他光线也不参与。即使让眼睛位于看不见物体的任意位置，如在乾处看丁戊。虽然被各种光线所阻碍，但看见的模糊影像也不被其他光线所混杂。这没什么，看见的各种形象，各自依从各自的光线，一定不会相混。（图51）

二十三

目切凸视近，见物明而大矣，但物出顺收限，则昏而复小。目离凸视远，见物大而昏矣，然目远顺收限，则倒而复清。穿交线与不穿故也。

解曰：

切凸出交则昏而小者，缘丙子乙角大小有定度，光线所聚，能力甚大，置目壬边，如物出交角外在坤，以镜理推，当为兑坤巽角与丙子乙角等，以视法论，不得不收成丙坤乙角，角度收，故象小复常；而目出两线视物，实用井辛鬼角，而辛井与辛鬼目线力穿子交，故碍目而昏也。若置物在乾，则不穿子交，故不昏，艮乾震角与丙子乙角等，故象大也。此一说也。（图52）

图 52

又，目切壬视丁戊，即如目与镜合为一体，成一深凸之睛，故视远不明，如短视人之视远然。此又一说也。后说与凹切目而昏同理。（图53）

离凸远交则倒而清者，缘目在斗，视日如丁戊，中为丙乙凸镜所隔，即如斗视丙乙；因有镜光子交，隔日直射，

图 53

使至交则倒入丙乙镜面，透出至顺收限，为丑寅取景倒象。故目视丙乙，即如斗视丑寅，线聚光浓而无隔，[1]所以倒而更清也。此一说也。（图 54）

图 54

又，目离凸视物，即如物与镜合为一体，成镜中画象，无论象之清否，皆了然可辨，固无所昏花也。此又一说也。后说与凹离目而明同理。

论曰：

或问：日自丁至乙、自戊至丙，有子一交，当成倒象，且置目于午视己乙，已见倒象矣，其穿丙至女，穿乙至牛，亦应有交如卯，岂不复成顺象乎？然目在斗视丁戊，仍为倒象，何也？（图 55）

曰：日射凸镜，自丁射丙、自戊射乙，为镜光线子交所束，不得直入，所以塞满镜面，取景于丑寅而倒也，故置目于子透视物，或置目于癸反照物，皆见其塞满，究未成为倒象。此与隔孔同理，日到孔边，何曾倒乎？惟目出

图 55

癸交至午，方见倒象。而癸与卯同理，则午与斗同理。午见倒，故斗见为倒也。夫物入凸镜，其象不一，各随光线而见。虽既有子交，则必倒入丙乙，而子交之线，实以摄光使满，故物大而近，遂变辰交，辰与庚同，虽为虚交，却因子实交而生，庚生于卯亦然，故交得力处能碍目光。如目在丑寅，则视丁戊一无所见矣。盖目之视线[2]，本无穿交倒见之理，故当交即碍目；而远交至斗，则交力不及，其视丙乙，即如视丑寅，无所为倒而复顺之理也。（图 56）

图 56

曰：丑寅处于空虚，岂能有物见景？

曰：此镜法之神妙也。凡目视一物，止此一处，止有一形。今隔凸视物，以为目到丁戊，则有丙乙隔之；以为目到丙乙，则有卯交隔之；以为日顺到丙乙，则应无子交；以为日倒入丙乙，则应无斗交。盖其见倒景在寅丑也，是合日与镜与子三者并成之象见于丑寅也；其见满光在丙乙，是合日与子二者并成之象见于丙乙也。纷纷各镜线，是二

是一，难以拘执。而谓倒象在丑寅者，就取景处证之耳。[3]（图 57）

图 57

或问：

视法之理，物入目成小景，则觉物大；入目成大景，则觉物小，理也。今置光于丑，置目于癸视丙乙，见满光，是光入镜大也；而移目于壬，视丙乙之照丑也不小，其于视理无乃窒乎？

曰：不窒也。物在丑为小形，故丑入寅视觉大。视觉大者，其在丙乙实小也。物入丙乙见大象，故壬入目景必小。景之小者，视在丑觉大也。（图 58）

图 58

或问：视理，目之两线必因物形大小而侈约。物小如丙丁，不出戊交，成丑丙、丑丁两线，于甲戊、乙戊固无所碍，而视物明矣。若物大如己庚，岂不成丑己、丑庚两线，而穿辛、穿壬，为甲戊、乙戊镜光所碍乎？（图 59）

图 59

曰：镜光线称上下二线者，省文耳。原线六。其左右则有觜戊、毕戊两线矣。不惟是也，以一周论，则参至柳不一度，以半径论，则金至火不一周，每度一线，已得三万二千四百[4]，咸聚于戊焉，其能力为何如乎？（图 60）

图 60

今斗虚穿室戊于牛，自斗至牛，镜线固多，以斜穿论，则线端所触，亦一线穿一线耳，岂可与戊数万线同年语乎？况物在戊，彼自顺照入斗，不劳目力。（图 61）若物出交在胃昴，彼将顺镜光倒入丙乙，而目在奎视娄之照胃昴，出娄胃、娄昴两线，穿戊视物，岂不甚难？（图 62）

图 61

图 62

曰：若物大如柳星，则穿金、穿石，应是一线穿一线矣，而昏不免焉，何也？

曰：娄柳、娄星两线，特举上下两界耳，其中各线，如娄丝，亦为数万，岂能越过戊交哉？（图63）

图63

【注释】

〔1〕郑复光深知小孔成像和凸透镜成倒立实像的原因在于"隔"，即交叉，但按他的镜光线假说，光线在入射透镜之前，于"镜光线交"发生交叉，则出射后的会聚光束应再次交叉颠倒而形成正像，但实际所得是倒像，因此郑复光再次假设出射光束会聚后不再交叉颠倒。

〔2〕按郑复光的概念体系，"目之视线"实为"目用以视物之线"，即"目线"。

〔3〕以上一直在讨论这样一个现象：眼睛离开凸透镜一段距离，透过它看远处景物，看见清晰的缩小倒像。这个现象可按现代几何光学解释为，眼睛对凸透镜所成的像（丑寅）再次成像，最终成像落在视网膜上。而郑复光以为是眼睛直接看见丑寅，这在今天看来是将两个不同的像混为一谈，但在当时是无法区分二者的。丑寅这个实像，在当时的确只能通过"取景"模式（用像屏接收）才能观察到。

〔4〕三万二千四百：应该是一个表示大数的随意表达，圆周的一个象限为90度，将每条半径也分为90分，一共4个象限，90×90×4＝32 400。

【译文】

眼睛贴近凸透镜看近处，就看见物体又清楚又大，但是物体［位置］越出顺收限，则所见影像模糊并重又变小。眼睛与凸透镜拉开距离看远处，就看见物体又大又模糊，然而眼睛［位置］离开顺收限较远，则所见影像颠倒并重又清晰。原因在于前者穿越交线而后者不穿越交线。

解：

眼睛贴近凸透镜、物体位置越出顺收限交点，则所见影像模糊，这种情况的原因在于，丙子乙角的大小是恒定的，是镜光线会聚而成，能力强大，使眼睛位于镜片旁边的壬处，如果物体位置越出交角之外在坤处，从透镜的事理推想，它的光线应该成为兑坤巽角与丙子乙角相等，而从透视的事理分析，却不能不收缩成丙坤乙角，角度收缩，所以像变小而回到原状；而眼睛发出两条目线看物体，实际上是按照井辛鬼角，此时辛井与辛鬼两条目线强行穿越交点子，所以就妨碍目光而导致模糊了。如果把物体放在乾处，就不会穿越交点子，所以不会模糊；艮乾震角与丙子乙角相等，所以像是放大的。这是一种解释。（图52）

又［可以解释为］，眼睛贴近壬点看丁戊，就如同眼睛和镜片合为一体，构成一个凸度更深的眼球，所以看远处不清楚，好比近视的人看远处一样。这是另一种解释。后一解释与凹透镜贴近眼睛就［导致视觉］模糊同理。（图53）

眼睛与凸透镜拉开距离并离交点较远，则所见影像颠倒而清晰，这种情况的原因在于，眼睛在斗处，看丁戊所示的太阳，中间隔着凸透镜丙乙，就如同从斗处看丙乙，由于有镜光线的交点子阻隔日光的直接照射，使它到了交点之后就颠倒进入丙乙镜面，透射出来到达顺收限，形成取影倒像丑寅。所以眼睛看丙乙，就如同从斗处看丑寅，镜线使光束会聚变浓而且没有交隔，因此所见影像就颠倒而清晰了。这是一种解释。（图54）

又［可以解释为］，眼睛与凸透镜拉开距离去看物体，就如同物体与镜片合为一体，成为镜片里的图像，不论图像是否清晰，都一目了然，自然无所谓昏花了。这是另一种解释。后一解释与拉开凹透镜和眼睛之间的距离就［导致视觉］清楚同理。

论：

也许有人会问：日光从丁到乙、从戊到丙，有子这个交点，应该成倒像，而且使眼睛位于午看己乙，已经看见倒像了，光线穿过丙到女，穿过乙到牛，也应该有交会点如卯，那岂不是又成了正像了吗？可是眼睛在斗处看丁戊，仍然是倒

像，这是为什么？（图 55）

答：日光射到凸透镜，从丁射到丙、从戊射到乙，被镜光线的交点子所约束，不能直接入射，于是就充满镜面，在丑寅的位置取影成像并且颠倒了，因此使眼睛位于子处透过去看物体，或者使眼睛位于癸处看反射的物像，都看见物体的光充满镜片，终究没有成为倒像。这与隔着小孔同理，日光到了孔边，何曾颠倒呢？只有当眼睛越出交点癸到了午处，才看见倒像。而交点癸和交点卯同理，于是午处和斗处也同理。在午处看见像是倒的，于是在斗处所见也就是倒的。物体的光进入凸透镜，所生影像不一，各自顺应相应的光线而呈现。虽然有了交点子，就必然颠倒进入丙乙，但交点子的镜光线，实际上是用来收聚光束使之充满镜片，因此当物体较大并且较近时，就变成交点辰，辰点和庚点一样，虽然是虚交，却是从实交子派生，庚生于卯也一样，所以交点发挥作用的地方能妨碍目光。如果眼睛位于丑寅，那么看丁戊就什么也看不见了。因为眼睛看东西的目线，本身没有穿越交点去倒着看见的道理，所以正处于交点就妨碍视力；而如果远离交点到了斗处，交点的力道就达不到，此时眼睛看丙乙，就如同看丑寅，不存在什么倒而又正的事理了。（图 56）

又问：丑寅处在虚空之中，怎么会有物体的影像呈现？

又答：这就是镜片性质的神奇之处。大凡眼睛看一个物体，就那么一个位置，就那么一个形体。现在隔着凸透镜看物体，以为目光到了丁戊，却有丙乙挡着它；以为目光到了丙乙，却有交点卯挡着它；以为日光顺着到丙乙，那就应该没有交点子；以为日光倒着进入丙乙，那就应该没有交点斗。［总的来说］，在寅丑处呈现倒像，是日光、镜片和交点子三者联合所生的像呈现在丑寅的结果；在丙乙呈现充满的光，是日光和交点子二者相结合所生的像呈现在丙乙的结果。各种各样的镜光线，既区别又统一，这是无法拘泥的。至于说倒像的位置在丑寅，是在取影的位置上实测到的。（图 57）

也许有人会问：按透视规律的常理，物形进入眼睛成缩小的像，就会觉得物体大；进入眼睛成放大的像，就会觉得物体小，这是合乎道理的。现在把光源置于丑处，使眼睛位于癸处去看丙乙，见到充满的光，这属于光源形状进入镜片而放大的情况；而如果让眼睛移到壬处，看丙乙照出的丑处物体却并不变小，这对于透视的常理来说是否讲不通呢？

答：没有讲不通。物体在丑处形体小，所以丑处物形进入寅时看起来觉得大。看起来觉得大，但它在丙乙处其实是小的。物形进入丙乙呈现放大的像，因此在壬处进入眼睛的影像必定是小的。影像是小的，看起来在丑处觉得是大的。（图58）

也许有人会问：按透视的常理，眼睛的两条目线必然根据物体的大小而发散或会聚。如果物体小到如丙丁所示，位置不越出交点戊，形成丑丙、丑丁两条线，对于甲戊、乙戊自然是没有阻碍，于是看物体是清楚的了。但如果物体大到如己庚所示，岂不形成丑己、丑庚两条线，因而穿过辛点和壬点，被甲戊、乙戊两条镜光线阻碍了吗？（图59）

答：把镜光线说成上下二线，是一种省略。"原线"第六条。它的左右两边就有觜戊、毕戊两条线。不仅如此，从圆周来说，参到柳不止一度，从半径来说，金到火不止一圈，每度一条线，就已经有三万二千四百条，全都会聚在戊点，它的能力有多大呢？（图60）

现在来看斗虚线在牛点穿过室戊线，从斗到牛，镜线自然很多，从斜着穿过来说，则光线的头所触碰的，也就是一条线穿过一条线而已，怎么能和戊点的几万条线同日而语呢？何况物体在戊处，它自然顺着照射到斗处，不烦劳眼力。（图61）如果物体越出交点位于胃昴，它将顺着镜光线颠倒入射到丙乙，而眼睛在奎处，要是为了看镜面娄映照的胃昴，还得发出娄胃、娄昴两条线，穿过戊去看物体，岂不太难？（图62）

又问：如果物体大如柳星所示，那么穿过金点和石点，应该属于一条线穿一条线了，但模糊仍在所难免，这是为什么？

又答：娄柳、娄星两条线，只是用上下两个边界来概括，其中的各条线，比如娄丝，数量也是几万，怎么可能越过交点

戊啊？（图 63）

二十四

凸镜为老目视近而设也，虽属次光明，然视物能大，故有不合度之昏，无不合目之昏，可作显微之用也。

解曰：

不合度之昏者，物出顺收限外，虽老人用浅凸不可也。无不合目之昏者，物在顺收限内，虽短视人用深凸亦可也。显微之用，该乎众矣。

【译文】

凸透镜是为老花眼看近处而配备的，虽然属于次光明，但看物体能放大，所以有度数不合适的模糊，没有不适合眼睛的模糊，可以用来做放大镜。

解：

所谓度数不合适的模糊，是指物体处于顺收限之外，即使老年人用浅度凸透镜也不行。所谓没有不适合眼睛的模糊，是指物体处于顺收限之内，即使近视眼用深度凸透镜也行。放大镜的用途，是囊括很广的。

二十五

凸能大物，故凸镜与平镜其径等，其所照之地必狭，而平镜所能见之处不见矣。然引目离远，至物倒复小，必能见平镜所不见之地，而斜摄入目矣。圆理五。

【译文】

凸透镜能放大物形，所以凸透镜和平板透明体的直径相等时，映照出的范围一定较窄，于是平板透明体能呈现的某些地方就看不见了。但如果使眼睛［与镜片］拉开较远距离，直至物像颠倒并重又变小，一定能呈现出平板透明体所不能呈现的某些地方，把它们斜着摄取到眼睛里。"圆理"第五条。

二十六

凸离目愈远，视物愈大，过远复小而倒，是上下左右皆倒而位互易矣。然上下侧之，是上下有近远，而左右等也；若左右侧之，是左右有近远，而上下等也。夫相等则有定，远则大，过则倒而小，于是乎物形正而方者，能使或阔或狭而左右反也；物形方而顺者，能使或长或短而上下倒也。（图64）

图64

【译文】

凸透镜离开眼睛越远，透过它看物体显得越大，太远则重又变小并颠倒，而且是上下左右都颠倒而互换方位。但是使它上下偏侧，那就上下出现远近差异，左右却［与原来］相同；如果使它左右偏侧，那就左右出现远近差异，上下却［与原来］相同。相同则不变，远则变大，太远则颠倒并变小，因此，对于正方形，可以使它变宽或变窄并左右互换；对于正立的方形，可以使它变长或变短并上下颠倒。（图64）

二十七

欲制凸镜，浅者取材必大，深者取材必小，否则不易作。

解曰：

玻璃径寸余者，浅凸之顺收限四尺，则面几如平矣；深凸之顺收限四寸，则厚须二分矣。依显，欲浅而小，欲深而大，皆不易作。今约之，限一丈者径必五寸以上，限一寸者径必六分以下。

一系：

水晶顶[1]，其凸即球，然剖而平其一面，亦不可以作镜用，缘其体不正圆，光亦不足也。盖制凸之法，必先制凹器，以之旋转，乃能中度。今造眼镜者用破釜，取其凹也。然凹有定而凸无定，犹未免恃目巧矣。若顶之凸为最深，则专以意为之，其出光[2]工力亦不甚足，以所重不在此也，火镜[3]亦然。此业镜者俞姓云。

【注释】

〔1〕水晶顶：水晶制作的礼帽顶子。清制，五品官礼帽用水晶顶。

〔2〕出光：抛光，通过摩擦使物体（常为金属器具）表面光滑发亮的工艺程序。

〔3〕火镜：取火镜，虽为凸透镜或凹面镜，因不用于成像，制作上可以不太讲究精确。

【译文】

要制作凸透镜，度数浅的取材必须大，度数深的取材必须小，否则不容易制作。

解：

当玻璃的直径有一寸来长时，如果浅度凸透镜的顺收限是4尺，那么表面差不多是平的了；如果深度凸透镜的顺收限是4寸，那么厚度就得有2分。显然，想要度数浅而［面积］小，想要度数深而［面积］大，都不容易制作。现在估计一下，顺收限为 1 丈的,直径必须在 5 寸以上,顺收限为 1 寸的,直径必须在 6 分以下。

一系:

水晶顶,它的凸起部分就是球,但把它剖开并把一面做平,也不能当成镜片来用,因为它的形状不是正圆,光亮也不够。制作凸透镜的方法,必须先制作凹面容器,用来旋转研磨,才能合乎标准。现今制作眼镜的人采用破釜,就是因为它是凹的。但是凹面是确定的,凸面却没用定型,未免依赖眼力的巧妙。如果说水晶顶的凸球是度数最深的,那是刻意为之,它的抛光也做工不足,因为[制作意图]并不重在[用作透镜]。取火镜也是如此。以上是一位姓俞的眼镜经营者说的。

二十八

不通光凹与通光凸同理,虽圆在形外,而背之所衬得实地,如单凸之平向光,究与凹异,故用与凸同。

【译文】

不透明的凹镜与透明的凸镜同理,虽然球弧在球形之外,但背面的衬托形成实际的质地,如同单凸透镜的平面对着光,毕竟与凹面有区别,所以作用与凸透镜相同。

镜镜詅痴卷之三

圆　　凹[1]

一

镜本平面，刳[2]空为圆，故弧与凸同，用与凸反。

【注释】

〔1〕圆凹：球面透镜中的凹透镜。

〔2〕刳：挖空，掏空。

【译文】

镜片本来是平面，挖空就成为球面，所以弧形与凸透镜相同，作用与凸透镜相反。

二

凹之深者，无过百八十度，度渐少，凹渐浅，难以量取，惟有侧收限可凭。若欲与凸通为一例[1]，则借算虚取之[2]，为凹深限。凹愈深，限愈短，悉同乎凸，第是侧收限短至一分止矣。《远镜说》称，有洼如釜者，[3]其侧收限应最短，已鲜所用，姑略焉。

【注释】

〔1〕"通为一例"之说在此书中反复出现，可以视为郑复光的重要的科学思想，反映了他对科学理论应具有统一性、科学概念之间应有相关性的认识。

〔2〕借算虚取之：指借用凸透镜顺收限的相应数值而取得虚拟的凹透镜深限。算，在此指数额或数目。

〔3〕《远镜说》云："夫镜有突如球、平如案、洼如釜之类。"

【译文】

深的凹透镜，〔其弧度〕最多不过 180 度，弧度越少，凹度越浅，测量起来比较难，只有侧收限可以凭借。如果要和凸透镜贯通为一种规则，那就借用〔凸透镜的〕数值来虚拟取值，作为凹透镜的深限。凹透镜度数越深，深限越短，一切和凸透镜相同，只是侧收限短到 1 分就为止了。《远镜说》称，有凹得像釜的，它的侧收限应该是最短，那已经不大有用，姑且从略。

三

凹通光者，其形三：有一凹者，有两凹相等者，有两凹不等者，其理悉与凸同，故一凹者曰单凹，两凹等者曰双凹，两凹不等者曰畸凹，名各从其例焉。

【译文】

凹透镜有三种形状：有一面凹的，有两面凹度相等的，有两面凹度不相等的，道理上都跟凸透镜相同，所以一面凹的叫单凹，两面凹度相等的叫双凹，两面凹度不相等的叫畸凹，名称都分别依照凸透镜的体例。

四

凹无顺限，以其侧限为深，未为不可，缘畸凹必须会计两面，故借凸率虚取之。本章二。其法：

双凹用双凸率，置[1]正面侧收限数，以四乘之，为凹深限。单则单凸率，置正面侧收限数，以六乘之，为凹深限。畸则畸凸法，以正面侧限除副面侧限得其倍数，按倍数两界自一倍一至二倍九，求相当率数两界自四一至五九为其率，以乘正面侧限，为凹深限。并如凸法。[2]俱见圆凸六及圆凸七。

【注释】

〔1〕置：本为筹算用语，意为"布置"，指计算的第一步是先把已知数用算筹布置好。但此类简单计算未必真用算筹，句首的"置"字成为习惯用语，仅指先把已知数拿出来。

〔2〕这种套用凸透镜数据求凹透镜焦距的方法是不对的，详见"圆率"第二条及注。

【译文】

凹透镜没有顺限，以它的侧限为深度，不是不可以，只因为畸凹透镜必须同时考虑两面，所以借用凸透镜的换算率来虚拟。本章第二条。方法如下：

双凹透镜采用双凸透镜的换算率，设定正面侧收限的数值，乘以4，〔得数〕为凹透镜深限。单凹透镜则用单凸透镜的换算率，设定正面侧收限数，乘以6，〔得数〕为凹透镜深限。畸凹透镜就用畸凸透镜的规则，以正面侧限除副面侧限得出倍数，根据倍数的两个界限从1.1倍到2.9倍，寻找对应换算率的两个界限从4.1到5.9作为它的换算率，乘正面侧限，〔得数〕为凹透镜深限。一律跟凸透镜的规则相同。都见于"圆凸"第六条和第七条。

五

玻璃受光，必有两景：一面景，一背景。镜质二。故通光凹之面受光，与含光凹等；其背受光，与含光凸等。以凹景必成凸，故然。用其透照，实则凹象，故仍为凹用也。

【译文】

玻璃反光，一定有两个影像：一个是正面的影像，一个是背面的影像。"镜质"第二条。所以凹透镜的正面反光，与凹面镜相同；它的背面反光，与凸面镜相同。因为凹面的〔反射〕影像必定成为凸面，所以如此。运用它的透射时，实际上还是凹形，因此仍然起凹形的作用。

六

凹镜光线，因弯而生。圆理九。虽自镜边出线与凸[1]镜同，而凹散光本《远镜说》与凸异。凹弯在面与凸弯在背，向日发光，约行取景，则凹与凸同，是亦侧收限也。圆理九。此限专为凹所重。

【注释】

〔1〕凸：原刻作"凡"，误。

【译文】

　　凹透镜的镜光线，因［表面的］弯曲而产生。"圆理"第九条。虽然从镜片边缘发出镜光线这一点与凸透镜一样，但凹透镜发散光线根据《远镜说》这一点却与凸透镜不同。当凹透镜的曲面在正面以及凸透镜的曲面在背面时，对着日光反射，会聚取影，这一点凹透镜与凸透镜相同，这也就是侧收限。"圆理"第九条。这个限特别为凹透镜所倚重。

七

　　凹镜以通光为用，通光以透照为用。其对照，以用同含光，则与含光凹等。而含光凹与通光凸透照同，应附圆凸篇。圆凸二十八。

【译文】

　　凹透镜以透明为作用，透明以透射为作用。它的对照，因为作用与反射［体］相同，所以等同于凹面镜。而凹面镜与凸透镜透射［性质］相同，理应附在"圆凸"章。"圆凸"第二十八条。

八

　　凹镜背面所透凸象，用其对照，与含光凸等。而含光凸与通光凹透照同，只能照物形小，殊少所用，不多及焉。

【译文】

　　凹透镜背面所透出的凸形，用来对照，等同于凸面镜。而凸面镜与凹透镜透射［性质］相同，只能照出变小的物形，用处很少，就不多涉及了。

九

　　单凹与双凹，深浅异而用同。本章三。则单凹之理明，而双凹不烦辞费矣。

【译文】

单凹透镜和双凹透镜，深浅有别而作用相同。本章第三条。所以只要阐明了单凹透镜的原理，双凹透镜就无须赘述了。

十

凹镜线不可见，必于借光征之，亦与凸同，但无顺收限，故以侧收限为主。而其借光亦有发光、晕光，略与凸同。

解曰：

发光者，即侧收限所用也，与单凸之环面在背同法。以版片在上斜对取光，反映版上，先切镜，渐离，其光渐小，小极处见倒光体形，即侧收限。过限复大，远极力尽而止。晕光者，正对日光，透光于地，见镜微景之中又晕出虚光；如以凹向日，背切于地，凹之正面受日，透背而出，离地渐远，见一淡白大圆形于地，愈远益大，是为侈行，故不得有限，其生于镜光线，则与凸同也。

【译文】

凹透镜的镜光线是看不见的，必须在借光［反射］的情况下来测验，这一点也跟凸透镜相同，但是没有顺收限，所以以侧收限为主。而它在借光［反射］时也有发光和晕光，大致跟凸透镜相同。

解：

所谓发［反射］光，就是侧收限的依凭，与单凸透镜的曲面在背面时的［侧收限测验］方法相同。用一块板在镜片上方斜对以接收光照，使其反射到板上，先将板贴近镜片，然后逐渐离开，光斑逐渐变小，到了最小的位置就出现颠倒的光源形状，这就是侧收限。过了［侧收］限，［光斑］又逐渐变大，远到［光的］力道完全衰减为止。所谓晕光，［其情形是，以镜片］正对日光，光透过镜片到地上，呈现出镜片淡淡的影子里另有模糊的光晕；如果把凹透镜对着太阳，背面紧贴在地上，凹透镜的正面接受日光，透过背面射出，使镜片逐渐离开地面，就出现一个淡白色的大圆形在地上，越远越大，这时光线是发散行进，所以无法有一个限，但它产生于镜光线，却与凸透镜一样。

十一

凡侧收光线出于弯者，面为实，景则虚。凸面实，凹则实而虚。凹景虚，凸则虚而实。景附于面实，不附则虚。附体景凸实，凹景附体则虚。故单凸平面不应有限，而不然者，圆凸六。景附于体，而出自凸也。若单凹返景附体者，无侧限矣。[1]但发光如平镜。然虽无侧限，其深限自与单凸之率六同也，以单凹并单凸推算知之。[2]然则双凹、畸凹，其率亦必通为一例矣。本章四。

【注释】

〔1〕平凹透镜的平面对光，其第二表面呈对光凸面，不产生反射会聚光束。

〔2〕"单凹并单凸"是郑复光的一个极具创造性的重要实验，他将凸透镜和凹透镜密接，通过实验和推算，得出组合焦距的近似公式（见"圆叠"第十二条），并用以反推凹透镜的焦距。所以此书中借用凸透镜换算率求凹透镜焦距的方法有问题，但在"圆率"第四条中用"凸凹相切"法求凹透镜焦距却是正确的。

【译文】

对于因弧面而产生侧收光线的所有情况，弧面是实的，它的影就是虚的。凸面是实的，凹面则虽实而虚。凹面的影是虚的，凸面的影则虽虚而实。影附着在面上就是实的，不附着就是虚的。附着在镜体上的凸影是实的，凹影附着在镜体上则是虚的。所以单凸透镜的平面本不该有限，而事实并非如此，"圆凸"第六条。原因就在于影附着在镜体上，但是却来自凸面。至于单凹透镜的反射影像附着于镜体的情况，就没有侧限了。只是像平面镜一样发［反射］光。但是虽然没有侧限，它的深限仍然与单凸透镜的换算率 6〔的换算值〕相同，通过把一枚单凹透镜和一枚单凸透镜合并来推算就知道了。如此则单凹透镜和畸凹透镜的换算率也就必然贯通为一种规则了。本章第四条。

十二

双凹者，晕光有两：一顺晕，见于透光地上；一反晕，见于发光壁上。

单凹者，以凹向日，其反晕固同于双凹之凹面，其顺晕尤为背线所应有。若以平向日，论其凹在背，虚景反照，则发光当有异，然试之却同平镜，是应异者而反同矣。论其凹下覆，光线约行，则顺晕宜必无，然试之却有晕光，是应无者而反有矣。后论详之。

【译文】

双凹透镜有两种晕光：一种是顺晕，出现在透射光到达的地面上；一种是反晕，出现在反射光到达的墙壁上。

单凹透镜，以凹面对着太阳，它的反晕自然与双凹透镜的凹面情况相同，它的顺晕更是背面光线应该具备的。如果以平面对着太阳，从它的凹面在背面来说，其虚影有反射，则发出的光应该有所不同，但实测却如同平面镜，这是本该不同的反而相同了。从它的凹面向下扣来说，镜光线会聚行进，则顺晕应该也是绝对没有的，但实测却有晕光，这是本该没有的反而有了。后文再详细讨论。

十三

透光者，反照之发光必淡，以透明不能阻其光故。镜资四。通光凹虽有侧收限，光必淡矣。

【译文】

透明体反射光必定较淡，因为透明不能阻挡光。"镜资"第四条。所以凹透镜虽然有侧收限，光必定较淡。

十四

通光镜能自照其景。本章五。单凹者，平面必有相肖之凹景。凹有光线，景亦有光线，但不可见耳。此光线透照则为用，返照则无权。盖光力锐入，透镜而过，虽凹面向日，其反照已淡，何况平面虚凹之景邪？又，平镜本能发光，且出于实面，而平面凹景发光既淡，且出于虚景，纵有微光，必为所掩而不见。此平面向日发光却同平镜之理也。本章十二。至其透照，虽凹面下覆，光线力大，射至背面，则背面之光线愈浓，使反照之虚凹愈显，即虚凹之线景亦显，且又与透照光体之线相顺，而背面实凹光线反不顺透照光体之线，故实凹之面无权，而虚凹之力见矣。此晕光之所以应无而反有也。本章十二。然而虽有晕光，盖亦淡矣。

【译文】

透镜能自己照出影像。本章第五条。单凹透镜，平的一面上一定有相似的凹影。凹面有镜光线，它的影也有镜光线，只是看不见而已。这种镜光线在透射时就发挥作用，反射时就不起作用。因为，光强劲地射入，穿透镜片出去，即使凹面对着太阳，反射也已经很淡，更何况是平面上的凹形虚影呢？再说，平面镜体本来能发［反射］光，而且出自实面，而此时平面上的凹影的反射光本就很淡，又是出自虚影，即使有微弱的光，也一定被［平面反光］所淹没而看不见。这就是［凹透镜］平面对着太阳反射，情形却如同平面镜体的道理。本章第十二条。至于说它的透射，虽然凹面向下扣，但光线力道大，射到背面，则背面的光线更浓，致使反照的虚凹更加突出，虚凹的镜光线的影也就突出，而且又和透射光束的光线同一方向，而背面实际凹面的光线反而不顺着透射光束的光线，所以实际凹面不起作用，同时虚凹的功效显出来了。这就是晕光本该没有却反而有的原因。本章第十二条。但是虽然有晕光，基本上也是淡的。

十五

凹镜是大光明。原光九，原[1]凸十五。故逼目视物，有合目不合目之分，而远于目则极明显。

【注释】

〔1〕原：为"圆"之误。

【译文】

凹透镜属于大光明。"原光"第九条，"圆凸"第十五条。所以尽管用它凑近眼睛去看物体时，有匹配眼睛和不匹配眼睛的分别，但只要离眼睛较远就非常清楚。

十六

通光凹切目视物，专为短视人视远设也。原目六。非短视及视近必昏，且伤目。盖目与凹合，则目线入镜线中，不合必拗故也。原镜八。若离目则见物小而极清，盖物与镜合，而目线出镜线外，视物如常故也。夫视物如常，又加以光明镜体，而摄以广行凹线，原线二，原镜八。所以为大光明也。

【译文】

用凹透镜贴近眼睛去看物体，是专门为近视的人看远处而配备的。"原目"第六条。不是近视眼和看近处这两种情况就一定会模糊，而且对眼睛有损。因为，眼睛与凹透镜相匹配，目线就会进入镜线之中，不匹配就必定抵触镜线。"原镜"第八条。至于〔使凹透镜〕离眼睛稍远就会看见物形变小并十分清晰，这是因为，此时物像与镜片合为一体，并且目线在镜线之外，就像平常看物体一样。像平常看物体一样，再加上明亮的镜片，又以凹面镜不平行的镜光线进行收束，"原线"第二条，"原镜"第八条。所以就成了大光明了。

十七

单凹以凹为正面，其凹实；而背有凹景，其凹虚。实凹有光线，其线虚而实；虚凹亦有光线，其线虚而虚。然得其用，不惟虚可当实，而实者反退处无权。故镜虽单凹，其合目者，反覆自同，与凸同论。

解曰：

睛凸深者，三角视物不能展而见远，原目六论。故以凹向远，是物平行入镜如丙，镜线展成三角如甲丙乙，合短视视法矣。以平向远，是物平行至卯入，反照之虚凹光线如子卯丑亦得三角视法矣。（图65）

图 65

论曰：

目线自震到巽，必穿离坎；自艮到巽，必穿离兑，而不相拗，何也？（图66）

图 66

凡物相拗者，必因乎实体，而凹在圆外。本章一。抑相拗者或因有实形，而光非有物；又或因他相淆杂，而线景则分背[1]而不交错；观图自明。又或因他相为难，而虚线则合并而得资助。是以所用在实线，则虚线自无所用；在虚线，则实线少力，故不相拗也。上论与凸同。下专论凹。

且凹主乎散，故能散日光至于无光。本《远镜说》。[2] 夫散光之线，力亦不能碍目耳。如云不然，何以凸镜离目视远，能使物象不见，圆理十六。而凹极深者，常人切目视远，能使巨炬如香头一点，终不能使物景消灭乎？

【注释】

〔1〕分背：背对背。

〔2〕《远镜说》云："后镜形中洼……所以照日光则渐散大光至于无光。"

【译文】

单凹透镜以凹面为正面，它的凹弧是实的；同时背面有凹影，它的凹弧是虚的。实的凹面有镜光线，这种线虽虚而实；虚凹也有镜光线，这种线虚而又虚。但只要运用得当，不仅虚的可以充当实的，而且实的还反而退居不起作用的地位。所以镜片虽然是单凹，但只要匹配视力，两面反过来复过去自然都等同，与凸透镜的解说一致。

解：

凸度深的眼球，通过三角目线看物体时不能展开去看远处，"原目"第六条论。所以以凹面对着远处时，情况是物体的光平行进入镜面如丙，镜线展开角度如甲丙乙，这就符合近视［矫正］的透视法则了。以平面对着远处，情况就是物体的光平行射到卯处进入镜片，反照形成的虚凹面的镜光线如子卯丑也同样体现了三角透视法则。（图65）

论：

目线从震点到巽点，必然穿过线段离坎；从艮点到巽点，必然穿过线段离兑，却不互相抵触，为什么？（图66）

大凡物体互相抵触，一定与实体有关，而凹弧是在圆周之外。本章第一条。而且所谓互相抵触，要么因为有实形，可是光并非实物；要么因为别的东西与之相混杂，可是镜光线的影却［与镜光线］背对背而并不交错；看图自然明白。
要么因为别的东西跟它作对，可是虚的镜光线却［与镜光
线］合并而得到资助。因此当实光线发挥作用时，虚光线
自然不起作用；虚光线发挥作用时，实光线就使不上劲，
所以并不互相抵触。以上与凸透镜的论说一致。以下专门讨论凹
透镜。

　　而且凹透镜的作用主要在于发散，因此能散开日光直
至无光。根据《远镜说》。把光散开的镜光线，力道也是不能
妨碍目光的。如果说不是这样，为什么将凸透镜与眼睛拉
开距离并透过它看远处，能导致物像消失，"圆理"第十六
条。而度数很深的凹透镜，正常视力的人用它贴近眼睛看远
处，能使大火炬显得像一点香头，却终于不能使物像消
亡呢？

十八

凹镜切目，若非短视，及短视浅而凹深，则视物必昏。以
凹过深，散睛之凸几平也。使引镜渐远，必有不昏之处，凹浅
则短，深则长，应有定度，然因乎其人之目生差，目凸深则短，
浅则长，不可为限也。

　　解曰：
　　目之射线虽有两种，一为丁己戊，一为甲乙丙，原目三。
而物之成形，必有上下两界，如甲、丙，无两界则不成形。自乙
分射甲、丙，赖此两线为用。故无论近视与否，皆不能舍
此三角法。试论两人：
　　赵目线为甲乙丙角，与寅辰卯及壬巳癸二角俱等，自
丑视子，自辛视庚，皆必昏矣。钱目线为申乙酉角，与寅
午卯及壬未癸二角俱等，则自丑视子，自辛视庚，亦必昏。
移午、移未，必不昏矣，各得其目线故也。而以两镜较，
则辰子必短，巳庚必长。以两人较，则午子必短于辰子，
而巳庚必长于未庚也。（图67）

图 67

【译文】

将凹透镜贴近眼睛，如果不是近视，或者近视度浅而凹度深，那么看东西肯定模糊。这是凹度太深，就把眼球的凸形发散得几乎成为平面的缘故。假使把镜片渐渐移远，必定有不模糊的位置。该距离凹度较浅就较短，凹度较深就较长，应该有确定的尺度，但又由于各人的眼力不同而产生差别，眼球凸度较深就较短，较浅就较长，是不能设为限的。

解：

眼睛射出的目线虽有两种，一种是丁己戊，一种是甲乙丙，"原目"第三条。但物体之所以成为形状，必有上下两个边界，如甲、丙，没有两个边界就不成形状。目线从乙点分别射到甲点和丙点，依赖这两条线发挥作用。所以不论是否近视，都不能撇开这个三角〔透视〕法。试辨析两个人的情况：

赵某的目线为甲乙丙角，与寅辰卯和壬巳癸两个角都相等，从丑处看子处，从辛处看庚处，一定都是模糊的。钱某的目线为申乙酉角，与寅午卯和壬未癸两个角都相等，则从丑处看子处，从辛处看庚处，也必定模糊。把眼睛分别移到午处、未处，必定就不模糊了，这是各自适合其目线的缘故。而拿两个镜片

来比较，则辰子必定较短，巳庚必定较长。拿两个人来比较，则午子必定比辰子短，而巳庚必定比未庚长。（图67）

十九

凹镜切目，视物较小，虽短视人亦然。而不甚觉者，以合目故。若离目，虽短视人必觉骤小，渐推渐小，必有小极之限；过限复大，至镜切物，称本形矣。此限必有定度，但目之距物，或远或近，不无伸缩，略与凸之顺收限同。[1]惟物距目过远，则出小入大一段遂成平行[2]，与凸独异者，凸既出限，复有倒限[3]故也。若夫凸之倒限出小入大[4]，乃与同科[5]，然无关大用，姑略焉。

【注释】

〔1〕这是描述凹透镜成像性质的总结性条目。由于凹透镜不生实像，无法直接测量，所以其成像性质就是四个字："见物恒小"（"圆凹"第八条）。凹透镜所成之像，其像高总是随物距减小而增大，但用眼睛直接观察却不是这样。如果眼睛与物体相距为 D，眼睛与凹透镜之间的距离可变，设为 x，焦距为 f，那么眼睛对像张开的视角正比于下式：

$$\frac{f}{Df + Dx - x^2}$$

上式在 $x \leqslant D$ 的范围内，是一个在 $x = \dfrac{D}{2}$ 处取最小值的连续函数，郑复光的描述与此相符。

〔2〕所谓"出小入大一段"，应指图65所示的那种"光路"，光速发散进入镜面（入大），出射后会聚（出小）。当然，这与实际光路不符。

〔3〕应指凸透镜的光束在越过汇聚点之后，交叉颠倒形成倒像，而形成倒像则有顺展限、顺均限等"限"。

〔4〕应指凸透镜成倒像的光束也是发散或大角度入射镜面，然后以会聚光束出射。详见"圆理"第九条。

〔5〕同科：同等，同一种类。

【译文】

将凹透镜贴近眼睛，看物体觉得较小，即使近视的人也是如此。而之所以不太感觉得到，是匹配视力的缘故。只要将它与眼睛拉开距离，即使近视的人也必定觉得物像迅速变小，推开越远就越小，必定有最小的极限位置；过了极限重又变大，直到镜片贴近物体，这时就与本形相称了。这个限必有确定尺度，只是眼睛和物体之间的距离，有远有近，［限的尺度也就］会有一些伸缩，大致与凸透镜的顺收限相同。只有当物体离眼睛太远时，小角度出射、大角度入射的那一段就会变成平行，这一点特别不同于凸透镜，原因在于凸透镜［的光束］超出顺收限之后，又会有倒限。至于形成凸透镜倒限［的光束］小角度出射、大角度入射那一段，就和［凹透镜的情况］属于同类，但没有什么大用处，姑且从略。

二十

凹镜能小物形，本章十九。则凹镜与平镜其大若等，其所照之地必广，能见所不见之处，而斜摄入目。圆理五。本《远镜说》。[1]

解曰：

物大如丑戊，置目于己，置平镜如庚辛，物入平镜，止见甲戊，不见丑甲也。如其度置目于壬，置凹镜如癸子，则物入癸子，见为寅未。夫寅未者，丑戊所缩而成之象也，故寅未之度似与甲戊等，而其象乃与丑戊等，则是丑甲为平镜所不见者，入凹镜必见为寅卯矣。在镜之象，庚辛得四分，癸子得五分，岂非斜摄入目乎？（图68）

图 68

【注释】

〔1〕"圆理"第五条，是以后讲伽利略式望远镜的一条预备知识，郑复光认为参考了《远镜说》，其实他通过大量研究，在很大程度上已经发挥得更加正确和清楚了。《远镜说》云："前镜中高而聚象，聚象之至则偏，偏则不能平行。后镜中洼而散象，散象之至则亦偏，偏亦不能平行。故二镜合用，则前镜赖有后镜，自能分而散之，得乎平行线之中，而视物自明。后镜赖有前镜，自能合而聚之，得乎平行线之中，而视物明且大也。"

【译文】

凹透镜能缩小物形，本章第十九条。则凹透镜如果与平板透明体大小相等，它所映照的范围一定更广，能呈现［平板透明体］所不能呈现之处，而将其斜着摄取到眼睛里。"圆理"第五条。根据《远镜说》。

解：

物体大小如丑戌所示，使眼睛位于己处，放置平板透明体位置如庚辛所示，物形进入平板透明体，只呈现甲戌，不呈现丑甲。按同样尺度使眼睛位于壬处，放置凹透镜位置如癸子所示，则物形进入癸子，呈现为寅未。这个寅末，就是丑戌收缩而成的影像，所以寅未在尺度上似乎与甲戌相等，而其中的影像却与丑戌相等，则平板透明体所不能呈现的丑甲，进入凹透镜就必然呈现为寅卯了。镜片里的影像，庚辛占四分，癸子占五分，这难道不是斜着摄取到眼睛里吗？（图68）

二十一

凹离目愈远，视物愈小，本章十九。而物形不变也。若上下侧之，使上边距目近，则下边必远，而物景必上大下小，其左右两边又远近相等，则物景必大小如常，而物方者必短之使扁焉。依显，左右侧之，而物方必狭之使长矣。圆理七。理与凸之变形同，圆凸二十六。而大小之势相反，特不能倒物象耳。

【译文】

凹透镜离眼睛越远，［透过它］看物体显得越小，本章第十九条。而物形是不变的。如果让它上下偏侧，使上边距眼睛近一些，那么下边必定就远一些，而物像必定上大下小，此时左右两边却又远近相等，则物像必定［左右］大小如常，而方形的物体必定就被缩短变扁了。同理，让它左右偏侧，那么方形物体就必定被拉长变窄了。"圆理"第七条。道理和凸透镜变形相同，"圆凸"第二十六条。而大小的态势相反，只是不能颠倒物像而已。

二十二

通光凹对照，与含光凹同形同理，而照象则淡，特用以取景成侧收限，以求凹之能力为大用耳。

【译文】

凹透镜反射，与凹面镜同形同理，但映照出的物像较淡，大用处只是用它取影生成侧收限，以此求凹透镜的能力。

二十三

不通光凸与通光凹异形同理，故能小物象。古铜鉴小者，其中心微凸，取其收人全面，颇见匠心。本《梦溪笔谈》。[1]至凸作球，止充玩饰，于镜理无取尔。

【注释】

〔1〕《梦溪笔谈·器用》"古人铸鉴"一条，讨论了凸面镜缩小影像的巧用。

【译文】

不透明的凸镜与凹透镜异形同理，所以能缩小物像。有些小的古铜镜，中心部位略微凸起，为的是它能获取人脸全貌，颇见匠心。根据《梦溪笔谈》。至于凸到成了球，只能充当玩具饰品，从镜的性质上说没有可取之处。

圆　　叠[1]

一

通光镜两平相叠，视物如常，如叠多层，亦稍昏暗者，如

隔蒙气，过厚则物景迷离耳，原色七。相切与离无异也。若两凹
或两凸相切，则浅者可加深。一凸并一凹，则深者可使浅。至
于两叠相离，及三叠、四叠，斯变化生而诸用出焉矣。

【注释】

〔1〕圆叠：球面透镜的组合。

【译文】

两块平板透明体叠合，用来看物体如同平常，如果叠合多层，
也会稍微昏暗，是因为如同隔着雾气，太厚就显得物像朦朦胧胧，
"原色"第七条。两块紧贴和有间隔都一样。如果两枚凹透镜或两枚凸
透镜紧贴，则度数浅的可以加深。一枚凸透镜与一枚凹透镜合并，
则度数深的可以变浅。至于两枚透镜叠合并有间隔，以及三叠、四
叠，这就产生种种变化而出现诸般用途了。

二

凸与凹相反则相制，原镜八。故凸与凹并，其力等者，则适
如平镜。否则，凸深者成浅凸，凹深者成浅凹。

【译文】

凸透镜和凹透镜［性质］相反于是互相抑制，"原镜"第八条。所
以凸透镜与凹透镜合并，深力相等的，就变得恰如平镜。否则，凸
透镜较深的组合就变成较浅凸透镜，凹透镜较深的组合就变成较浅
凹透镜。

三

凸与凹并，若凸之顺收限六，而单凹之侧收限一，则相制
而适平[1]。盖单凸之顺收限六，其侧收限亦必一，故其力等也。

【注释】

〔1〕适平：即上条所谓"适如平镜"，指深力恰好互相抵消，对光束的作用
相当于平板透明体。

【译文】

凸透镜与凹透镜合并，如果凸透镜的顺收限是6，单凹透镜的侧收限是1，就会互相抑制而恰如平镜。因为，单凸透镜的顺收限为6时，它的侧收限一定也等于1，所以深力相等。

四

凸与凹并，相切，令内外[1]互易，其视物自同。若两不相切，使凹在内，指近目言。则视物远者近、小者大；反之，使凸在内，则视物近者远、大者小。[2]

【注释】

〔1〕郑复光在描述望远镜时，以目镜靠近眼睛而称"内"，物镜远离眼睛而称"外"。

〔2〕此条及以下第五、六、七条，为伽利略式望远镜的基本原理。

【译文】

凸透镜与凹透镜合并，如果紧贴，使它们前后互换，用来看物体仍然一样。如果两者不紧贴，使凹透镜在后，指靠近眼睛而言。则用来看物体就会远的显得近、小的显得大；反过来，使凸透镜在后，用来看物体就会近的［显得］远、大的显得小。

五

凸与凹相切而成平者，凸加凹外，相离，则视物仍大，愈远愈大，如凸理；凹加凸外，则视物仍小，愈远愈小，如凹理。盖凹切于目，是凹有定度，则力止于此，凸远则力大故也。凸以视物大为能力，离目愈远则愈大。圆凸十九。凸切于目，反此推之。凹以视物小为能力，离目愈远则愈小。圆凹十九。

【译文】

当凸透镜与凹透镜互相紧贴而变得相当于平板［玻璃］时，如果把凸透镜加在凹透镜前面，互相拉开距离，那么用来看物体仍然是放大的，越远越大，相当于凸透镜的性质；凹透镜加在凸透镜前面，那么用来看物体仍然是缩小的，越远越小，相当于凹透镜的性质。原因在于，凹透镜贴近眼睛，这样是凹透镜被限定，力道到此为止，而凸透镜由于较远，力道就大。看物体显得大是凸透镜的主要性能，离眼睛越远就显得越大。"圆凸"第十九条。凸透镜贴近眼睛的情况，可以反过来推论。看物体显得小是凹透镜的主要性能，离眼睛越远就显得越小。"圆凹"第十九条。

六

凸离目视物，出光线交，圆理九。则景昏。凹切目视物，违目线角，则目昏。若两镜离而叠之，则景清而不昏目，以凸凹相制而相济也。本章二。然相距有定度，视凸凹之深浅、物象之远近为差，过其度则不可用。此一凹一凸为远镜之所本也。

【译文】

使凸透镜与眼睛拉开距离［并透过它］去看物体，物体位置越出镜光线交，"圆理"第九条。影像就模糊。把凹透镜贴近眼睛去看物体，逆着目线的交角，眼睛就昏花。如果两种镜片拉开距离叠合起来，影像就清晰而且眼睛也不花，这是因为凸透镜和凹透镜互相抑制而相得益彰。本章第二条。但此时距离有确定尺度，根据凸透镜和凹透镜的深浅、物和像的远近而有所不同，超过确定尺度就没有用。这是一凹一凸作为望远镜的基本原理。

七

凸之用能大物象，然其弊视远则昏。凹之用为大光明，然其弊视物则小。凸与凹叠，相切而力相制者，即无所用，如平镜矣。本章二。相离而用相得者，即无其弊，成远镜矣。本章六。

【译文】

凸透镜的作用在于能放大物像，但它的弊病是用来看远处就显得模糊。凹透镜的作用是大光明，但它的弊病在于用来看物体就显得小。凸透镜和凹透镜叠合，互相紧贴而性能互相抑制时，就没有什么用途，同平板透明体一样了。本章第二条。互相拉开而作用相得益彰时，就没有各自的弊病，成为望远镜了。本章第六条。

八

物远在限距界[1]外，圆凸十一。凸切目视之则昏[2]，外加一凸切之则益昏矣[3]。若离之，则外凸[4]以离目视远物得倒小象，圆凸十九。有大光明理；圆凸十五。内凸以切目视近镜即外凸得顺大象，有显微理。[5]圆凸二十四。故外凸之倒者，内凸顺之仍为倒；内凸之昏者，外凸制之使不昏；设内凸顺收限一，其距外凸二，则出限当昏。然外凸既得大光明理，即其能力与凹同，故能制内凸之昏也。外凸之小者，内凸助之，则或小或大也。两凸俱浅或俱深，皆见物小；内深外浅则见大，内浅外深则见小。[6]两凸相距必有定度，名曰距显限。[7]此限取之最易，其推算法：两凸同深者，则倍顺收限；内深外浅者，以两顺收限并之。[8]若内深外浅，翻转则为内浅外深，距短而无用，略焉。距显限稍有深浅亦无不可，惟内深外浅相悬者，翻转为内浅外深，则目距外凸稍远，已入清界，无须内凸矣。且景小而远，与远镜翻转同，又奚取耶？

【注释】

〔1〕限距界：保证入射光为平行光的最小物距。详见"圆凸"第十一条。

〔2〕这句是说把凸透镜贴近眼睛看远处就显得模糊，此现象的原因是经凸透镜折射后再经过眼球所成的像落在视网膜之前。

〔3〕这句是说再叠加一枚凸透镜，影像更加模糊。原因是影像进一步落在视网膜之前。

〔4〕外凸：指前端凸透镜，今称"物镜"。后"内凸"指后端凸透镜，即"目镜"。

按：因另有"内凹"，故"外凸"、"内凸"并不对等于"物镜"、"目镜"。这两个概念在后面关于望远镜的论说中大量出现，若一律译成"前端凸透镜"或"外凸透镜"之类的全称，将导致句子冗长，极易引起文意混乱，故必要时仍依原文简称。

〔5〕这几句比较准确简练地概括了开普勒式望远镜的原理。按照郑复光的术语，就是"距显限＝顺收限＋切显限"，即物镜成远处物体的倒立缩小像（顺收限），像的位置在目镜焦距以内，再经目镜成正立放大像（切显限），而顺收限和切显限在数值上都等于焦距。这样就既解释了工作原理，同时也建立了精确的两镜距公式。基于前面对凸透镜成像的深入研究，至此可以说是水到渠成。

〔6〕这条自注也是对开普勒式望远镜的准确描述。目镜深、物镜浅则放大，反之则缩小。

〔7〕按此处定义，距显限就是开普勒式无焦系统的两镜距。

〔8〕此处郑复光得出开普勒式无焦系统的正确的两镜距公式，即 $L = f_物 + f_目$。

按：此条为开普勒望远光组的基本原理，也是一个连续改变变量的重要实验，实验结果确定了以下正确原则：1. 内深外浅原则，即物镜焦距大于目镜焦距是放大的唯一条件；2. 距显限原则，即光组中两枚透镜各自的工作原理，见本条注〔5〕；3. 两镜距原则，见注〔8〕。

【译文】

物体远在限距界之外，"圆凸"第十一条。将凸透镜贴近眼睛去看就会显得模糊，外面加上一枚凸透镜与之紧贴就更模糊了。如果将它们分开，那么外凸的情形，由于将它与眼睛拉开距离［并透过它］看远处物体可以看见倒立缩小像，"圆凸"第十九条。因而具有大光明性质；"圆凸"第十五条。内凸的情形，由于用它贴近眼睛看近处的镜片即外凸可以看见正立放大像，因而具有放大镜的性质。"圆凸"第二十四条。所以外凸导致的颠倒，内凸不改变其方向而仍然颠倒；内凸导致的模糊，外凸加以抑制使其不模糊；设内凸的顺收限为1，距外凸的距离为2，则［外凸］越出了顺收限而应该显得模糊，然而外凸既然具有大光明性质，其能力就与凹透镜相同，于是能抑制内凸导致的模糊。外凸所成的缩小像，得到内凸的增益，就会变小或变大。两枚凸透镜都浅或都深，都显得物体变小；内深外浅就显得变大，内浅外深就显得变小。此时两枚凸透镜之间的距离必定有确定尺度，命名为距显限。这个限的求取最简单，推算方法是：两枚凸透镜深度相同时，就将顺收限翻倍；内深外浅时，把两个顺收限相加。至于内深外浅，翻转就成为内浅外深，距离短而没有用，从略。构成距显限［的透镜］稍微有深浅变化也无不可，只是内深外浅相差较大时，翻转成内浅外深，则眼睛离外凸稍远，就已经进入清晰范围，这就不需要内凸了，而且影像又小又远，与望远镜翻转一样，那还能拿它来干什么呢？

九

距显限，两凸不论深浅，见物皆清。若两凸相距在内凸切显限内，圆凸十九。则外凸之微疵如泡或纹之类毕见，而外象多昏。[1]引之使出切显限外，则外凸之疵渐隐，而外物之倒象遂清，成距显限。[2]再引之出距显限，则视外物不清。[3]至倍距显限，则视外凸亦不清。[4]而引目稍离内凸，则显外凸大而光烂然。[5]使引目再离如法，则物清而小，复成顺象，[6]内凸距外凸既倍距显限，距目又出顺收限外，则视外凸为倒象，其视外凸所含之倒物景必复顺矣。如凹理，是为大光明限。[7]

【注释】

〔1〕此时目镜作为放大镜，人眼看见的是物镜的放大虚像。

〔2〕此时物镜所成的缩小实像，经目镜成为放大虚像，这是开普勒式望远镜的正常情况。

〔3〕此时物体经两枚凸透镜所成的实像落在视网膜之后，而实际光线在此之前就经眼球折射而生成一个位于视网膜前的像。

〔4〕此时物镜的最终成像也落在视网膜之前。

〔5〕此时落在视网膜之前的物镜的像稍微接近视网膜并放大。

〔6〕此时物体经物镜、目镜、眼球所成的缩小实像落在视网膜上，此像经三次颠倒而在视网膜上为倒立，被视觉神经处理为正立。

〔7〕因最后这种情况的成像性质同如凹透镜（倒、小、清），所以郑复光称此时的两镜距为"大光明限"。用"大光明限"和"如凹理"将开普勒式望远镜的目镜的作用，解释为等同于伽利略式望远镜的目镜，有不符合现代光学原理之处，发生这种困难的原因是不清楚目镜所成的像是虚像。但在大量实验的基础上，郑复光完全认识到他所说的"大光明"，对应于光学系统成清晰缩小的像，所以当他把"大光明"、"距显限"和"切显限"几个概念结合起来对开普勒式望远镜进行解释时，也是自有合理性的。详见以下诸条。

【译文】

对于距显限〔组合〕，两枚凸透镜不论深浅，用来看物体都是清晰的。如果两枚凸透镜的距离在内凸的切显限之内，"圆凸"第十九条。则外凸的瑕疵如气泡或纹路之类。显得一清二楚，而外面的景物多半模糊。拉开距离使之超出切显限之外，则外凸的瑕疵逐渐消退，而外面景物的倒像就清晰起来，成为距显限〔模式〕。继续拉开距离使之超出距显限，则外面的景物看起来不清楚。到了二倍距显限，就连外凸看起来也不清楚。而此时使眼睛稍微离开内凸，就会显得外凸又大又耀眼。让眼睛适当继续远离，则所见景物清晰并缩小，重又成为正像，内凸既然距离外凸二倍距显限，距离眼睛又超出顺收限之外，则外凸看起来是倒像，外凸所含的倒立物像看起来必然就正过来了。相当于凹透镜的性质，这就叫大光明限。

十

凸镜相叠为用者，或两面，或数面，当各立主名[1]，以干支为号。如有两节，则一以干，一以支。

【注释】

〔1〕主名：适当的名称、名义。

【译文】

组合起来发挥作用的凸透镜［组］，有两枚，也有多枚，应该各自确立适当名目，以天干地支为记号。如果镜筒有两节，则一节以天干标记，一节以地支标记。

十一

凸镜相叠，自二以上多至五六，皆能使合成凹理，但加一凸则须缩短。设有两凸如甲乙相等，深浅任用，兹特举相等者见例耳。则甲距乙用距显限。设有三凸如甲丙，内含乙凸而三，只举首尾。余仿此。则甲距丙即用倍距显限，为大光明限。盖甲距乙、乙距丙皆是距显限，故甲距丙得倍距显限也。此限以目切甲视外物即一无所见，而其光则烂然。[1]引目离甲如法，则物小而清，且见顺象，与凹同理，故为大光明限。然两凸相叠，则目之离甲必极远，不便用矣，必三凸相叠乃得，此远镜所资者也。[2]

然远镜之制，所见者不一，内凸用三叠，其恒也。迩来佳制多四叠，间有五叠，多至六叠而止。五叠、六叠，长者故胜，其短者亦只如常，似可不必。[3]四叠佳者，则丙丁不动，甲乙或有浅深数筒，以备调换。[4]盖物远尚大，而时值其暗，则用浅者，取其光显；物远甚小，而时值其明，则用深者，取其景大也。[5]然每加一凸相叠，则多一距显限，不合大光明限矣，必每距俱缩，使统长仍如三叠之度，方恰合耳。今推其算法，则每两凸相叠，各置距显限为实[6]，四凸者用一五除，五凸者用五折，六凸者用四折即得。[7]

解曰：

距显限，四凸者用一五除，五凸者五折，六凸者四折，何也？

距显限三叠者二倍，四叠必三倍，五叠必四倍，六叠必五倍也。而大光明限，设三凸者八寸，则三倍为十二寸，四倍为十六寸，五倍为二十寸。夫十二与八是一倍半，十六与八为二倍，二十与八为二倍半；一倍半是用一五除，则二倍用二除，二倍半用二五除；而二除即五折，二五除即四折故也。

【注释】

〔1〕三枚凸透镜，每两枚之间的距离均为两焦距之和，第一枚对远处景物成缩小实像，位置在第二枚的物方焦平面上，经第二枚成平行光出射，经第三枚在像方焦平面上成最小实像或聚焦光斑，眼睛不能直接观察到这个像，只能看见前方镜片上的光亮。眼睛离开镜片一定距离之后，才能透过透镜看见前方景物的倒立缩小像，这与单枚凸透镜的作用完全是同一回事。

〔2〕此处所谓由甲、乙、丙三枚凸透镜构成的"内凸"，其实应该是前两枚（乙、丙）构成转像光组，后面一枚（甲）为目镜。详见本章第十七条注。

〔3〕两枚以上凸透镜组成的望远镜，其实仍由物镜和目镜两部分构成，只是每部分由一枚以上透镜组成，还有一些镜片的作用在于消色差、消球面像差、增大视场等，主要不是为了参与成像，还有一些望远镜中间加设转像光组。这些望远镜的原理当时没有传入中国，转像光组的作用由郑复光自己摸索出来。详见后。

〔4〕此处所述四叠望远镜，丙、丁为固定的转像光组，甲、乙为可调换的目镜光组。

〔5〕这是郑复光对望远镜的十分正确的认识，目镜深（浅）则放大倍数高（低），图像亮度则相应地低（高），所以要根据观察对象的亮度和大小来决定合适的放大倍数。

〔6〕实：古算书中通称被乘数、被除数和被开方数（包括二次多项式中的常数项）为实数，简称实。在"圆率"章的算例中，被减数也称实。

〔7〕这种镜筒长的打折算法，在现在看来似乎没有什么道理。缩短目镜组的镜间距，只是改变了系统的焦距，结果只对放大倍数有影响。

【译文】

凸透镜组合，从两枚以上多到五六枚，都能将它组合成凹透镜的性质，只是每加一枚凸透镜就需要缩短［总长度］。设有相等的两枚凸透镜如甲乙，深浅任意，此处只是用相等的情况来举例。则甲距乙取距显限。设有三枚凸透镜如甲丙，中间包含凸透镜乙，因而有三枚，只用首尾简称。其余情况仿照此例。则甲距丙取二倍距显限，成为大光明限。因为，甲距乙、乙距丙都是距显限，所以甲距丙为二倍距显限。对于这个限，把眼睛贴近甲看外面景物就什么都看不见，而所见亮光则很耀眼。使眼睛适当离开甲，物像就变小并清晰，而且呈现正像，与凹透镜同理，所以属于大光明限。然而两枚凸透镜组合，则眼睛离甲的距离必定很远，这就不方便使用了，必须三枚凸透镜组合才行，这是望远镜的依据。

但是望远镜的制式，见到过的种类不一，内凸采用三枚叠合，是最常见的。近来的上乘制品中较多的是四叠，偶尔有五叠，最多到六叠为止。五叠、六叠，长的固然优异，那些短的也只平常，似乎没有必要。四叠中上乘的，则是丙、丁固定，甲、乙有时附有深浅不同的几个镜筒，以备更换。大概来说，如果物体虽远但还较大，而时值环境较暗，就用度数浅的，利用它亮度显著的特性；物体又远又很小，而时值环境较亮，就用度数深的，利用它放大影像的特性。然而每增加一枚凸透镜相组合，就多出一个距显限，这就不符合大光明限了，必须每段距离都收缩一点，使总长仍然相当于三叠的尺度，才是刚好合适的。现在推求其计算法，就是每两个相邻的凸透镜组合，分别以距显限为被除数，四枚凸透镜的用 1.5 去除，五枚凸透镜的取 5 折，六枚凸透镜的取 4 折即为结果。

解：
距显限［长度］，四枚凸透镜的用 1.5 除，五枚凸透镜的 5 折，六枚凸透镜的 4 折，这是为什么？
三叠的［长度］是距显限的 2 倍，四叠必然是 3 倍，五叠必然是 4 倍，六叠必然是 5 倍。而大光明限，设对于某个三枚凸透镜组为 8 寸，则 3 倍是 12 寸，4 倍是 16 寸，5 倍是 20

寸。12 比 8 是 1 倍半，16 比 8 是 2 倍，20 比 8 是 2 倍半；1 倍半的是用 1.5 除，2 倍的就用 2 除，2 倍半的用 2.5 除；而用 2 除就是 5 折，用 2.5 除就是 4 折。

十二

凹与凸相切，则深者可使变为浅，名变浅限，[1]然有不可过之界焉。如凸深限四，凹深限亦四，则相比而适平。本章三。故凸深限四，凹深限五，则为凸深变浅限。若凸深限四，凹深限三，则成凹深变浅限矣。是故变浅而至于适平，则无数可言。无数可言，即其不可过之界也。

盖凸限二而凹限四，为凹限加倍，凹限加倍是凹浅减半[2]，则变浅之限亦必加倍而得四矣。[3]假令凹限减一而得三，则凸限之变浅必加一而得五。[4]若使凹限再减一而得二，则与凸限相比而适平矣。夫凹限既减得二，则变浅限当加得六，而不然者，以相比则适平而无数也。[5]无数也者，非无数也，即此凸镜所变极浅之数云尔。故凹限再减即为凹深而凸浅，凹深凸浅即为凹限变浅，则亦各有其数矣。是故能自有而之无者，必能自无而之有。是为物之情，是为算之理。故曰，无数者，即其不可过之界，而非无数也。[6]

【注释】

〔1〕此处指一凸一凹两枚透镜密接，效果相当于较深的一枚变浅，即焦距由短变长。比如，凸深凹浅密接，效果仍是凸透镜但深度变浅；反之，凹深凸浅密接，效果仍是凹透镜但深度变浅。显然，"变浅限"在数值上相当于一凸一凹两枚透镜密接的系统焦距。

〔2〕凹限加倍是凹浅减半：焦距变长，就是深度变浅，所以焦距加倍，就是深度减半。

〔3〕此处指凸透镜焦距为 2，凹透镜焦距为 4，凸较深、凹较浅，叠加起来的效果相当于凸透镜变浅（焦距变长）。此时凹透镜的焦距是凸透镜的 2 倍，效果相当于凸透镜变浅而焦距增加到 2 倍，即组合焦距为 4。郑复光的这个结果与现代几何光学理论值一致：

$$F = \frac{f_1 f_2}{f_2 - f_1} = \frac{2 \times 4}{4 - 2} = 4$$

郑复光采用的是线性计算法，即凹透镜焦距翻倍时，组合焦距同时翻倍。但上式并非线性关系式。计算结果一致，只是 $f_2 = 2f_1$ 时的特例。

〔4〕此处可看出，郑复光继续采用线性外推法，即 f_2 由 4 减 1 为 3 时，F 由 4 加 1 为 5。此时即与理论值之间有以直代曲的误差。现代理论值为：

$$F = \frac{f_1 f_2}{f_2 - f_1} = \frac{2 \times 3}{3 - 2} = 6$$

〔5〕当 f_2 再减 1 为 2，与 f_1 相等时，现代理论值为：

$$F = \frac{f_1 f_2}{f_2 - f_1} = \frac{2 \times 2}{2 - 2} = \infty$$

但是按线性外推，F 应再加 1 为 6，等于 f_1 的 3 倍。但郑复光从实验上得知此时相当于平面，应该"无数"。

〔6〕以上这段话有含混之嫌。但其中包含着一个数学公式，不仔细分析是看不出来的。由于当 $F = 3f_1$ 时实际上就"无数"了，所以组合焦距最大界限就是 $3f_1$；又由于 f_2 越大 F 就越小，线性取值的方法是将 f_2 直接从 $3f_1$ 中减去。即当一枚焦距为 f_2 的凹透镜叠加到焦距为 f_1 的凸透镜上时，相当于凸透镜的焦距变长部分是 $3f_1 - f_2$。原焦距加上变长部分，就是组合焦距。所以郑复光的公式为：

$$F = (3f_1 - f_2) + f_1 = 4f_1 - f_2 \qquad (f_2 > f_1) \qquad (1)$$

F 的数值是不能大于 $3f_1$ 的，因为 F 是"凸变浅限"，当 $F > 3f_1$ 时，意味着 $f_1 > f_2$，就不再是"凸变浅限"而成为"凹变浅限"了，上式不再适用而应变为：

$$F = 4f_2 - f_1 \qquad (f_1 > f_2) \qquad (2)$$

"$3f_1$"中的 3 这个数字，被郑复光视为"不可过之界"，是凸变浅和凹变浅的界限，也是使用上面两个公式的界限。郑复光在后面"圆率"第四条"凸凹相切变浅限率表"中把这个 3 定义为"界率"，并更明确地提出了上述公式。

按：我们可以对现代几何光学公式作如下变形：

$$F = \frac{f_1 f_2}{f_2 - f_1} = 4f_1 - f_2 - \frac{(f_2 - 2f_1)^2}{f_2 - f_1} \qquad (3)$$

比较（1）、（3）两式，很容易看出，当 $f_2 = 2f_1$ 时，两式相等。（3）是（1）的近似公式，适用范围在 $f_2 = 2f_1$ 附近。$f_2 = f_1$ 时，不用（1）式，而用"适平"。

在"圆率四"中，郑复光列出运用（1）式的六个应用例题，其中第四题和第六题为同一组数据而不同未知数。将例题中的数据与我们用（3）式计算出的数据作一比较，就更清楚（1）、（3）两式之间的近似关系了。见下表：

单位：尺

f_1	2.4	3.6	2.3	3.3	4.0
f_2	4.8	6.6	4.2	5.4	6.0
由（1）式计算的 F	4.8	7.8	5.0	7.8	10.0
由（3）式计算的 F	4.8	7.92	5.08	8.49	12.0

【译文】

凹透镜和凸透镜紧贴，则度数深的可以变浅，称之为变浅限，但是有不能越过的界限。如果凸透镜深限为4，凹透镜深限也是4，则势均力敌而恰如平镜。本章第三条。于是凸透镜深限为4，凹透镜深限为5，就成为凸透镜深度的变浅限。如果凸透镜深限为4，凹透镜深限为3，就成为凹透镜深度的变浅限了。因此变浅变到恰如平镜，就谈不上什么数值。谈不上什么数值，就是不能越过的界限。

凸透镜深限为2而凹透镜深限为4，就是凹透镜深限加倍，凹透镜深限加倍就是凹透镜深度减半，那么变浅限也必定加倍而成为4了。如果使凹透镜深限减1而成为3，那么凸透镜深限的变浅〔限〕必定加1而成为5。如果使凹透镜深限再减1而成为2，就和凸透镜深限势均力敌而恰如平镜。凹透镜深限既然减少到2，变浅限就该增加为6，而其实并非如此，这是因为势均力敌就恰如平镜，因而没有数值。所谓没有数值，并非真的没有数值，是就这个凸透镜所变成的十分浅的数值而言罢了。所以凹透镜深限继续减少就成为凹深而凸浅，凹深凸浅就成了凹透镜深限变浅，结果也就各有各的数值了。因此能够从有到无的，一定能从无到有，这是事物的常情，这是数量的道理。所以说，所谓没有数值，就是数值不能越过的界限，而并非真的没有数值。

十三

凹与凸相离则昏者，可使变为显，名变显限。[1]其推算法：以凹侧收限一、凸顺收限十二为定率[2]，谓之足距。足距者，两镜相距恰与凸顺收限等也。[3]若凹深于定率，谓凸十二而凹不足一。则不可用。[4] 若凹浅于定率，谓凸十二而凹不止一。则为差距[5]，可设四率求之。

解曰：

有单凹，侧收限三寸；凸，顺收限九寸六分；试得差距二寸五分六厘，因推足距，[6] 法：以九寸六分为一率，三寸为二率，二寸五分六厘为三率，得四率八分，为足距[7]。爰以八分归[8] 九寸六分，得一寸二分，故以一与十二为定率。[9] 凹若不止一则凹浅，其距必短于顺收限，故为差距。凹若不足一则凹深，其距必长于顺收限，故不可用也。

求差距法，假如有凹，限一寸；凸，限九寸六分，法：以定率先求得凹限八分，为足距数；爰以今凹限一寸为一率，足距八分为二率，凸限九寸六分为三率，推得四率七寸六分八厘，为差距数。[10]

论曰：

定率凹限一而凸限十二者，凡单镜侧收限一，则顺收限六，是十二者即六之倍也。

【注释】

〔1〕此言一凹一凸两枚透镜拉开的距离不当时，观察到的前方影像模糊；但有一个恰当距离可以使之变清晰，这个距离叫做"变显限"。显然，这是伽利略式无焦系统的原理。而变显限似乎理当如前面的两凸距显限一样是无焦两镜距，其实不然。详见以下注。

〔2〕此"定率"规定了伽利略式望远镜的物镜焦距和目镜焦距的固定比例关系，按现在的眼光看来，只是人为规定的放大倍数，与望远光组的一般性质无关。

〔3〕这句话乍一看像是足距的定义，而且就是望远镜镜筒长的定义，但以下多次论述到伽利略式望远镜和开普勒式望远镜的足距，都是指一组规定，而非单指镜筒长。足距规定同时包括指定的两镜焦距比和指定的两镜距（镜筒长）。由于古文的省文习惯，在后文中，"足距"有时指整组规定，有时单指两镜焦距比或两镜距，有时指符合足距规定的透镜焦距。

按：综合以上关于"定率"和"足距"的规定，我们发现，由于当时不能实测凹透镜的焦距，但能实测其侧收限，郑复光一般以侧收限表征凹透镜的深度，同时借用凸透镜的侧收限、顺收限换算率来求出凹透镜的"深限"（见"圆凹"第一、第四条和"圆率"第二条）。然而凸透镜的焦距和侧收限（图31a 中的 S）之比，实际上大于凹透镜的焦距和侧收限（图31b 中的 S）之比（详细讨论见"圆率"第二条注）。这就导致郑复光所称的凹透镜深限的数值，大于实际焦距的数值。以此处而论，一凸一凹式望远镜的两镜焦距比规定为 12：6（单凹侧收限为 1 时，深限为 6），镜筒长规定为凸透镜即物镜的焦距 12；而正确的两镜距应该是两焦距之差，即 12－6＝6。按此处足距的规定，两镜距误差偏大 50% 而放大率只有 2 倍，显然是不合理的。唯一的可能是郑复光使用的凹透镜的焦距实际上较小，因而两镜距较为接近物镜焦距，同时放大倍数更大。即当郑复光称某凹透镜的深限为 6 时，并不对应于焦距为 6，焦距实际上更小，相当于单位不同。从全书中看，郑复光不止一次研究望远镜成品或自制望远镜，对其各种性能也有细致的分析描述，不可能根据错误数据制作出不具备望远性能的光学仪器而不自知。所以上述猜测应该是合理的。关于凹透镜焦距的问题，我们在"圆率"第二条注中还有进一步讨论。

〔4〕望远镜的目镜焦距太小，则目镜将前方物镜的像缩小成一个很小的圆孔，同时图像亮度锐减（即望远镜的放大倍数与实际视场大小和出射光瞳直径均成反比）；所以有效放大倍数是有限度的，目镜焦距不能太小。郑复光对望远镜的这一矛盾性质有充分认识，反复论及。但如果两镜焦距比是 12：6（放大倍数为 2），绝不至于达到这一步。由此可知，郑复光使用的凹透镜已经接近有效放大倍数的极限，其焦距长不可能只有物镜的一半。这与上面注〔3〕中的分析也是吻合的。

〔5〕差距：从下文看，"差距"概念的意义在于，足距已经接近有效放大倍数的极限，凹透镜的焦距再小就不可用，再大一些则无妨，但镜筒长须相应缩短；与"足距"概念一样，"差距"也并不仅仅指缩短后的两镜距，而是指差距两镜距、差距两镜焦距比以及符合差距比率的某个透镜焦距等一组数值。"差距"因而也同时是这三个概念的省文。

〔6〕在这个例题中，目镜（凹透镜）的侧收限为 3 寸，按换算率换算，焦距应该是 16 寸。而物镜焦距只有 9.6 寸，目镜焦距大于物镜焦距，这已经不是望远镜了。此时两镜距为 2.56 寸，通过几何光学作图或计算均可知，这样一个系统所成的像，是目镜后方的实像，而非望远镜所需的前方虚像。实际情况不可能这样，只能是凹透镜焦距小于物镜焦距 9.6 寸。这再次反证了注〔3〕中分析的合理性。按两镜距推算，此时的凹透镜焦距应该是 9.6－2.56＝7.04（寸）。

〔7〕伽利略式望远镜的目镜焦距变长时，镜筒须缩短，缩短的程度实际上就是目镜焦距变长的程度，即镜筒长 $L = f_物 - f_目$，$f_目$ 越大，L 越小。郑复光在"圆叠"第八条中建立了开普勒式无焦系统的正确的两镜距公式（$L = f_物 +$

$f_目$），得益于能够实测凸透镜的焦距，因而对凸透镜作出精确而定量的研究。但对伽利略望远镜，则没得出无焦两镜距，原因也很简单，就是不能实测凹透镜焦距。郑复光规定，在足距情况下，$L＝f_物$，同时他认识到在差距情况下（即 $f_目$ 大于足距规定时），L 须缩短；由于没有得出 $L＝f_物－f_目$，所以对缩短程度的计算也不是直接减去，而是采取按比例缩小的办法，这当然会与现代理论值之间有误差。此处的比例计算为：$L_足：f'_{凹差}＝L_差：f'_{凹足}$，其中，为 $L_足$（$＝f_物$）为足距镜筒长，$f'_{凹差}$ 为目镜差距侧收限，$L_差$ 为差距镜筒长，$f'_{凹足}$ 为目镜足距侧收限。

从"试得"一词可知，此时的差距镜筒长为实验测量值。再次佐证注〔3〕的分析。

〔8〕归：即算术中的"除"。又分两种含义，一为珠算用语，即运用"归除口诀"的归除法；一为以一位数为除数去除。

〔9〕故以一与十二为定率：8 分和 9.6 寸之比为 1 比 12，故 8 分为符合定率的足距侧收限。

〔10〕此处为注〔7〕所述比例式的变换式：$f'_{凹差}：f'_{凹足}＝L_足：L_差$。

【译文】

如果凹透镜和凸透镜拉开距离就会导致影像模糊，有一个距离可以使它变得清晰，将这个距离命名为变显限。推算的规则是：

以凹透镜侧收限 1、凸透镜顺收限 12 为定率，称之为足距。在足距的情况下，两枚镜片之间的距离刚好等于凸透镜顺收限。如果凹透镜〔深度〕比定率深，就是说凸透镜〔顺收限为〕12，但凹透镜〔侧收限〕小于 1。就是无效的。如果凹透镜〔深度〕比定率浅，就是说凸透镜〔顺收限为〕12 但凹透镜〔侧收限〕大于 1。就成为差距，可以设四率来求取。

解：

有一枚单凹透镜，侧收限为 3 寸；一枚凸透镜，顺收限为 9 寸 6 分；测得差距为 2 寸 5 分 6 厘，据此推算足距，计算法：以 9 寸 6 分为一率，3 寸为二率，2 寸 5 分 6 厘为三率，求得四率 8 分，为足距〔侧收限〕；再以 8 分除 9 寸 6 分，得 1 寸 2 分，因此以 1 和 12 为定率。如果凹透镜〔深限〕大于 1，那么凹透镜就〔比定率〕浅，距离就必定比顺收限短，于是成为差距。如果凹透镜〔深限〕小于 1，那么凹透镜就〔比定率〕深，距离就必定比顺收限长，于是就无效了。

　　求差距法，假如有一枚凹透镜，[侧收]限1寸；一枚凸透镜，[顺收]限9寸6分，计算法：根据定率先求出凹透镜[侧收]限8分，为足距的数值；再以当前凹透镜[侧收]限1寸为一率，足距8分为二率，凸透镜[顺收]限9寸6分为三率，算出四率7寸6分8厘，就是差距[镜筒长]的数值。

　　论：

　　虽说定率取凹透镜[侧收]限为1而凸透镜[顺收]限为12，但单[凸、凹]透镜凡侧收限为1，顺收限就是6，其实12是6的2倍。

十四

　　凸凹相叠，使凹离于凸，内用变显限，本章十三。即成远镜。本章四与六。凸镜相叠，自甲、乙以上多至甲己，皆能使合成凹理。本章十与十一。则是浅凸在外，加数深凸合成凹理，离于内，亦必成远镜矣。

【译文】

　　凸透镜和凹透镜组合，使凹透镜与凸透镜分离，之间[距离]取变显限，本章第十三条。就成了望远镜。本章第四条和第六条。凸透镜组合，从甲、乙以上多到甲至己，都能使之组合成凹透镜的性质。本章第十条和第十一条。所以只要使较浅凸透镜位于外端，加上几枚较深凸透镜组合成凹透镜的性质，拉开距离位于内端，也必定成为望远镜。

十五

　　远镜外凸内凹，本《远镜说》。其作法云："须察二镜之力若何，相合若何，长短若何，比例若何。"而不详其法。今皆得而言焉：

　　察镜力法：凹以侧收限，凸以顺收限。二镜相合法：凸深者凹宜深，凹浅者凸宜浅。凸深凹浅，则不到限，限既不到，必缩而求之，力不充矣。凸浅凹深，则欲出限，限不可出，必强而置之，过其剂矣。力不充者，物虽清而小；过其剂者，物虽大亦昏。至于浅深相悬，则并不堪用焉矣。[1]度长短法：俱深则距短，俱浅则距长。求比例法：以凸之顺收限为则，凸限十二、凹限一，则相距亦十二，恰当其分，所谓足距也。本章十三。[2]

　　论曰：
　　物远则景小而色淡，原色七，原景一。远镜法以凸大之，圆凸十六。以凹显之耳。圆凹十五。凸之顺收限为视物最大处，圆凸十六。故应以足距为佳。

【注释】
　　[1] 此处所言"二镜相合法"，实为郑复光的一大研究成果。伽利略式望远镜的放大倍数不宜太高，物镜度数变深（浅）时，目镜也要相应变深（浅），反之亦然。解释有点含糊，但描述的现象很正确。物镜焦距变短或目镜焦距变长（凸偏深而凹偏浅），就要缩短镜筒，结果是放大率降低；反之则镜筒必须变长，结果是放大率提高而图像昏暗。按现代理论解释，放大倍数太高则视场太小、亮度太低。所以伽利略式望远镜总是以小放大率、大物镜直径为设计原则。
　　[2] 郑复光的确根据自己的大量研究，一一解答了《远镜说》未说明的四个"若何"。除了镜筒长问题是个悬案（因为凹透镜深力的物理意义不明）外，其余都符合现代理论。

【译文】
　　外端为凸透镜、内端为凹透镜的望远镜，根据的是《远镜说》。其中的制作法说道："要辨别两枚镜片的深力如何，互相配合如何，长短如何，比例如何。"但不清楚它的具体规则。现在都可以说清楚了：
　　辨别镜片深力的规则：凹透镜按照侧收限，凸透镜按照顺收限。两枚镜片配合的规则：凸透镜深则凹透镜也应该相应较深，凹透镜浅则凸透镜也应该相应较浅。如果凸透镜偏深、凹透镜偏浅，就达不到变显限，既然达不到，势必要缩短镜筒以求达到，力度就不充分了。如果凸透镜偏浅、凹透镜偏深，就有越出变显限的趋势，变显限不可越出，势必要强行设置镜筒长，就超过了调节量。力度不充分时，物像虽然清晰但是缩小；超过调节量时，物像虽然放大但是昏暗。如果深浅相差很大，就一并不起作用了。测度长短的规则：深度都深则距离短，深度都浅则距离长。计算比例的规则：以凸透镜的顺收限为基准，当凸透镜［顺收］限为12、凹透镜［侧收］限为1时，相距也是12，恰如其分，就是前面所说的足距。本章第十三条。

论：

物体远，影像就小并且颜色淡。"原色"第七条，"原景"第一条。望远镜的原理是用凸透镜使之放大，"圆凸"第十六条。用凹透镜使之明晰。"圆凹"第十五条。凸透镜的顺收限是看物体［显得］最大的位置，"圆凸"第十六条。所以应该以足距为最佳。

十六

距显限，两凸相等者，俱深或俱浅，其顺收限止及半距，目出限外既远，故视物小，不可以为远镜。若外浅内深，则浅限极长、深限极短，其全距与浅限相近，故视物极明而大，物景虽倒，可借以得中景[1]，原景十二。是亦远镜也，故窥测用之。

论曰：

距显限，两凸相等者，则其距为倍顺收限，本章八。是外凸为清倒象，内凸为显微。故外凸之小物象，内凸能使之稍大。至外浅内深，则全距与浅凸限相近，正是昏极大极之处，使加一深凸切之，必见倒、小而清。引深凸近目，必渐大矣。能清能大，故具远镜之用也。

测量必用窥筒[2]者，求中景也。而窥筒必用细孔者，以太偏易见、微偏难察也。然视物不畅，故后来又增长缝、十字等法，今用两凸取其倒景大象。夫倒景线法，物景偏下，移下反不见，以物实在上故。则是景偏下一秒者，反当上移一秒，是一秒见为二秒也。且以凸大其象，是一秒不啻数秒也。视物弥畅，中景弥确，又况加细孔为束腰[3]，并加十字于其中，尤为准确可知矣。

【注释】

〔1〕中景：影像的中心位置。以下对开普勒式望远镜的制式有很正确的分析。由于该望远镜所见为倒像，故只用于测量，为瞄准精确起见，加视场光阑，使所见图像集中于一点，但同时不便于大范围瞭望，故后来在目镜的焦平面上加十字叉丝，而无须缩小视场。这些构造特点和相关配件，郑复光在下文中均有正确分析。

〔2〕窥筒：本指古代用于对观测目标进行定向瞄准的窥管，而在其两端装上凸透镜就成了测量用望远镜，此处指后者。在下面第十八条中，郑复光命其全称为"窥筒远镜"。

〔3〕束腰：郑复光称望远镜的光阑为束腰。此处描述的光阑为视场光阑。

【译文】

对于距显限［组合］，当两枚凸透镜相等时，无论都深或都浅，顺收限只达到半个两镜距，眼睛位置越出顺收限已然过远，所以看物体显得缩小，不能作为望远镜。如果外浅内深，则浅的顺收限很长、深的顺收限很短，整个距离与浅的［顺收］限接近，因此用来看物体显得非常清晰而且放大，物像虽然颠倒，却可以凭借它取得影像的中心位置。"原景"第十二条。这也是一种望远镜，所以测量采用这一种。

论：

对于距显限［组合］，当两枚凸透镜相等时，它们之间的距离就是顺收限的两倍，本章第八条。此时是外凸成清晰倒像，内凸作为放大镜。所以被外凸变小的物像，内凸能使它稍微变大。至于外浅内深，则整个距离跟较浅凸透镜的［顺收］限接近，正好是最模糊也最大的位置，加上一枚较深的凸透镜与它紧贴，所见必定颠倒、缩小而清晰。把较深的凸透镜拉近眼睛，所见必定逐渐放大。能清晰也能放大，所以具有望远镜的作用。

测量之所以一定要用窥筒望远镜，是为了取得影像的中心位置。而窥筒望远镜之所以一定要采用小孔，是因为［中心位置］太偏容易发现、微小偏差就难以察觉。但是这种模式使得看物体不够敞亮，所以后来又增加了长缝、十字［叉丝］等方法，所以现在可以用两枚凸透镜来获取大范围的倒像。倒像的射线规律是，影像偏下时，往下移动反而看不见，这是因为物体其实在上方。所以影像往下偏 1 秒时，反而应该往上移 1 秒，这样 1 秒［偏差］就表现为 2 秒［移动］。而且由于凸透镜放大物像，这样 1 秒［偏差］就不止好几秒［移动］了。这种模式使得看物体更加敞亮，中心位置更加准确。如果此时再加上小孔作为束腰，连同在中间加十字［叉丝］，结果格外准确是可想而知的了。

十七

甲、乙、丙三深凸相叠，成大光明限，四凸以上同论。以其光烂然，故曰大光明；以其离目视远见物象小而清，故曰同凹理。本章九。然则外加子浅凸，必成远镜矣。

其相合法：甲丙深者子宜深，甲丙浅者子宜浅，与一凸一凹之理同。本章十五。所差异者，有甲丙相合之力也。是故相合深者，距稍缩焉，则稍浅；相合浅者，距稍伸焉，则稍深，是可以消息[1]子凸之深浅而为之剂。[2]如外浅过剂，内合[3]又浅，则目不能近甲；设近甲，其弊乃白如望羊而不真。[4]内合太深，则目必须靠甲；虽靠甲，其弊仍伈乎幽室而无见。[5]弊在浅，或加一焉；弊在深，则必易之。此言太深之弊。

其长短法：设子凸限二尺，以甲、乙、丙凸二寸五合足距[6]，器长定用四尺，取物景倒而清，得大光明理也。子距丙约三尺，取其近初清限也。丙距目约尺余，取足甲丙大光明限而有余地也。必留余地，取其伸缩以合远近目力之异也。[7]

论曰：

伸缩者，远镜要法也，三种远镜皆有之。惟两凸一种，伸缩既微，其用专于测量，遂可不用。[8]至于一凸一凹，已为要务。若纯乎凸者[9]，出入稍差，遂谬千里，不可不知。是故甲乙丙深不必力等，甲乙丙距不必长同。以故离目太远，则伸甲、乙可也；视丙太小，则缩乙、丙可也。

又论曰：

镜法诸限，皆不可移，独大光明限稍可伸缩，缘有二端：

一以甲丙有两距，此盈彼朒[10]，故伸缩适调其剂也。

一以甲乙与乙丙皆本距显限。夫距显限之所显者二，一显镜光，一显物景。物景必当限乃清，镜光则出入犹可。大光明限乃取其光，非取其景，若见物景，反为过剂不可用，故伸缩恰当其分也。

【注释】

〔1〕消息：消长，增减。

〔2〕此句应注意，"消息子凸之深浅"并非指更换物镜而配合目镜，因为此时目镜为可调节的光组，只可能调节它去适配固定的物镜，不可能更换固定的物镜去适配可调节的目镜。所以此句的意思是指"配合物镜的深浅来伸缩目镜光组"。

〔3〕内合：合并起来的内凸，相当于现在所说的目镜透镜组。

〔4〕望羊：即"望洋"，仰视貌。

按：此处描述的现象为，望远镜物镜焦距长得超过镜筒调节范围（过剂），同时目镜焦距也太长，则物镜所成实像位置不在目镜前方焦距范围内，而落在了目镜后面，此时眼睛凑近目镜观察，看不到像，而看到一片眩光。

〔5〕伥（chāng）：迷茫不知所措貌。

按：此处描述的现象为，目镜焦距太短，即望远镜放大倍率太高，导致视场过小，图像亮度锐减。郑复光虽然没有提出类似于有效口径、出射光瞳或镜头亮度之类的概念，但他对这类现象有比较充分的认识，在有关透镜和望远镜的条目中多次有阐释。

〔6〕以甲、乙、丙凸二寸五合足距：距显限足距规定，两枚凸透镜无焦系统的两镜距，等于两个焦距之和。三枚都配成足距，即每相邻的两枚分别构成无焦系统。由于3枚凸透镜焦距相等，均为2.5寸，故一个距显限为5寸，两个距显限则为1尺。因此下文说"丙距目约尺余"，即目镜组的总长为1尺。这是一个正确而精密的设计分析。见下注。

〔7〕此处分析的这种望远镜制式，是一种典型的开普勒式望远镜改进式。由波西米亚天文学家谢尔勒（Antonius Maria Schyrleus，1604—1660）于1645年发明。主要设计是在开普勒望远光组中添加转像光组。其原理如图69所示：

图 69

子为物镜，甲为目镜。乙、丙为不改变放大倍数的转像光组，只起到变倒像为正像的作用，去掉之后剩下的子和甲就恢复到基本的开普勒式。由于郑复光对凸透镜和凸透镜组的研究相对透彻、精确，在"圆叠"第八、第九两条中正确地阐释了这种透镜组中每一枚透镜的作用，以及每一步组合成像的性质，还获得了两镜距等于两个焦距之和的精确公式，所以能在这一条中对这种望远镜的原理、构造和性能作出准确的概括性说明。

〔8〕测量专用的望远镜，目标一般较远，且郑复光所指多为天文测量，基本不需要根据物距调节聚焦。

〔9〕纯乎凸者：下文常称为"纯凸"，为"一凸一凹"和"两凸"之外的第三种望远镜制式，故其意并非"纯由凸透镜构成"，而是"多枚（两枚以上）凸透镜构成"，否则"纯凸"将包括"两凸"。

〔10〕朒（nù）：退缩。

【译文】

　　甲、乙、丙三枚深度凸透镜组合，构成大光明限时，四枚凸透镜以上同理。由于这种情况光亮耀眼，所以叫大光明；由于使它与眼睛拉开距离［并透过它］看远处而看见物像缩小并清晰，所以说等同于凹透镜的性质。本章第九条。既然如此，外端加一枚子号浅度凸透镜，就必然成为望远镜了。

　　搭配的规则是：甲至丙［透镜组］较深时子也应该较深，甲至丙［透镜组］较浅时子也应该较浅，与一凸一凹的道理相同。本章第十五条。不同之处在于，有甲至丙组合出来的功效。由于这个缘故，组合的深度较深时，其内部距离缩短一些，就会变得浅一些；组合的深度较浅时，其内部距离伸长一些，就会变得深一些，这样就可以配合子号凸透镜的深浅相应伸缩来进行调剂。如果外凸浅得超过限量，内端组合的深度又浅，那么眼睛就不能靠近甲；假如靠近甲，弊病是白花花一片看不真切。如果内端组合太深，那么眼睛就必须靠近甲；虽然靠近甲，弊病是像在黑屋子里迷茫无所见。弊病在于过浅，还可以加上一枚；弊病在于过深，就必须换掉。这里说的是过深的弊病。

尺寸的规则是：设子号凸透镜的［顺收］限为 2 尺，将［深限为］2.5 寸的甲、乙、丙三枚凸透镜配成足距，器具长度必然采用 4 尺，为的是此时物像倒立而清晰，符合大光明的属性。子距离丙约 3 尺，为的是它接近刚开始清晰的位置。丙距眼睛约一尺多长，是取足甲至丙［透镜组］的大光明限并留有余地。之所以必须留余地，为的是通过伸缩来配合［物体］远近和［不同］视力的差异。

论：

伸缩是望远镜的重要法则，三种望远镜都有。只有由两枚凸透镜构成的这一种，伸缩量首先不大，用途又专门在于测量，于是可以不用伸缩。至于一凸一四，那就是必需的。如果是多枚凸透镜构成的，出入稍微差一点，就会错失千里，这不可不知。因此，甲、乙、丙的深力不必相同，甲、乙、丙之间的距离也不必相等。这样的话，离眼睛太远，伸长甲、乙就行；看见的丙太小，收缩乙、丙就行。

又论：

透镜规则中的各个限，都不能变动，只有大光明限可以稍微伸缩，有两个原因：

一是因为甲至丙［透镜组］中有两段距离，此长彼消，于是通过伸缩来适当地调节彼此间的比例。

一是因为甲乙和乙丙都基于距显限。距显限所彰显的有两样，一是彰显镜片中的亮光，一是彰显物像。物像一定要恰好在某个限的位置才清晰，镜片的亮光则有所出入也能显现。大光明限的目的在于［镜片的］亮光，不在于像，如果看见物像，反而是超过限量而不能生效，所以通过伸缩使之恰到好处。

十八

远镜三种，应各立名以资后论。今以一凸一凹者非大至寻丈[1]不足用，止可施于观象，名曰观象远镜。两凸者专施于窥筒，名曰窥筒远镜。四凸以上者，大之固妙，小之至尺余，能力亦胜，游览最便，名曰游览远镜。[2]

论曰：

远镜创于默爵[3]，止传一凸一凹。《畴人传》[4]云"制一似平非平之中高镜"，其浅可知。厥后汤若望著《远镜说》，南怀仁[5]撰《仪象志》，皆无异辞。[6]惟《天经或问》[7]谓"外平中凸"，盖因凸浅而误也；至云"凹恢物景"，则谬甚，其不足据亦明矣。然所见洋制小品，长五六寸，止可于三五丈内见人眉宇耳。其大者，径不过二寸，长不过五尺，则皆纯用凸镜，视一凸一凹工力倍繁，于十数里内窥山岳楼台，颇复了了，或视月，亦大胜于目，至观星象，则胜目无几。后来改作，而能力反不及，何邪？以意逆之，《远镜说》虽无大小之度，然其图，筒有七节，至短必寻以外。又凹能缩凸，其径非五六寸不可。[8]依显，此器重大，可观象戴进贤《星图》[9]曾有言"非大远镜不能窥视"云云。而不便登临。此改作所由来欤？曾见纯凸数种，怀之可五六寸，展之可三尺者。又见外口盖铜，开孔露镜止二三分者，远寺红墙，径寸能辨其署书，亦游览一快也。想此种果及寻丈，能力应亦更胜。缘非常用之器，故鲜得遇之。今以前出者名观象镜，后出者名游览镜，举其所重者名之耳。又见《皇朝礼器图仪》[10]上窥表[11]有施远镜者，其作法不详。梅余万[12]先生曾以家藏远镜一具见示，中有铁丝十字，下有托一、铜球一，疑为仪器事件[13]。近见西洋堂发出仪器，大小两具，各安一筒，诚如所疑。故名窥筒镜，取其专长名之也。

【注释】

〔1〕寻丈：泛指 8 尺到 1 丈之间的长度，此处犹言三米左右。寻，古代长度单位，等于 8 尺。

〔2〕对望远镜的这种分类法，思路上受到早期西学传入的零散性的一些影响，也有郑复光自己的总结性认识。《远镜说》极称一凸一凹式的观象效果，而郑复光通过研究实物，发现也并不特别，曾前往钦天监观象台参观考察而未果，故猜测此种望远镜要制作得巨大，非民间所用，故称其为观象远镜。其实伽利略望远镜发明后，其作为天文望远镜、观剧镜和户外望远镜的三种用途，是等量齐观的。对后两种望远镜的认识则是正确的，开普勒望远镜基本式，所见为倒像，但亮度和放大倍数比伽利略式优越，而且能安装十字叉丝等测量附件，便于测量，郑复光还实际见到这种望远镜被用在钦天监的象限仪窥筒上，所以将其专门归为窥筒远镜。而当时传教士带进中国的望远镜成品，绝大多数为加了转像光组的开普勒望远镜改进式，由于所见为正像，特别适合作为一般的便携户外望远镜，故郑复光称其为游览远镜。

〔3〕默爵：西洋人名。《畴人传》"默爵"篇中以默爵为望远镜发明者。

按：默爵应即荷兰人雅可布·默丢斯（Jacob Metius，1571 以后—1624 至 1631 之间）。望远镜的首位发明者至今不可考，默丢斯为有文献支持的早期望远镜制作者之一。

〔4〕《畴人传》：（清）阮元主持编撰的一部历代天文、历法、算学家的学术传记集。其中包括一些外国科学家。

〔5〕南怀仁：见"原色"第一条注〔1〕。

〔6〕《新制灵台仪象志》中并未言及伽利略式望远镜，其提及望远镜之两处文字见"原目"第八条和"镜形"第七条注。

〔7〕《天经或问》：（明）游艺撰，是一部广采西学的天文、地理读物。

〔8〕郑复光非常注意伽利略式望远镜的物镜口径，原因即在于"凹能缩凸"。凸透镜经凹透镜所成的像，就是该望远镜的出射光瞳，其直径与望远镜放大倍数成反比，所以倍数越高，要求口径越大。

〔9〕戴进贤《星图》：清代来华德国耶稣会士戴进贤（Ignatius Koegler，1680—1746）编制的《黄道总星图》。其中描绘"五纬旁细星"即木星、土星的卫星时提到，要用大望远镜才能看到。

〔10〕《皇朝礼器图仪》：应为《皇朝礼器图式》，（清）允禄等撰，完成于 1759 年，是一部关于典章制度类器物的政书。其中第三卷载有四十余种天文仪器为主的科学仪器。

〔11〕窥表：本为古代天文仪器上的瞄准器，此处泛指天文仪器。《皇朝礼器图式》中的"四游千里镜半圆仪"和"双千里镜象限仪"等仪器上都有望远镜。

〔12〕梅余万：不详。

〔13〕事件：零件，部件。

【译文】

三种望远镜，应该分别确立名称以备后面论述时使用。现根据一凸一凹之制不大到寻丈就不足以发挥作用，只能用于观测天象，称之为观象远镜。两凸之制专门用在［天文仪器的］窥筒上，称之为窥筒远镜。四凸以上的，做大一些固然很好，做小一点到一尺来长，能力也很卓越，最方便游览，称之为游览远镜。

论：

望远镜由默爵首创，只有一凸一凹式流传下来。《畴人传》说"制作一个似平非平的中高镜"，可见其肤浅。后来汤若望著《远镜说》，南怀仁撰《灵台仪象志》，说法都一样。只有《天经或问》说"外平中凸"，大概是因为凸透镜度数浅而产生误解；其中还说"凹透镜拓展物像"，那就大错特错，不足为凭是很明显的了。然而见过的西洋小型制品，五六寸长的，只能在三五丈之内看见人的面目。那些较大的，直径不超过 2 寸，长不超过 5 尺，则都是由凸透镜构成，做工比一凸一凹复杂得多，在十几里范围内看山岳楼台，还能一清二楚，要是看月亮，也大大胜过肉眼，到了用来观星象，却胜过肉眼没有多少。后来的改进，能力反而赶不上，这是为什么？推测一下，《远镜说》虽然没有给出尺寸数值，但从图示看，镜筒有七节，最短也必定在 1 寻以上。而且凹透镜能缩小凸透镜［的像］，凸透镜的口径非五六寸不可。显然，这个仪器分量重、体积大，可以用来观天象戴进贤星图中曾说到"非大型望远镜不能观测"之类的话。但不方便登山临水。这莫非就是改进的缘由吗？曾见过几种多枚凸透镜构成的式样，揣在身上可以缩成五六寸，展开可以达到 3 尺。还见过外口有铜盖，开孔露出镜片只有二三分的一种，远处的寺院红墙上，能辨别方寸大小的题字，也算是游览的一件快事。料想这一种如果大到寻丈，性能也应该更加出色。由于不是常用的器具，所以很少能碰到。现在把早先出现的叫做观象镜，后来出现的叫做游览镜，只不过是按它们的侧重面来命名而已。又在《皇朝礼器图式》上见到窥表上配置的望远镜，制作法不详。梅余万先生曾把家藏的一具望远镜给我看，中间有铁丝十字叉，下面有一个托、一个铜球，猜测是仪器零件。最近见到西洋教堂展出的仪器，大小不同的两具，各自安有一个镜筒，的确和猜想的一样。所以称之为窥筒镜，只是选取它的专长来命名而已。

十九

观象镜不用倒法，游览镜必取倒理者，用其大光明也。夫子凸中既见倒景，非再倒之不得成顺象。然甲丙所合者是顺小象，而能使子凸中倒景成顺者，何也？

盖甲丙合而视远切目，止见白光，非离目远，不见顺象。因其顺象而小，故谓同凹理，本章十七。其实中有倒法。甲丙虽合凹理，而究不同者，凹切目视物，无论远近、昏目与否，皆小而顺；甲丙离目远，视远与凹同，切目视远，则无所见；无所见者，即不必是顺象。故视近如法，则见倒大象。亦一证也。试析而言之：

设子凸深尺六，甲、乙、丙各深二寸，置子距目约三尺，见倒象，内加甲乙或乙丙，皆见顺小象，何者？甲乙与乙丙本距显限，距显限皆倒象，能不倒子使复顺乎？第顺象则小，何者？子凸倒象本清而小，圆凸十六。甲乙与乙丙其距显限深略同，则倒象亦小。本章八。是故有甲乙、子，加丙于甲乙外，必大矣，离显限理也。圆凸十九。有乙丙、子，加甲于乙丙内，必大矣，切显限理也。圆凸十九。此两显限皆不出顺收限外，如出限则昏。今甲距乙乃倍之，丙距子乃十之，而不昏者，何也？盖外凸距内凸虽出限，而外凸既为倒象，即是大光明，故解其昏。本章八注。此又一理。然内凸视外凸，疵颣悉隐，未始非出限之故。故视镜自昏，显象自明也。然则共用四凸，是两层倒象使顺而清，两层显微使清而大也。

论曰：

以上各条，多举甲、乙、丙三凸者见例，以其余通为一理也。试论甲丁四凸者，则子见倒象，加乙丁必复顺，是甲为显微也。或加甲丙亦必复顺，是丁为显微也。他皆仿此。唯甲乙两凸一种，本无此制，其加乙于子内，亦未能遽见复顺，以乙之凸力浅故也。然加甲既能成远镜，则乙自有倒子者在，试伸之，遂见复顺，亦可征其理有必然者矣。

【译文】

之所以观象镜不运用颠倒影像的法则，游览镜却必须顾及颠倒影像的原理，是为了发挥大光明作用。子号凸透镜中既然呈现倒像，不再次颠倒就不能产生正像。但甲至丙合成的是正立缩小像，却能使子号凸透镜中的倒像变成正立，这是为什么？

将甲至丙合起来贴近眼睛去看远处，只看见白光，不离开眼睛较远，就不能看见正像。由于它使影像为正并且缩小，所以说它等同于凹透镜的性质，本章第十七条。实际上其中有产生颠倒的法则。甲至丙 [透镜组] 虽然组合成凹透镜的性质，但终归有所不同之处在于，将凹透镜贴近眼睛去看东西，不论是远是近、是否昏花，所见一律缩小并正立；将甲至丙 [透镜组] 与眼睛拉开较远距离，[透过它] 看远处也跟用凹透镜一样，将它贴近眼睛看远处，就什么也看不见；既然什么也看不见，也就没有必要是正像。所以看近处方法得当，就能看见倒立放大像。这也是一个佐证。试来分析一下：

设子号凸透镜的深限是 1.6 尺，甲、乙、丙的深限各为 2 寸，将子放在距离眼睛约 3 尺的位置，就看见倒像，内端加入甲乙或乙丙，看见的都是正立缩小像，这是为什么？因为甲乙和乙丙本来是距显限，距显限都成倒像，能不颠倒子 [的影像] 使它正过来吗？只是正像就要缩小，这又是为什么？因为子号凸透镜所生倒像本来就清晰而缩小，"圆凸"第十六条。甲乙与乙丙的距显限深度大致相等，于是倒像也是缩小。本章第八条。因此有了甲乙和子，在甲乙外端加入丙，就必定放大，这是离显限的原理。"圆凸"第十九条。有了乙丙和子，在乙丙内端加入甲，就必定放大，这是切显限的原理。"圆凸"第十九条。这两种显限都不超出 [顺收] 限的范围，如果超出 [顺收] 限就会导致模糊。现在甲和乙的距离竟然 [是顺收限] 翻倍，丙和子的距离竟然十倍 [于顺收限]，却并不导致模糊，这是为什么？原因在于，外凸和内凸之间的距离虽然超出 [顺收] 限，但外凸既然成倒像，就是大光明，所以消除了模糊。本章第八条注。这又是一种解释。但是从内凸看外凸，瑕疵全部消退，未必不是超出 [顺收] 限的缘故。所以看镜片自然模糊，呈现影像自然明晰。既然如此，一共使用四枚凸透镜，结果就是两层倒像导致正立而清晰，两层放大导致清晰而变大了。

论：

以上各条，一般只举甲、乙、丙三枚凸透镜作为示例，因为其余情况也能贯通为一种原理。试以从甲到丁四枚凸透镜的情况而论，那就是子呈现倒像，加入乙丁必定正过来，此时甲是放大镜。或者加入甲至丙［透镜组］也必定正过来，此时是丁是放大镜。其他情况都与此类似。只有［内凸由］甲乙两枚凸透镜构成的情况，本来就没有这种制式，当把乙加到子的内端时，也不能立即看见［影像］正过来，这是乙的深力较浅的缘故。但加上甲既然能成为望远镜，那么乙自然有颠倒子［的影像］的作用，试着拉伸镜筒，就看到［像］正过来，这也可以表明其中是有必然道理的。

二十

或疑：远镜三种，外用浅凸既从同[1]矣，内则或凹或凸，不亦异乎？曰：

观象镜外凸内凹，是用变显限法，本章十四。故以凸使远者大，以凹使昏者显，理最明著也。窥筒镜止有两凸，是用距显限法，本章十六。其浅限与深限相接之交，在浅凸，为极大而不清之处；圆凸十六。在深凸，为极大而切显[2]之处；圆凸十九。在目，为浅凸初倒未小而入大光明之处；圆凸十五。所以虽倒物象，视远殊胜，此理亦易知也。若游览镜，则兼此两法。其一以甲丙合成内凹，前已言之详矣。本章十一。其一以甲丙合成深凸。夫甲丙合则凸深，无烦诠说。然所以必具数面者，所见游览镜之内凸，自三面迄六面不等，兹虽止举甲丙三面者见例，然实通论，曰"数面"概之也。两法皆所必然。盖欲凸得大光明，有丙乙可矣，但不加以甲，不能切目为显微也；欲凸为切显限，有甲可矣，但不加以乙丙不能倒子使复顺象也。然则远镜三种，其制虽异，而使大使显，理则一以贯之矣。[3]

一系：

远镜之理，约言之，不过凸凹相济，一比例而已。目睛外凸，而内长有凹，原目五与七。[4]其长以寸计，见可数里，假令展长至数尺，必可见数十里，此比例之不得不然者。至其凸凹相济，则有数征：

夫人视物能近而不能远者，以远则形小色淡耳。原色七。今离目加凸，是推睛之凸使远。睛凸远，则远物近，故见为大。然凸不可望远，以大而昏也，圆凸二十三。故清之以凹。凹为大光明。圆凹十五。此征诸凸镜者一也。

抑目加凹，是杀睛之凸使浅。睛凸浅，则视可远矣。然凹不可混施，[5]圆凹十六及十八。故解之以凸。此征诸凹镜者二也。

若夫物远而小，则昏然如点点积尘，其理同老花之察近，不能辨也，原目六。故深之以凸。睛凸，加以凸镜，故深。老花察近，得凸斯[6]析。此征诸老花之目者三也。

抑物远，离目隔以凸镜，则小者可大而茫然，若闪闪夺光。原目六。其理同短视之望远，莫能明也，故杀之以凹。睛凸、镜凸，再加以凹镜，故凸杀。短视望远，得凹乃清。此征诸短视之目者四也。

【注释】

〔1〕从同：相同。

〔2〕此处"切显"二字是将"圆凸"第十九条对放大镜性质的定义压缩为一个概念来使用，即物体位于凸透镜焦距以内，眼镜从异侧贴近镜片（切）观察，看见物体放大而明晰（显）。

〔3〕以上将目镜和转像光组的作用原理讲得很清楚。

〔4〕"原目"第五条解释眼球的结构和功能说，眼睛外形为凸形，有聚光能力，叫做"外凸"；内部有伸缩能力，叫做"内长"。"原目"第七条说，眼球的前面是凸形，底部是凹形。这些说法主要来自《远镜说》，致使郑复光把眼睛的结构想象为一个微型伽利略式望远镜。

〔5〕凹不可混施：指非近视眼不能戴凹镜，近视眼的眼镜要"合目"。

〔6〕斯：乃，就。

【译文】

或许有人有疑问：三种望远镜，外端用浅度凸透镜既然是一致的，内端却有凹有凸，难道没有区别吗？回答是：

观象镜的外端为凸透镜、内端为凹透镜，运用的是变显限原理，本章第十四条。所以用凸透镜使远处物体显得放大，用凹透镜使模糊影像变得清晰，道理最明显不过。窥筒镜只有两枚凸透镜，运用的是距显限的原理，本章第十六条。较浅的［顺收］限与较深的［顺收］限的结合点，对于较浅凸透镜，是最大但不清晰的位置；"圆凸"第十六条。对于较深凸透镜，是物像最大而且显得清晰的位置；"圆凸"第十九条。对于眼睛，是较浅凸透镜［的影像］刚刚颠倒、尚未变小而进入大光明的位置；"圆凸"第十五条。因此虽然颠倒物像，望远却很出色，这个道理也是容易明白的。至于游览镜，那就兼有这两种法则。一是理解为以甲至丙［透镜组］组合成内端凹透镜，前面已有详细说明。本章第十一条。二是理解为以甲至丙［透镜组］组合成较深凸透镜。甲至丙［透镜组］组合就相当于凸度变深，这无须多解释。但一定要配备多枚的原因，见过的游览镜的内凸［组］，从三枚到六枚不等，这里虽然只举出甲至丙三枚作为示例，但实际上是贯通之论，概括性地说成是"多枚"。对两种法则都是必然的。那就是，要使凸透镜获得大光明，有丙乙就可以了，但不加上甲，就不能贴近眼睛起放大作用；要使凸透镜起切显限作用，有甲就可以了，但不加上乙丙就不能颠倒子［的影像］使它恢复为正像。因此，三种望远镜，制式虽然不同，但导致放大和明晰，道理却是一以贯之的。

一系：

望远镜的原理，简单地说，无非就是凸凹互相调剂，一个比例问题而已。眼球外形为凸，而里面的伸缩部分有凹形，"原目"第五条与第七条。它的［伸缩部分］长度以寸计，视野可以达到几里，假如使它延长到几尺，视野必定能达到几十里，这是一种必然的比例关系。至于它的凸凹互相调剂，则有几个佐证：

人之所以看物体能近而不能远，是因为远就会形状变小、颜色变淡。"原色"第七条。现在在眼睛前面加凸透镜并保持一定距离，相当于把眼球凸体推远。眼球凸体远了，远处的物体就显得近了，所以看起来变大。但是凸透镜不能望远，因为影像大而模糊，"圆凸"第二十三条。于是用凹透镜使它清晰。

凹透镜是大光明。"圆凹"第十五条。这是从凸透镜得到的第一个佐证。

　　眼睛加凹透镜，相当于削减眼球凸度使它变浅。眼球凸度变浅，视野就延伸了。但是凹透镜［需要匹配视力］不能随便乱用，"圆凹"第十六条及第十八条。于是用凸透镜加以消解。这是从凹透镜得到的第二个佐证。

　　物体又远又小，则看起来模糊得像一点点堆积的灰尘，道理就如同老花眼看近处，不能分辨细节，"原目"第六条。于是用凸透镜予以加深。眼球凸，加上凸透镜，所以变深。老花眼看近处，有了凸透镜就能辨认分明。这是从老花眼得到的第三个佐证。

　　物体远，用凸透镜在眼睛前面拉开一点距离去看，则小的物体可以显得大而模糊不清，如同闪烁不定的光芒，"原目"第六条。道理就如同近视眼看远处，不能看得明白，于是用凹透镜加以削减。眼球和凸透镜都凸，再加上凹透镜，所以凸度削减。近视眼看远处，有了凹透镜就能看得清晰。这是从近视眼得到的第四个佐证。

二十一

远镜外凸愈浅则愈长，其能力[1]愈胜。然凸镜径寸半者，限四尺已几于平，而四尺之筒犹未足以观象，且凸过浅难于中度。用变浅限法，则凸顺收限二尺二寸，加侧收限四寸五分之凹，可变凸为七尺七寸焉，此亦妙用也。洋制佳者多有之。

　　一系：

　　凹若嫌深，亦可变浅。虽凹无顺限，借虚率，反此求之。凹用凸率、凸用凹率，如法入之[2]可用也。

　　论曰：

　　凡平镜相叠，恒如蒙气加厚，本章一。两凸相切亦然。独离之为距显限，则愈明，得其用故也。凸凹相切，既得其用，故无虑此矣。

【注释】

〔1〕物镜焦距越长，放大倍数越高，此处"能力"应即指此。

〔2〕入之：古算用语，意为将某种计算法纳入此处，即按某种既有计算法进行计算。入：容纳，纳入，采纳。见郭书春《九章筭术译注》，上海古籍出版社，2009 年。

【译文】

外凸越浅的望远镜就越长，能力就越强。但是直径 1.5 寸的凸透镜，顺收限为 4 尺时已经差不多是平的，而 4 尺长的镜筒还不足以用于天文观测，而且度数太浅的凸透镜很难［制作得］精确。运用变浅限的规则，那么顺收限 2 尺 2 寸的凸透镜，加上侧收限 4 寸 5 分的凹透镜，就可以变成［顺收限］7 尺 7 寸的凸透镜了，这也算一种巧妙的运用。上乘的西洋制品大多有这种组合。

　　一系：
　　如果嫌凹透镜太深，也可以使它变浅。虽然凹透镜没有顺限，借［凸透镜的换算率为］虚拟的换算率，按上面的例子反过来求取。凹透镜用凸透镜的换算率、凸透镜用凹透镜的换算率，按相应规则换算就行了。

　　论：
　　凡是平板透明体叠加起来，总是像雾气变厚一样。本章第一条。两枚凸透镜紧贴也是如此。唯独拉开距离成为距显限，就更加明晰，是作用得以发挥的缘故。凸透镜和凹透镜紧贴，既然作用得以发挥，就没有这方面的担心了。

二十二

两凸及两凹相切，则限加深，本章一。当名为变深限。[1]但凹加深，其限无可据，惟凸加深，则顺限必短，其理可得而详焉。

夫两凸同深，相叠则加深一倍，而限必减一半。[2]若甲深乙浅，相叠变深，则必短于甲之全限，而长于甲之半限可知也。[3]若乙愈浅，则变限愈长，而终不能长过甲之全限，亦可知也。[4]今揣其理：

如甲、乙俱深三寸，则变深必得寸五。设甲深三寸，乙或深六寸，其变深必得二寸二分五，何也？

盖三寸比六寸加深一倍，则三寸凸镜一面，即与六寸凸镜两面相并同。三寸凸并六寸凸，即与六寸凸镜三面相并同。两面三寸凸镜相并既变深为寸五，则四面六寸凸镜相并亦必变深为寸五。今三寸凸并六寸凸既如三面六寸凸镜相并，则其变深必长于四面六寸相并，短于两面六寸相并，而在两较之间[5]也。

夫四面六寸为寸五，两面六寸为三寸，其数为倍与半，则两较既在其间，必为寸五之半，而得七分五，故加七分五于寸五，共得二寸二分五也。[6]

爰推其算法：以甲凸加倍变深之限寸五，减乙凸限六寸，得较四寸五，为实[7]；以甲凸三寸除乙凸六寸，得倍数二，为法[8]；法除实，得二寸二分五，为所求。[9]

又法：以甲三寸除乙六寸，得倍数二；以倍数二除甲倍限[10]寸五，得七分五；减甲限三寸，得二寸二分五，为所求。[11]

论曰：

前法，以两凸同深者言之，则无倍数，亦无较数，而有变深限数；以两凸不同深者言之，则有倍，有较，又有变深限数，但其较数不可以例变深限。然两凸同深者，其甲倍限与乙顺限较，甲倍限者，谓甲凸三寸加倍之深限寸五也，下仿此。与乙顺限较者，谓乙亦深三寸，与甲倍限寸五相减之较寸五也。则所得之较数即如其变深数。故两凸不同深者，即借甲倍与乙之较以为较，则其倍数二与较数即如变深数四五〇之比，即同于倍数一与变深数即如较数二二五之比也。[12]此"异乘同除"之理[13]也。

又：

以甲三寸为主，使乙由三寸而杀[14]之，则变深自寸五而渐长，不能过三寸。以乙六寸为主，使甲由六寸而杀之，则变深自三寸而渐长，不能过六寸。故以寸半减深凸三寸，余亦寸半，为乙与甲同深，其变深与甲深之较。以是较减浅凸六寸，余四寸五，为乙与甲不同深，使浅凸乙变深之数。夫甲既三寸，则变深之数不能出三寸，而乃得四寸五者，以乙浅于甲之顺限有其倍故也。求其倍得二，以与变深数比例，则一倍与四寸五为原有数[15]，二倍为今有数[16]；以今有之倍二与原有之倍一，若原有之变深四五○与今有之变深二二五也。[17]此"同乘异除"之理[18]也。

又法：

以寸五者，甲、乙同深之变深数，亦即变深数与深凸之较数也；今甲、乙不同深，则必有其倍数，求得倍数二，以除较数寸五，即得所求之较数七分五，以减甲深三寸，得二寸二分五，为所求之变深也。[19]

一系：

镜作凸凹，小浅大深为难。圆凸二。如图（图70）：

图 70

乙丁与己辛同甲角，而庚壬虽长，己辛犹浅，欲求再长则难乎料矣；丙戊虽短，乙丁已深，欲求再短则难乎工矣；此凸法变浅所以妙也。有时用凹嫌深，亦可放[20]变浅法求之。本篇十二。至于两凸相切，不过使凸加深，为用甚稀。曾见洋制远镜，其外镜三面，子凸、丑凹，又加一寅为浅凸，未解其意。然度其理，殆因子丑相合稍觉其浅，故加一浅凸使略深耶？亦制作之巧也。

【注释】

〔1〕两枚凸透镜或两枚凹透镜密接，相当于一枚度数加深的透镜。所以"变深限"相当于两枚正负相同的透镜密接的系统焦距。

〔2〕从此句开始，郑复光将逐步推导变深限的线性插值公式。这是第一步。当焦距分别为 f_1 和 f_2 的两枚凸透镜密接时，若 $f_1 = f_2 = f$，则系统焦距 $F = \dfrac{f}{2}$。这与现代理论值（$F = \dfrac{f_1 f_2}{f_2 + f_1} = \dfrac{f^2}{2f} = \dfrac{f}{2}$）一致。

〔3〕第二步推导：甲（f_1）深乙（f_2）浅，即 $f_1 < f_2$ 时，系统焦距最深的情况是 $f_1 = f_2$，最浅的情况是不叠加乙，所以 $\dfrac{f_1}{2} < F < f_1$。

〔4〕f_2 越大，则 F 也越大，但最大不能大于 f_1。

〔5〕两较之间：指两数之较的中间值。较，古算书中称被减数减去减数所得的差为较数，简称较。

〔6〕以上推演步骤为：一、3 寸焦距的透镜深度比 6 寸的加倍，所以一枚 3 寸焦距的透镜相当于 2 枚 6 寸焦距的透镜叠合；二、根据上一步，2 枚 3 寸焦距的透镜叠合，系统焦距为 1.5 寸，那么 4 枚 6 寸的叠合系统焦距也是 1.5 寸；三、现在一枚 3 寸焦距和一枚 6 寸焦距的透镜叠合，相当于 3 枚 6 寸的叠合，则系统焦距大于 4 枚叠合，而小于 6 枚叠合，取值在二者之间；四、4 枚叠合的系统焦距为 1.5 寸，2 枚叠合为 3 寸，那么 3 枚叠合的系统焦距取值在 1.5 和 3 之间，大于 1.5 而小于 3 的部分为 $\dfrac{3-1.5}{2} = 0.75$；五、最后，一枚 3 寸焦距和一枚 6 寸焦距的透镜叠合系统焦距为 $1.5 + 0.75 = 2.25$（寸）。

按现代公式计算的理论值为 $\dfrac{f_1 f_2}{f_2 + f_1} = \dfrac{3 \times 6}{3 + 6} = 2$。很明显，0.25 的误差产生于线性插值。

〔7〕实：此处指被除数。见"圆叠"第十一条注〔6〕。

〔8〕法：古算书中通称乘数、除数以及二次多项式中的一次幂项的系数为法数，简称法。下面的"法除实"相当于说"除数除被除数"。

〔9〕此处的"算法"可视为"计算法则"即公式。虽然文中仍以实际数据表述，看上去像一个例题，但其实是一个一般公式。这带有中国传统数学的特征。中国传统数学中很少有刻意追求公理化的痕迹，即使有严格而精密的算法或求解模型，一般也只在计算实例中表现出来。此处的算法可按现代表示法表示为：

设甲凸顺收限为 f_1，乙凸顺收限为 f_2，叠合系统焦距（变深限）为 F。

以甲凸加倍变深之限 $\dfrac{f_1}{2}$，与乙凸限 f_2 相减，即为 $f_2 - \dfrac{f_1}{2}$。以这个较（差）为实（被除数）；

以甲凸顺收限除乙凸顺收限，得到一个倍数 $\dfrac{f_2}{f_1}$。以这个倍数为法（除数）；

法除实得 $\dfrac{f_2 - \dfrac{f_1}{2}}{\dfrac{f_2}{f_1}}\left(= f_1 - \dfrac{f_1{}^2}{2f_2}\right)$，即为要求的 F。

〔10〕倍限：意为深度加倍的变深限，但郑复光以这个简称为专门术语，详后。

〔11〕另一算法：

以甲凸顺收限除乙凸顺收限，得到一个倍数 $\dfrac{f_2}{f_1}$；以这个倍数除甲倍限 $\dfrac{f_1}{2}$ 为 $\dfrac{\dfrac{f_1}{2}}{\dfrac{f_2}{f_1}}$，再将其从甲限中减去，得 $f_1 - \dfrac{\dfrac{f_1}{2}}{\dfrac{f_2}{f_1}}\left(= f_1 - \dfrac{f_1{}^2}{2f_2}\right)$，即为要求的 F。

综上所述，郑复光的变深限公式为：

$$F = f_1 - \frac{f_1^2}{2f_2} \qquad (f_1 < f_2) \qquad (1)$$

如上言，文中虽以 3 寸和 6 寸为实际数据，按计算实例而非一般公式来叙述，但在后文中却明显把（1）式作为一般公式加以运用，在"圆率"章中尤为明确。

按：（1）式与现代几何光学公式相较，表面上看不出相通关系。我们对现代公式作如下变形：

$$F = \frac{f_1 f_2}{f_2 + f_1} = f_1 - \frac{f_1^2}{\left(1 + \dfrac{f_1}{f_2}\right) f_2} \qquad (2)$$

可以直观看出，（1）对于（2）式，是一个比较精彩的近似公式。其近似性在于以 2 代替 $\left(1 + \dfrac{f_1}{f_2}\right)$，后者取值在 1 到 2 之间（$f_1 < f_2$）。这个 2 的物理意义是，当两枚焦距相等的凸透镜叠合时，深力加倍而焦距减半；以限长（焦距）而论，谓之半限；以深力而论，谓之倍限。

在"圆率六"中，郑复光列出运用（1）式的六个应用例题，将例题中的数据与我们用（2）式计算出的数据作一比较，就更清楚（1）、（2）两式之间的近似关系了。见下表：

单位：尺

f_1	0.4	1.2	0.4	0.3	0.3	1.2
f_2	1.6	2.4	2.0	0.9	0.45	3.0
由（1）式计算的 F	0.35	0.9	0.36	0.25	0.20	0.96
由（3）式计算的 F	0.32	0.8	0.33	0.225	0.18	0.86

按：这一类定量公式，是全凭精密实验和线性插值建立起来的。可以说达到了缺少折射模型情况下的极限。所得结果虽然跟现代理论中的定律和解析解相比有差距，但这是从零开始的创造，其中表现出的科学精神是崇高的，成果也是巨大的。《镜镜詅痴》全书中的所有定量结论，最大误差一般都在 0 到 10% 之间，用于当时的眼镜、放大镜、望远镜、简易投影机、取景镜等制造，已经算得上很精密，如此有深度的研究，在当时可谓独一无二，在今天则不应埋没其功绩。

〔12〕以上是对前面建立的"算法"的解释。当 $f_1 = f_2 = f$ 时，其甲倍限 $\left(\dfrac{f}{2}\right)$ 与乙顺限较 $\left(f - \dfrac{f}{2}\right)$ 即为变深限 F；当 $f_1 \neq f_2 (f_2 > f_1)$ 时，由于乙的顺收限变长、深力变小，所以与甲叠加后总的深力也较小，即变深限较长；郑复光认为，此时的较数 $\left(f_2 - \dfrac{f_1}{2}\right)$ 还不能直接表征变深限，变深程度满足一个比例关系，即当前倍数 $\left(\dfrac{f_2}{f_1}\right)$ 与较数 $\left(f_2 - \dfrac{f_1}{2}\right)$ 之比，等于甲乙相等时的倍数 1 与变深限 F 之比，由此得到注〔9〕，中的公式。

〔13〕古算书中把用比例式" $\dfrac{a}{b} = \dfrac{c}{x}$ "求 x 的方法叫做"异乘同除"。

〔14〕杀：减少。但须注意，凸透镜深力减小则焦距增大，焦距减小则深力增大，此减彼增。此处"渐杀"者，是指深力，故不可理解为焦距（3 寸）减小，焦距反而是增大。以焦距 f_1 为 3 寸的甲为主，f_2 越大（渐杀）则 F 也越大，但最终不能大于 3 寸（f_1），因为大于 3 寸就不是变深了。这从郑复光的公式也可以理解，对于前面的（1）式，f_2 最大为 ∞，相当于在透镜上叠加平玻璃，此时 $F = f_1$（即 3 寸）。

〔15〕原有数：古代算数术语。在比例式" $a \cdot b = c \cdot x$ "中，a 和 b 叫做原

有数。

〔16〕今有数：即上注比例式中的 c 和 x。

〔17〕以上继续解释，当 $f_1 = f_2 = f$ 时，乙顺限减甲倍限 $\left(f - \dfrac{f}{2}\right)$ 这个变深数直接就是变深限 F，那么当甲、乙不相等时，为什么变深数 $\left(f_2 - \dfrac{f_1}{2}\right)$ 不能等于变深限呢？因为变深限最大不能大于 f_1，但当 f_2 不断增大时，$\left(f_2 - \dfrac{f_1}{2}\right)$ 有可能大于 f_1，这时还需考虑 f_2 与 f_1 之间的倍数关系。$f_1 = f_2$ 时的倍数 1 和变深数 $\left(f_2 - \dfrac{f_1}{2}\right)$ 为原有数，当前倍数 $\dfrac{f_2}{f_1}$ 为今有数，即：$1 \times \left(f_2 - \dfrac{f_1}{2}\right) = \dfrac{f_2}{f_1} \times F$。按比例法，则相当于今有的倍数 $\dfrac{f_2}{f_1}$ 与原有的倍数 1 之比，等于原有的变深数 $\left(f_2 - \dfrac{f_1}{2}\right)$ 与今有的变深数 F 之比，即：$\dfrac{f_2}{f_1} : 1 = \left(f_2 - \dfrac{f_1}{2}\right) : F$。

〔18〕古算书中把用比例式"$a \cdot b = c \cdot x$"求 x 的方法叫做"同乘异除"。

〔19〕此处提出另一解释模式。可以从较深凸透镜（甲凸）的角度来理解，把变深限理解为从甲凸顺收限的数值 f_1 中减去一个表示变深程度的减数，这个减数在 $f_1 = f_2 = f$ 时，为

$$f_1 - \frac{f_1}{2} = \frac{f}{2}$$

当 $f_1 \neq f_2 (f_2 > f_1)$ 时，还要用此时的倍数 $\dfrac{f_2}{f_1}$ 去除，得到 $\dfrac{f_1 - \dfrac{f_1}{2}}{\dfrac{f_2}{f_1}}$ 为表示变深程度的减数，将这个减数从甲凸顺收限 f_1 中减去，得

$$f_1 - \frac{f_1 - \dfrac{f_1}{2}}{\dfrac{f_2}{f_1}}$$

即为要求的变深限 F。

〔20〕放：通"仿"。

【译文】

两枚凸透镜或两枚凹透镜紧贴，则深限加深，本章第一条。理当命名为变深限。但凹透镜加深，它的深限没有实际依据，只有凸透镜加深，顺收限必定变短的情况，其原理是可以详细推究的。

两枚凸透镜深度相等，叠合起来深度就增加一倍，而深限必定减到一半。如果甲深乙浅，叠合起来变深，那么变深限必定比甲的整个深限短，同时比甲的半个深限长，这是可想而知的。如果乙更浅，那么变深限就更长，但最终不能超过甲的整个深限，这也是可想而知的。现在来揣测它的道理：

如果甲、乙的深度都是3寸，那么变深限必定得出1寸5。假设甲的深度为3寸，乙的深度姑且设为6寸，变深限必定得出2寸2分5，这是为什么？

3寸比6寸加深了一倍，那么1枚3寸深凸透镜，就相当于2枚6寸深凸透镜合并。3寸深凸透镜与6寸深凸透镜合并，就相当于3枚6寸深凸透镜合并。既然2枚3寸深凸透镜合并时变深为1寸5，那么4枚6寸深凸透镜合并时也必定变深为1寸5。现在3寸深凸透镜与6寸深凸透镜合并既然相当于3枚6寸深凸透镜合并，那么变深程度必定比4枚6寸的合并要长，比2枚6寸的合并要短，[取值]在两数相减的差数中间。已知4枚6寸的结果是1寸5，两枚6寸的结果是3寸，数值各是对方的加倍和减半，那么既然在两数相减的差数中间，必定是1寸5的一半，而得到7分5，于是把7分5加到1寸5上，总共就得到2寸2分5。

现在来推演计算法则：以凸透镜甲深度加倍的变深限1寸5，与凸透镜乙的深限6寸相减，得出差数4寸5，作为被除数；以凸透镜甲深限3寸除凸透镜乙深限6寸，得出倍数2，作为除数；除数除被除数，得出2寸2分5，为要求的结果。

另一法则：以甲深限3寸除乙深限6寸，得倍数2；以倍数2除甲的倍限1寸5，得7分5；与甲深限3寸相减，得2寸2分5，为要求的结果。

论：

前面的算法中，就两枚凸透镜深度相等的情况而论，就没有倍数，也没有差数，但是有变深限数；以两枚凸透镜深度不同的情况而论，就有倍，有差，又有变深限数，但此时的差数不能直接作为变深限的通则。然而在两枚凸透镜深度相等的情况下，甲的倍限与乙的顺收限相减，所谓甲的倍限，是指3寸深的凸透镜甲深度加倍时的深限1寸5，以下同。所谓与乙的顺收限相减，是指乙的深度也是3寸，与甲的倍限1寸5相减的差数1寸5。得出的差数就是变深数。所以对两枚凸透镜深度不同的情况，就借甲倍限和乙深限的差数为差，则倍数2与差数等于当前变深数4.50之比，就等于倍数1与变深数等于当前差数2.25之比了。这是"异乘同除"的法则。

另一种思路：

以甲深限3寸为准，使乙深限从3寸开始减少，那么变深限就从1寸5开始逐渐变长，不能超过3寸。以乙深限6寸为准，使甲深限从6寸开始减少，那么变深限就从3寸开始逐渐变长，不能超过6寸。所以以1.5寸与较深凸透镜深限3寸相减，剩余还是1.5寸，这是乙与甲深度相等时，变深数与甲深限的差数。以这个差数与较浅凸透镜深限6寸相减，剩余4寸5，这是乙与甲深度不同时，使浅凸透镜乙变深的数值。既然甲深限是3寸，那么变深的数值就不能超过3寸，但却得出一个4寸5，这是因为乙比甲的顺收限浅是有倍数的。求这个倍数得2，用来与变深数进行比例计算，则1倍与4寸5为原有数，2倍为今有数；今有的倍数2与原有的倍数1之比，等于原有的变深数4.50与今有的变深数2.25之比。这是"同乘异除"的法则。

另一种算法：

由于这个1寸5是甲、乙深度相等时的变深数，也就是变深数与较深凸透镜深限的差数；那么现在甲、乙深度不同，就必定有一个倍数，求得倍数为2，用来除原来的差数1寸5，就得到当前要求取的差数7分5，用来与甲的深限3寸相减，得2寸2分5，就是要求取的变深限数。

一系：

镜片要做成凸形和凹形，小而浅和大而深是困难的。"圆凸"第二条。如图（图70）：

乙丁和己辛同为甲角［的弧］，此时庚壬虽然较长，己辛还是较浅，想要更长就难找到材料了；丙戊虽然较短，乙丁却已经较深，想要更短就很难加工了；凸透镜［叠加］变浅法的妙处就在于此。有时使用凹透镜觉得太深，也可以仿照变浅法解决。本篇第十二条。至于两枚凸透镜紧贴，只不过使凸度加深，用途很少。曾见过一具西洋制造的望远镜，外端镜片有三枚，子号凸透镜、丑号凹透镜，又加一枚浅凸透镜寅，不明白其中意图。但揣度它的道理，大概是因为子、丑叠合觉得稍微偏浅，所以加一枚浅凸透镜使它略微变深一些吧？也算是制作上的一种巧妙。

圆　　率[1]

一

凸限全率表[2]

	表三			表二	表一
	畸			双	单
	副正面	副正面	副正面	余正面	景正面
	大数	中数	小数		
侧收限	一〇〇 二九〇	一〇〇 二〇〇	一〇〇 一一〇	一〇〇 一〇〇	一〇〇 三〇〇
侧展限	一九〇 二六一	一九〇 一八〇	九〇 九九〇	九〇 九九〇	一九〇 二七〇
侧均限	一九〇 五五一	一九〇 三八〇	一九〇 二〇九	一九〇 一九〇	一九〇 五七〇
顺收限	五九〇	五〇〇	四一〇	四〇〇	六〇〇

续　表

	表三			表二	表一
	畸			双	单
	副正面	副正面	副正面	余正面	景正面
	大数	中数	小数		
顺展限	五三〇	四五〇	三六九	三六〇	五四〇
顺均限	一一二	九五〇	七七九	七六〇	一一四〇
两收限较	三 此较无用	三 此较无用	三 此较无用	三	五 此较无用

用一：有单凸，正面侧收限二寸，求：深力即顺收限几何？

答曰：一尺二寸。

法：置[3]正面侧收限二寸。检表一顺收限得六，谓之单率六[4]，此为单率所恒用。入后止称单率六，以从省便。为法，乘之，即所求。又法：检表一较率[5]得五，以乘侧限，加之。

用二：有单凸，景面侧收限六寸，求：深力几何？

答曰：一尺二寸。

法：置景面侧收限六寸。检表一景面侧收限得三、顺收限得六，爰六乘、三除，即所求。又法：置六寸，倍之。

用三：有双凸，每面侧收限二寸，求：深力几何？

答曰：八寸。

法：置二寸。检表二顺收限得四，谓之双率四[6]，此为双凸所恒用。为法，乘之，即所求。又法：检表二较率得三，以乘二寸，加之。

用四：有畸凸，侧收限正面二寸、副面三寸八分，求：深力几何？

答曰：九寸八分。

法：以正除副，得倍数一九。检表三侧收限得相近略小者，正一〇，副一一。爰以副一一与一九相减，余较八。其顺收限四一，乃加较，得四九，为法，乘正面二寸，即所求。[7]又法：检表三较率得三，以乘正限二寸，得六寸，加副限三寸八分，亦得。

用五：有单凸，顺收限一尺二寸，求：正面侧收限几何？

答曰：二寸。

法：以单率六除之，即所求。又法：五因、三归之[8]。

用六：有单凸，顺收限一尺二寸，求：景面侧收限几何？

答曰：六寸。

法：六归、三因之，即所求。又法：半之。

用七：有双凸，顺收限八寸，求：侧收限几何？

答曰：二寸。

法：以双率四除之，即所求。

用八：有畸凸，顺收限九寸八分，侧收限正面二寸，求：副面几何？

答曰：三寸八分。

法：检表三较率得三，以乘正二寸，得六寸，为法，减顺收限，余得所求。

用九：有畸凸，顺收限一尺四寸一分，侧收限副面五寸一分，求：正面几何？

答曰：三寸。

法：以副限减顺限，余九寸，以较率三除之，即所求。

用十：有甲、乙两凸，侧收限甲一面四寸、一面一尺二寸，乙一面二寸、一面五寸。求：两凸异同。

答曰：甲单乙畸。

法：以深约[9]浅，恰得三倍者为单，不足三倍者畸也。

用十一：有双或畸凸，顺收限九寸，求：同深之单侧收限几何？

答曰：一寸五分。

法：以单率六除之，即所求。

若各以侧收限为问，则如法各先求其顺限，双法见用三，畸法见用四。以六除之。

一系：

表载全率，用或不具，凡制器者，每求一数，必兼数法考核之，则得数准确，不可不知。本《浑盖通宪》[10]。

【注释】

〔1〕圆率：指球面透镜的各种数值之间的相互关系，相当于"球面透镜的定量规则"。

〔2〕这个表中各个数值的意义和彼此间关系解释如下：

1. 表一、表二、表三分别为单凸（平凸透镜）、双凸（对称双凸透镜）和畸凸（不对称双凸透镜）三种凸透镜的成像常数换算表。

2. 成像常数共有6个：(1)顺收限，平行光会聚点距镜片距离，即像方焦距；(2)顺展限，成最大实像时的物距，数值上无限接近物方焦距；(3)顺均限，成等大实像时的物距或像距（二者相等），即二倍焦距；(4)侧收限，凸透镜内表面对平行光反射聚焦的焦距；(5)侧展限，凸透镜内表面反射成最大实像时的物距，数值上无限接近反射面焦距；(6)侧均限，凸透镜内表面反射成等大实像时的物距或像距（二者相等），即二倍反射面焦距。

3. 表中数据均为"比率"，即倍数。对任意一枚凸透镜，已知一个常数，即可通过查表，求取其余五个中的任一个。比如已知某双凸透镜侧收限为 2 寸，求顺收限，查表得知比率为 4，即可得顺收限为 8 寸。

4. 表中各类凸透镜的两面顺收限都相等，故一律是薄透镜。

5. 收限和展限在数值上都表征焦距，二者应相等或接近，但表中数据展限一律比收限偏小 10%，应是测量误差。可分析误差原因。展限是生实像的物距，小于焦距即不生实像，实际上还应该略大于收限。故唯一解释是收限测量值偏大。收限测量值偏大意味着入射光束不是理想平行光，即光源放置不够远。"圆凸"第十一条说："收限之光、展限之壁，其镜距必远，方无改移。约灯体寸余、凸深即顺收限寸余，则远须尺余……今名曰限距界，愈远益确。"虽然郑复光接着就指出"凡验凸深浅宜用日月之光"。但大量的测量应在室内进行，否则也没有规定限距界的必要，而且观察实像需要暗室。尤其值得注意的是，郑复光规定的限距界是焦距的 10 倍，此时聚焦点位置恰好大于焦距 10% 左右：

$$\frac{\left(\dfrac{1}{f}-\dfrac{1}{10f}\right)^{-1}-f}{f}\times 100\% = 11\%$$

6. 顺限和侧限的关系为现代几何光学所无，应着重分析。由"圆凸"第七条可知，畸凸的顺侧两限之比系由线性插值法求得。已知单凸两面侧收限之比为 1:3 时，顺收限为 6；双凸两面侧收限之比为 1:1 时，顺收限为 4。以上两种情况是凸透镜两个表面曲率比的最大和最小界限，曲率比在两者之间即为畸凸。按算术平均插值法可得，畸凸两面侧限比为 1:1.1 时，顺限为 4.1；侧限比为 1:2 时，顺限为 5；侧限比为 1:2.9 时，顺限为 5.9。如下表（即"凸限全率表"的第一和第四行数据）：

	单凸	双凸	畸		凸
两面侧收限之比	1:3	1:1	1:1.1	1:2	1:2.9
顺收限	6	4	4.1	5	5.9

可按现代几何光学对上表进行核算。根据 Г. Г. 斯留萨列夫著《几何光学》，图 31（a）中的 S（即侧收限）如下式：

$$S=\frac{r_1}{2}\cdot\frac{nr_1 r_2+2d[nr_1-(n-1)r_2]-2(n-1)d^2}{n^2 r_1^2-n(n-1)r_1 r_2+d(n-1)[(n-1)r_2-2nr_1]+(n-1)^2 d^2}$$

对理想薄透镜，取 $d=0$，得下面（1）式：

$$S=\frac{1}{2}\cdot\frac{r_1 r_2}{nr_1-(n-1)r_2} \tag{1}$$

平凸顺收限如下式：

$$f = \frac{r}{n-1} \tag{2}$$

畸凸顺收限如下式（$r_1 - r_2$ 时为双凸）：

$$f = \frac{r_1 r_2}{(n-1)(r_1 + r_2)} \tag{3}$$

以上诸式中，r_1 和 r_2 分别为透镜第一表面和第二表面的曲率半径，取 $n = 1.5$，注意不同情况下曲率半径的正负号，可算出：

	单凸	双凸	畸　凸		
两面侧收限之比	1∶3	1∶1	1∶1.1	1∶2	1∶2.9
顺收限	6	4	4.63	5.33	5.95

比较以上两表可知，郑复光原表中的平凸和双凸数值为实测值，与理论值相等。用线性插值法求得的畸凸数值自然有以直代曲的误差。

7. 原表最后一行为"两收限较"。"较"为"差"。所以这一行可以叫"差率"。也是用来进行换算。是用比率换算的另一法。比如，已知某双凸透镜侧收限为 2 寸，按比率顺收限为 4 倍，得 8 寸。按差率，顺收限比侧收限多 3 倍，所以在 2 寸上再加 3 个 2 寸即得 8 寸。不对称透镜的差率只计一面，另一面注明"此较无用"。

8. 表中各个数值并非二位数、三位数、四位数，而是小数。比如"六〇〇"并非 600 而是 6.00。600 在古代一般写作六百而非"六〇〇"。"六〇〇"恰恰是中国古代算术不写出小数点而用位置表示的书写法。在后面的所有应用例题中，都称为"六"而非"六百"。又如，"五五一"并非 551 而是 5.51，在后面正文中也能看出来。这些数值都代表比率，而不是某种实际数据，当然是取个位数。

〔3〕置：本意为布置筹算，见"圆凹"第四条注〔1〕。

〔4〕单率六：单凸透镜的顺收限与正面侧收限的比率为 6，故称单率六。

〔5〕较率：顺收限的率数与侧收限的率数之差。

〔6〕双率四：双凸透镜的顺收限与正面侧收限的比率为 4，故称双率四。

〔7〕此例表达了"凸限全率表"作为一个线性插值模型的用法。表中载有两面侧收限之比为 1∶1.1 和 1∶2 的各比值，现在要计算的凸透镜两面侧收限之比为 1∶1.9，于是在前两者之间继续线性插值。

〔8〕五因、三归之：古人有一些速算法，将乘数或除数分解为几个一位数的因数，从而将乘法或除法运算化为个位数的连乘、连除。因：古人称一位数乘法叫"因"。杨辉《乘除通变算宝》中有"相乘六法"。其"单因"法："细物一十二斤半、税一，今有二千七百四十六斤。问：税几何？""术曰：八因以代一二五除也。"这相当于说 $2\,746 \div 12.5 = 2\,746 \div 100 \times 8$。又"重因"法："绢二百七十四匹，每匹四十八尺，问：共几尺？""草曰：置绢数，六之，八因之。"这相当于说：$274 \times 48 = 274 \times 6 \times 8 = 1\,644 \times 8 = 13\,152$。此处的"五因"，为以 10 除、以 5 乘。在杨辉的速算法中，以 15 为除数的除法化为"二因、三归"。可见"二因"为以 2 乘、以 10 除，相当于以 5 除；反之，"五因"为以 10 除、以 5 乘，相当于以 2 除。这些古代速算法，有的在今天看来似乎不必要，但在筹算中是有效果的。归：除。见"圆叠"第十三条注〔8〕。

〔9〕约：本意为约减，此处为除。

〔10〕《浑盖通宪》：即《浑盖通宪图说》，利玛窦和李之藻合作翻译的介绍西方简平仪的著作，成书于 1607 年，底本为利玛窦的老师克拉维乌斯的《论星盘》（*Astrolabium*）。该书讲测量法，常常一个问题有数法，郑复光也经常提出"又法"，可见在思想方法上受其影响。其书中云："凡位置，星辰必须兼前数术以相参验，始可无爽。"

【译文】

凸限全率表

				侧收限	侧展限	侧均限	顺收限	顺展限	顺均限	两收限较
表一	单凸	正面 影面		1.00 3.00	0.90 2.70	1.90 5.70	6.00	5.40	11.40	5 此较无用
表二	双凸	正面 余面		1.00 1.00	0.90 0.90	1.90 1.90	4.00	3.60	7.60	3
表三	畸凸	正面 副面	小数	1.00 1.10	0.90 0.99	1.90 2.09	4.10	3.69	7.79	此较无用 3
		正面 副面	中数	1.00 2.00	0.90 1.80	1.90 3.80	5.00	4.50	9.50	此较无用 3
		正面 副面	大数	1.00 2.90	0.90 2.61	1.90 5.51	5.90	5.30	11.21	此较无用 3

应用一：有一枚单凸透镜，正面侧收限为 2 寸，求：深力即顺收限为多少？

答：1 尺 2 寸。

求法：设定正面侧收限 2 寸。查表一顺收限得到 6，称之为单率 6，单凸透镜的换算率总是使用这个数值。为简便计，以后只称单率 6。作为乘数，乘它，即为要求的结果。另一求法：查表一较率得到 5，以它乘侧收限，再加上侧收限。

应用二：有一枚单凸透镜，影面侧收限为 6 寸，求：深力为多少？

答：1 尺 2 寸。

求法：设定影面侧收限 6 寸。查表一影面侧收限得到 3、查顺收限得到 6，就以 6 乘、以 3 除，即为要求的结果。另一求法：设定 6 寸，将它翻倍。

应用三：有一枚双凸透镜，每面侧收限为 2 寸，求：深力为多少？

答：8 寸。

求法：设定 2 寸。查表二顺收限得到 4，称之为双率 4，双凸透镜总是使用这个换算率。作为乘数，乘它，即为要求的结果。另一求法：查表二较率得到 3，以它乘 2 寸，再加上 2 寸。

应用四：有一枚畸凸透镜，侧收限正面为 2 寸、副面为 3 寸 8 分，求：深力为多少？

答：9 寸 8 分。

求法：以正面侧收限除副面侧收限，得倍数 1.9。查表三侧收限找到相近但是略小的数值，为正面 1.0、副面 1.1。然后以副面比率 1.1 与 1.9 相减，剩余差数 0.8。此时顺收限为 4.1，就加上差数，得 4.9，作为乘数，乘正面侧收限 2 寸，即为要求的结果。另一求法：查表三较率得到 3，以它乘正面侧收限 2 寸，得 6 寸，再加上副面侧收限 3 寸 8 分，同样得出结果。

应用五：有一枚单凸透镜，顺收限为 1 尺 2 寸，求：正面侧收限为多少？

答：2寸。

求法：以单率6除它，即为要求的结果。另一求法：以10除并以5乘、再以3除它。

应用六：有一枚单凸透镜，顺收限为1尺2寸，求：影面侧收限为多少？

答：6寸。

求法：以6除、以3乘它，即为要求的结果。另一求法：将它减半。

应用七：有一枚双凸透镜，顺收限为8寸，求：侧收限为多少？

答：2寸。

求法：以双率4除它，即为要求的结果。

应用八：有一枚畸凸透镜，顺收限为9寸8分，侧收限正面为2寸，求：副面侧收限为多少？

答：3寸8分。

求法：查表三较率得到3，以它乘正面侧收限2寸，得6寸，作为减数，与顺收限相减，剩余差数即为要求的结果。

应用九：有一枚畸凸透镜，顺收限为1尺4寸1分，侧收限副面为5寸1分，求：正面侧收限为多少？

答：3寸。

求法：以副面侧收限与顺收限相减，剩余9寸，以较率3除它，即为要求的结果。

应用十：有甲、乙两枚凸透镜，侧收限甲一面为4寸、一面为1尺2寸，乙一面为2寸、一面为5寸。求：两枚凸透镜的区别。

答：甲是单凸透镜，乙是畸凸透镜。

求法：以较深一面侧收限除较浅一面侧收限，倍数正好为3倍的是单，不足3倍的是畸。

应用十一：有一枚双凸透镜或畸凸透镜，顺收限为9寸，求：

同等深度的单凸透镜的侧收限为多少？

    答：1寸5分。

    求法：以单率6除它，即为要求的结果。

    如果分别以侧收限来提问，就按规则先分别求得顺收限，双凸透镜的求法见应用三，畸凸透镜的求法见应用四。以6除它。

    一系：表中的全部比率，不一定涵盖所有应用，但凡制作仪器时，每求一个数据，一定要用几种方法进行核算，结果才能准确，不可不知。根据《浑盖通宪》。

二

凹限全率表[1]

	表三畸 副正面 数大	表三畸 副正面 数中	表三畸 副正面 数小	表二双 余正面	表一单 景正面
侧收限	二九〇〇　一〇〇	二〇〇〇　一〇〇	一一〇〇　一〇〇	一〇〇〇　一〇〇	〇一〇〇
侧展限	二六一〇　九〇〇	一八〇〇　九〇〇	九九〇　九〇〇	九九〇〇　九〇〇	〇九〇〇
侧均限	五五一〇　一九〇	三八一〇　一九〇	二〇九〇　一九〇	一九〇〇　一九〇	〇一九〇
深限	五九〇	五〇〇	四一〇	四〇〇	〇六〇〇
较率	三　此较无用	三　此较无用	三　此较无用	三	此行无数　五

用一：有单凹，侧收限二寸，求：与凸相切适平，问凸顺收限几何？

答曰：一尺二寸。

法：置侧收限二寸，检表一深限得六，亦谓之单率六，乘之，即所求。此与凸侧限求顺限同，其又法不备载，余仿此。

用二：有单凹，侧收限二寸，求：与双凸相切适平，问双凸侧收限几何？

答曰：三寸。

法：置二寸，六乘、四除，即所求。

盖置二寸，六乘、四除者，先求得深限，再除得侧限也。

用三：有双凹，每面侧收限二寸，求：与凸相切适平，问凸顺收限几何？

答曰：八寸。

法：置二寸。检表二深限得四，亦谓之双率四，为法，乘之，即所求。

用四：有双凹，每面侧收限三寸，求：与单凸相切适平，问凸侧收限几何？

答曰：二寸。

法：置三寸，四乘、六除，即所求。

用五：有畸凹，侧收限正面一寸二分、副面三寸，求：与凸相切适平，问凸顺收限几何？

答曰：六寸六分。

法：以正除副，得倍数二五。检表三侧收限得相近略小者，正一〇、副二〇。爰以副二〇与二五相减，余较五。其深限五十，乃加较五，得五五，为法，乘正面一寸二分，即所求。此法与下用六互文见例〔2〕。

用六：有畸凹，侧收限正面一寸二分、副面三寸，求：与单凸相切适平，问凸侧收限几何？

答曰：一寸一分。

法：检表三较率得三，以乘正限，得三寸六分，加副限，以单率六除之，即所求。

用七：有双凹，侧限三寸，求：同深单凹侧限几何？

答曰：二寸。

法：四乘、六除，即所求。

一系：凹无顺限，而理与凸通，故借凸顺限为深限虚率用之。

【注释】

〔1〕此表原有一处明显误刻：侧展限最左边一个数据"六二一"为"二六一"之误，今已正之。深限最右边，应只有"六〇〇"而没有旁边的"〇"，但仍依原刻。

由于凹透镜在透射时不能会聚光束、不能产生实像，所以当时还没有测量凹透镜焦距的方法，郑复光在"圆凹二"中亦表明其"难以量取"。但凹透镜的两个表面对光反射时，能会聚光束，可供测量侧收限（以及侧展限、侧均限），故其深力"惟有侧收限可凭"。其实直接用这个可以实测的侧收限来表征凹透镜的深力，也是可以的，它与焦距的关系是简单的比例关系，仅相当于单位不同。郑复光在"圆凹四"中也明确表达了这一正确思路："凹无顺限，以其侧限为深，未为不可……"结果同样是"凹愈深，限愈短"。但是郑复光想要"与凸通为一例"，并且考虑到畸凹的两面曲率不同，不能只凭任意一面的侧收限来换算深力。这里出现了一个问题，既然凹透镜没有顺收限，即没有实焦点，那么侧收限与深限的比率如何确定呢？郑复光认为可以"借凸率虚取之"，于是"凹限全率表"就是"凸限全率表"的侧三限部分。其中，单凹（平凹透镜）的"景（影）面"（平面）对光时，连侧收限也没有，所以表中注明"此行（列）无数"。

然而这种处理是有问题的。凸透镜侧收限是图 31a 中的 S，是经第一表面折射进入、再经第二表面反射、再从第一表面折射出来而产生，与两面曲率半径的关系如"圆率"第一条注〔2〕中的（1）式所示；凹透镜的侧收限只是由第一表面的反射直接产生，与凹面镜完全一样，如图31b所示，侧收限与曲率半径的关系并非上述（1）式，而只是简单地等于第一表面的半径的二分之一。所以凹透镜的深限与侧收限之间的比率，在物理意义上是不能"与凸通为一例"的。郑复光很清楚"通光凹之面受光，与含光凹等"（"圆凹"第五条），但不清楚凸透镜的侧收限经过了两次折射而与之不同。在光的行为的解释上，缺少一个折射模型，这是当时中国的现状。于是郑复光虽然通过精密而系统的实验建立了正确的"凸限全率表"，但直接套用该表中侧三限部分的"凹限全率表"却与凹透镜深限的物理意义不符。按现代公式，凹透镜的侧收限为：

$$f_{侧} = \frac{r}{2} \qquad (1)$$

其中 r 为第一表面的曲率半径。不考虑负号，平凹透镜的焦距为：

$$f = \frac{r}{n-1} \qquad (2)$$

双凹和畸凹透镜的焦距为：

$$f = \frac{r_1 r_2}{(n-1)(r_1 + r_2)} \qquad (3)$$

其中 r_1 和 r_2 分别为透镜第一表面和第二表面的曲率半径。取 $n=1.5$，根据以上三式可计算出下表的第三行。第一、二两行是"凹限全率表"中的数值。

	单凸	双凸	畸		凸
凹透镜两面侧收限之比	1：(无数)	1：1	1：1.1	1：2	1：2.9
借凸率虚取之深限	6	4	4.63	5.33	5.95
现代理论值	4	2	2.10	2.67	2.97

从上表可知，郑复光所得的凹透镜深限，数值上与现代理论值相比一律大得多。这是一种系统误差，即每个数值的偏大程度都是一样的。应该指出，这并不妨碍郑复光对透镜构成的仪器进行合理的定量设计。因为，正如前面所言，这只是表明凹透镜的深限在物理意义上不表征焦距，但与焦距有比例关系，相当于单位不同而已。也就是说，当郑复光说某凹透镜深限为6寸时，相当于我们说焦距4寸；说4寸相当于2寸，说4.63寸相当于2.10寸，等等。

〔2〕互文见（xiàn）例："互文"是古诗文中常用的修辞方法，通常是将一个句子的各部分分开写到两个句子里去（也有单句互文），要两句互相补充、渗透，才能表现出完整的意思。此处指两个应用题的已知数相同，但条件和所

求不同，两个例题本可合并为一题多问，但分为两题，互相补充为一个完整的计算规则。例，条例，规则。

【译文】

凹限全率表

			侧收限	侧展限	侧均限	深限	较率
表一	单凹	正面 景面	1.00 —	0.90 —	1.90 —	6.00	5 此行无数
表二	双凹	正面 余面	1.00 1.00	0.90 0.90	1.90 1.90	4.00	3
表三	畸凹	正面 副面 小数	1.00 1.10	0.90 0.99	1.90 2.09	4.10	此较无用 3
		正面 副面 中数	1.00 2.00	0.90 1.80	1.90 3.80	5.00	此较无用 3
		正面 副面 大数	1.00 2.90	0.90 2.61	1.90 5.51	5.90	此较无用 3

应用一：有一枚单凹透镜，侧收限为 2 寸，求：与某凸透镜紧贴而恰如平镜，问该凸透镜顺收限为多少？

答：1 尺 2 寸。

求法：设定侧收限 2 寸。查表一深限得到 6，也称之为单率 6，乘它，即为要求的结果。这与凸透镜的侧限求顺限相同，另一解法不再提供，其余仿照此例。

应用二：有一枚单凹透镜，侧收限为 2 寸，求：与某双凸透镜紧贴而恰如平镜，问该双凸透镜侧收限为多少？

答：3 寸。

求法：设定 2 寸，以 6 乘、以 4 除，即为要求的结果。

设定 2 寸，以 6 乘、以 4 除的意思是，先求出深限、再除得侧收限。

应用三：有一枚双凹透镜，每面侧收限为 2 寸，求：与某凸透镜紧贴而恰如平镜，问该凸透镜顺收限为多少？

答：8寸。

求法：设定2寸。查表二深限比率得到4，也称之为双率4，作为乘数，乘它，即为要求的结果。

应用四：有一枚双凹透镜，每面侧收限为3寸，求：与某单凸透镜紧贴而恰如平镜，问该单凸透镜侧收限为多少？

答：2寸。

求法：设定3寸，以4乘、以6除，即为要求的结果。

应用五：有一枚畸凹透镜，侧收限正面为1寸2分、副面为3寸，求：与某凸透镜紧贴而恰如平镜，问该凸透镜顺收限为多少？

答：6寸6分。

求法：以正面侧收限除副面侧收限，得倍数2.5。查表三侧收限找到相近但是略小的数值，为正面1.0、副面2.0。然后以副面比率2.0与2.5相减，剩余差数0.5。此时深限为5.0，就加上差数0.5，得5.5，作为乘数，乘正面侧收限1寸2分，即为要求的结果。这个求法与下面的"应用六"参互体现规则。

应用六：有一枚畸凹透镜，侧收限正面为1寸2分、副面为3寸，求：与某单凸透镜紧贴而恰如平镜，问该单凸透镜侧收限为多少？

答：1寸1分。

求法：查表三较率得到3，以它乘正面侧收限，得3寸6分，再加上副面侧收限，以单率6除它，即为要求的结果。

应用七：有一枚双凹透镜，侧收限为3寸，求：同等深度的单凹透镜侧收限为多少？

答：2寸。

求法：以4乘、以6除，即为要求的结果。

一系：凹透镜没有顺限，但道理与凸透镜相通，所以借凸透镜顺限作为深限的虚拟比率来运用。

三

两凸相离距显限率表[1]

表二	表一	
外内 凸 异 二一	外内 凸 同 一一	顺收限
并得 三	并得 二	距显限

用一：有甲、乙两凸相等，顺收限二寸，求：距显限几何？

答曰：四寸。

法：并两顺收限，即所求。

用二：有甲、乙两凸不等，顺收限甲一寸五分、乙一尺九寸，求：距显限几何？

答曰：二尺零五分。

法：并两顺收限，即所求。

用三：有两凸不等，距显限二尺〇五分。或知深凸顺收限一寸五分，求：浅凸几何？或知浅凸顺收限一尺八寸，求：深凸几何？

答曰：深凸一寸五分者，浅凸一尺九寸。浅凸一尺八寸者，深凸二寸五分。此谓四凸不等，其两凸一深一浅，各为一距显限则相等者。

法：置距显限二尺〇五分，以减深凸一寸五分，余为所求浅凸一尺九寸。若减浅凸一尺八寸，余为所求深凸二寸五分。

用四：有深凸，顺收限一寸，求：足距[2]之浅凸几何？

答曰：八寸。

法：置深凸限一寸，八之，即所求。

用五：有浅凸，顺收限四尺，求：足距之深凸几何？

答曰：五寸。

法：置浅凸限四尺，八而一，即所求。

【注释】

〔1〕这个"两凸相离距显限率表"只是以数值表示两镜距等于两焦距之和，即 $L = f_{外凸} + f_{内凸}$。

〔2〕足距：此足距为开普勒望远光组的数值规定，包括两镜距和两镜焦距比，此处指后者。伽利略式望远镜的两镜焦距比规定见于前面"圆叠"第十三条。开普勒式的两镜焦距比的足距规定却未事先给出，而是首次直接出现在这个例题中，并在后面的"作远镜"第十条中再次提出。按此足距规定，物镜和目镜的焦距比为 8 比 1，在今天看来就是规定望远镜的放大倍数为 8 倍。

按：现代设计也以 8 倍为最恰当的放大率。这表明郑复光对望远镜的研制富有经验，从理论上说，也是他对望远镜的放大率、视场和亮度之间关系有深刻把握的必然结果。

【译文】

两凸相离距显限率表

	顺收限		距显限
表一	内 外 凸同	1 1	相加得　2
表二	内 外 凸异	1 2	相加得　3

应用一：有甲、乙两枚相同凸透镜，顺收限为 2 寸，求：距显限为多少？

答：4寸。

求法：两个顺收限相加，即为要求的结果。

应用二：有甲、乙两枚不同凸透镜，顺收限甲为1寸5分、乙为1尺9寸，求：距显限为多少？

答：2尺零5分。

求法：两个顺收限相加，即为要求的结果。

应用三：有两枚不同凸透镜，距显限为2尺零5分。如果已知深凸透镜的顺收限为1寸5分，求：浅凸透镜顺收限为多少？又如果已知浅凸透镜的顺收限为1尺8寸，求：深凸透镜顺收限为多少？

答：深凸透镜顺收限1寸5分时，浅凸透镜顺收限1尺9寸。浅凸透镜顺收限1尺8寸时，深凸透镜［顺收限］2寸5分。这指的是4枚凸透镜不相等，其中每两枚凸透镜一深一浅，分别构成一个相等的距显限。

求法：设定距显限2尺零5分，减去深凸透镜顺收限1寸5分，剩余差数即为要求的浅凸透镜顺收限1尺9寸。如果减去浅凸透镜顺收限1尺8寸，剩余差数即为要求的深凸透镜顺收限2寸5分。

应用四：有一枚深凸透镜，顺收限为1寸，求：足距的浅凸透镜顺收限为多少？

答：8寸。

求法：设定深凸透镜顺收限1寸，取它的8倍，即为要求的结果。

应用五：有一枚浅凸透镜，顺收限为4尺，求：足距的深凸透镜顺收限为多少？

答：5寸。

求法：设定浅凸透镜顺收限4尺，取它的八分之一，即为要求的结果。

四

凸凹相切变浅限率表[1]

表二			表一		
一		凹率	一		凸率
二		相加凸率	二		相加凹率
三		界率	三		界率

凡到界则适平，平则无限。然既以为界，则无限而有数。故取以为率，期适其用而已。

用一：有凸，侧收限四寸；凹，侧收限八寸，相切。求：变浅限几何？

答曰：四尺八寸。

法：检表一界率三，乘凸限四寸，得一尺二寸。以凹限八寸减之，余较四寸。以加凸限四寸，得八寸，为侧限数。爰以单率六乘之，得四尺八寸，为所求。

用二：有凸，顺收限三尺六寸；凹，侧收限一尺一寸，相切。求：变浅限几何？

答曰：七尺八寸。

法：检表一界率三，乘凸限三尺六寸，得一丈〇八寸，为实。以单率六乘凹侧限一尺一寸，得六尺六寸。减实，余较四尺二寸。以加凸顺限三尺六寸，得七尺八寸，为所求。

用三：有凸，顺收限二尺三寸，变浅限五尺，求：相切之凹侧收限几何？

答曰：七寸。

法：检表一界率三，乘凸限二尺三寸，得六尺九寸，为实。以变浅限五尺减之，余较一尺九寸。以加凸顺限二尺三寸，得四尺二寸，为凹深限。爰以单率六除之，得七寸，为所求。

用四：有凸，侧收限五寸五分，变浅限七尺八寸，求：相切之凹侧收限几何？

答曰：九寸。

法：检表一界率三，乘凸限五寸五分，得一尺六寸五分。以单率六乘之，得九尺九寸，为实。以变浅限七尺八寸减之，余较二尺一寸。以加凸顺限三尺三寸，得五尺四寸，为凹深限。爰以单率六除之，得九寸，为所求。

用五：有凸，变浅限一丈，相切之凹侧收限一尺，求：原凸顺收限几何？

答曰：四尺。

法：检表一界率三，加一数，得四，为法。以单率六乘凹侧限一尺，得六尺。加变浅限，得一丈六尺，为实。法除实，得四尺，为所求。

附：天元[2]细草[3]

草曰：立天元一为[4]凸顺限，得〔图〕[5]。以界率三乘之，得〔图〕。以变浅限减之，得〔图〕[6]。加一天元，得〔图〕。寄左[7]。乃以单率六乘凹侧限一尺，得六尺，为同数[8]。消左[9]，得〔图〕。下法上实[10]，除之，得原凸顺限。[11]

用六：有凸，变限七尺八寸，相切之凹侧收限九寸，求：原凸侧收限几何？

答曰：五寸五分。

法：检表一界率三，加一，得四，为法。以单率六除变浅限七尺八寸，得一尺三寸。加凹侧限九寸，得二尺二寸，为实。法除实，得五寸五分，为所求。

附：天元细草

草曰：立天元一为凸侧收限，得 ♀。以界率三乘之，得式 ♂。以单率六除变限，得一尺三寸，减式，得下 ♌。加天元，得

♓。寄左。乃以凹侧收限九寸为同数。消左，得 ♎。下法上实，除之，得原凸侧收限。[12]

一系：凹求变浅，检表二，仿此求之。

【注释】

〔1〕该表的"表一"表示 $f凸$ 与 $f凹$ 之比为 1 : 2，即凸深凹浅时，互相密接的结果相当于凸透镜变浅，变浅限（组合焦距）计算法为：以 $f凸$ 乘"界率 3"，减去 $f凹$，为变浅程度；再加上 $f凸$，为变浅后的组合焦距。"表二"为凹深凸浅时的凹变浅限。详见"圆叠"第十二条。

〔2〕天元：中国古代数学列方程方法"天元术"的简称。

〔3〕细草：意为"详细草稿"，传统算学中的详细布算过程（出现于宋元时期）。天元术脱胎于筹算开方式，所以天元细草为用算筹布列方程的过程。

〔4〕立天元一为：天元术专门用语。将要求的未知数立为天元一，相当于今天所说设未知数为 x。

〔5〕从书中的几个天元草看，郑复光采用的列方程格式和术语，与天元术

的创建者（宋）李冶所用一样。常数项旁边标"太"，一次幂项旁边标"元"。向上每层减少一次幂，向下每层增加一次幂。 우 为省略"太"字和"元"字的列式，表示常数项为零，一次幂项系数为1，即 x。

〔6〕 ：带一撇的算筹表示为负，此筹相当于 $-10+3x$。

〔7〕寄左：天元术专门术语。将运算所得的中间结果（一般为多项式）放在左边。

〔8〕同数：天元术专门术语。指与左边多项式相等的另一个数或另一个多项式。前面处理的都是多项式，到"以某某为同数"这一步，得到方程。

〔9〕消左：天元术专门术语。将方程等号两边的所有项全部移到右边，使左边为零。此处相当于得到：$x - \dfrac{16}{4} = 0$，但算筹只摆出 ，表示上面为 -16，下面为4，与现代算式 $x = \dfrac{16}{4}$ 含义相同。即相当于将不含未知数的项全部移项到右边，得到一个未知数的计算式。

〔10〕下法上实：以分数的分母为法（除数）、分子为实（被除数）。

〔11〕以上天元术列方程步骤如下：

立天元一为凸顺限，得 **우**：设凸顺收限为 x

以界率三乘之，得式 ：$3x$

以变浅限减之，得 ：$-10+3x$

加一天元，得 。寄左：$-10+4x$

乃以单率六乘凹侧限一尺，得六尺，为同数：$-10+4x = 6$

消左，得 。下法上实，除之，得原凸顺限：$x = \dfrac{16}{4}$

右边方框内为 $16 \div 4$ 的笔算草稿。第三行为被除数16，第五行为除数4，第一行为商数4。第二行为商数4乘除数4得到的结果16，用来减去被除数16，旁边加一撇表示负号。第四行的两个零，表示此次减法得数为零，即除尽。

〔12〕上草中，"得式"的"式"和"得下"的"下"均为"下式"的简称。"减式"为"减上式"。其天元术列方程步骤如下：

立天元一为凸侧收限，得 **우**：设凸侧收限为 x

以界率三乘之，得式 ：$3x$

以单率六除变限，得一尺三寸。减式，得下 ：$-130+3x$

加天元，得 。寄左：$-130+4x$

乃以凹侧收限九寸，为同数：$-130+4x = 90$

消左，得 $\frac{左}{右}$。下法上实，除之，得原凸侧收限：$x = \dfrac{220}{4}$

右边方框内为 220÷4 的笔算草稿，分为 20÷4 和 200÷4 两步。右列为第一步，求得个位数商为 5。左列为第二步，200 仍记为 20，将负号（一撇）前移一位表示百位，将第一步求得的个位数商置于此时的个位数商位置，在十位数位置求得十位数商为 5。最后得数为 55（寸）。

【译文】
凸凹相切变浅限率表

表一	凸率	相加凹率	界率
	1	2	3
表二	凹率	相加凸率	界率
	1	2	3

一旦到界则恰如平镜，平镜就没有限。但既然用来作为界，那就没有限但有数值。于是取来设为界率，以待发挥它的作用而已。

应用一：有一枚凸透镜，侧收限为 4 寸；一枚凹透镜，侧收限为 8 寸，互相紧贴。求：变浅限为多少？

答：4 尺 8 寸。

求法：查表一界率得到 3，乘凸透镜侧收限 4 寸，得 1 尺 2 寸。减去凹透镜侧收限 8 寸，剩余差数 4 寸。以它加上凸透镜侧收限 4 寸，得 8 寸，为侧收限数。然后以单率 6 乘它，得 4 尺 8 寸，为要求的结果。

应用二：有一枚凸透镜，顺收限为 3 尺 6 寸；一枚凹透镜，侧收限为 1 尺 1 寸，互相紧贴。求：变浅限为多少？

答：7 尺 8 寸。

求法：查表一界率得到 3，乘凸透镜顺收限 3 尺 6 寸，得 1 丈零 8 寸，为被减数。以单率 6 乘凹透镜侧收限 1 尺 1 寸，得 6 尺 6 寸。与被减数相减，剩余差数 4 尺 2 寸。以它加上凸透镜顺收限 3 尺 6 寸，得 7 尺 8 寸，为要求的结果。

应用三：有一枚凸透镜，顺收限为 2 尺 3 寸，变浅限为 5 尺，求：与之叠加的凹透镜的侧收限为多少？

答：7寸。

求法：查表一界率得到3，乘凸透镜顺收限2尺3寸，得6尺9寸，为被减数。以变浅限5尺与它相减，剩余差数1尺9寸。以它加上凸顺收限2尺3寸，得4尺2寸，为凹透镜深限。然后以单率6除它，得7寸，为要求的结果。

应用四：有一枚凸透镜，侧收限为5寸5分，变浅限为7尺8寸，求：与之叠加的凹透镜的侧收限为多少？

答：9寸。

求法：查表一界率得到3，乘凸透镜侧收限5寸5分，得1尺6寸5分。以单率6乘它，得9尺9寸，为被减数。以变浅限7尺8寸与它相减，剩余差数2尺1寸。以它加上凸透镜顺收限3尺3寸，得5尺4寸，为凹透镜深限。然后以单率6除它，得9寸，为要求的结果。

应用五：有一枚凸透镜，变浅限为1丈，与之叠加的凹透镜的侧收限为1尺，求：原先凸透镜的顺收限为多少？

答：4尺。

求法：查表一界率得到3，加上1，得4，作为除数。以单率6乘凹透镜侧收限1尺，得6尺。加变浅限，得1丈6尺，作为被除数。除数除被除数，得4尺，为要求的结果。

附：天元细草

草：立天元一为凸透镜顺收限，得 ♀。以界率3乘它，得 ⚎。与变浅限相减，得 ⚏。加上一个天元，得 ⚍。放在左边。就以单率6乘凹透镜侧收限1尺，得6尺，为［右边的］相等数。进行消去左边的变换，得 ⚍。下为除数、上为被除数，做除法，得出原先凸透镜的顺收限。

应用六：有一枚凸透镜，变浅限为7尺8寸，与之叠加的凹透镜的侧收限为9寸，求：原先凸透镜的侧收限为多少？

答：5寸5分。

求法：查表一界率得到3，加1，得4，作为除数。以单率6除变浅限7尺8寸，得1尺3寸。加凹透镜侧［收］限9寸，得2尺2寸，作为被除数。除数除被除数，得5寸5分，为要求的结果。

附：天元细草

草：立天元一为凸侧收限，得 🔲。以界率3乘它，得下式：🔲。以单率6除变浅限，得1尺3寸。减上式，得下式：🔲。加天元，得🔲。放在左边。

商	5	商	55
	−20		−200
被除数	20	被除数	200
	00		000
除数	4		4

就以凹透镜侧收限9寸为［右边的］相等数。进行消去左边的变换，得🔲。下为除数、上为被除数，做除法，得出原先凸透镜的顺收限。

一系：求凹透镜变浅，查表二，仿照以上算法求取。

五

凸凹相离变显限率表[1]

表二		表一	
一	凹侧收限	一	凹侧收限
一二	凸顺收限	二	凸侧收限

用一：有凸，顺收限九寸六分，求：加凹得变显限足距，问凹侧收限几何？

答曰：八分。

法：以凸率一二为一率，凹率一为二率，今凸限九寸六分为三率，得四率，即所求。此用表二之率。

又法：置凸顺限，二归、又六归，即得。盖凸顺限二归之为凹深限，故以单率六归之得凹侧限也。此用表一之率。

用二：有单凹，侧收限三寸，求：加凸得变显限足距，问凸顺收限几何？

答曰：三尺六寸。

法：以凹率一为一率，凸率一二为二率，今凹侧限三寸为三率，得四率，即所求。

又法：置凹侧限，六因、二因，即得。

用三：有单凹，侧收限三寸；凸，顺收限九寸六分。求：差距变显限几何？

答曰：二寸五分六厘。

法：先求足距同用一。以定率一二为一率，定率一为二率，今凸限九寸六分为三率，得四率八分，为足距之凹侧限。爰以今凹侧限三寸为一率，足距八分为二率，今凸顺限九寸六分为三率，得四率，即所求。

用四：有凸，顺收限九寸六分，知差距变显限二寸五分六厘，求：原凹侧收限几何？

答曰：三寸。

法：先同用一，求得足距八分。爰以变显限二寸五分六厘为一率，凸限九寸六分为二率，足距八分为三率，得四率，即所求。

用五：有单凹，侧收限四寸，知差距变显限二尺七寸，求：

原凸顺收限几何？

答曰：三尺六寸。

法：先同用二，求得足距凸顺限四尺八寸为首率，变显限二尺七寸为末率。用连比例法[2]，以首率、末率相乘，得十二尺九十六寸[3]。开平方，得中率三尺六寸，即所求。

附：天元术草[4]

术曰：以定率一二乘凹限，与变限相乘，为正实[5]。从空[6]。一为负隅[7]。平方开之[8]。

草曰：立天元一为凸限。以定率一乘之，得〇。合以定率十除之，不除，便为足距内寄十为母。[9]又以凸限乘之，得〇。合以凹限川除之，不除，便为差距内寄川为母。寄左。以两母相通[10]，得⫾。以变限距得⫾，为同数。相消，得〇。开平方。[11]

【注释】

〔1〕该表仅表示郑复光规定的伽利略式望远镜的足距定率，表一指凹透镜侧收限和凸透镜侧收限的比率为1∶2，表二指凹透镜侧收限和凸透镜顺收限的比率为1∶12。根据我们在"圆叠"第十三条注中的分析，这些数据没有实际意义。

〔2〕连比例法：指通过比例式 $a:x=x:b$ 求 x。a 为"首率"，b 为"末率"。$x^2=a \cdot b$，开平方求之。

〔3〕"九十六寸"应作"九寸六"。

〔4〕此处和以下"天元术草"分为"术"和"草"。"术"为列方程所得的最后开方式,"草"为用算筹布列方程的详细过程。

〔5〕正实:中国古代称方程中的常数项为"实","正实"为正数的实。

〔6〕从空:中国古代称方程中的一次幂系数为"从"(纵),又叫方、从方、从法。"从空"意为从为零。

〔7〕负隅:中国古代称方程中的最高次幂系数为"隅",又叫法、隅法、常法。"负隅"为负数的隅。

〔8〕平方开之:即开平方。中国古代将开平方($x^2=a$)和解一般的二次方程($ax^2+bx+c=0$,即隅不为1,从不为空)都叫做开平方。此术所列方程为:$-x^2+1\,296=0$。

〔9〕"合"意为"本该",这个 x 本该要用12除,才是足距侧收限。但是在筹算中,每一步都摆出分母是很不方便的,所以将分母寄在旁边,叫做"内寄某某为母",以待后来进行去分母计算。"不除,便为足距":省语,"便"下省"以之","为"下省"带分"。意为本该要除,但是先不除,姑且以它为带着分母的足距侧收限。这种术语与李冶《测圆海镜》中的一致。李冶在该除而先不除时往往说"不受除,便以此为某某",同时必注明"内带某某为分母",相当于郑复光说"内寄某某为母"。内,内部,其中。寄,寄存,存放。母,分母。

〔10〕通:通分运算之类的等量变换叫做"通"。

〔11〕以上天元草是根据"圆叠"第十三条中的公式列方程。公式为 $\dfrac{f'^{凹足}}{f'^{凹差}}=\dfrac{L_差}{L_足}$。其中,$f^{凹足}$ 为凹透镜足距侧收限,$f'^{凹差}$ 为凹透镜差距侧收限,$L_差$ 为差距变显限,$L_足$ 为足距变显限。由于在筹算列式中,最后要以 $L_差$ 为同数,故变换为 $\dfrac{f'^{凹足}\cdot L_足}{f'^{凹差}}=L_差$。四项中两项为已知数,$f'^{凹差}=4$,$L_差=27$。另外两项中含有未知数 $f_足=x$。按"定率"规定,$f'^{凹足}=\dfrac{f_足}{12}=\dfrac{x}{12}$。按足距规定,$L_足=f_足=x$。于是得:$\dfrac{\frac{x}{12}\cdot x}{4}=27$。这样一个列式在今天很方便,但在筹算中需要逐一布列。其步骤如下:

立天元一为凸限。以定率一乘之,得 ♀:设 $f_足=x$,乘1,得 x。

合以定率 ╢ 除之,不除,便为足距内寄 ╢ 为母:本该以定率12除天元 x,即为足距侧收限,但是先不除,姑且以它为带着分母的足距侧收限。这一步得到 $\dfrac{x}{12}$,分母12寄在旁边。

又以凸限乘之,得 ♀:$\dfrac{x}{12}\cdot x=\dfrac{x^2}{12}$。

合以凹限 除之，不除，便为差距内寄 **⫿⫿⫿** 为母。寄左：本该以 4 除上式，即为差距镜筒长，但是先不除，姑且以它为带着分母的差距。把分母 4 寄在旁边。此时得到 $\dfrac{x^2}{12\times4}$，把这个中间结果放在左边。

以两母相通，得 **⫿⫿⫿**：用两个分母乘两边，左边分母消去，右边为 48。

以变限距得 **𓏤**，为同数："距"下疑脱"乘之"。右边再乘上差距变显限 27，得到方程 $x^2=1\,296$。

相消，得 **𓏤**。开平方：进行消去左边的变换，得：$-x^2+1\,296=0$。解方程。**𓏤** 表示常数项为 1 296，**○** 表示一次幂项为零，**𓏲** 表示二次幂项系数为 -1。

右边方框内为开平方笔算稿。先列出上、中、下三栏。上为常数项即正实 1 296。中为一次幂系数，为零，故称"空从"。下为二次幂的负系数即负隅，为 -1。其开方法和今天是一致的：

右列，因 $30^2<1\,296<40^2$，估得初商为 30。将 30 置于正实 1 296 上面。将 30 乘负隅，得 -30，置于空从下面。再置 30 于其下。二者相乘得 -900，置于正实之下，与之相加，得 396。以初商 30 乘 2、乘负隅，得 -60，置于从栏最下面，预备作为下一步的从。因其为负数，在下一步中称负从。

左列，为求次商（即根的个位数），另起一式进行计算。此时被开方数即正实为 396，负从为 -60，负隅为 -1。估计次商，因 $60\times6<396<60\times7$，估得次商为 6，置于正实 396 上面个位数的位置。以 6 乘负隅，得 -6，置于负从之下，与之相加，得 -66，置于从栏下一行，作为除数。以次商 6 乘除数 -66，得 -396，置于正实之下，与之相加，得零，为除尽，即开方开尽。初商 30 加次商 6，得 36，为最后所得的根。

中国古代的开方术，最初带有几何思维模式。将被开方数视为某个面积，将要求的根视为边长。如图 71，根由初商 a 和次商 b 构成。即，边长为 $a+b$，面积为 $a^2+2ab+b^2$。上述开方，面积为 1 296，即 $a^2+2ab+b^2=1\,296$。a 为使 a^2 最接近 1 296 的整数，即初商。试得初商为 30，得 $60b+b^2=396$。$60b$ 的几何意义为图中的两个长方形，故 60 称"从方"。因从方为两个 $a\cdot b$，故第二步的从

图 71

（一次幂系数）为 2 乘 a（$2\times30=60$）。b 为使 $60b$ 最接近 396 的整数，试得 6，开尽。

【译文】

凸凹相离变显限率表

表一	凹侧收限	凸侧收限
	1	2

表二	凹侧收限	凸顺收限
	1	12

应用一：有一枚凸透镜，顺收限 9 寸 6 分，求：加上凹透镜得变显限足距，问凹透镜侧收限为多少？

答：8 分。

求法：以凸透镜定率 12 为一率，凹透镜定率 1 为二率，当前凸透镜顺收限 9 寸 6 分为三率，求得四率，即为要求的结果。这是用表二的比率。

另一求法：设定凸透镜顺收限，以 2 除、再以 6 除，即得。因为凸透镜顺收限被 2 除就是凹透镜深限，所以以单率 6 去除就得到凹透镜侧收限。这是用表一的比率。

应用二：有一枚单凹透镜，侧收限 3 寸，求：加上凸透镜得变显限足距，问凸透镜顺收限为多少？

答：3 尺 6 寸。

求法：以凹透镜定率 1 为一率，凸透镜定率 12 为二率，当前凹透镜侧收限 3 寸为三率，求得四率，即为要求的结果。

另一求法：设定凹透镜侧收限，乘 6、乘 2，即为要求的结果。

应用三：有一枚单凹透镜，侧收限 3 寸；一枚凸透镜，顺收限 9 寸 6 分。求：差距变显限为多少？

答：2 寸 5 分 6 厘。

求法：先按"应用一"的方法求出足距侧收限。以定率 12 为一率，定率 1 为二率，当前凸透镜顺收限 9 寸 6 分为三率，求出四率为 8 分，为足距的凹透镜侧收限。然后以当前凹透镜侧收限 3 寸为一率，足距侧收限 8 分为二率，当前凸透镜顺收限 9 寸 6 分为三率，求出四率，即为要求的结果。

应用四：有一枚凸透镜，顺收限 9 寸 6 分，已知差距变显限为 2 寸 5 分 6 厘，求：原先凹透镜的侧收限为多少？

答：3 寸。

求法：先按"应用一"的方法，求得足距侧收限 8 分。然后以变显限 2 寸 5 分 6 厘为一率，凸透镜顺收限 9 寸 6 分为二率，足距侧收限 8 分为三率，求出四率，即为要求的结果。

应用五：有一枚单凹透镜，侧收限为 4 寸，已知差距变显限为 2 尺 7 寸，求：原先凸透镜的顺收限为多少？

答：3 尺 6 寸。

求法：先按"应用二"的方法，求得足距凸透镜顺收限 4 尺 8 寸为首率，变显限 2 尺 7 寸为末率。用连比例法，以首率、末率相乘，得 12 尺 9 寸 6。开平方，得中率 3 尺 6 寸，即为要求的结果。

附：天元术草

术：以定率 12 乘凹侧收限，与变显限相乘，作为正实。从空。1 为负隅。开平方。

草：立天元一为凸透镜顺收限。以定率 1 乘它，得 ♀。应该以定率 ╪ 除它，先不除，就以它为［带分母的］足距［凹透镜侧收限］含有寄存的 ╪ 为分母。再以凸透镜顺收限乘它，

初商	30	次商	6
正实	1296	正实	396
	−90		−396
	396		000
空从	00	负从	−60
	−30		−6
	30		−66
	−60		
负隅	−1	负隅	−1

得 ♀。应该以凹透镜侧收限 Ⅲ 除它，先不除，就以它为［带分母的］差距含有寄存的 Ⅲ 为分母。放在左边。以两个分母通乘［两边］，得 彐Ⅲ。以变显限长度［乘它］，得 啫，为

　　［右边的］相等数。左右相消，得 ⎰指〇人⎱。开平方。

六

⿱凸凹相切变深限率表[1]

表二		表一	
	丑子凹		乙甲凸
侧收限	一〇	顺收限	一〇
半子限	五	半甲限	五

　　半甲限即甲倍限。圆叠二十二论注。明其理曰：甲倍限，据其数曰半甲限。

　　用一：有甲加乙凸，顺收限甲四寸、乙一尺六寸，问：变深限？

　　　　答曰：三寸五分。

　　　　法：以甲除乙，得四倍，为法。乃检表一，其半甲限五，谓之半率五，入后止称半率，五从省。以折甲限，得二寸。即以减乙限，余较一尺四寸，为实。法除之，为所求。

　　用二：有单凸甲加乙，侧收限甲二寸、乙四寸，问：变深限？

　　　　答曰：九寸。

　　　　法：以单率六各乘，得顺收限。甲一尺二寸，乙二尺四寸。

以用一法入之[2]，得所求。

又法：以甲除乙，得二倍，为法。以半率五折甲限，得一寸。即以减乙四寸，余较三寸，为实。法除之，得一寸五分，为侧限中数。以单率六乘之，亦得。

用三：有双凸甲加乙，侧收限甲一寸、乙五寸，问：变深限？

答曰：三寸六分。

法：以双率四各乘，得顺收限。以用一法入之，得所求。

又法：求得侧收限中数九分，以双率四乘之，亦得。即用二又法。

用四：有畸凸甲加乙，侧收限甲正面六分、副面一寸二分，乙正面二寸、副面三寸。问：变深限？

答曰：二寸五分。

法：先各求其顺收限。法详圆率一之用四。求得甲顺限三寸，乙顺限九寸。爰以甲三寸除乙九寸，得三倍，为法。以半率五折甲限三寸，得一寸五分。即以减乙限九寸，余较七寸五分，为实。法除之，得所求。此即用一之法。

　　一系：有单凸加双或畸，及有双凸加畸，法皆先求其顺限，以用一法入之。至于单、双互变，畸例双、单，详圆率一，变通在人，兹不备具。

用五：有变深限二寸，甲凸顺限三寸，问：乙顺限？

答曰：四寸五分。

法：以半率五折甲限，得一寸五分。以乘甲限，得四尺五寸，为实。副[2]以变深限二寸，减甲限三寸，余较一寸，为法。除之，得所求。

四率	三率	二率	一率
乙限	半甲限	甲限	较
		甲限	
四五	一五	三〇	一〇

附：天元术草

术曰：以变限减甲限，余一寸，为一率；以半率五折甲限，得一寸五分，为二率；甲限三寸为三率。推得四率，即乙限。[3]

草曰：立天元一为乙限，得 ▦。合以甲限卅分除之，不除，便为倍数内寄 ▦ 为母。副置甲限，半之，得 ▦，为半甲限。以母通之，得 ▦，为带分[4]半甲限。以母通天元，得 ▦，为带分乙限。内减带分半甲限，得 ▦，为带分较数[5]，为实。以倍数天元除之，得 ▦，为变深限。寄左。以变深限 ▦ 为同数。消左，得 ▦。下法上实，合问。[6]

论曰：此法，用天元如常，而前有寄母、后不寄母[7]，及改寸为十分，最易眩惑，故为解之：

本法[8]求较，用半率五以折甲限三寸，则得一寸五分，是不得不改寸为分，以就单位也。至寄母三十分，本寄于天元内，后复以天元除带分数，则所寄之母即已消去，故寄左数遂无寄母也。试取较 ▦，改草曰：

合以天元法除之，不除，便为变深限内寄天元 ▦ 为母。寄左。副置变深限 ▦，以天元母通之，得 ▦，为同数。消左，得 ▦。与前法同。[9]

用六：有变深限九寸六分，乙凸顺收限三尺，问：甲顺收限？

答曰：一尺二寸。

法：以乙顺限三尺乘变限九寸六分，得二百八十八尺，为负实。乙顺限三尺为正从。半率五厘题以分为单位，故半率当退位为厘。为负隅。以和数[10]平方开之，得所求。[11]

附：天元草

草曰：立天元一为甲顺限。以除乙顺限，得式：▥，为倍数，为上法[12]。副置天元，半之，得▥[13]，为半甲限。以减乙顺限，得▥，为较数，以为实。合以上法除之，不除，便为带分变深限数内寄上法▥为母。寄左。副置变深限▥，以母通之，得▥，为同数。消左，得▥和数。平方开之[14]，合问。[15]此开得第一数也，第二数四尺八寸无用。[16]

用七：有子、丑两单凹侧收限，求变深。法与求凸用二同。求凹俱与求凸同。余仿此。

用八：有子、丑两双凹侧收限，求变深。法如用三。

用九：有子、丑两畸凹各面侧收限，求变深。法如用四。以凹深限虚率当凸顺限数算。

一系：凹无顺限，无缘得有变深数以求子或丑也，如虚设数为问，则依用五、用六法求之，无容设例矣。

【注释】

〔1〕如同变浅限的关键常数是"界率 3"一样，变深限的关键是"半甲限"。只要用相叠加的两枚透镜的焦距比作为"倍数"去除"半甲限"，即得变深程度，即组合焦距比甲的焦距短的那一段。故表中数据给出甲、乙两凸同深（均为 10）时的半甲限为 5。子、丑两凹同深亦仿照两凸。半甲限也表示顺收限不等于 10 而等于其他数值时，也将其折半。

〔2〕以用一法入之：意为按"应用一"的计算法进行计算。

〔3〕副："副置"的简称。副置：(唐)李籍《九章筭术音义》解释说："别设筭位，有所分也。"意为在旁边另外进行一项相关计算时的第一步，另外布置一个数。李籍语引自郭书春《九章筭术译注》。

〔3〕此术为根据比例式 $(f_1 - F) : \dfrac{f_1}{2} = f_1 : f_2$ 来求取 f_2。即通过 $10 : 15 = 30 : x$，求得 $x = 45$。右边方框内"三○"和"一五"两个数据的位置互换，为误刻。

〔4〕带分："带有〔被寄存的〕分母"的省文。

〔5〕此处的"数"不是一个数值而是多项式。后文中的"寄左数"也是指放在左边的多项式。放在右边的"同数"既可为一个数值，亦可为一个多项式。"较数"既可为两数相减所得的一个数值，亦可为一个相减的多项式。

〔6〕以上"天元草"为根据"圆叠"第二十二条注〔9〕中的公式 $F = \dfrac{-\dfrac{f_1}{2} + f_2}{\dfrac{f_2}{f_1}}$ 来列方程。步骤如下：

立天元一为乙限，得 太：设未知数乙限为 x。

合以甲限卅分除之，不除，便为倍数内寄 ‖○ 为母：这一步是布置 $\dfrac{f_2}{f_1}$ 这个"倍数"，此时 f_2 为未知数 x。x 本该被 f_1（30）除，才是倍数，但先不除，就以它为带着分母的倍数，把分母 30 寄放在旁边。这一步得到倍数为 $\dfrac{x}{30}$。

副置甲限，半之，得 ≣ 为半甲限：另外布置甲限，取其一半，为 $\dfrac{f_1}{2}$，得 15。

以母通之，得 帪，为带分半甲限。以母通天元，得 太‖○，为带分乙限：这一步最有迷惑性，郑复光在后面也说"最易眩惑"，相当于以分母 30 分别乘半甲限 15（即 $\dfrac{f_1}{2}$）和天元 x（即 f_2），同时又让它们都带上分母 30。在现在看来等于以 30 乘、以 30 除，什么也没有做。但在筹算中，一开始就寄放了一个分母，最后总要消掉，所以在消掉之前就要带上。以分母 30 乘半甲限，得 450，为带着分母 30 的半甲限（算筹只摆出 ⠇，即 450）；乘天元得 $30x$（算筹 ⠇ 在太位下为一次幂），为带着分母的乙限。

内减带分半甲限，得 ⠇，为带分较数，为实：以带分乙限减带分半加限（即 $-\dfrac{f_1}{2}+f_2$），得 $\dfrac{-450+30x}{30}$，为带着分母的差数（即相减式）。在算筹式中，分母 30 不摆出来而寄在旁边。

以倍数天元除之，得 ⠇，为变深限。寄左：这一步做完整个分数多项式。即以倍数 $\dfrac{x}{30}$（即 $\dfrac{f_2}{f_1}$）除 $\dfrac{-450+30x}{30}$（即 $-\dfrac{f_1}{2}+f_2$），寄存的分母 30 在此时消去，得 $-\dfrac{450}{x}+30$，为变深限。算筹式中 ⠇（30）在太位为常数，⠇（-450）在上面一行为负一次幂。将这个表示变深限的多项式放在左边。

以变深限 ⠇ 为同数。消左，得 ⠇：上面寄左的多项式与已知的变深限 20 相等，得到方程 $-\dfrac{450}{x}+30=20$，进行消去左边的变换，得：$x=\dfrac{450}{10}$。

下法上实，合问：以下面的法数（除数）10 除上面的实数（被除数）450，所得符合所问。

〔7〕前有寄母、后不寄母：指前面以甲限 30 除天元时寄存分母，而后面以带所寄分母的天元 $\left(\dfrac{x}{30}\right)$ 除带分母的相减式 $\left(\dfrac{-450+30x}{30}\right)$ 时却不寄存分母。实则此时分母已消去，无所寄。

〔8〕本法：指上述解法为基本解法，系相对于下面的解法为变法而言。本，基本，原本。

〔9〕从相减式 $-450+30x$ 这一步开始，改变算法，另起草算为：

本该以天元 x 为除数（法）去除上式，则表示变深限，但是先不除，就以上式为带着分母的变深限，将分母天元 x 寄在旁边。将所得多项式放在左边。另外布置变深限 20（于右边），以分母天元 x 同乘左右两边，左边寄存的分母在此时消去，得等式：$-450+30x=20x$。进行消去左边的变换，得：$x=\dfrac{450}{10}$。与前面的方法所得一致。

〔10〕和数：各个数相加所得的项。既可为几个数相加所得的一个数值，亦可为一个相加的多项式。

〔11〕此"法"为方程 $-0.5x^2+300x-28\,800=0$。

〔12〕上法："法"为除数，此数为稍后要用到的除数，故"上法"为预先

得到的法（除数）。

〔13〕在 元 这个算筹符号中，"元"在左，表示 $0.5x$。若"元"在右，则为 $5x$。

〔14〕古代将解一元二次方程也叫做开平方。

〔15〕以上"天元草"为列出方程：$\dfrac{f_2 - \dfrac{f_1}{2}}{\dfrac{f_2}{f_1}} = F$。其中 $f_1 = x, f_2 = 300$，$F = 96$。列方程步骤如下：

立天元一为甲顺限：设甲顺限为 x。

以除乙顺限，得式：太，为倍数，为上法：以 x 除乙顺限，得 $\dfrac{300}{x}$（即 $\dfrac{f_2}{f_1}$），为变深限的倍数，作为预留的法数（除数）。

副置天元，半之，得 太元，为半甲限：另外布置天元 x，取其一半，得 $0.5x$（即 $\dfrac{f_1}{2}$），为半甲限。

以减乙顺限，得 太元，为较数，以为实：以半甲限与乙顺限相减（即 $f_2 - \dfrac{f_1}{2}$），得 $300 - 0.5x$，为变深限的差数，作为被除数。

合以上法除之，不除，便为带分变深限数内寄上法 太 为母。寄左：本该以上法 $\dfrac{300}{x}$ 除上式，即为变深限，但先不除，就以它为带分母的变深限，将分母 $\dfrac{300}{x}$ 寄在旁边。将整个式子放在左边。这一步得到 $\dfrac{300 - 0.5x}{\dfrac{300}{x}}$

$$\left(\text{即} \dfrac{f_2 - \dfrac{f_1}{2}}{\dfrac{f_2}{f_1}} \right)。$$

副置变深限 元，以母通之，得 元，为同数：将变深限 96 置于右边，两边同乘 300 以去分母，右边得 28 800，作为与左边相等的数。

消左，得 元 和数。平方开之，合问：进行消去左边的变换，（右边）得到多项式各项之和（左边为零，左右相等）。按今天的习惯，左右与古代相反，得方程：$-0.5x^2 + 300x - 28\,800 = 0$。解方程，所得符合所问。

右边方框内为解一元二次方程 $-0.5x^2+300x-28\,800$ 的笔算列式。

右列，上为常数项即负实 $-28\,800$，中为一次幂系数即正从 300，下为二次幂的负系数即负隅 -0.5。因 $100^2<28\,800<200^2$，估得初商为 100。将 100 置于负实 $-28\,800$ 上面。将初商 100 乘负隅 -0.5，得 -50，置于正从 300 下面，与之相加，得余从 250。以初商乘余从，得 25\,000，置于负实之下，与之相加，得 $-3\,800$。再以初商 100 乘负隅 -0.5，得 -50，置于余从 250 之下，与之相加，得 200，预备作为下一步的从。

左列，为求次商，另起一式进行计算。此时被开方数即负实为 $-3\,800$，从为 200，负隅为 -0.5。估计次商为 20。以 20 乘负隅 -0.5，得 -10，置于从下，与之相加，得 190。以次商乘 190，得 3\,800，置于负实之下，与之相加，得零。开尽。初商 100 加次商 20，得 120，为要求的根。

由上可知，中国古代的开平方运算与解一元二次方程运算，是同一个程序，故一律称作开平方。像此题这种一次幂项不为零的情况，又称"带从开平方"。

〔16〕上述方程有两个根，另一个为 $x=420$，这个根对于上述应用题的题意来说无用。

【译文】
⌒相切变深限率表

		顺收限	半甲限
表一	甲 凸 乙	10	5

		侧收限	半子限
表二	子 凹 丑	10	5

半甲限就是甲倍限。"圆叠"第二十二条论注。道理讲明了就是：甲倍限，从数值上说就叫半甲限。

应用一：有甲、乙凸透镜组合，顺收限甲 4 寸、乙 1 尺 6 寸，问：变深限为多少？

答：3 寸 5 分。

求法：以甲顺收限除乙顺收限，得 4 倍，作为除数。然后表一，其半甲限为 5，称之为半率 5，以下只称半率，5 从略。以它将甲顺收限折半，得 2 寸。就以它与乙顺收限相减，剩余差数

1尺4寸，作为被除数。以除数除它，为要求的结果。

应用二：有单凸透镜甲和乙的组合，侧收限甲2寸、乙4寸，问：变深限为多少？

答：9寸。

求法：以单率6分别乘侧收限，得出顺收限。甲1尺2寸，乙2尺4寸。以"应用一"的解法求解，就得到要求的结果。

另一求法：以甲侧收限除乙侧收限，得2倍，作为除数。以半率5将甲侧收限折半，得1寸。就以它与乙侧收限4寸相减，剩余差数3寸，作为被除数。以除数除它，得1寸5分，为侧收限的中间数。以单率6乘它，也能得出结果。

应用三：有双凸透镜甲和乙的组合，侧收限甲1寸、乙5寸，问：变深限为多少？

答：3寸6分。

求法：以双率4分别乘侧收限，得出顺收限。以"应用一"的解法求解，就得到要求的结果。

另一求法：求得侧收限中间数9分，以双率4乘它，也能得出结果。即"应用二"的另一解法。

应用四：有畸凸透镜甲和乙的组合，侧收限甲正面6分、副面1寸2分，乙正面2寸、副面3分。问：变深限为多少？

答：2寸5分。

求法：先分别求出它们的顺收限。求法详见"圆率"第一条的"应用四"。求得甲顺收限为3寸，乙顺收限为9寸。然后以甲顺收限3寸除乙顺收限9寸，得3倍，作为除数。以半率5将甲［顺收］限3寸折半，得1寸5分。就以它与乙顺收限9寸相减，剩余差数7寸5分，作为被除数。以除数除它，就得到要求的结果。这就是"应用一"的解法。

一系：如果碰到单凸透镜加双凸透镜或畸凸透镜，以及双凸透镜加畸凸透镜的情况，方法都是先求出它们的顺收限，以"应用一"的解法求解。至于单、双互相换算，畸例比双、单，详见"圆率"第一条，变通在于人为，此处不再一一列举。

应用五：有变深限 2 寸，甲凸透镜顺收限 3 寸，问：乙凸透镜顺收限为多少？

答：4 寸 5 分。

求法：以半率 5 将甲顺收限折半，得 1 寸 5 分。以它乘甲顺收限，得 4 尺 5 寸，作为被除数。另以变深限 2 寸，与甲顺收限 3 寸相减，剩余差数 1 寸，作为除数。除数除被除数，就得到要求的结果。

附：天元术草

术：以变深限与甲顺收限相减，剩余 1 寸，作为一率；0 以半率 5 将甲顺收限折半，得 1 寸 5 分，作为二率；甲顺收限 3 寸为三率。推得四率，即乙顺收限。

一率	较	10
二率	甲限	15
三率	半甲限	30
四率	乙限	45

草：立天元一为乙顺收限，得 ⌶。本该以甲顺收限 30 分除它，先不除，就以它为［带分母的］倍数含有寄存的 ⦀ 为分母。另外布置甲顺收限，取其一半，得 ⅲ，为半甲限。以分母对它作通分乘法，得 ⅲⅱ，为带有分母的半甲限。以分母对天元作通分乘法，得 ⌶ⅲ，为带有分母的乙顺收限。其中减去带有分母的半甲限，得 ⅲⅲ，为带有分母的差数，作为被除数。以倍数天元除它，得 ⅲⅲ，为变深限。放在左边。以变深限 ⦀ 为［右边的］相等数。进行消去左边的变换，得 ⅲ。下为除数、上为被除数［进行除法］，所得符合所问。

论：以上解法，为正常运用天元术，但前面寄存分母、后面不寄存分母，还有把 1 寸改为 10 分，最容易让人迷惑，所以对此作一点解释：

原本的解法中求差数时，用半率 5 将甲顺收限 3 寸折半，结果得 1 寸 5 分，这样就不得不改寸为分，以便将就单位。至于寄存的分母 30 分，本来就寄在天元之中，后来又以天元除带分母的项，所寄的分母就已经消去，所以寄在左边的项就没有寄存的分母了。试从差数 ▦ 这一步将天元草改为：

本该以作为除数的天元去除它，先不除，就以它为 [带分母的] 变深限含有寄存的天元 本 为分母。放在左边。另外设置变深限 ‖太，以天元分母通乘 [两边]，得 太▦，作为 [右边的] 相等数。进行消去左边的变换，得 ▦。与前一方法相同。

应用六：有变深限 9 寸 6 分，乙凸透镜顺收限 3 尺，问：甲凸透镜顺收限为多少？

答：1 尺 2 寸。

求法：以乙顺收限 3 尺乘变深限 9 寸 6 分，得 288 尺，为负实。乙顺收限 3 尺为正从。半率 5 厘题目上以分为单位，所以半率当退位为厘。为负隅。对和数进行开平方运算，得所需结果。

附：天元草

草：立天元一为甲顺收限。以它除乙顺收限，得下式：‖太，为倍数，为预置的除数。另外布置天元，取其一半，得 太彳，为半甲限。以它与乙顺收限相减，得 ▦太氵，为差数，以它为被除数。本该以预置的除数去除它，先不除，就以它为带分母的变深限数含有寄存的预置除数 ‖太 为分母。放在左边。另外布置变深限 刂，以分母通乘 [两边]，得 刖，作为 [右边的] 相等数。进行消去左边的变换，得 ‖▦ 和数。开平方，所

100	120
−28 800	−3 800
250	3 800
−3 800	0 000
300	200
−5	−10
250	190
−5	
200	−0.5
−0.5	

得符合所问。这是开方所得的第一个数，第二个数 4 尺 8

寸无用。

应用七：有子、丑两枚单凹透镜的侧收限，求变深限。解法与求解凸透镜的"应用二"相同。求解凹透镜一律与求解凸透镜相同。其余仿照此例。

应用八：有子、丑两枚双凹透镜的侧收限，求变深限。解法如"应用三"。

应用九：有子、丑两枚畸凹透镜的各面侧收限，求变深限。解法如"应用四"。把凹透镜深限虚率当作凸透镜顺收限数来计算。

一系：凹透镜没有顺限，无由从变深限数来求子或丑的限，如果虚设数值来提问，则依照"应用五"、"应用六"的解法求解，无须再设置例题了。

镜镜詅痴卷之四

述　作[1]

　　"知者创物，巧者述之"[2]，儒者[3]事也。"民可使由，不可使知"，[4]匠者事也。匠者之事，有师承焉，姑备所闻。儒者之事，有神会焉，特详其义。作述作。

【注释】

　　[1] 述作：传述（光学仪器的）制作。

　　[2] 语出《考工记·总叙》。知者，聪明的人，智慧的人。巧者，工巧的人，手艺好的人。述，传述，传承。

　　[3] 儒者：有多种含义，此处为一般意义，指读书人或学者。

　　[4] 语出《论语·泰伯》："子曰：民可使由之，不可使知之。"由，顺从，服从。

【译文】

　　"知者创物，巧者述之"（智慧的人创造器物，工巧的人继承传播），这是学者的事。"民可使由，不可使知"（人民可以让他们顺道而行，不能让他们知道缘由），这是工匠的事。工匠的事，在于师徒传承，姑且存录查访所得。读书人的事，在于心领神会，特地详解其中奥义。因此作这篇《述作》。

作　照　景　镜[1]

其类有二：曰铜、曰玻璃。

【注释】

　　[1] 照景镜：即反光镜，通常说的镜子，包括铜镜和衬锡箔的玻璃镜子。

　　按：此章虽言光学器件，但涉及很多青铜冶炼、铸造、抛光、钎焊、镀银等技术，以及玻璃制造和加工技术，较之其他古籍中专门讲这些内容的条目，似更为丰富，成为重要而珍贵的史料。郑复光不仅征引他书，还遍访匠人、同好，其研究的精神和方法甚可贵。

【译文】

类型有两种：铜镜和玻璃镜。

一

铜[1]，色红者为纯铜[2]，故柔[3]；杂倭铅[4]即白铅，又名碗锡则刚，其色黄；铅少则成色高，皆为熟铜[5]；铅、铜各半则脆，色淡黄，是为生铜[6]。铜末、废器重熔者，皆以生铜论，因其中有小焊[7]之锡不能提尽故也。镜用生铜，取其色淡近白耳。白铜[8]、青铜[9]，别是一种。或谓参和之法不同。以非常用，虽业铜者不能详。〇作镜青铜最良，近白也。生铜作器，皆借一火铸成，不受椎[10]故也。而后刮之，而后磨之。磨工足则平如砥，照形不改。然用镜者价取其廉，究心[11]或鲜；作镜者力惟其省，苟简[12]尤多，求其平正无疵者，十不获一焉。镜质三。

一系：

《考工记·攻金之工》：金[13]有六齐[14]：六分其金而锡居一，谓之钟鼎之齐；五分其金而锡居一，谓之大刃[15]之齐；五分其金而锡居二，谓之削、杀矢[16]之齐；金、锡半，谓之鉴燧[17]之齐。[18]

注[19]：鉴燧，取水火于日月之器[20]也。鉴亦镜也。凡金多锡则忍[21]、白且明也。

疏[22]：四分以上为上齐，三分以下为下齐。[23]

校勘记[24]：忍，古坚韧字。谓坚忍而色明白。一作刃，忍、刃皆有坚意。

又"栗氏"[25]：改煎[26]金、锡则不耗[27]……凡铸金之状，金与锡，黑浊之气竭，黄白次之；黄白之气竭，青白次之；青白之气竭，青气次之，然后可铸也。[28]

注[29]：上言"改煎金、锡则不耗"，分金锡而各熔之；此言"铸金之状"，齐金锡而合熔之。

《仪象考成》[30]云：凡铸黄铜，用红铜六成，倭铅四成，熔炼精到铸之。

按：《考工记》注，锡即铅也。[31]古或铅亦称锡。曾询之今业铜匠张姓者，云，铜断不可参锡，小焊用锡，故废器重铸即成生铜，以内有小焊也。易五兄蓉湖[32]为余言，铅为五金之母，锡为五金之贼[33]。诚不易之确论也。铅有二种，闻之广东铜行，一云，每铜百斤，参白铅六十斤、黑铅[34]五斤，则铜水易流注，而铸器光泽。一云，白铅七十五斤，黑铅三斤，则坚软得宜，不致铜多性软，铅多性硬。

按：李瑞《印宗》[35]云，红铜性纯，和青铅[36]则淡，古多用之；和白铅则黄而硬，古无用者。陈六桥云，古铜色红，而非今之红铜，盖其熔法久已失传。

其说不一，存参。○张姓铜工又云，铜不可参锡，以不受椎易碎也。闻响铜[37]如乐器中铙钹[38]之类，其中有点锡[39]，大约其锡亦甚少，不知是何参法，然亦易碎。

二系：

镜用生铜，其法用铸，无须焊药[40]。其余铜事件，则焊药为所必需。附记于此：

铜小焊方：取水银先用香油制死[41]，然后入高锡[42]参匀，以备临时用。

铜大焊方：菜花铜[43]一斤，顶高之铜。白铅半斤、纹银一钱八分，合化，然后入点锡，四钱八分。速搅匀即得。

【注释】

〔1〕铜：铜（Cu）和各种铜合金的统称。

〔2〕纯铜：又称红铜或紫铜，因不含其他成分的纯铜呈紫红色光泽，故称。

〔3〕柔：指延展性。即可抽丝、易锻等金属机械性能。下面的"刚"指延展性较差。

〔4〕倭铅：锌的古称。锌铜合金色黄，称为"黄铜"。

〔5〕熟铜：经过精炼，纯铜含量较高，杂质较少，因而易锻的铜。

〔6〕生铜：未经精炼，含有杂质，脆而易碎的铜。

〔7〕小焊：古代的一种钎焊工艺。

按：古代钎焊技术有小焊、大焊之分。具体区别尚未见明文记载。今人猜测，一说为低温钎焊和高温钎焊之分，一说为软钎焊和硬钎焊之分，甚至有钎焊和锻焊之分。均带有猜测成分。主要因为《天工开物》及其他一些典籍中的记载说法不一。但词意多变、一词多指、同一个词所指不同的现象，在古代属正常。从下文看，一是提到锡小焊、锡大焊、铜小焊、金银工焊、铜铁焊等等需注意焊药的熔点，二是提到硼砂、松香作为造渣剂，三是"铜大焊方"中的Cu-Zn-Ag-Sn四元合金焊料熔点很高，均符合高温钎焊的特征。而从"锡大焊方"和"铜小焊方"中含汞来看，这两种属于"汞齐"焊（一种焊料含汞的低温粘焊），也是可能的。特别是"锡用小焊则多不平，成器后错刮费力，用大焊则无是"之说，表明锡小焊有斑点而锡大焊没有，亦为佐证。

〔8〕白铜：一般指以镍为主要添加元素的铜基合金，即镍白铜，色泽近银。但其他白色的铜合金也统称为白铜，如高锡青铜、砷白铜、铁白铜、锰白铜、锌白铜和铝白铜等等，有时为含有多种添加元素的多元合金。此处所指，郑复光亦自注"不能详"。白铜在古代又称"鋈"。

按：白铜的最早可靠记载，见于公元4世纪时（东晋）常璩的《华阳国志·南中志》卷四中关于云南白铜的记载，并经学界考定为镍白铜。中国白铜曾大量传入中东、欧洲等地，对用具饰品和化工工艺产生很大影响。

〔9〕青铜：一般指青灰色的铜锡合金，也有一些不含锡的铜合金叫做青铜。据下文，郑复光所指为低锡高铅的青铜合金。

〔10〕不受椎（chuí）：指韧性不好，质地脆，受锤锻易碎裂，因而不宜锤锻。椎，敲打东西的器具，此处意同"锤"。

〔11〕究心：在意，关注，专心研究。

〔12〕苟简：草率而简略。

〔13〕金：即铜。有人认为指青铜（铜锡合金），则后文"六分其金而锡居一"可解为锡在合金中的比例占六分之一；"金、锡半"相应为铜、锡各半。也有人认为金为纯铜，则"六分其金而锡居一"应解为六分铜、一分锡，锡占七分之一；"金、锡半"相应为铜二铜一。有学者据现代对金属性能的测量进行对比，有几种"齐"较符合前一解释，也有几种较符合后者。对"锡"的解释也有含铅和不含铅的争议。不含铅，则有些配方不符合所制器物的性能。若说含铅，则有人提出古人早已能区分铅、锡，不应混淆。

按：应注意古代科技与现代的不同，古人的技术规范一般掌握在工匠的经验之中，实际操作时亦因人、因天时地利而异；至于典籍，一般只在记事，不一定规定精确标准；不应主观强求古代典籍类似现代技术规范手册。仅从字面上看，"居"为"占"，故姑从合金之说，锡是否含铅则置之不论。

又按：郑复光在此处广引文献，参与讨论青铜配剂，是因为他力主制鉴之铜应低锡高铅。铜工"断不可参锡"之说，并非指合金中绝对不能含锡，因为青铜原料大多都是回炉重炼而得，其中自然含锡。而锡多铅少则易碎之说，符合现代金属学的分析。实则铅在青铜范铸定型时也有重要作用。而据今人研究，中国古代铜镜的质地，先是以高锡青铜为主；宋以后，铅含量渐增；至明清，炼锌术兴，铸镜又多掺锌，铜镜质地遂演变为低锡高铅含锌的铜合金。

〔14〕齐（jì）：通"剂"。此处意为合金的成分比例。

〔15〕大刃：郑玄注："刀剑之属。"

〔16〕削：郑玄注："今之书刃。"贾公彦疏据此解释为古代刻字小刀的遗制，带柄而略呈弧形，刃口反张朝外。　杀矢：郑玄注："用诸田猎之矢也。"矢，箭镞。

〔17〕鉴燧：鉴，指方诸，（东汉）郑玄释为铜镜，许慎释为石杯，高诱释为大蛤，但此处"鉴燧之齐"为青铜配方，后两说与之不符；燧，阳燧（即凹面镜）。

〔18〕以上转述与《考工记》原文颇有出入，但此处重在说"鉴燧"，无意于其余诸"齐"。

〔19〕此"注"为直引郑玄对前面《考工记》文字的注。

〔20〕中国古代多有阳燧取火、方诸取水之说。阳燧为青铜凹面镜，用于聚日光取火，已有较多文献和考古实物相印证，成为确论。方诸为何物，至今尚存争议（参见注〔17〕）。"取水火于日月"，互文，意为取火于日、取水于月。

〔21〕忍：即"韧"。见后文。

〔22〕此"疏"为（唐）贾公彦对《考工记》郑注所作的疏。后面两句，引自"金有六齐"之前几句的疏。

〔23〕青铜的含锡量低于四分之一的配方才叫上齐，高于三分之一者叫下齐。以，原文为"已"。

〔24〕此"校勘记"为（清）阮元在《十三经注疏》中所作的校勘。此处转述阮元对前文郑注中"忍"字的训释。

〔25〕此处引《考工记·栗氏》文。栗氏为古代负责制作量器的工匠。此"栗"字原刻作古字"桌"。

〔26〕改煎：反复熔炼（以去除杂质）。

〔27〕不耗：（因杂质去尽）不再耗减。

〔28〕以上几句《考工记·栗氏》原文，描写冶铸铜合金时通过观察烟气颜色掌握火候的方法，各种烟气依次对应于纯度的由低到高。

〔29〕此"注"应为郑复光自注。

〔30〕《仪象考成》：又名《钦定仪象考成》，戴进贤主持编修的一部以星表为主的工具书，为重新修订南怀仁《新制灵台仪象志》中的星表而作（后者疏漏和讹误较多）。以下为转引其"卷首上"中"铜质宜精"条。

〔31〕（清）戴震《考工记图》在"攻金之工"条下补注："金谓铜，锡

谓铅。"

〔32〕易五兄蓉湖：易之瀚，字浩川，号蓉湖，江苏甘泉（今扬州）人，生卒年不详。原以算学著名，《清史稿》罗士琳传中提到"其同县友有易之瀚者，亦以算名"，后附易之瀚传。梁启超《中国近三百年学术史》中提及罗士琳时也有"复与同县学友易蓉湖之瀚为之释例"之语。"同县"之说，系因罗士琳长期寄居扬州而自称甘泉人。此书中提及"易五兄"达七次之多，所谈均属铜加工、玻璃制造、望远镜制作、金属工件加工等，可见易之瀚还是一位制器名家。

〔33〕贼：祸害。

〔34〕黑铅：即铅。见"镜质"第四条注〔4〕。

〔35〕李瑞《印宗》：清人李瑞辑录的一本论印著作，书未见。

〔36〕青铅：即铅。《说文·金部》："铅，青金也。"

〔37〕响铜：今天材料界仍称用于制打击乐器的铜合金为响铜。多为铜、铅、锡合金，含锡量 10%—20%。

〔38〕铙钹：本为两种打击乐器，后混称铙钹。

〔39〕点锡：含有少量铜的锡。见"原镜"第七条注〔2〕。

〔40〕焊药：即焊料，包括锡、铅、汞等主料和硼砂等辅料。

〔41〕用香油制死：指用香油裹住水银防止挥发。

〔42〕高锡：今天材料界仍称纯度 99.9% 以上的锡为高锡。

〔43〕菜花铜：(清) 赵学敏撰《本草纲目拾遗·金部》"菜花铜"条说："此天生者，今之黄铜，乃赤铜合炉甘石炼成。"意为菜花铜是天然黄铜，而一般的黄铜是红铜和炉甘石（锌矿石）的合金。

【译文】

　　铜，红色的是纯铜，所以较柔韧；混入倭铅即白铅，又名碗锡就比较坚硬，色泽为黄；铅少成色就高，一律为熟铜；铅、铜对半开就脆，色泽淡黄，这是生铜。碎铜末、废铜器重新熔炼的，一律按生铜看待，因为其中有小焊之锡不能完全提取掉。制作镜子采用生铜，是看中它的色泽较淡而接近白色。白铜和青铜属于别的种类。有人说是掺和之法不同。由于不是平常所用，即使从事铜加工业的人也不清楚。○制作镜子最好是用青铜，因为它接近白色。用生铜制作器物，都靠炉火一次铸成，因为它不能锤锻。然后刮，然后磨。打磨工夫到位就光滑平坦，映照东西不变形。但使用镜子的人看中的是价格的低廉，特别在意的很少；制作镜子的人一味要省力，草率简略之处就更多，想找到平正而没有瑕疵的，十个中得不到一个。"镜质"第三条。

一系：

《考工记·攻金之工》说：青铜有六齐：锡占青铜总量六分之一的，叫做钟鼎之齐；占五分之一的，叫做大刃之齐；占五分之二的，叫做削、杀矢之齐；占二分之一的，叫做鉴燧之齐。

[郑玄]注：鉴和燧，是取火于日、取水于月的器物。鉴也属于镜。铜只要多含锡就忍、白并且光洁。

[贾公彦]疏：[青铜中锡含量]低于四分之一者为上齐，高于三分之一者为下齐。

[阮元]校勘记说：忍，古时表示坚韧的字。[上句]意为坚忍而色泽亮白。一作刃，忍、刃都有坚的意思。

又[《考工记》]"栗氏"条说：反复熔炼铜、锡，就能最终达到不再耗减……冶铸青铜的情状：铜与锡[合炼]，黑浊的烟气冒完时，接着是黄白色的烟气；黄白色的烟气冒完时，接着是青白色的烟气；青白色的烟气冒完时，接着是青色的烟气，此时就可以浇铸了。

注：上面讲"反复熔炼铜、锡，就能最终达到不再耗减"，是指把铜和锡分开而分别熔炼；这里讲"冶铸青铜的情状"，是指调配好铜和锡的比例而混合熔炼。

《仪象考成》说，大凡冶铸黄铜，用红铜六成，倭铅四成，熔炼到精纯之后进行浇铸。

按：《考工记》注，锡就是铅。古时或许铅也叫做锡。曾拿这个问题去问一位当今经营铜加工业的张姓匠人，他说，铜绝不能掺锡，小焊时用了锡，废器重铸就成了生铜，就因为其中含有小焊[之锡]。易五兄蓉湖告诉我，铅是五金的根本，锡是五金的祸害。真是确切的观点。铅有两种。曾向广东铜行打听，一种说法是，每一百斤铜，掺入白铅六十斤、黑铅五斤，铜水就容易流注，因而铸器光洁明净。一种说法是，白铅七十五斤，黑铅三斤，就能坚软适当，不会导致铜偏多而性质偏软，或铅偏多而性质偏硬。

按：李瑞《印宗》说，红铜质地纯，掺入青铅就会变淡，古时常用；掺入白铅就会变黄变硬，古时都不用。陈六桥说，红色的古铜，并非现在的红铜，大概它的熔炼法久已失传。

各种说法不一，存录以待参酌。○张姓铜工又说，铜不能掺锡，否则不能锤锻容易碎裂。听说铙钹这类乐器所用的响铜，其中含有点锡，大概其中的锡也很少，不知道是什么调配法，但也容易碎。

二系：

镜子的材料采用生铜，加工方法采用浇铸，不需要焊料。其他的铜零件，则焊料是必需品。附记于此：

　　铜小焊配方：把水银先用香油制死，然后加入高锡和匀，以备到时候用。

　　铜大焊配方：菜花铜一斤，顶高之铜。白铅半斤、纹银一钱八分，一起熔化，然后加入点锡，四钱八分。迅速搅匀即可。

二

铸镜既成，磨以方药[1]。则明磨法：先著[2]水少许，以洗净乱发[3]，磨去垢腻，再以布转紧作裹，蘸水磨热，撮药少许，矸[4]细，稍去其中之矾[5]，磨之。方列后：

　　一方：汞一两，上好生点锡[6]，夏秋七分，春冬八分。成器好锡不可用，中有松香则色混也。明矾，夏秋一钱，春冬钱半，亦必择明净者。加鹿顶骨更妙。或云鹿角烧灰。

　　二方：白矾六钱，汞一钱，锡一钱；将白铁为砂子，用水银研如泥，淘洗白；入锡及矾，研极细用，如色青，再洗令白。[7]

　　三方：鹿顶骨烧灰，枯白矾[8]，银母[9]粉即银母砂，等分[10]。共为细末，和匀。磨一次可过一年。

　　四方：磨古镜，用猪、羊、犬、龟、熊五物胆，各阴干为末，以水湿镜渗覆向地上[11]。不磨自明。按此当指古镜不可磨者而言。

一系：

第一方出《古今秘苑》[12]，曾亲试过，但色白而混。询之锡工，云是锡不纯净之故。语殊有理。二、三、四方出《多能鄙事》。又云，凡锡杂松香作焊，低锡不可，过高锡亦不可。按图索骥之戒，良有由矣。然则诸方中有不用水银者，恐不免有语焉不详之弊。姑记于此。

附锡大焊方：

先用锡化大著[13]松香，屡捞搅之，以去其灰，再逼出净锡；离火稍停，再参水银，自不飞汞[14]。视锡六而一，不可过多，锡内水银过多则易研碎。

解曰：

锡工小焊，低锡不可，宜也；高亦不可，何也？盖焊必较本身易化，故金银工焊用银参铜及硼砂[15]，铜铁焊用焊药参硼砂，铜小焊用高锡参水银，锡大焊用次锡、水银参松香，锡小焊用次锡参松香，咸取其易化也。焊药之锡过高，则焊药未化，而本身先化矣，故不可用也。○锡用小焊，则多不平，成器后，错刮费力，用大焊则无是。○张铜工云，炼矾者，上层为硼砂，中为明矾，下为烂矾[16]。烂矾，水滴衣上即成孔，然打磨铜器，以此水略浸，即时一擦光亮，为必需之物也。《本草纲目》硼砂别一物，此未确。[17]

附喷银法：

用铜锅盛乌梅[18]斤许，水煮捣烂。细错银末，加硼砂少许，入倾银罐内化之。连罐撇入乌梅锅内，去其破罐，搅匀，再煮一滚。纳铜器煮之，即白如矾煮银器。取出擦之、矸之。屡煮屡矸、擦之，以光为度。此易五兄说。

又《高厚蒙求》[19]法：

用银屑一钱、黑官盐[20]一两搓和，装入泥罐，武火[21]熔化，倾出候冷，研细待用。先将铜事件用乌梅水浸透，临时仍用酸水在瓦罐中煎至三四沸，以银屑细细渗匀。有薄而未到处，再煎再渗。取出拭干，以软稻草壳擦之使亮。

附钟表焊药：

以银焊为良方，用菜花铜六分，纹银四分，则老嫩恰好。亦出《高厚蒙求》。

【注释】

〔1〕方药：有特定用途和一定组分调配的化学辅料合剂。此处特指开镜药，即抛光辅料配剂。

〔2〕著（zháo）：接触，沾上。

〔3〕乱发：应指表面浮渣。

〔4〕砑（yà）：碾压，摩擦而使光亮。

〔5〕矾：即明矾，与下文"白矾"为同一物。见"镜质"第四条注〔6〕。

〔6〕生点锡：见"原镜"第七条注〔2〕。

〔7〕此处与《多能鄙事》原文有出入。"锡一钱"原为"白铁一钱，鹿角灰一钱"，"入锡及矾"原为"入鹿角灰及矾"。

〔8〕"鹿顶骨烧灰，枯白矾"原刻误作夹注字体，今改为正文字体。《多能鄙事》原文为"鹿顶骨烧灰，白矾枯"。枯白矾：置明矾于锅中加热至干燥结晶即为枯白矾。

〔9〕银母：即云母。见"镜质"第七条注〔1〕。

〔10〕等分：意为前三者分量相等。

〔11〕此处疑有脱讹。《多能鄙事》原文为"以水湿镜，掺药在上，覆镜面向地"。

〔12〕《古今秘苑》：（清）许之凤辑，为百科知识和奇闻秘术汇编。

〔13〕著：量词。

〔14〕飞汞：指水银蒸发。

〔15〕硼砂：一种无色结晶物质，化学名十水四硼酸钠。

〔16〕烂矾：据下面的描述，似为一种称为矾的强腐蚀性液体。例如稀硫酸在古代被称为绿矾油。

〔17〕按：《本草纲目》："硼砂生西南番，有黄白二种：西者白如明矾，南者黄如桃胶，皆是炼结成，如硇砂之类。"看不出与通常说的硼砂有何不同。

〔18〕乌梅：中药材所称乌梅为熏黑制干的梅子。

〔19〕《高厚蒙求》：（清）徐朝俊撰，内含天文、世界地理、钟表等内容，是我国第一本关于钟表制作的专著。徐朝俊为徐光启五世孙。以下所引，为该书《钟表琐略》一节中的"铜上欲镀金银"条，其后所附亦为其中"焊药之方"条。

〔20〕黑官盐：似为提纯不够的矿物盐。

〔21〕武火：猛烈燃烧的火。小火或慢火为文火。

【译文】

铜镜铸成后，用方药打磨。其中明磨法为：先用少量的水，洗净浮渣，擦掉腻垢，再把布拧紧、裹实，蘸水磨到发热，撮药料少许，碾细，略微剔除其中的矾，用来打磨镜面。药料配方如下：

一方：汞一两，上好生点锡，夏秋时七分，春冬时八分。成品器物的好锡不可用，因为其中含有松香则颜色混浊。明矾，夏秋时一钱，春冬时一钱半，也一定要选取明净的。加入鹿顶骨就更妙。一说用鹿角烧灰。

二方：白矾六钱，汞一钱，锡一钱；把白铁做成砂子，用水银研磨成泥状，淘洗到变白；加入锡和矾，研磨到极细待用，如果颜色偏青，就继续淘洗使之变白。

三方：鹿顶骨烧灰，枯白矾，银母粉，即银母砂。[以上三种]分量相等。一起制成细末，搅拌均匀。磨一次可以保持一年。

四方：磨古镜，用猪、羊、犬、龟、熊五种动物的胆，分别阴干并制成细末，用水湿润镜面，使之沾上药料，[然后将镜面]向地上倒扣。不用打磨就自然变得明净。按：这应该是针对不能打磨的古镜而言。

一系：

第一方出自《古今秘苑》，曾亲自试验过，但色泽发白而混浊。拿这个问题去问锡匠，回答是锡不纯净的缘故。说得很有道理。二、三、四方出自《多能鄙事》。锡匠还说，凡是锡中掺入松香作为焊料，纯度低的锡不能用，纯度过高的锡也不能用。按图索骥的警示，真是有原因的呀。这样看来，各个配方中都不用水银这一点，恐怕免不了语焉不详的弊病。姑且记录于此。

附锡大焊方：

先把大著松香熔化在锡中，反复捞搅，去掉灰渣，再逼出纯净的锡；离开火稍微放置一阵，再掺入水银，水银自然不会蒸发。按六分锡一分水银的比例，不能过多，锡中的水银过多就容易研碎。

解：

锡焊工艺中的小焊，纯度低的锡不能用，这是应该的；纯度过高的锡也不能用，这是为什么？因为，焊料必定比［被焊材料］本身更容易熔化，因此金银工焊用银掺铜和硼砂，铜铁焊用焊料掺硼砂，铜小焊用高锡掺水银，锡大焊用次锡、水银掺松香，锡小焊用次锡掺松香，都是取它容易熔化的性能。焊料含锡过高，那么焊料还没熔化，被焊材料本身就先熔化掉了，所以是不能用的。○锡焊采取小焊的方式，结果大多不平整，制成器物之后，刮磨比较费力，采用大焊就没有这回事。○张铜匠说，炼制矾剂时，上层是硼砂，中间是明矾，下面是烂矾。烂矾，溶液滴在衣服上就成孔，但打磨铜器时，用这种液体稍微浸湿，当即一擦就亮，这是必需的东西。《本草纲目》中的硼砂是另一种物质。这一点不确定。

附喷银法：

用铜锅盛乌梅一斤左右，水煮熟后捣烂。把银末磨细，加硼砂少许，倒进银罐内熔化。连罐一起放进乌梅锅中，去掉破罐，搅匀，再次煮沸。把铜器放进去煮，就会白得像矾煮银器一样。取出擦、磨。反复再煮再擦、磨，以发亮为准。这是易五兄的说法。

还有《高厚蒙求》法：

将银屑一钱、黑官盐一两搓揉混合，装进泥罐，用猛火熔化，倒出来等候冷却，磨细待用。事先把铜质零件用乌梅水浸透，到时候仍然用酸［梅］水在瓦罐中煮沸三四遍，将银屑细密地渗敷均匀。有敷得薄和敷不到之处，再煮再敷。最后取出来揩干，用软稻草壳把它擦亮。

附钟表焊药：

以银焊料为上佳配方，用菜花铜六分，纹银四分，则程度刚好。也出自《高厚蒙求》。

三

古鉴微凸，收人全面，用意精微。磨而平之，沈氏所伤。[1]见《梦溪笔谈》。好古者慎诸[2]。

【注释】

〔1〕沈括在《梦溪笔谈·器用》"古人铸鉴"一条中说到，古鉴微凸，是为了以较小的镜面照出整个人脸，而后人"比得古鉴，皆刮磨令平，此师旷所以伤知音也"。

〔2〕诸：犹"之"。

【译文】

古铜鉴［镜面］微凸，能摄取整个人脸，用意精妙。后人把它磨平，引起沈括的感叹。见《梦溪笔谈》。好古的人对此要慎重。

四

铜镜磨后，须幕以袱[1]，忌油手、尘侵，使镜面花斑不明。如有尘侵，宜粉扑扑粉轻擦，忌水。

右铜。

【注释】

〔1〕幕：用布单遮盖。　袱：包裹或覆盖用的布单。

【译文】

铜镜磨好后，要用布包起来，要防止油手沾染和灰尘侵袭，这会导致镜面变花而不明净。如果沾染了灰尘，应该用粉扑蘸粉去扑并轻轻揩拭，不能用水。

以上是关于铜镜。

五

红毛玻璃[1]厚而平净，可作屏风大镜。广片多疵，不能过大。庞子芳先生云，迩来广人亦能作大者，是用风韛[2]鼓之。

一系：

易五兄云：大玻璃亦是吹成，甚为费力，曾用风韛，而玻璃厚薄不匀，且当风处或致破损。盖人气温暖，而韛之气则寒凉，冷热相激，是以不免有破损之患，迩来不复用风韛也。

二系：

造玻璃，闻用石粉[3]及铅、锡、硝石熔炼而成，又说必博山泥[4]，未能详也。然其理固有可推者：五金皆属土，曾见生银[5]，形黑如煤，其质似石，敲之则碎，熔之则化。观水晶及诸冻石[6]之类皆能透明，疑博山泥或石粉本皆透明之质，但泥与石体不能熔化，故杂铅、锡使能熔化，[7]亦其理也。

【注释】

〔1〕红毛玻璃：玻璃舶来品的统称。见"镜质"第四条。

〔2〕风韛（bèi）：古代用来鼓风吹火的器具。

〔3〕石粉：玻璃主要原料。见"镜质"第四条注〔13〕。

〔4〕博山泥：山东博山的玻璃原料。见"镜质"第四条注〔12〕。博山泥和博山石粉应为同一物。

〔5〕生银：（明）李时珍《本草纲目·金石一·银》和（明）宋应星《天工开物·银》均以生银为未经冶炼的银矿石。

〔6〕冻石：可用于雕刻印章的晶莹润泽的石块，透明或半透明，一般为质地较软的硅酸盐矿物。

〔7〕此条猜测不太合理。铅和锡作为制造玻璃的辅料，主要作用是作为着色剂而非助熔剂。

【译文】

红毛玻璃厚而平整明净，可用来制作屏风上的大镜子。广东的玻璃板瑕疵较多，所以不能做得太大。庞子芳先生说，近来广东人也能制作大块的，是用风鞴鼓风吹出来的。

一系：

易五兄说：大块玻璃也是吹成的，很是费力，一度是采用风鞴，但所成玻璃厚薄不匀，而且正吹到的地方或许会破损。大概是人吹出的气温暖，而风鞴吹出的气却寒凉，冷热互相激荡，于是难免有破损的担忧，近来已经不再使用风鞴了。

二系：

造玻璃，听说是用石粉和铅、锡、硝石熔炼而成，又听说一定要博山泥，具体还不清楚。但其中道理自有可以推想之处：五金都属土，曾经见过一种生银，外形像煤一样黑，质地像石头，能敲碎，能熔化。从水晶和各种冻石之类都能透明来看，可以猜想博山泥或石粉原本也都具有透明的质地，只是泥和石体不能熔化，于是掺入铅和锡使之能熔化，这也算是［采用那些原料的］道理吧。

六

裁玻璃法。先画墨线，用橄榄烙铁端锐稍肥，似橄榄形二根，互换烧红烙之。起首如不开，烙热抹微唾即激裂。顺其裂纹徐引之，迫至边则移烙须速，否则虑有斜迸之患。见《高厚蒙求》。[1] 若裁圆，则用钳剪剪形似钳，不可利口，带剪带擘，渐渐去其圭角[2]，须有手法。至裁小玻璃，可用火石[3]，屡屡画之，俟有画痕，向背一擘即开。其剪圆形者，圭角太大处，徐剪则费时费力，亦可用火石法去其大角，余自易剪。

迩来传得粤法，是用金刚钻。愚游粤时，见作坊玻璃吹成如缸，高三四尺，大径尺余，外画墨痕，手执金刚钻，自口探入，照墨一画，向外一擘即开，百不失一。今江南肆中亦能为之。但选钻甚难，又各人用贯[4]之钻，彼此不能互易耳。钻故宜锐，太锐则痕起灰。

【注释】

〔1〕以上为转述《高厚蒙求》卷末"钟表琐略"一节中的"裁玻璃"条。语句较原文简省。"橄榄烙铁"后夹注为郑复光所加。

〔2〕圭角：古代玉制礼器圭的上端为箭头形，故称有锋棱的尖角为圭角。

〔3〕火石：即古人打火用的燧石，一种石英变种，是致密、坚硬的硅质岩石。

〔4〕贯：古同"惯"。

【译文】

裁玻璃法。先画墨线，用两根橄榄烙铁两头尖而中间稍肥，形似橄榄两根，交替烧红了〔沿着墨线〕烙。开头处如果裁不开，烙热后稍微抹一点唾液就会激裂。顺着这个裂纹慢慢延伸，到了边上则移动烙铁必须迅速，否则有斜着迸裂的担忧。见《高厚蒙求》。如果裁圆形，就用钳剪形状像钳子的剪刀，不能有锋利的刀口，一边剪一边掰，渐渐去掉那些圭角，得有一定的手法。至于裁小块玻璃，可以用火石，反复地划，等到出现划痕，朝反面一掰就开。在剪圆形时，圭角太大处，慢剪会费时费力，也可以用火石法去掉较大的角，其余的自然容易剪。

最近从广东传来一种方法，用的是金刚钻。我游历广东时，见到作坊里的玻璃被吹成缸的形状，高三四尺，最大直径一尺多，在表面画上墨痕，手执金刚钻，从口子探进去，照着墨痕一划，朝外一掰就开，百无一失。现在江南的玻璃店铺里也能这样做。只是选择金刚钻很难，而且每个人各自用惯的金刚钻，是彼此不能互相交换的。金刚钻固然以锋锐为宜，但过于锋锐就会导致划痕起灰。

七

衬箔法。玻璃摆箔[1]上，虽反照亦有景，而不甚浓显，以相切而非相连也。镜质四解。故必粘箔于玻璃上，使贴合为一体。传其法者不一。项轮香翁云，最要在箔上水银必盖以纸，再放玻璃于上，抽纸即粘。余谓，水银不无有尘，盖纸抽之者，殆去尘之意耶?[2]今从易五兄得其法，目击且手验矣，诸说概从姑舍。其法：

先将玻璃裁好。玻璃裁痕欲深而不毛[3]，金刚钻过锋锐者，则玻璃痕内起灰，即知痕毛不铅[4]，向背擘时多致破损，不可不知。次用牙灰[5]"牙灰"详后。擦之使净，俟干再拭一遍，置大盘内。盘如托盘，放桌上，斜迤之，使靠怀一边稍低，以便水银聚而不散。盘内斜放一极平石板，板上糊纸一二层，须将怀内垫起，使在盘中恰合地平。再将锡箔放石板上，取汞些须加箔上，用一指轻擦遍，以箔光明为度。再多加水银于箔上，使堆起不致流走为度，然后以纸纸细而不滑。细则易抽，不滑则易去铅尘[6]。梅红单帖[7]即可用。盖上。次放玻璃于纸上，左手按之，右手抽纸。次连石取起，竖沥之，则水银流下，而箔即粘。汞有剩者到边，刮去之。仍将镜迤二三日方干。牢其剩汞，内有箔化之锡，仍可下次再用。盖水银内无不有铅者，此亦参假之一端。然铅为五金之母，以母召子，正欲借铅为用，故不忌耳。又锡为五金之贼，亦欲借锡死汞也。○箔亦来自广东，较常箔稍厚，略似火金[8]，然不宜陈及尘污。牙灰擦玻璃极净，无有胜之者。此二者为衬箔法之秘妙[9]。

　　　　一系：

　　　　牙灰亦来自广，其色白稍黄似象牙色，故名，其质甚粗。制法：用泥罐装糠，筑紧封口，埋大炭火内，烧罐极红，俟出火，击罐取灰，则已结成一个，研碎待用。曾试为之，亦可擦物，但色青似砖灰，恐罐不净，或尚未得法邪。○愚按[10]：牙灰擦铜锡器俱妙。盖质甚粗糙而松奥[11]，又经火炼成灰，故去油垢而不损物，此所以妙也。愚尝用乏砂[12]碾玉用乏至不可用将弃者也。以擦玻璃、铜铁，无不皆妙。盖宝砂[13]极坚，用乏则极细；坚故无垢不去，细故本体不伤，与牙灰质正相反，而得用则一也。又，肆中擦用灯心，亦为其奥而粗也。

　　　　二系：

　　　　玻璃与料[14]之分，以侧面白者为料，其有黄或绿者为玻璃，相沿如此，未能详也。愚意疑是一物，以出处及造法不同耳。料，犹材料也，故有博山料、洋料、土料[15]之称。存考。

【注释】

〔1〕箔：即锡箔纸。

〔2〕按：除避免沾灰之外，此法也体现了保证两个平面之间没有空气间隙的物理黏合原理。

〔3〕毛：粗糙；不整齐。

〔4〕鋊（yù）：器物用久渐渐磨光失去锋刃或棱。《康熙字典》引《五音谱》："磨砻渐销曰鋊。今俗谓磨光曰磨鋊。"

〔5〕牙灰：糠烧成的灰，可用来刷牙，故称，后常用于擦除腻垢。

〔6〕铅尘：常用以喻化妆的残迹，因古代女子所用化妆品含铅，故称。此处所指为锡箔纸上的灰尘、细微杂质，以及本身脱落下来的锡颗粒。

〔7〕梅红单帖：旧时用来写名帖或礼帖的不折叠单页红纸。

〔8〕火金：古时称祭奠用的烧纸为火纸，故"火金"应为金粉纸（金箔纸）。

〔9〕秘妙：奥妙，奇妙。

〔10〕愚按：表示下文为郑复光自己加的按语。

〔11〕奥：通"软"。

〔12〕乏砂：按夹注和后面的描述，是指用废的磨玉坚质细砂。砂久用后，颗粒逐渐平滑，磨锉能力下降，但正好用来抛光。

〔13〕宝砂：即上所说磨宝石玉器的砂。

〔14〕料：指近似琉璃的烧料玻璃。见"原镜"第三条注〔1〕。

〔15〕各种烧料见"镜质"第四条注〔12〕。

【译文】

衬箔法。把玻璃摆在锡箔纸上，虽然对着照也有影像，但不够浓重明晰，原因是相贴但没有相连。"镜质"第四条解。所以必须把锡箔粘在玻璃上，使之贴合为一体。叙述黏合方法的人们说法不一。项轮香老人说，最关键的是锡箔上的水银一定要用纸盖住，再把玻璃放到上面，把纸抽掉就黏合了。我想，水银难免有灰尘，盖上纸再抽掉，用意大概是去除灰尘吧？现在跟易五兄学到了方法，不仅亲眼目睹而且亲手试验过了，各种传闻全都姑且放在一边。方法如下：

先将玻璃裁好。要想使玻璃裁痕深而整齐，金刚钻不可过于锋锐，否则玻璃划痕里会起灰，这就说明划痕里的细齿不圆润，反向掰开时多半会导致破损，不可不知。第二步用牙灰"牙灰"详见下文。把它擦干净，等干了再擦拭一遍，放在大盘子里。盘子就像托盘，放在桌上，将它倾斜起来，让靠近自己的一边稍低，以便水银聚而不散。盘子里斜着放上一块极平的石板，石板上糊一两层纸，还得把石板靠近自己的一边垫起，使它在盘中正好保持水平。再把锡箔放在石板上，取水银少许施加在锡箔上，用一个指头轻轻到处涂抹，直到锡箔显得光亮为止。再多加一些水银到锡箔上，使水银堆起而不至于流走为准，然后用纸纸要细而不滑。细则便于抽出，不滑则便于除去尘粒。梅红单帖就能用。盖上。下一步把玻璃放到纸上，左手按住玻璃，右手把纸抽出。再下一步连石板一起拿起来，竖着沥它，水银就流了下来，而锡箔就粘上了。如果有残余的水银流到边上，把它刮掉。还得将镜子斜靠着两三天才会干。把用剩的水银收拢来，里面含有锡箔纸上融化出来的锡，还可以下次再用。水银里没有不含铅的，由此也可见掺假之一端。但是铅为五金之母，以母召子，正要借助铅的作用，所以不必顾忌。还有，锡为五金之害，也正要借助锡把水银制死。○锡箔纸也是来自广东，比一般的锡箔稍厚，有点像火金，但不宜放在有灰尘和肮脏的地方。用牙灰擦玻璃可以擦得很干净，没有比它更好的。这两点是衬箔法的秘诀。

一系：

牙灰也来自广东，颜色白而稍黄似象牙色，所以叫牙灰，质地比较粗糙。制作方法是：把糠秕装在泥罐里，捣得紧实之后封住罐口，把泥罐埋到大炭火里烧到极红，到出火时把罐打破，取出里面的灰，此时灰已经烧结成一整团，把它研磨碎了待用。我曾尝试做出这种牙灰，用来擦器物也还行，但颜色发青就像砖灰，恐怕是罐子不干净，或者还没有掌握诀窍。○愚按：用牙灰擦铜器和锡器效果都很好。它的质地比较粗糙而且松软，又经过火的烧炼而成灰，所以能去油垢而不损伤器物，这就是效果好的原因。我曾用乏砂用来碾磨玉器之后磨钝到不能再用、即将废弃的砂。来擦玻璃和铜铁，效果都很好。宝砂非常坚硬，而用钝之后就非常细腻；坚硬则没有什么污垢不能除掉，细腻则［被打磨的器物］本身不受损伤，与牙灰的质地正好相反，但发挥的作用却是一致的。另外，店铺里用灯心来打磨，也是因为它既柔软又粗糙。

二系：

玻璃和料的区别方法，以侧面发白的为料，侧面有黄色或绿色的是玻璃，一向就是这么沿袭下来的，具体道理不清楚。我猜测它们是同一种东西，只是因为出处和造法不同［而出现差异］罢了。料，就好比说原料，所以有博山料、洋料、土料等称谓。存疑待考。

八

玻璃镜面不畏尘，而背忌霉湿及擦碰。汞久或脱损，多由于此故。以纸蒙背上，而糊其边，以免湿气；又空其后，以免擦伤。霉为尤忌，往往旧镜多见黑点，此铅锡之气因霉湿透入骨也，不惟有箔不可摩擦，即去尽箔洗擦亦不能去，非碾砣[1]不可。此业眼镜者为愚言，如此当不妄也。

【注释】

〔1〕碾砣：打磨玉器的砂轮。

【译文】

玻璃镜面沾染灰尘不用担心，但要防止背面有霉湿和擦碰。时间长了水银有时会脱落破损，大多由于这个缘故。应该把纸蒙在镜子背面，糊住它的边，以避免湿气；再在镜子后面留出空隙，以避免擦伤。特别要防止发霉，陈旧的镜子上往往呈现黑点，就是铅锡之气由于霉湿而透入深处的缘故，这样不仅因为有衬箔而不能擦拭，即使把衬箔完全除掉再擦洗也擦不掉，非用碾砣不可。这是经营眼镜的人告诉我的，这样应该是可信的。

九

愚在粤见纸札[1]所用小镜，询之，据云，此不须水银，但烘热以箔贴之。盖锡熔自黏。观箔上着水银，其箔即皱纹渐生，艑[2]腐欲化，可知锡化乃黏也。第恐锡熔成珠，则不可用，此又须有火候、手法耳。

右玻璃。

【注释】

〔1〕纸札：本指纸张，此处指纸做的冥器。如《红楼梦》第十四回："这八个人单管各处油灯、蜡烛、纸札。"

〔2〕艑（cáo）：湿而糟烂。（清）林则徐《估修泇捕上三厅闸座工程折》："底石冲掀，桩木艑朽。"

【译文】

我在广东见过一种用在纸札［冥器］上的小镜，向人询问，据回答说，这不需要水银，只要烘热了贴上锡箔。大概锡熔化了自然就有黏性。试观察锡箔上附着了水银，锡箔就会逐渐产生皱褶，糟烂成就要化开的样子，可见锡熔化了就有黏性。怕只怕锡熔化成珠状，那就不起作用了，这又需要有特定的火候和手法。

以上是关于玻璃镜。

作　眼　镜

其类有三：曰平光、曰近视、曰老花。其质有二：曰玻璃、曰水晶，而作法则皆从同。

【译文】

类型有三种：平光镜、近视镜和老花镜。材质有两种：玻璃和水晶，但制作法都相同。

一

保光镜[1]，平镜也。两面皆须极平，稍有凸凹，即不适用。凡作晶玉法，以铁为砣[2]，安车[3]上，水蘸宝沙[4]碾之。先制成形，然后用火漆[5]为砣碾之，又用牛皮为砣碾之。[6]名为出光，其实皆磨。法先粗后细，细极乃光耳。[7]出光为别一行当。火漆砣[8]、皮砣[9]皆得自传闻，未能详也。

【注释】

〔1〕保光镜：即平光眼镜，当时用途主要为遮光护眼，故名。

〔2〕砣：打磨玉器的砂轮。通常由踏板和转绳带动旋转，所以下文说"安车上"。"砣"单指砂轮时又叫砣子，指整个机床时又叫"砣机"。

〔3〕车：指碾玉机的机床。

〔4〕宝沙：打磨宝石玉器的细沙。前作"宝砂"。

〔5〕火漆：用松香、虫胶、焦油、石蜡等原料中的某几种熬成，加颜料，常用于封信加戳。

〔6〕"火漆为砣"和"牛皮为砣"实际上是把火漆或牛皮裹在金属砂轮外缘作为抛光材料。

〔7〕此处基本弄清了玉器抛光的实际工艺程序，即用多种砣子由粗到细、反复打磨。

〔8〕火漆砣：今古玩玉器加工界仍有火漆和细沙混合制成的火漆砣子。

〔9〕皮砣：近有学者撰文称，根据（清）李澄渊所作《玉作图》十三幅及图上文字，可考清代砣机实际情形，其中有多幅表现各种砣，包括皮砣，为牛皮所制，以玉器浸湿蘸沙，在足踏带动旋转的砣上打磨之。然《玉作图》未见。

【译文】

保光镜就是平光镜。两面都需要十分平，稍有凸凹，就不适用。大凡加工晶玉的方法，是用铁制成砣子，安装在机床上，晶玉着水蘸上宝沙去［砣子上］碾磨。［具体地说］，先将晶玉器物制作成形，然后用火漆砣子碾磨，再用牛皮砣子碾磨。这些工序虽然叫做出光，其实都是磨。磨的规则是先粗后细，磨到极细就光滑了。出光是另一种一行当。火漆砣、皮砣都是得自传闻，具体还不清楚。

二

眼镜入匣[1]或稍大，则剪之。水晶虽坚，然眼镜甚薄，亦可如玻璃剪法。照景镜二之二[2]。惟近视镜近视中凹则边厚及料厚者仍须碾耳。

【注释】
〔1〕匡：古同"框"。
〔2〕"照景镜"分"铜"和"玻璃"两部分，但条目统一编号，"二之二"为玻璃部分第二条，实为第六条"裁玻璃法"。后面也有这种情况。

【译文】
眼镜镜片装进框时或许会稍大，就裁剪一下。水晶虽然坚硬，但眼镜镜片很薄，同样可以依照玻璃的裁剪法。"作照景镜"第六条。但近视镜片近视镜片中间凹所以边就厚和较厚的烧料之类仍然需要碾磨。

三

少年目力至足，无须于镜。然终日一编，用之过度，遂生眦火。水晶性凉，故能清目而保光也。患目羞明，更宜墨晶。若玻璃，经火而成，不惟无益，且有害矣。或行路暂取遮尘，用旧玻璃如旧磁然，久则退火差可耳。

【译文】
青年人眼力充沛，不需要眼镜。但整天对着书，用眼过度，就会眼角上火。水晶性凉，所以能清火明目、遮光护眼。有毛病的眼睛怕光，更适宜采用墨晶。至于玻璃，是经过火制成的，不仅无益，而且有害。偶尔在路上暂时用来挡灰，旧玻璃就像旧磁石一样，时间久了就退火也勉强可用。

四

保光镜宜于观书或养静[1]。盖观书正用目力时，镜性凉，则消眦火也；养静正不用目力时，镜有景，则韬[2]目光也。故寻常视物，用镜如无镜；若夜行，则有镜反不如无镜矣。

右平光。

【注释】
〔1〕养静：在宁静环境中修养身心。

〔2〕韬：隐藏，掩藏。

【译文】

保光镜适宜于看书或养静。看书之事恰值使用眼力的时候，镜片性凉，于是消除眼角的火气；养静之事恰值不使用眼力的时候，镜片有阴影，于是遮护目光。所以平常看东西，戴上这种眼镜如同不戴；而如果夜间行路，则戴眼镜反而不如不戴了。

以上是关于平光眼镜。

五

老花镜，凸镜也。或一面凸一面平，或两面俱凸，然必中度，否则不适用。作法：先制为片，然后于破釜内蘸宝沙磨之，釜形凹，故镜成凸。然愚谓，此工人手熟，故得合度耳。观水晶顶及火镜，悉心谛观，多不中度，正由于此。若作凹，砣旋之，必较胜矣。

【译文】

老花镜就是凸透镜。有的一面凸一面平，有的两面都凸，但必须形状标准，否则不适用。制作法：先制成薄片，然后蘸上宝沙在破釜里打磨，釜呈凹形，所以镜片成凸形。但我认为，这是工人手法熟练，才能做得合乎规范。试看水晶顶和取火镜，仔细审视，大多不合标准，正是由于这个原因。如果要加工凹形，用砣子旋转打磨，效果必定更佳。

六

中年以后，目力渐衰，故睛凸处渐平；或气血不足，睛内不舒长，则视远如常，而视近昏花矣，[1]凸镜所以益其不足也。但中年所用，其凸无几，视远尚不觉昏，不知者实而用之，终日不去，以致目益加甚，不可救药矣。法宜视近即用，视远即除，凸宁浅为妙。

一系：

黄昏月下，少年及短视人皆能察书，惟老人不能者，老人之目近物则昏，而光暗之时，视远字则墨色渐淡故也。凸镜视物，能使物色加浓，且凸可近物而视，必能黄昏察书矣。

【注释】

〔1〕郑复光的视觉生理学理论详见"原目"第五条。

【译文】

中年以后，视力逐渐衰退，因此眼球凸起之处逐渐变平；或者气血不足，眼球内部不能伸展，于是看远处还正常，看近处就昏花了，凸透镜就是用来针对这些情况增益不足的。但中年人所用［凸透镜］，凸度不大，看远处还不觉得昏花，不知道的人着实地使用，整天不摘掉，以致眼睛［缺陷］更加厉害，到了不可救药的地步。正确的方法应该是看近处就使用，看远处就摘掉，凸度宁可稍微浅一些为好。

一系：

黄昏月下，青年人和近视的人都能看书，唯有老人不能，这是因为，老人的眼睛靠近物体就感觉昏花，而光线暗的时候，看较远的字就显得墨色逐渐变淡。用凸透镜看东西，能使所见物体的颜色变浓，而且用凸透镜可以接近物体去看，这样就必定可以在黄昏时看书了。

七

凸镜能力，以顺收限验之。圆理九。眼镜限，极老无过九寸，极嫩不过二尺四寸。九寸以下、二尺四寸以上，别有他用，详于后。

一系：

凸浅视近，间有昏花，则目老镜嫩之故，圆凸二十。稍去物远即合度不花矣。

二系：

眼镜自洋舶初来，止用一片，用时持而照之；不知何时增为两片，挂于耳际；便则便矣，而终日不除之弊由此而生，必有阴受其害者。又，旧时价颇昂贵，故其式甚小，戴镜观书，偶一视远，则眸子上注[1]，出于镜外，此亦妙用。近时料薄而价贱，取其大样，以为美观，失之矣。○洪石农姻家范[2]曾定造老花眼镜，上半平、下半凸，为临画之用，殊得此意。

【注释】

〔1〕注：集中视力，注目。

〔2〕洪石农：洪范，字石农，清代安徽休宁（一说歙县）人，生卒年不详，以书画名。　姻家：联姻的亲戚。

【译文】

凸透镜的能力，以顺收限来检测。"圆理"第九条。眼镜的深度，最深不超过9寸，最浅不超过2尺4寸。9寸以下、2尺4寸以上，另有其他用途，于后详解。

一系：

用较浅的凸透镜看近处，偶尔感觉昏花，是眼睛较衰而镜片深度不足的缘故，"圆凸"第二十条。离物体稍微远一些就适配而不花了。

二系：

眼镜最初从海外舶来时，只用一片，使用时用手拿着看；不知何时增加为两片，挂在耳朵边；方便是方便了，但整天不摘掉的弊端也由此而生，必然有人不知不觉受到损害。另外，以前价格昂贵，所以式样很小，戴着眼镜看书时，偶尔看一下远处，眼珠就朝上注意，越出镜片外面，这也算是一种微妙的效用。近来材料变薄而价格下降，人们采用大的式样，以为美观，这是错误的。○姻亲洪石农_{名范}曾定做一种老花眼镜，上半是平的、下半是凸的，在作画时使用，很符合这层意思。

八

凸镜不宜视远，尤忌夜行。不惟镜景韬光，且能视夜加黑故也。

右老化。

【译文】

凸透镜不宜用来看远处，尤其不能在夜行时使用。因为镜片的影子不仅遮挡光线，而且能让夜间所见变得更加黑暗。

以上是关于老花眼镜。

九

近视镜，凹镜也。或一面凹一面平，或两面俱凹。人生而睛凸，或习于视近，以致睛不开广，见近极明，视远茫然，凹镜所以损其有余也。然读书人微带短视，至老不花，不足为累。惟短视大甚，非闻声不能辨人，诚不能不借凹镜为用。不知者宝而用之，或并戴以观书，致短视日甚，则用之者过也。法宜少用，凹宁稍浅为妙。作法与凸镜同，第治凹之器，反为凸耳。

【译文】

近视眼镜就是凹透镜。有的一面凹一面平，有的两面都凹。人的眼球生来就是凸的，有的人经常看近处，以致眼球不能开阔宽广，看近处很清楚，看远处一片模糊，凹透镜就是用来针对这种情况减少多余的。但是读书人略微有点近视，到老不昏花，不足为患。只有近视得厉害的，不靠听声音就认不出人，那才实在不得不借助凹透镜的作用。不知道的人把它当成宝贝来使用，甚至戴着看书，导致近视程度日益加剧，那就是使用者的过失了。正确的方法应该是少用，凹度宁可稍微浅一些为好。制作方法与凸透镜相同，只是加工凹形的模具，反而是凸形罢了。

十

凹镜能力，以侧收限验之。圆理九。眼镜限，极深无过一寸，极浅无过三寸。三寸以上，一寸以下，惟作远镜用之，有深至三分者。

【译文】

凹透镜的能力，以侧收限来检测。"圆理"第九条。眼镜的深度，最深不超过1寸，最浅不超过3寸。3寸以上，1寸以下，只有制作望远镜时采用，那时有深度达到3分的。

十一

凹镜专为短视人视远而设。至于夜行，虽短视甚者，不得已用之，然镜景韬光，实无益也。

右近视。

【译文】

凹透镜是专门为近视的人看远处而配备的。至于夜行，即使近视得厉害的，也是不得已才用它，但镜片的影子遮挡光线，实在没有好处。

以上是关于近视眼镜。

十二

愚游粤时，曾见有双副镜，其法：用撑[1]夹两耳上如常，而两旁镜边，别轴[2]安眼镜一副，用则合而重之，不用则开而置于两旁太阳处。迩来式更小巧便用。如图（图72）：

图 72

甲乙为镜匡架，丙丁及戊己〔3〕为轴，子丑为合眼常用之眼镜。别作寅卯眼镜一副，或与子丑等深，或较深，或较浅；以合而加于子丑上，视物加大而不花为度。两旁作轴如辰午，安丙丁及戊己轴上，令可开合。寻常用子丑，置寅卯于撑边，贴两太阳穴，并无窒碍。偶值嫌浅时，则合寅卯叠于子丑上，便加深矣。是带镜一副而具两副之用也。庚辛与壬癸为撑，两段。甲上有轴，以辛上轴合之。庚上作套筒，将癸套入，壬癸在庚辛内。癸处向外作一丁〔4〕，透出庚辛段之缝，丁头绾〔5〕之，使可伸缩。乙边亦如之。两段皆作扁片，取其轻巧而稳固。惟中梁〔6〕用直，取随手戴用，不拘上下，然未免压鼻梁，不可久用，不如寻常曲梁为妙。此法，老花、近视固可为加深之用；若平光，则子丑用银晶，寅卯用墨晶，亦便也。故为通用眼镜。

右双副眼镜。

【注释】

〔1〕撑：即眼镜的镜脚。

〔2〕轴：此书中枢轴和轴套都叫做轴。

〔3〕图中并未标出"丁"和"己"，为漏画或漏刻。

〔4〕丁：通"钉"。此处描述的可伸缩眼镜脚，为一种滑槽连接机构，庚辛为开有滑槽的扁空心管，壬癸为插在里面的可滑动连接杆，"丁"（钉）指固定

在连接杆上的销栓。

〔5〕绾（wǎn）：本意为卷起或打结，此处意为使固定或铆住。

〔6〕中梁：即眼镜的鼻托架。

【译文】

　　我游历广东时，曾见过一种双副眼镜，它的制作法是：用镜脚夹在两耳上如常，而两个镜片旁边，另用一个轴套来固定另一副眼镜，要用到〔后者〕就合起来使两副重叠，不用就打开置于两旁太阳穴处。最近式样更加小巧方便。如图（图72）：

　　甲乙是镜框架，丙丁和戊已是轴，子丑是适配眼晴的常用眼镜。另外制作寅卯眼镜一副，或者与子丑一样深，或者更深，或者更浅；程度以合起来加在子丑上时，看东西更加放大而又不昏花为准。在镜片两边分别做轴如辰午，装配在丙丁和戊已轴上，使之可以开合。平时用子丑，把寅卯放在镜脚边，贴在两个太阳穴处，没有什么阻碍。偶尔碰到觉得眼镜偏浅时，就把寅卯叠合到子丑上，就加深了。这就等于携带一副眼镜而具备两副的用途了。庚辛和壬癸是镜脚，分为两截。甲上有轴，把辛上的轴与之连接。庚这一段做成套筒，将癸这一段套进去，使壬癸在庚辛里面。癸处向外做一个销栓，伸出庚辛段的长缝〔滑槽〕，把销栓的头铆住，使〔壬癸〕可以〔在庚辛内〕伸缩。乙这一边也如法炮制。两段镜脚都做成扁片，为的是轻巧而稳固。只是鼻托架做成直的，为的是随手戴用时不拘上下，但未免压鼻梁，不能长时间使用，不如平常的弯曲鼻托那么好用。这种方法，固然可以用来加深老花眼镜和近视眼镜；倘若是平光眼镜，那么子丑用银晶，寅卯用墨晶，也很便当。所以这个样式属于通用眼镜。

　　以上是关于双副眼镜。

作 显 微 镜[1]

其类有二：曰通光、曰含光。

【注释】

　　〔1〕显微镜：即放大镜，但此处所述不同于简易的手持放大镜，为固定式，

带有支架和反光镜，为西洋传来的一种玩具，详见下文。

【译文】

类型有两种：透明［放大镜］和反光［放大镜］。

一

通光显微，即老花镜也，第用有浅深之别：时用其浅，限有尺六七寸者；时用其深，限有一二分者。

【译文】

透明放大镜就是老花镜，只是效用有深浅之别：有时用较浅的，顺收限可以［长到］一尺六七寸；有时用较深的，顺收限可以［短到］一两分。

二

通光显微，以观洋画[1]，限不取过深，约须一尺五六寸。其法：倒置画册于案，侧置含光于上，立置显微于旁，目从显微上视含光内画，画景自顺。如图（图73）：

图 73

辰为含光镜，嵌入木匣，镜面下向。甲、乙处作轴[2]，上套螺旋[3]，连于显微镜匣上，可使斜迤支撑，收合而不脱。丁为显微。己[4]为镜柄，活入座柄。座柄之口安螺旋，使可伸缩，高低配定则转螺旋以固之。[5]丑寅为画册，倒置之，使卯入乙、寅入丙，则乙为上而丙为下；自丁窥之，上下自顺，惟左右必易位，故画上有字，须用左书[6]。

一系：

丁镜之凸不宜过深者，丑寅画景入甲丙镜至近不止五六寸，则镜中之景亦见远象为五六寸，原景十。[7]而丁之距辰又须四五寸，并之，是目距画约尺六七寸。使丁镜之凸限一尺，则画距目出限外，必见物象复小，且昏而不清。[8]圆凸二十三。盖观画用镜者，取其隔镜如清蒙气[9]而肖真也；原光十。不专取其显微，故凸不必过深耳。

右通光。

【注释】

〔1〕洋画：一种旧时供儿童玩乐用的纸牌，上面画有人物故事或其他图案，初为舶来品。而此处描述的这种用来看洋画的放大镜装置也叫洋画。（清）顾禄《桐桥倚棹录》（1942 年刊行）里说："影戏、洋画，其法皆传自西洋欧罗巴诸国，今虎丘人皆能为之……洋画，亦用纸木匣，内摆以锡镜，倒悬匣顶，外开圆孔，蒙以显微镜，一目窥之，能化小为大，障浅为深。"所述完全与此处一致，对照之下，更显得郑复光对其光学原理和定量数据的把握，实领风气之先。影戏即前面所说"取影灯戏"，亦即后面的"放字镜"。

〔2〕轴：此处为螺纹转轴。

〔3〕螺旋：此书中螺栓和螺母都叫做螺旋。此处为后者。

〔4〕原图标记符号有误刻。画册"己丑寅卯"应为"子丑寅卯"，"己"应按文字说明标在丁镜下的镜柄处，而"子"既在画册上角，图中的"子"应为"壬"，"壬癸"为底座圆盘。

〔5〕这是两截套管，镜柄套接在座柄内，构成调节高度的装置。

〔6〕左书：指反写文字。

〔7〕这是通过对称性来严格确定平面镜虚像位置的一个范例，其预备性知识出现在"原景"第十条。

〔8〕《镜镜詅痴》的一大值得称道之处在于，先建立定量理论，再根据理论设计光学仪器并解释其工作原理。此处正确描述了平面镜与凸透镜联合成像的

光路，解释了放大和正立的原因；还准确地把握了定量设计的关键，即总的物距为图画距平面镜的距离加平面镜距凸透镜的距离。同时指明，此物距若大于凸透镜顺收限（焦距），就不生正立放大像，眼睛所见为倒立缩小像。

该装置的成像原理为，桌上图画的光线先垂直向上，经斜置的平面镜反射后水平进入凸透镜，即平面镜所生虚像的位置在凸透镜物方焦距之内，由凸透镜二次成像为正立放大虚像。如图 74，AB 为倒置画册；"丑寅画景入甲丙镜至近不止五六寸，则镜中之景亦见远象为五六寸"，即 $OC=OC'$；"丁之距辰"为 OD；物距为 $OC+OD$，当小于凸透镜顺收限 DF 时，人眼所见为正立放大虚像 $A''B''$。

图 74

〔9〕清蒙气：见"原色"第七条注〔3〕。

【译文】

　　用透镜放大镜来观看洋画时，顺收限不用太深，大约只需一尺五六寸。方法是：把画册倒着放在案上，把平面镜侧着置于上方，放大镜竖着立在旁边，眼睛从放大镜看平面镜里的图案，图案的影像自然正过来。如图（图 73）：

　　辰是平面镜，嵌在木框中，镜面朝下。甲、乙处做成转轴，头上套上螺帽，〔将平面镜〕连接在放大镜的镜框上，使它可以倾斜着支撑住，能打开、合拢而不滑落。丁是放大镜。己是镜柄，活动套进座柄，座柄的上口安一颗螺栓，使〔镜柄〕可以〔上下〕伸缩，调好高度就把螺栓拧紧使之固定。丑寅是画册，将它倒放，使卯映照入乙、寅映照入丙，结果是乙为上而丙为下；从丁处去看，上下自然是正的，只是左右必定颠倒，所以画上如果有字，要反过来书写。

　　一系：

　　凸透镜丁不能太深的原因在于，图案丑寅的影像进入平面镜甲丙的路程最近不止五六寸，那么镜中的影像也显得远在五六寸外的样子，"原景"第十条。而丁距辰又得有四五寸，加起来，结果就是眼睛距图案约一尺六七寸。假如凸透镜丁的顺收限是 1 尺，那么图案距眼睛就越出到顺收限之外，必然显得物像重又变小，而且模糊不清。"圆凸"第二十三条。用放大镜来看画，为的是影像隔着镜片就如同隔着清蒙气一样而显得真切，"原光"第十条。并不一味为了放大，所以凸透镜不必太深。

以上是关于透明放大镜。

三

含光凹，或铜或玻璃为之，亦称显微。诸葛灯后壁及地灯，衬于烛后，用以助光。然诸葛灯前镜得力，似可不必；地灯法殊妙，别为一支，尚非显微正用。予拟制：使微凹而大约迳五六寸以外、侧收限一尺。用以自照，毫发毕见，远胜平镜。

【译文】
　　凹面镜，或用铜或用玻璃制成，也叫放大镜。在诸葛灯的后壁和地灯中，将它衬在蜡烛后面，用来增强照明。但诸葛灯主要靠前面的镜片起作用，凹面镜似乎不是必须；地灯模式相当巧妙，却属于另一类器具，还不能算是放大镜的典型运用。我［对凹面放大镜］的设计是：使它微凹，而直径大约五六寸多一点，侧收限 1尺。用这样的镜子来照自己，毫发毕现，远胜于平面镜。

四

含光凹，以铜作者，多敲使凹，不尽中度，若能旋之则妙矣。

以玻璃作者，驾[1]空烧软，其心自塘[2]，虽光力最胜，亦不甚中度也。其粘箔法同照景镜，照景镜二之三。而手法较难，惟粤人能作之，然价已倍平镜矣。

【注释】

〔1〕驾：通"架"。

〔2〕塘：小坑。此名词作动词，意为下陷。

【译文】

凹面镜，用铜来制作时，大多靠敲打使它形成凹面，形状不完全标准，如果能旋转打磨就精妙了。

用玻璃制作时，玻璃架空烧软，中间自然下陷。虽然光力最出色，形状还是不太标准。它的粘箔法同平面镜一样，"照景镜"第七条。但手法更难，只有广东人能做，然而价格也是平镜的翻倍了。

五

《虞初新志·黄履庄传》〔1〕所谓"瑞光镜"即此。其言径大六尺，想是铜为之，其工其料殊不易作也。

右含光。

【注释】

〔1〕《虞初新志》：(清) 张潮辑，笔记体文集。卷六载戴榕作"黄履庄小传"后附"奇器目略"，中有"瑞光镜"一条，记其大小和能效："制法大小不等，大者径五六尺，夜以灯照之，光射数里，其用甚巨。冬月人坐光中，遍体生温，如在太阳之下。"但原理和结构不详。黄履庄 (1656—?)，清代扬州人，发明和制造过大量仪器、机械、工具和玩具。

【译文】

《虞初新志·黄履庄〔小〕传》提到的"瑞光镜"就是这里说的凹面镜。其中说到有直径六尺那么大，想必是铜做的，那工夫和材料都是不容易办到的。

以上是关于反光放大镜。

作 取 火 镜〔1〕

其类有二：曰含光，曰通光。

【注释】

〔1〕取火镜：又叫火镜，在古代主要为凹面镜，称为"阳燧"，后来也包括凸透镜。

【译文】

类型有两种：反光镜和透镜。

一

含光凹取火镜，即显微一种，显微二之一。古所谓阳燧也。但古只铜为之，今或用玻璃，光力尤胜耳。作法见显微篇。侧收限宜三寸以下，径宜一寸以上，愈大愈妙，过小过浅则无火。[1]

【注释】

〔1〕对取火镜和望远镜，郑复光已经得出类似于光通量和相对孔径的概念。按现代理论，相对孔径为透镜口径与焦距之比 $\dfrac{D}{f}$，光通量为该比值的平方，它们都正比于取火镜的集光本领和望远镜的图像亮度。郑复光明确表示，"光力"与顺（侧）收限的长度（焦距）成反比，与镜片直径成正比。

【译文】

凹面镜取火镜，就是放大镜的一种，"作显微镜"第三条。也就是古时所谓的阳燧。但古时只用铜制作，现在也用玻璃，光力尤其出众。制作法见"作显微镜"章。侧收限适宜在 3 寸以下，直径适合在 1 寸以上，愈大愈好，[直径] 太小、[深力] 太浅就取不了火。

二

用法：对日稍斜迤之，上置纸煤[1]，取侧收限，即然[2]。

【注释】

〔1〕纸煤：用易于引火的纸搓成的细纸卷，点着后一吹即燃，多作点火、燃水烟之用。

〔2〕然：古同"燃"。

按：据全篇体例，此条后面漏刻一行"右含光"。

【译文】

　　用法：将它对着太阳稍微倾斜，纸煤放在上方，［位置］取侧收限，即可点燃。

三

　　通光凸取火镜，亦即显微之一种。显微一之一。或料，或玻璃，或水晶，水晶最优。亦即老花眼镜，但凸较深耳。作法见眼镜篇。顺收限约二寸以下，径约六分以上，取其便于携带，力则愈大愈胜。若径虽一寸，限及二尺，则光微；或限虽一寸，径只四分，则光小，皆不得火。

【译文】

　　凸透镜取火镜，也是放大镜的一种。"作显微镜"第一条。原料可以是烧料、玻璃和水晶，水晶最佳。也就是老花眼镜，只是凸度更深而已。制作法见"作眼镜"章。顺收限约 2 寸以下，直径约 6 分以上，为的是便于携带，光力其实是［直径］越大就越强。如果直径虽然［大到］1 寸，顺收限却长达 2 尺，光［力］就会微弱；或者顺收限虽然［短到］1 寸，直径却只有 4 分，光［量］就小，都不能点燃。

四

　　用法：正对日中，下承纸煤，取顺收限，即然。

　　右通光。

　　论曰：

　　日为众光之主，火所由生。原光七。盖日以光为形，以暖为质，其所到处，必有光而气暖，与火相似。稍异者，日性下射，而火上炎耳。然则日照生暖，是即火也。所以未成为火者，光未极浓，暖未极盛，使万物受之者，资其温煦，不至焦灼也。夫日体浑圆，光线散而不聚，暖气自

杀。惟通光凸与含光凹，镜光线约行能收众光线，叠而聚
于一处，所以光复而深，原光十四。遂酿成火焉。

一系：

取火者，谓收光必极小，然后有火，似也。然所谓小
者，但指此一镜而言则可耳；若镜径三四寸、限一尺六七
寸，收日光极小，尚如龙眼[1]，其得火愈速；若径小凸深，
其光如粟，反不得火，不可不知。盖镜之大小，宜与深称。
使凸深径小，则收光既小，限际又短，易于出入，难当其
分；或凸浅径小，则限际既远，持之易摇，且空明四映，
景入罔象[2]，原景四。难酿其光，皆不得火。

二系：

镜以净水晶为佳，料色混及多纹者为劣，害光故也。
依显，擦伤则碍光；水晶顶中心穿孔，斜对日中，亦碍光，
皆不得火。

三系：

取火承光，纸煤最速，非惟燥性相就[3]，光到黑处更
浓也。原光一。余如草纸、烟香，以及有色纸帛，皆可然烧。
独白纸承光，竟不得火。虽火绒[4]为求火之物而极白者，得火亦
缓。盖光乃白之盛者，白乃光之似者，故白能生明，与光相
映，使所取日光罔象非真矣；若点以墨污，虽布亦然，无
论纸矣。若三四寸大径显微，白纸时亦有火，恐是纸微有烟色，非极白
者，然终不易然。[5]

四系：

凸镜取景，因日而圆，不关镜体。故毁圆为方，仍能
取景令圆。原线十。依显，镜径果大，虽残损其半，犹可
取火。[6]

五系：

水晶顶中心穿孔，戴之冠上，与日斜对，故能碍光无火。若以孔与日正对亦无火者，凸既成球，则光收极小，而孔较大故也。[7]依显，顶之体大，当亦有火，故火镜有穿孔中心者。盖镜径寸余，收光一分；若中心孔亦一分，则孔景收小不过一厘，即如无孔，故可取火也。

六系：

近视眼镜有从中开池[8]者，其外留一围[9]多，内厚外薄，以便镶嵌。若以周围之边论，即是凸镜，但中心复凹耳。此有二种：

一种，边不出光[10]，则边不透照。

一种，边亦出光，则边亦透照，能大物象而收日光。夫收日光极小至一二分，则中心凹塘必收小如无，即与穿心火镜等。故边宽三分以上者，即可取火。[11]

七系：

通光凸覆含光平镜上，对光有侧收限。[12]其光线是凸面反入平镜，成为凹景，透而上出者也，即与含光凹等。若凸径大寸半以上，侧限寸许者，则力大光足，亦可取火，但稍缓耳。若凸如丁透日光，下承以含光平镜如甲乙，斜迤之，使平镜受日光，斜射至他处如丙，亦能收光如侧收线。是凸镜顺限斜入平镜，复折而斜出之光线也，即与通光凸直射之顺收限等。[13]若凸径大二三寸以上，顺收限一尺五六寸者，则力大光足，亦可取火，抑又缓矣，虚实、远近之杀也。（图 75）

图 75

八系：

通光凹背衬含光平镜上，则似含光凹形；而面覆含光平镜上，则似凸入平镜形。[14]而皆不能得火者，何也？

盖凸照成凹，与箔成实圆；凹覆成凹，与箔为虚圆。凸照成凹，与箔为相连体；凹衬成凹，与箔为相切体。故不同也。原景十一，镜资四解。又况凹形之背曲、平镜之面平，以平衬曲，并不能相切乎？

九系：

通光凸与含光凹对灯亦可取景，亦有浓光，而不得火者：

日性下射，火性上炎。取景于日下，光之所至，气亦至焉；取景于灯旁，光之所至，气则不至矣——此一理也。日体至大，气塞乎天地之间；灯体微细，无复分数[15]可论矣——此又一理。

十系：

《虞初新志·黄履庄传》"瑞光镜"称，径大六尺，夜以一灯照之，光射数里，冬月人坐光中，则遍体生温云云。似未可信。然夏日光射粉壁，对照室内，亦觉加暖，是非日气能曲行，实亦光至则暖俱耳。本系九。然则凸取灯景，当亦有微温。使然大炬在下，持凸于上，取其浓景，或亦可得火乎？然日与火究非同物，未可臆断。存此为来者考验之资。

十一系：

《博物志》[16]有削冰取火[17]之说。或谓阴极生阳，不必然也。冰之明彻，不减水晶，令治之中度，与火镜何异？予曾亲试而验。○法：

择厚冰明洁无疵者。冰结缸边者佳。若结缸面者，多有纹似萝卜花，气敛所致也。[18]取大锡壶——底须径五寸以上——按其中心使微凹。凹宜浅，视之不觉，审之微凹即可用。贮沸汤旋冰，使两面皆凸，其顺收限约一尺七八寸方可用。仍须择佳日，使一人凭几奉冰靠稳，别一人持纸煤承光，乃可得火，但稍缓耳。盖取火因乎收光，不关镜质，惟冰有寒气，火自暖出，限短则暖逼于寒，杀其势矣。又，冰在日中，久则熔化，必取材大而安置稳，日佳光足，令其速速得火，不致久晒熔残也。[19]

右总论。

【注释】

〔1〕龙眼：桂圆。

〔2〕罔象：指模糊虚幻的影像。见"原光"第十六条注〔1〕。

〔3〕燥性相就：《易·文言传》："火就燥。"燥，干燥，焦。就，趋向。

〔4〕火绒：用艾蒿制成的引燃物。

〔5〕此条对黑色和白色物体不同易燃性的解释，虽然尚未明确涉及吸收和反射原理，却典型地反映出郑复光科学研究的一大特点，即细腻、反复、不遗漏可能情况的实验。此条中，试验材料遍及纸煤、草纸、烟香、有色的纸和布、火绒、白纸，通过观察、比较、分析，得到有色可燃、黑色最易燃、白色基本不可燃的结论。一般到此也就作罢了。但郑复光对已经不可燃的白纸还不放过，再用大口径凸透镜试验，发现白纸有时也可燃。但还是不轻易下特设性结论，仍坚持一般性结论，推断为此时白纸并不完全白。从中可以看出郑复光的科学精神和科学方法较之传统已有质的跃进。他的很多精彩结论都是通过这种系统而周密的实验，以及实验和推理交替进行的方法得出的。

〔6〕此条也反映出研究达到了推理而非停留于经验和猜测的水平。先由"原线"第十条中建立的原理，推出透镜碎片仍能成太阳的圆像，再根据"光力"与透镜面积的关系，推出大镜片的半块也能取火。

〔7〕此处意为，一个玻璃球，中间打了一个孔，当孔与日光正对时，只相当于一个圆点，整体仍然是一个均匀的透明球；而斜对日光时，孔不是一个圆点而是一段圆柱，此时对于透光来说，整体就不再是均匀的透明球了。后者不能取火是因为圆柱妨碍光线，前者不能取火是因为圆孔太大。以下继续推理，仍根据透镜口径与聚光能力的关系，推出只要球体够大，中间有孔也能取火。

〔8〕开池：挖小坑。

〔9〕围：量词，一指两只胳膊合围的圆周大小，一指两手拇指和食指合围

起来的圆周大小。此处指后者，但亦属略指。

〔10〕出光：抛光。见"圆凸"第二十七条注〔2〕。

〔11〕此条是"四系"开始的系列推论的继续，即继续根据透镜口径与聚光能力的关系，推出中间为凹、周边为凸的镜片，当周边总面积够大时也能聚光取火。

〔12〕从下文文意知，这个凸透镜是平凸透镜。这是一个有趣的实验，凸透镜本来只能透射聚光，把一枚平凸透镜的平面贴在平面镜上，却能反射聚光。郑复光解释说，这是透镜的凸面在镜子里生成凹面的像，因此相当于凹面镜。现在可以更准确地解释为透射会聚光束被反射，但郑复光的解释思路也不失其正确性。只是，这种情况等效于把反射膜贴在平凸透镜的平面上，仍属于折射聚焦，不同于凹面镜反射聚焦，这种区别在当时很难被认识到。

〔13〕此处郑复光采用的就是透射会聚光束被反射的解释。

〔14〕从文意知为平凹透镜。郑复光规定平凹透镜的平面为背面。"背衬"者，以平凹透镜的平面向下贴平面镜；"面覆"者，凹面倒扣在平面镜上。

〔15〕分数：此处指光源发出的光热分配到各个局部的比例。

〔16〕《博物志》：（西晋）张华著，杂记地理风俗、动物植物、方士奇技、名物考证、神话传说、人物逸事等。

〔17〕削冰取火：中国古代用冰制作透镜进行取火的实验。最早见于西汉的《淮南万毕术》，其中记载说："削冰令圆，举以向日，以艾承其影，则火生。"《博物志》转述此语。

〔18〕"气敛"的解释可能很有道理，但今天仅就这两个字，不能断定它涉及了热传导。按今天的解释，这个现象是温度不均匀、结冰速度有快慢导致的。

〔19〕按：《镜镜詅痴》除自创光学理论外，也致力于研讨传统光学问题，小孔成像、格术、冰透镜、透光镜等都很典型。同时可以注意到郑复光超越传统的可贵之处。比如此条中，他对"阴极生阳"之类的说法已明确不感兴趣，一句"不必然也"带过。他感兴趣的是透明度、镜面直径、焦距长度、弧度是否标准等，按今天的说法就是"可观测量"，也的确是聚光能力的全部要素，这种科学性明显高于以往。

【译文】

用法：将它正对着太阳中心，下面用纸煤承接［光斑］，［位置］取顺收限，即可点燃。

以上是关于透镜取火镜。

论：

太阳是众光的主宰，火产生的根源。"原光"第七条。太阳以光为外形，以暖为内质，因此所到之处，必定产生光明并使气温暖和，与火相类似。稍微不同之处在于，太阳的本性是往下照射，而火的本性是往上升腾而已。所以日照生暖，其实就是火。之所以还没有成为火，只因为光还不够十分浓烈，热还不够十分充足，这样才使接受日光的万物，享用它的温暖，而不至于焦灼。太阳的形体浑圆，光线散而不聚，热气自然消减。只有凸透镜和凹面镜，它们的镜光线的会聚能收束众光线，使之叠加并聚在一处，这才导致光重合而加深，"原光"第十四条。终于酝酿成火。

一系：

对于取火的情况，如果说聚光必须到极小，才能有火，是指大致情形。但所谓的小，仅指某一个镜片而言是可以的；如果是直径三四寸、顺收限一尺六七寸的镜片，则收束日光到了极小，还有龙眼那么大，此时却能更加迅速地点燃；如果直径小而凸度深，即使聚光点小如米粒，反而不能点燃，这些关系不可不知。镜片的大小，应该与深度相称。假如凸度深而直径小，则光束会聚得既小，顺收限的界限又短，结果容易产生偏差，却难于恰如其分；或者凸度浅而直径小，则顺收限的界限既远，加上手持镜片容易抖动，又有四周余光映入，结果影像落入模糊迷离之中，"原景"第四条。难于酝酿〔会聚〕光。两种情况都不能点燃。

二系：

镜片材质以纯净的水晶为佳，以颜色混杂和花纹太多的烧料为劣，因为它妨碍光线。由此推知，镜面擦伤就会妨碍光线；水晶顶的中心有穿孔，如果孔管斜对着太阳中心，也妨碍光线。两种情况都不能点燃。

三系：

取火时用来承接光斑的物质，数纸煤〔燃起来〕最快，不仅由于它干燥的性质〔天然与火〕互相趋近，也由于光线到了黑处就会更浓。"原光"第一条。还有像草纸和烟香，以及有色的纸张和布帛，都可以燃烧。唯独用白纸承接光照，却始终不能点燃。虽然火绒属于取火物质而且很白，但取火也比较缓慢。这是因为，光是白的极致，白是光的近似，于是白能生出明亮，与光互相映照，使得获取的日光恍惚不真；如果点上一点墨污，就是布也能燃起来，更不要说纸了。如果采用直径三四寸大的放大镜，那么白纸有时也能点燃，这恐怕是因为这种纸张略微有火烟色，并非十分白，但毕竟还是不容易点燃。

四系：

凸透镜［聚光］取影，依照太阳形状而呈圆形，与镜片无关。所以，毁坏［凸透镜的］圆形使之变成方形，仍然能用来取影并得到圆形影像。"原线"第十条。由此推知，只要镜片直径够大，即使残损掉一半，仍然可以取火。

五系：

水晶顶的中心有穿孔，它被戴在帽子上时，孔管斜对着太阳，所以能妨碍光线而不生火。至于把孔正对着太阳也不起火的情况，是因为既然凸到成了球，就会把光收束到极小，而孔又较大的缘故。由此推知，水晶顶如果体积够大，也应该能取火，所以取火镜也有中心穿孔的。当镜片直径一寸来长时，会聚成的光斑［直径］有1分；如果中心孔［直径］也是1分，那么孔的影像就会收小到［直径］不超过1厘，这就差不多等于没有孔，所以能取火。

六系：

有一种中间挖出凹坑的近视眼镜片，外缘多留出一圈，制成内厚外薄［的形状］，以便镶嵌。如果以周边而论，这就是凸镜，只是中间又凹下去罢了。这种镜片又有两种［加工模式］：

一种是，边缘不抛光，于是边缘不透光。

一种是，边缘也抛光，于是边缘也透光，就能放大物像并会聚日光。当日光收束到极小，只有一二分时，中间凹坑［在影像中］必定缩小到如同没有，就与穿心取火镜的情形相同。

所以边缘宽度达到 3 分以上，就可以取火。

七系：

[单] 凸透镜 [平面朝下] 倒扣在平面镜上，对着光会产生侧收限 [聚光]。它的光线是凸面反照到平面镜中，成为凹形影像，再往上透出来而形成的，这就与凹面镜等效。此时如果凸透镜的直径大到 1.5 寸以上，侧收限一寸来长，则力大光足，也可以取火，只是慢一些。如果让凸透镜如丁透出日光，下方用平面镜如甲乙承接，使之倾斜，让平面镜反射日光，斜射到别处如丙，也能产生侧收的光线。这是凸透镜的顺收限光线斜着进入平面镜，重新反折而斜着出来的光线，这就与凸透镜直射的顺收限 [聚光] 等效。此时如果凸透镜的直径大到两三寸以上，顺收限一尺五六寸，则力大光足，也可以取火，但是更慢了，这是由于虚实和远近造成的消减。（图 75）

八系：

[单] 凹透镜的平面衬在平面镜上，就如同凹面镜的形状；而凹面扣在平面镜上，就如同 [单] 凸透镜 [平面贴着平面镜时] 映入平面镜里的形状，然而两种情况都不能取火，这是为什么？

[单] 凸透镜 [平面贴着平面镜时] 反照成凹 [球弧] 形，[它的凸球面] 与锡箔 [中的影像] 构成实球形；[单] 凹透镜倒扣 [在平面镜上] 形成凹面 [影像]，[它的凹球面] 与锡箔 [中的影像] 构成虚球形。[单] 凸透镜映照成凹形时，与锡箔是连成一体；[单] 凹透镜衬托成凹形时，与锡箔 [只] 是互相紧贴。[由于这些情况]，所以是不同 [于相似情形下的凸透镜] 的。"原景"第十一条，"镜资"第四条解。更何况凹形的背面是弯曲的、平面镜的表面是平坦的，以平衬曲，甚至不能紧贴呢？

九系：

凸透镜和凹透镜对着灯也可以取影 [聚光]，也产生浓光，却不能取火，原因在于：

太阳的本性是往下照射，火的本性是往上升腾。在太阳下取影［聚光］，光所到之处，气也一起到来；在灯旁取影［聚光］，光所到之处，气就不是一起到来了——这是一种道理。日体极大，气充塞天地之间；灯体很小，［分配到各处的气］就谈不上有多少分量了——这是另一种道理。

十系：

《虞初新志·黄履庄［小］传》中提到"瑞光镜"时称，［此镜］直径长达6尺，夜间用一盏灯去照它，［反］光射到数里开外，冬天人坐在光中，就能遍体生温，等等。这些说法似乎不可信。但夏天的日光射到白墙上，反射到室内，也倒是觉得更暖一些，这并非日气能曲行，实在也是光所到之处就有热量罢了。本系第九条。既然如此，那么凸透镜会聚灯光取影，应该也有一点温热。假如点一只大火把在下面，在上方拿着凸透镜，取得浓密的光斑，是否也有可能取到火呢？但日与火毕竟不是同一种东西，不能臆断。存录这个疑问供后人稽考验证。

十一系：

《博物志》中有削冰取火的记载。有人说这是阴极生阳，未必尽然。冰的明彻程度，不亚于水晶，只要加工得合乎标准，与取火镜有什么区别？我曾亲自用实验验证过。○方法如下：

先选取明净无瑕的厚冰。以结在水缸边的冰为佳。结在缸面上的，多有萝卜花纹，是气收敛导致的。再取大锡壶——底面直径要5寸以上——按压它的中间，使它稍微凹陷。凹面要浅，看上去不觉得，细看起来稍微有点凹就能用了。壶里贮开水，在冰上旋磨，使其两面都变成凸形，要把它的顺收限做成约一尺七八寸才可用。还得选择好天气，让一个人稳靠在几上捧着冰，另一个人拿着纸煤承接光斑，这样才能点燃，但是稍微有点慢。因为，取火是由于光线会聚，本来与透镜的质地无关，但是冰有寒气，火来自暖，顺收限短则暖气受到寒气的驱赶，减弱了它的势头。另外，冰在阳光中，时间长了就会熔化，所以必须取材大块并安置稳固，天气好而光线足，使它迅速点燃，不至于晒久了而熔化得失去形状。

以上是取火镜总论。

作 地 灯 镜[1]

其类有二：一为地灯。其一施于陈设而实则无用，今不取。

【注释】

〔1〕地灯镜：由凹面镜和灯烛组成，可以调节反射光方向和光束大小，作用相当于舞台射灯。

【译文】

类型有两种：一种是地灯。另一种用来做摆设而实际上无用，此处不录。

一

地灯镜，即含光凹也。旧法：锡为烛台，高三尺余；后作凹形镜各四只，或六只、八只。演剧用之，亦颇助光。间有铜者，当较胜锡。然不知用侧展限，圆理九。尚未尽其妙。又低于人，则正对处射优人[1]目。今拟：作烛台高七八尺，置东西北隅；凹侧展限尺余，活安烛后，使可斜迤向下，则下烛如日，故当佳耳。[2]

【注释】

〔1〕优人：即优伶。

〔2〕此条是根据原理作出的一个定量设计。即运用侧收限原理（光源置于凹面镜焦点时反射光为平行光束），将戏台上用的旧式地灯镜改进为平行光探照灯。

按：1765 年，欧洲有人把反光镜装到路灯上，俄罗斯的库里宾与 1799 年发明了简易探照灯，也就是把光源置于凹面镜之前。明末熊伯龙（1616—1699）所撰《无何集·天地类》中就有此类记载："今之瑞光镜，阴阳凹凸，以烛贴凹一面，照壁如月，人以面承其光，其暖如日。"黄履庄稍后制造瑞光镜之事见于《虞初新志·黄履庄传》。同类光学器具的洋制品在清代已流入中国。如《红楼梦》第五十三回描述道："每席前竖着倒垂荷叶一柄，柄上有彩烛插着，这荷叶乃是洋瓒珐琅活信，可扭转向外，将灯影逼住，照着看戏，分外真切。"

【译文】
　　地灯镜就是凹面镜。以往的模式为：用锡做成烛台，高三尺多；后面做凹形的镜子各4只，或者6只、8只。演剧的时候使用，也颇能增强照明。偶尔有用铜来制作的，应该比用锡好一些。但不知道运用侧展限，"圆理"第九条。还没有完全发挥出它的妙用。而且高度比人低，正对处就会刺演员的眼睛。现在拟定：烛台做成高度七八尺，放在东西北三个角落；侧展限一尺多的凹面镜，活动安装在灯烛后面，让它可以倾斜向下，这样就能向下投射日光一样的光线，所以效果应该更佳。

<h2 align="center">二</h2>

　　地灯镜宜铜，愈大愈妙，至小尺余可也。须活安，固以螺旋，便于远近上下相对。侧收限一尺，距烛稍缩一二寸，使发光处不见倒光形而光大。[1]昼日须幕之，既免尘侵，且妨生火。

　　　一系：
　　　此镜作架座，令可高下俯仰。置之案头，可以取牖户之明；用侧收限。[2]于黑暗室中，以烛细微；置之灯旁，可以显大灯光；用侧展限。[3]于帷幕之中，以照诵读，极为奇妙。

　　　附商灯[4]：
　　　商灯，非镜也，而有镜理，故附焉。甲辰、乙巳[5]，始见于都门宴，挂席上，通席毕照。
　　　锡为之。上作一盖如凹镜，中心开孔起墙[6]，状似圆茶船[7]而心空者，倒悬用之。上用两绳如丙、丁，交于戊，合而为一，挂于庚；或用滑车[8]，以便高低；或配就高低，用粗铁丝为钩，挂承尘[9]上，任为之。下作小盘如乙，置烛焉，光照于盖，盖如凹镜，聚光下射，能使烛盘无景，而光更明焉。己孔所以出烟，使盖不污。随用一次，用乏

砂[10]或糠灰擦一次可也。（图 76）

图 76

此灯传自商城[11]，故名商灯。然悬之书室，不碍笔砚，四照无景，几上更显，灯光下烛，且不射目，无须隐灯[12]，亦甚妙矣。

一系：

此灯虽妙，制尚未精。拟：

庚用双滑车如辛与壬，戊不必合一，而丙、丁亦各分为二，共四处系之；至尺余处，则各合为一，共二绳，各入一滑车，再并为一绳，则灯不转动而稳矣。壬、癸为两铜条，其长有定度，烛渐烧渐短，则光渐不合，必放索凑合，不如改用蜡碗及水蜡烛[13]，或油盏，于书灯[14]尤宜也。（图 77）

图 77

二系：

有风之处，烛则易化，不如用玻璃高油盏更妙。

【注释】

〔1〕此处"稍缩一二寸"，原因见"圆率"第一条注〔2〕第5点，郑复光的各种收限测量值似偏大，实际获取平行光时，物距略微收缩，反而正当焦点。

〔2〕窗户里透进的光为平行光，运用凹面镜的侧收限原理，聚光于书桌上。

〔3〕灯光置于凹面镜侧展限附近，出射光为平行光或稍微放大的扩散光束，照度较未经反射聚光时更强。

〔4〕商灯：一般指灯谜。此处为一种带有凹面镜灯罩的吊顶照明灯，郑复光称是因传自商城而得名的一种照明灯，或为同名异物。

〔5〕甲辰、乙巳：即1844—1845年间，其时郑复光第二次到北京，常参加同仁学者的聚会。

〔6〕起墙：从某个平面上竖起一圈墙壁或围栏。此处为排烟孔的管口。

〔7〕茶船：茶托子，又叫"盏托"，形如船，故名。

〔8〕滑车：滑轮。此处为绳子穿孔可以滑动的装置。

〔9〕承尘：一指床上的帐幕，一指天花板。此处应为后者。

〔10〕乏砂：见"作照景镜"第七条注〔12〕。

〔11〕商城：河南商城县。

〔12〕隐灯：不详。疑为灯罩。

〔13〕水蜡烛：不详。但并非又名"香蒲"或"蒲黄"的植物。疑为蜡烛浮于水。

〔14〕书灯：即烛台，因置于书房，故名。

【译文】

地灯镜最好用铜制作，越大越好，最小可以一尺多。必须活动安装，用螺丝固定，以便远近上下对准［光照的方向］。［凹面镜的］侧收限为1尺，使它距离烛焰［比1尺］稍微收缩一两寸，使反射光照到的地方看不到光源颠倒的像。白天要用布幕盖起来，既避免灰尘侵染，而且防止起火。

一系：

给这个凹面镜做一个支架，使它可以上下俯仰。这样，放在案头，可以用来获取从窗户进来的光亮；运用侧收限。在黑暗的屋子里，用来照见细微之处；放在灯旁，可以用来展大灯光；运用侧展限。在帷幕之中，用来照着读书，［这诸般用途］极为奇妙。

附商灯：

商灯不属于镜，但含有镜的道理，所以附在这里。甲辰、乙巳年间，在京师的宴会上初次见到，挂在宴席上方，整桌都被照亮。

［该器具］由锡做成。上面做一个凹面镜一样的盖子，中心开孔并竖一个围住孔的管口，［整个盖子的］形状就像空心的圆形茶托，倒吊起来使用。上面用两根绳如丙与丁，相交于戊处，合而为一，挂在庚处；庚处或者用滑车，以便高低调节；或者调定高度，用粗铁丝做钩，挂在天花板上，视情况来制作。下面做一个小盘如乙所示，放上蜡烛，光照到盖子上，盖子像一面凹镜，把光束聚起来向下投射，能让烛盘不产生影子，而且光照更加明亮。己孔用来出烟，使盖子不受污染。每用一次，就用乏砂或糠灰擦一次即可。（图76）

这种灯传自商城，所以叫商灯。［虽然简易］，但是挂在书房里，不遮挡笔砚，照亮四周而没有影子，在案几上更显亮，灯光往下照耀，又不刺眼，不需要隐灯，也算很巧妙了。

一系：

这种灯虽然巧妙，但设计还不够精。现拟定：

在庚处用双滑车如辛与壬，［两根绳子］在戊处不必合为一股，同时丙、丁两处也各自分为两股，一共在四处拴住；到一尺多处，则各自合为一股，一共两根绳，分别穿进一个滑车，再并成一根绳，灯体就不会转动而稳固了。壬、癸是两根铜条，长度是固定的，这样当蜡烛渐烧渐短时，光照也逐渐不准，必得要放长吊索去凑合，不如改用蜡碗和水蜡烛，或者油盏，这对于书灯尤其适合。（图77）

二系：

有风之处，蜡烛易化，不如用玻璃的高脚油盏更妙。

作诸葛灯镜[1]

其式一。

【注释】
〔1〕诸葛灯镜：由凸透镜、凹面镜、油灯、外壳和其他零件组成的手提式照明工具。

【译文】
一种制式。

一

诸葛灯，其果出自武侯[1]与否不可知。今所见者，皆洋制、广制耳。或麻荄铁[2]言其轻也。俗称作马钩，声于义无取。或铜为之。形如圆亭，作两层相套。内层上连于顶，作甲乙丙形。甲为提系[3]。甲乙及甲丙如瓦沟，使透火气而不透光。甲之下为顶尖，开细孔使出烟。气不通达，则油热而溢；烟不上出，则旁骛[4]而污。己辛为内层，虚其半如己丁戊寅[5]。外层如丑辰后壁作把如乾坤。前作门如巳午戌亥，中心作筒如戌酉，安通光凸镜如申酉。门有键如未。艮巽为含光凹，安于内层后壁之内。底之中心安油碗，上有盖如氐亢，恐油外泼也。盖旁作把如亢，以便揭盖。中作管，以安灯心。管末分作三足，立于油碗之底，取其稳也。今广制其凸不甚中规，其凹不用汞锡，未为尽善。(图78)

图78

【注释】
〔1〕武侯：(三国蜀) 诸葛亮死后谥为忠武侯，后世称之为武侯。传说中很

多机巧发明都归功于他，并以他命名。

〔2〕麻荄（gāi）铁：应即"马口铁"，表面镀锡的铁皮，传闻最初来自澳门（英文名 Macao 读作马口）故名。"麻荄"和后面的"马钩"应是译音的不同写法。麻荄，桑科植物大麻的根。

〔3〕提系：即提手，提器物的把。

〔4〕旁骛：一般指在正业以外别有杂好，不专心。此处用其本意，指四处乱跑。骛，疾驰。

〔5〕寅：为"庚"之误。

【译文】

诸葛灯，是否果真出自武侯不得而知。如今见到的，都是西洋和广东制造。用麻荄铁形容它比较轻。俗称作马钩，只是读音无关乎含义。或铜制成。形状像圆亭，做成两层相套。里层上部与顶相连，成甲乙丙形。甲为提手。甲乙和甲丙等形如瓦沟，作用是透火气而不透光。甲的下面是顶尖，开小孔用来出烟。气不通畅，热油就会溢出；烟不往上排出，就会到处污染。己辛为里层，将它的一半挖空敞开如己丁戊庚。外层如丑辰的后壁做一个把如乾坤。前面做一个门如巳午戌亥，门的中间做一个圆筒如戌酉，里面安凸透镜如申酉。门带有门闩如未。艮巽为凹面镜，安在里层的后壁之内。底部中间安油碗，上面有盖如氐亢，用来防止油往外泼。盖子旁边做一个把手如亢，以便揭开盖子。盖子中间做一根管，用来装灯心。管的末端分成三脚，是为了稳当地立在油碗的底部。现在的广东产品中，凸透镜形状不太标准，凹面镜不用汞锡〔抛光〕，还不算完善。（图78）

二

凸镜距灯顺展限，约二三寸，安时稍缩之。缩无定度，使不至见倒尖形而光大为度。

【译文】

凸透镜与灯之间的距离为顺展限〔长度〕，约二三寸，安放的时候稍微缩一点。缩的程度不一定，以〔光照处〕不至于出现〔火苗的〕倒尖形而光束又大为适度。

三

用法：

夜卧转内层，实处遮其门，则黑如漆。有警转内层，虚处
对其门，则烛如昼，寻丈外[1]可以辨人眉宇也。

一系：

此灯旧有含光凹于内层后壁，对前凸安之，盖欲使含
光凹受灯光令满，通光凸显凹光令圆，如放字法耳。详后，
见放字镜篇。推其法，则灯大径五寸者，凹侧展限只四五分，
凸顺展限六寸。[2]又，安凸之筒须两层，视物之远近伸缩对
之，方得极圆。于警夜之用反不甚切，竟可除去不用。

【注释】

〔1〕寻丈外：犹言 3 米开外。参见"圆叠"第十八条注〔1〕。

〔2〕这个设计的意思是，用焦距较小的凹面镜，让光源位于焦距附近，把
本来射到后壁的光尽量反射回来，增强向前的出射光；光源前面置凸透镜，通
过调节使出射光为扩散的光柱。如图 79：

图 79

【译文】

用法：

晚上睡觉时转动里层，使严实处遮住门，就漆黑一团。有惊动
时转动里层，使开口处对着门，就照得像白昼，可于寻丈之外辨别
人的面目。

一系：

这种灯原本有凹面镜位于里层后壁，正对前面的凸透镜安

放，意图大概是让凹面镜被灯光照满，用凸透镜把凹面镜射出的光彰显成圆形光束，如同放字镜的模式。详见后面"〔作〕放字镜"章。推算其中的规范，那么直径 5 寸大的灯，凹面镜侧展限只要四五分，凸透镜顺展限 6 寸。另外，安装有凸透镜的圆筒应该有两截，根据物体的远近相应伸缩，才能使〔出射光束〕很圆。这个镜筒对夜间紧急时的使用反而不太切实，完全可以去掉不用。

作 取 景 镜[1]

其式二：一旧式，一改式。

【注释】

　〔1〕取景镜：以凸透镜为主要原件，使远处景物在半透明屏幕（玻璃蒙纸）上成缩小实像，以便进行描摹的光学仪器，实为简易照相机的光学部分，还配有调焦用的可伸缩暗盒。郑复光对这个仪器作出了一系列正确而切合实用的定量设计。

【译文】

　两种制式：一为旧式，一为改进式。

一

图 80

取景镜，即通光凸也。作为木匣如甲乙，前面空之如戊；上面半实如丁半虚如丙，虚处安通光平玻璃。别作方匣如酉戊，前面安版，版中安通光凸如亥。方匣之大，恰入匣前面如戊，可进可出。别作句股相等[1]式架座如庚辛，斜架含光平镜如己。架之大，恰入匣为准如乾乙坤。（图 80）

【注释】

　　〔1〕句（gōu）股相等：指等腰直角三角形。句，今作"勾"。

【译文】

　　取影镜就是凸透镜。做一个木匣如甲乙，前面敞开如戊；上面一半遮严如丁一半开口如丙，开口处装上透明平玻璃。另做一个方框如酉戌，前面装一块板，板的中间装凸透镜如亥。方框的大小，刚好放进木匣的前面如戊，可进可出。另做一个等腰直角三角形架座如庚辛，斜架平面反光镜如己。架座的大小，以刚好放进木匣为准如乾乙坤。（图 80）

二

　　取景镜，凸不宜过深，顺收限约尺余为率。匣无定度，其高宜与深称。大约子丑寅与卯辰〔1〕并〔2〕不过顺均限而止。〔3〕设有山水园亭，欲取其景于尺幅〔4〕纸上作图：

　　置匣暗处，以凸镜如亥对之，则景自凸入平镜内，上透通光平镜而出。蒙纸于丙，能收山水园亭，宛然纸上，而分寸无失。若取人景，不但须眉毕具，并能肖其肉色，非绘事所及。惜乎置镜必极黑暗，取景方能逼清，难于下笔，只可取其尺寸部位而已耳。（图 81）

图 81

【注释】

〔1〕"子丑寅与卯辰"是光线进入系统后的光程。子丑是从斜放的平面镜到像屏，丑寅是平面镜到匣子口，寅卯是镜头套筒（在此处旧式中为一截方形，后面改进式中为多截六边形）的可伸缩部分，卯辰是镜头套筒的基本长度即不可调节部分。五个线段相加即为总的物距子丑寅卯辰。

〔2〕并：相加。

〔3〕这是一个基于事先建立的理论作出的定量设计。此取景镜的光路完全等同于照相机。"子丑寅卯辰"为物距；"并不过顺均限"为略小于二倍焦距，此时系统成远处物体的倒立缩小实像于机身的像屏上。

〔4〕尺幅：泛指小幅的纸或绢。

【译文】

取影镜，凸透镜不宜太深，顺收限约一尺多为标准。匣子的尺寸视情况而定，它的高度要和凸透镜的深度相称。大约子丑寅与卯辰〔各个线段〕相加不超过顺均限为止。假设有山水园亭，要把它的影像摄取到小幅纸上作图：

把匣子放在暗处，以凸透镜如亥对着景物，影像就从凸透镜进入平面镜，再朝上透过平板玻璃而出。在丙处蒙纸，能接收山水园亭的图像，真切地反映在纸上，分毫不差。如果摄取的是人像，不但须眉毕现，还能逼真反映出肉色，这是绘画做不到的。可惜放置仪器的地方必须十分黑暗，取影才能十分清晰，这样就难于下笔，只能获取尺寸部位而已。（图81）

三

方匣为游移尺寸而设，故安匣暗处，倘取景犹有未清，即知是尺寸未合，当移方匣就之。法：物近则移出，物远则移进。嫌景过大，则置匣令远而移进；嫌景过小，则置匣令近而移出。

右旧式。

【译文】

方框是为调节伸缩尺寸而设，所以当匣子安置在暗处时，倘若取影仍不够清晰，就知道是尺寸不合，就要移动方框去将就。方法是：景物较近就伸出，景物较远就缩进。嫌影像太大，就把匣子放远一点并缩进；嫌影像太小，就把匣子放近一点并伸出。

以上是关于旧式取影镜。

四

新法：将方匡改用套筒，匣俱照旧。

匣前安版如甲金，版心刳孔如戊，孔旁起六角墙如角亢。作六角套筒数节如氐、女、牛。氐房之大，恰入角亢墙内为度。斗牛之口安通光凸镜。套筒之长无定度，以收足合顺收限、放足合顺均限均并子丑寅计。为度，[1]增减套筒消息之可也。六角墙高无定度，取其衔筒稳固不脱，又易安、易拔，不甚费力而已。用六角，取其易作也。（图82）

图82

配定尺寸为表：

表		
顺均限 一九〇	顺展限 九〇	顺收限 一〇〇
女虚斗牛筒 五〇	尾箕筒 五二	套筒放足 一五〇
丑子 三〇	寅丑 四〇	寅丑子 七〇

表数皆虚率[2]。如顺收限一尺六寸，则诸数皆用一六乘之，即得。

一系：

凸顺收限必用尺余者，取其收人面至小可得半寸，方觉眉目如画。若人立近，又可略大。倘凸深，则人面如豆，似无取焉。[3]

二系：

丙为取景处，置纸即可透景于上。用玻璃者，取其透明，又硬如案，可以搁手描画也。旧法用玻璃纱[4]，玻璃磨去浮光名玻璃纱。盖欲不见匣内机关耳，似可不必。或取其景不外眩，然加纸视之，自无此弊。

三系：

安含光镜以取景，其架座如庚壬辛必句股相等，如庚壬与壬辛。则镜斜迤之弦[5]如庚辛方正，使物自癸至己，折而至丙，恰得其正。丙己癸为正角。[6]否或庚壬低而壬辛长，则辰午卯为钝角，其取景在辰矣；或庚壬高而壬辛短，则申酉未为锐角，取景在申矣，皆不得其正也。（图83）

图83

四系：

收光至己，透景于丙，本是倒形，因人自内向外窥之，恰成顺象，惟左右易位，是其所短。显微二之一[7]。〇若设含光大屏镜[8]于日中，人对屏坐，取镜中人景，则左右可不易位，人亦不受日晒，似觉妙矣。但设屏镜须稍高而前迤之，如甲乙。人坐须稍低，如丙。人景入屏镜如丁，射入筒口凸镜如丁戊，则人之体方不遮屏。又，人坐丙处，自丙至丁，折而至戊，又折而取景于己，则其线甚远，而凸镜之顺收限必极长，恐不易作也。（图84）

图 84

五系:

　　匣宜置黑暗处，而于匣上更帷之为妙。盖凸镜取景用顺收限，或日月，或灯，或行度[9]低时之大星，以及窗牖，皆可取景，而得其色于纸上者，光色更显于纸色故也；余则但见黑景者，纸色白于他物故也。此法，置物于明，即如物之借光；更帷其匣，即如白纸遮黑，故无不可取之色矣。原光一及九。帷之固妙，又得一法:

　　别作一方木匣，如图（图85）:

图 85

　　前后长板二块，前如毕井柳鬼，后如胃参心娄。左右稍短板二块，左如胃昴觜毕，右如娄张轸鬼。上面方板一块，如胃毕鬼娄。中开一孔，参井柳心安本篇四图室奎壁危处。人目从孔下视，自黑暗而物景明显矣。昴参井觜及张心柳轸两旁空处，帷以缁布，以便入手，更便。

右改式。

【注释】
　　〔1〕此条定量设计原则，再次表明郑复光对凸透镜的共轭成像性质和平面镜折转光路的作用均已了然，因而对联合系统也能熟练地把握，正确地解释了照相机的光路原理。如图86，物体发出的光经凸透镜（AC）和平面镜（GH）成像于玻璃板（MN）上，可供观察和描摹。郑复光确立了全部设计原则：1. 变焦范围为最小实像到等大实像（"收足合顺收限、放足合顺均限"）；2. 像距须合计 OE 与 EF 两段（"均并子丑寅计"，相当于旧式的"子丑寅卯辰"）；3. 在第一条和本条三系中确立的平面镜呈 45°角放置（"句股相等"）。

图86

　　〔2〕虚率：指不是带单位的实际尺寸，只是一般的比例关系。
　　〔3〕这条系的文字清楚表明，郑复光通过实验规定了一个恰当的镜头焦距，相当于现在所说的"标准镜头"；而焦距过短相当于"广角镜"，把景物缩得过小，对于描画是不适用的。
　　〔4〕玻璃纱：今称磨砂玻璃。
　　〔5〕弦：直角三角形的斜边。两条直角边分别叫句（勾）和股。
　　〔6〕丙己癸为正角：癸己辛角与丙己庚角相等。即入射角等于反射角定律。
　　〔7〕二之一：为"一之二"之误。
　　〔8〕含光大屏镜：装在屏风上的大平面镜。"镜质"第四条："曾见屏风镜，高三尺，厚半寸者，此甚难得。""作照景镜"第五条："红毛玻璃厚而平净，可作屏风大镜。"
　　〔9〕行度：天体运行的度数，此处指角高度。

【译文】
　　新改进的制式：将方框改用套筒，匣子一律照旧。

匣子的前面装一块板如甲金，板的中间挖孔如戊，沿着孔的一圈边做一个竖直的六边形管口如角亢。制作六边形套筒数节如氐、女、牛，氐房的大小，以恰好进入角亢管口内为准。斗牛管口装凸透镜。套筒长度没有限定，以收足合顺收限、放足合顺均限一律合计子丑寅。为准，通过增减套筒来调节即可。六边形管口的高度没有限定，只要考虑能将套筒衔接稳固使之不脱落，又容易装上和拔掉，不太费力就行了。采用六边形是为了方便制作。（图82）

配置好尺寸并制成表格：

顺收限　100	套筒放足　150	寅丑子　70
顺展限　90	尾箕筒　52	寅丑　40
顺均限　190	女虚斗牛筒　50	丑子　30

表中数值一律为非实际尺寸的通用比率。比如顺收限为1尺6寸，就用1.6遍乘各个数，即得［所需数据］。

一系：

凸透镜顺收限之所以一定要取一尺多，为的是摄取人面最小可以有半寸，这样才感觉眉目如画。如果人站得近，又可以再大一些。倘若凸透镜偏深，那么人面就像豆粒一般大，似乎是不可取的。

二系：

丙为取影处，把纸放上去就可以在上面透出影像。之所以采用玻璃，是看中它透明，又像桌面一样硬，可以把手搁在上面描画。旧的做法用玻璃纱，玻璃磨去浮光叫做玻璃纱。意图大概是想隐蔽匣子里的部件，似乎没有必要。或许是为了影像没有眩光，但蒙上纸去看，自然没有这个弊病。

三系：

安装用来取影的反光镜，架座如庚壬辛必须是等腰直角三角形，如庚壬与壬辛。这样镜面靠着的斜边如庚辛才是正的，使得物像从癸到己，转折到丙，正好处于正对位置。丙己癸为正角。要是庚壬低而壬辛长，那么辰午卯就成为钝角，取影［位置］就在辰处了；或者庚壬高而壬辛短，那么申酉未就成为锐角，取影［位置］就在申处了，都不在正对位置。（图 83）

四系：

把光束收束到己处，在丙处透出影像，本来是颠倒的形状，由于人从内侧朝外看，恰好成为正像，只是左右互换，这是它的缺点。"作显微镜"第二条。○假如把大屏风镜放在日光中，人面对屏风而坐，［丙处］取得的镜中人像，就不会左右颠倒，人也不受日晒，感觉［这样设计］好像很不错。但屏风镜的放置必须稍高并前倾，如甲乙。人必须坐得稍低，如丙。这样人的影像进入屏风镜如丁，在射入筒口凸透镜时如丁戊，人的身体才不会把屏遮住。另外，人坐在丙处，光线从丙到丁，转折到戊，再转折而取影［成像］于己，这样光线的路程就会很长，因而凸透镜的顺收限必定需要相当长，恐怕不容易制作。（图 84）

五系：

匣子应该放在暗处，而最好是在匣子上再围上布幕。凸透镜取影是运用顺收限［法则］，无论日月，还是灯，还是运行度数较低的大星，以及窗户，都可以取影，从而在纸上取得影像的色彩，这是因为光的颜色比纸的颜色更鲜明；其余物体影像就只能呈现为黑影，是出于纸的颜色比其他物体白的缘故。在这个制式中，把物体放在亮处，就相当于物体借光［反射］；再用布幕盖住匣子，就相当于把白纸遮黑，所以就没有摄取不到的颜色了。"原光"第一和第九条。用布幕盖住固然很好，但又得出一个方法：

另外做一个方木框，如图（图85）：

前后两面各有一块长板，前如毕井柳鬼，后如胃参心娄。左右两面各有一块稍短的板，左如胃昴觜毕，右如娄张轸鬼。上面是一块方板，如胃毕鬼娄。中心开一个孔，参井柳心装在本章第四条图中的室奎壁危处。人眼通过孔往下看，物像自然在黑暗中显得明晰。昂参井觜和张心柳轸这两侧的空处，用黑布遮住，以便手伸进去，这样更方便。

以上是关于改进式取影镜。

作 放 字 镜[1]

其式一。

【注释】

〔1〕放字镜：由两枚凸透镜、光源和可伸缩镜筒构成的幻灯机或投影仪。按此章描述，系用于将书写在玻璃纸上的字放大到墙壁上描摹，以备制作招牌或匾联之用。以下，郑复光根据自创透镜理论，对该仪器作出一系列正确而切合实用的定量设计，并总结出很多调节使用方法。

【译文】

一种制式。

一

放字镜，即取景法。第取景是令大为小，用顺收限；放字则令小为大，用顺展限也。原景六。

作匣如甲乙，空其后面，上面开孔如丙出烟。前面开孔，活安深凸为内凸[1]如丁。孔旁起六角墙如戊己，墙两旁各开长缝如庚与辛。别作六角套筒两节如未酉与卯辰，内筒之端作活盖，开孔，安浅凸为外凸如甲。别作长方玻璃片如壬癸；或作长板如戌亥，配准庚缝，板上配丁孔之度任开几孔如子与丑、寅，各安玻璃纸为玻璃纸匣。二者皆为钩字之用，不拘若干块，愈多愈便。匣内安灯，灯头高低使正对丁孔中心。(图87)

图 87

【注释】

〔1〕前述望远镜的"内凸"和"外凸"，相当于目镜和物镜。此处的"内凸"和"外凸"，相当于投影仪的聚光镜和投影镜。

【译文】

放字镜就是取影模式。只是取影是变大为小，用顺收限；放字镜则是变小为大，用顺展限。"原景"第六条。

做一个匣子如甲乙，后面敞开，上面开孔如丙用来排除烟气。前面开孔，活动安装一枚深凸透镜作为内凸如丁。沿着孔的边缘做一个竖直的六边形管口如戊己，管口两侧各开长缝如庚与辛。另做六边形套筒两节如未酉与卯辰，内筒的口上做一个活动的盖子，［并在上面］开孔，装上一枚浅凸透镜作为外凸如甲。再另做一块长方形玻璃片如壬癸；或者做一块长板如戌亥，尺寸对准长缝庚，板上按照丁孔的尺度任意开几个孔如子、丑和寅，每个孔分别装上玻璃纸成为玻璃纸框。两种板都是用来勾描字迹，数量不拘多少，越多越方便。匣子里装灯，让灯头的高度正对丁孔中心。（图87）

二

凸镜两面，内凸宜深，外凸宜浅。[1]其深浅无定度，如匣大径五寸，内凸顺收限不得过二寸五，[2]而内凸与外凸则若一与二为恰好[3]。故又一法：用相等之凸三面，以一面安于丁孔内，外一面安于乾坤之间，并为内凸；一面为外凸，则内凸与外凸亦若一与二。[4]

配定尺寸表于左：

表		
筒长	外凸顺收限	内凸顺收限
三寸	四寸	二寸

内凸，谓两凸合一而言，其每面限各四寸也。迩来姑苏有制就求售者，但不知用顺收限，又或止用一面，未为得法。

【注释】

〔1〕这两枚凸透镜的运用，符合现在的投影仪设计原理。较深的内凸即聚光镜，较浅的外凸即投影镜（或映画镜）。

〔2〕外壳底盘直径 5 寸，光源位于圆心，聚光镜顺收限 2.5 寸等于半径。这个设计的意图是使灯距镜在侧展限（焦距）附近，以平行光束或会聚光束照射幻灯片。

〔3〕投影镜焦距不可短，否则微小的距离变化或抖动会被急剧放大，球面像差也大，不便观察影像。聚光镜焦距不可长，否则聚光不足且灯离镜太远。二比一是得自实验的合理设计。

〔4〕这是根据凸透镜叠加的变深限原理作出的设计。

【译文】

［放字镜的］两枚凸透镜，内凸要深，外凸要浅。深浅程度没有限定，如果匣子的边长为 5 寸，内凸顺收限就不能超过 2 寸 5，而内凸与外凸［的顺收限之比］最恰当的是 1 比 2。所以另一种方法是：选取三枚相等的凸透镜，把其中一枚装在丁孔内，另外一枚装在乾坤里面，合并为内凸；［余下］一枚作为外凸，这样前后凸透镜顺收限就是 1 比 2。

配置好的尺寸表如下：

内凸顺收限	2寸
外凸顺收限	4寸
筒长	3寸

内凸，是指两枚凸透镜合一，其中每一枚的顺收限分别为4寸。近来苏州有放字镜成品兜售，但不知道运用顺收限，或者只用一枚凸透镜，不能算是找到了正确法门。

三

用法有二：

其一，灯光自镜透于壁，壁处粘净白纸，为前法。

其一，灯光自镜透于窗牖，牖作纱绷[1]，绷上粘净白纸，为后法。

取玻璃片或玻璃纸匡，钩字毕，倒入六角墙缝内。用前法，则墨向灯，人在室内，对壁视之。用后法，则墨背灯，人在牖外，透窗视之。[2]移匣远近以定大小，近小远大；[3]伸缩套筒以配远近，近伸远缩，以光象圆而墨痕黑为度；[4]任意钩取，手不遮光，后法尤善。

一系：

放字旧法，剪纸作字，置灯前，其景入壁则大，即光小物大之理。原景六。然其线侈行，原线二。是为正切线，中密而外渐疏，字形失矣。[5]故法必用屡放，则数次渐展，其差较微。[6]岂如凸镜之由圆展开，一放寻丈，不爽毫发乎？[7]

二系：

凸顺展限能使径寸灯光为数尺之倒景，见于壁上。然则径寸之字，书平玻璃上，置于灯前，既借灯光，前设一凸，用顺展限，即可放大矣。但凸在平镜前，若展灯光，则不能展镜字；若展镜字，则不能展灯光。[8]虽平镜亦借灯为明，而不能受光使满，[9]则入壁较灯原处稍暗，有玻璃景故也。[10]原景九。故法：

取内凸用顺展限，显灯光于壁。凡凸显灯光于壁者，壁处易目视凸，则见光满。圆理九。复取外凸用顺展限，显内凸之满光，必成大圆光象，若字在内凸，则大圆光象内必见大字矣。[11]

三系：

书字别用玻璃，不于内凸者，取其易于调换也。虽外凸之顺展限恰值内凸则显光清，恰值玻璃则显字清，势难兼显，然外凸显内凸之光，稍有出入，虽光稍逊，尚胜灯本光，况于显字之用无碍乎？但玻璃须与内凸切近为妙耳。用玻璃纸匡较胜玻璃，以其质薄、无玻璃差[12]也。镜质二及七。

四系：

凸镜愈深，展字固愈大。第字不在内凸，则显光显字既难两全，使外凸太深，则限稍出入，力必悬殊。且内凸太深，则距灯太近，烟煤易染。[13]故限以二寸、四寸为率。

五系：

凸深则限短，凸浅则限长。短则微出入而力相悬，长则微出入而力稍杀。故内凸深于外凸不足倍者，灯距壁近，取景亦清，以限虽短筒伸故也；内凸及外凸俱浅者，灯距壁远，取景亦清，以筒缩极犹长故也；太远则不清。〇凡言太远者，皆指限距界[14]言之。两凸俱浅，则有时欲大而不可，太远则景淡难清故也。圆凸十三。外凸浅不及[15]内凸之半，则有时欲远而不清，太远则出限距界故也。圆凸十一。[16]然外凸较内凸其深当半之率谓二与一之率[17]，与其稍深，不如稍浅，何者？

假如内凸限二寸，外凸限亦二寸，以外凸显内凸，其距灯当四寸，适值外凸之倍限。凡倍限，灯距壁稍远，不合顺均限者，圆理九。即成黑景。[18]圆凸八解。〇如内凸二寸，外凸亦二寸，则外凸距灯必四寸，固见黑景。若内凸二寸，外凸三寸，则距灯必五寸，未及倍限，其光亦稍晦，何也？凡两凸相切，则深加倍而限反短。凡限短，则得力者愈显，不得力者亦愈晦。[19]故外凸限三寸、倍限六寸、距灯五寸者，其不及倍限十二之二；较之外凸限四寸、倍限八寸、距灯六寸者，其不及倍限十二之三，[20]故当不如矣。是止能显字，不能显灯光矣，故不可用。若外凸稍浅，不过字体稍小，无不清之患也。

六系：

内凸距灯，外凸距字，各用其顺展限，此定率也。然既有两凸，则内凸距灯光或有稍出，可缩外凸以近之；外凸距内凸或有稍入，则移灯光以远之。[21]此赢彼朒，亦有相和得中之术焉。

七系：

小字结体[22]与大字殊科，而笔划粗细亦异势。但结体取其庄重，方正不欹。侧[23]者自无不可，而笔划粗细之异，则有无可如何者。设径寸之字，画粗一分，空白一分，已是肥体。例以径丈之字，则画粗一尺，已是瘦体；空白一尺，即嫌疏阔，故古帖放之不能合格。又，径寸之字，笔锋如十度之角，已嫌其秃，若字大径丈，笔锋虽足九十度，尚觉太锐，必锋如散彗，方有苍古意，诚一缺憾事。法宜枯笔粗秃，放之乃得。然见前书家苦不能作擘窠[24]者有矣，得此，能毋婺人衣襦[25]之乐邪？

八系：

凸镜取景，火能得其光，墨能得其黑。依显，燕支之红、靛花之青、黄连膏[26]黄连浓煎晒干用之。之黄、靛加藤黄[27]之绿，无不能取其色于楮[28]上，故画作人物，以为戏具，所谓取景灯戏也。见自序。[29]黄色用黄连膏者，色深而显。藤黄作画，灯下视之，已若白色，况取其景邪？原色五。有质之色，原色一解。画通光玻璃上，灯下照之，边虽微觉有色，中则黑暗，故取景不可用。

九系：

放字镜可与取景镜改式并用一匣，各作套筒，用时调换可也。灯宜水蜡烛。市中有现成者，或即用诸葛灯内油碗为便。若油盏，移时须侧之；若烛，移时则烧短，尺寸不合矣。

【注释】

〔1〕纱绷：绷紧的纱，用作纱窗。

〔2〕以上两句是关于观察实像的两种方法的运用。前法是人面对反射屏幕（墙壁），看到由屏幕反射的像。后法是人在半透明屏幕（纱窗）背后，看见映在屏幕上的像。后面说到，人在投影仪和屏幕之间勾画影像时，自己会遮挡影像，若在半透明屏幕背后勾描则可随意，故推广后法。

〔3〕此句指出以投影距离调影像大小的规律，距离越远（近）影像越大（小）。

〔4〕此句指出以物距调像距的规律，物距伸（缩）则像距近（远）。此句和上句典型地反映出郑复光对凸透镜成像共轭关系的熟练把握。

〔5〕此处指直接投影的几何畸变。正切线指垂直于主光轴的截面，侧看为线，相当于屏幕。物体的形状被光源直接投射为影子时，越偏离主光轴的部分被放得越大而且越歪斜，即"中密而外渐疏"。

〔6〕此处指旧法中的减少畸变方法，由于投影距离越大畸变越大，所以采取短距离逐级放大的方法，把第一次放大后描好制成的字样进行第二次直接投影放大，依此类推。

〔7〕凸透镜的聚光作用可以减少直接投影的畸变。

〔8〕幻灯片位于投影镜焦距之内时，不生实像，投射出张角最大的圆锥形光束，屏幕上呈现"大圆光象"；幻灯片位于投影镜焦距之外时，屏幕上呈现

放大实像。二者不可兼得。

〔9〕当透镜射出平行光束时，如果眼睛不看光束照射之处，而反顾镜片本身，由于此时不成像，所以看见整个镜片发亮，像是被光"塞"满的样子，这就是郑复光所说的"受光使满"。在前面关于透镜的探讨中，郑复光认为这个现象与透镜的重要性质有关，多次提到这个现象，但这是一个含混的假说。平板玻璃在反射光不强时，没有这个现象，仍然能透见异侧物体，所以说"不能受光使满"。

〔10〕幻灯片投射到屏幕时，屏幕上除了显示影像之外，同时也有玻璃的影子。当两枚透镜和幻灯片三者之间的各个距离不恰当时，这个影子有时会很明显。所以下文给出恰当的距离规定。

〔11〕此处以两个侧展限规定了投影仪的定量原理，同时说明了聚光镜和投影镜各自的作用。1. 聚光镜用侧展限，即光源位于焦点附近。如上面注〔9〕所论，正当焦点时就会看见镜片发亮（"则见光满"），此时聚光镜射出的光束集中而均匀地照亮幻灯片。无幻灯片时，光束经过投影镜在屏幕上投射"大圆光象"。2. 投影镜用侧展限，即幻灯片置于焦点附近成最大实像处，字被放大投射到屏幕上，"大圆光象内必见大字"。

如图88，这个简易投影仪的工作原理可简单表述为：光源→聚光镜→幻灯片→投影镜→屏幕。其关键原理就是两个顺展限，其次是幻灯片要倒置。而最难把握的是放大和明亮的矛盾，郑复光对这类问题研究得很透，他规定聚光镜和投影镜的焦距分别为2寸和4寸，是从实验中总结出来的调和矛盾的方案。

投影镜（外凸）　　幻灯片　聚光镜（内凸）

图88

〔12〕玻璃差：见"镜质"第二条。

〔13〕以上对两枚凸透镜都不宜太深的分析是合理的。投影镜太深，即放大倍数太大，物体位置稍有偏差，像的清晰度就大为降低乃至不可辨认。

〔14〕限距界：凸透镜取得近似平行出射光束的最短物距，见"圆凸"第十一条。

〔15〕外凸浅不及内凸之半：外凸顺收限不到内凸顺收限的二倍。

〔16〕以上解释两枚凸透镜焦距之比发生变化，或光源、两枚透镜、影像之间各个距离发生变化时，对投影效果的影响；由于不是建立在光路分析的基础

上，说法都较勉强。

〔17〕前面说"半之率"，后面又说"二与一之率"；前者是说深度减半，后者是说限长翻倍。正如这条系开头指出的"凸深，则限短；凸浅，则限长"。

〔18〕投影时，屏幕位置越出结像面则光强剧减、影像迅速模糊，屏幕上出现镜片的影子。"圆凸"第八条解，对单枚凸透镜出现这个现象的解释也是正确的，即顺均限成像（物置于二倍焦距，像成于另一侧二倍焦距）时，屏幕位置超出像距（顺均限）就开始出现黑影。但此处是两枚凸透镜，投影镜距离光源二倍焦距，但中间隔着聚光镜，此时再用投影镜的顺均限来解释，未免牵强。所以后面的夹注有含混之处，某些涉及顺均限（倍限）的数据似乎也缺少实际意义。

〔19〕凸透镜度数越深（放大倍数高），则距离稍有变化就导致成像情况的急剧变化，能观察到较清晰影像的范围很小。这个解释是正解。但涉及倍限之处似不太合理。

〔20〕前者外凸倍限 6 寸、距灯 5 寸，此距离与倍限相比还差 1 寸，即还差倍限的六分之一（十二之二）；后者外凸倍限 8 寸、距灯 6 寸，此距离与倍限相比还差 2 寸，即还差倍限的四分之一（十二之三）；两者相较，后者不如。如前两注所言，因"倍限"之说牵强，这些数据缺乏实际物理意义。

〔21〕"内凸距灯光或有稍出"即聚光镜的物距变大，则像距变短，导致投影镜的物距变长；"缩外凸以近之"即重新缩短变长的物距。"外凸距内凸或有稍入"即投影镜的物距变小，"移灯光以远之"则聚光镜物距变长、像距变小，重新增大投影镜的物距。

〔22〕结体：指汉字书写的笔画结构。

〔23〕侧：书法上指用笔取侧势。

〔24〕擘窠：1. 写字、篆刻时，为求字体大小匀整，以横直界线分格。擘，划分；窠，框格。2. 指大字，又叫擘窠大字。此处指后者。

〔25〕窭（jù）人衣（yì）襦：穷人穿上短袄。窭，贫穷。

〔26〕燕支：即胭脂。　靛花：即青黛，将蓝草浸沤搅起的浮沫掠出阴干而成的蓝颜料。黄连膏：以黄连和黄蜡为主要原料制成的膏。以上几种皆可用作国画颜料。

〔27〕藤黄：树皮渗出的黄色树脂炼制成的黄色颜料。

〔28〕楮（chǔ）：纸的代称。参见"题词"注〔14〕释"楮树"。

〔29〕按：《桐桥倚棹录》（见"作显微镜"第二条注〔1〕）里说："灯影之戏，则用高方纸木匣，背后有门，腹贮油灯，燃炷七八茎，其火焰适对正面之

孔，其孔与匣突出寸许，作六角式，须用摄光镜重叠为之，乃通灵耳。匣之正面近孔处，有耳缝寸许长，左右交通，另以木板长六七寸、宽寸许，匀作三圈，中嵌玻璃，反绘戏文，俟腹中火焰正明，以木板倒入耳缝之中，从左移右，挨次更换，其所绘戏文，适与六角孔相印，将影摄入粉壁，匣愈远而光愈大，惟室中须尽灭灯光，其影始得分明也。"这些描述，与此处放字镜完全一致。相比之下，郑复光破解原理，亲自设计制作，实属领先人物。

【译文】

　　放字镜的用法有两种：

　　一种是，灯光从镜片透射到墙壁，墙壁上粘洁净的白纸，这是前法。

　　另一种是，灯光从镜片透射到窗户，窗户上做纱绷，绷上粘洁净的白纸，这是后法。

　　取玻璃片或玻璃纸框，勾画好字样，倒着放进六边形管口的长缝内。采用前法，就把墨迹一面对着灯，人在室内，面对墙壁去看。用后法，就把墨迹一面背着灯，人在窗外，透过窗户去看。[后法可以]移动匣子的远近来定[影像]大小，近小远大；可以伸缩套筒来调节[影像位置的]远近，近伸远缩，以投射的光斑够圆同时字迹够黑为准；还可以可以随意勾描[放大字样]，手不遮光，后法明显优点更多。

　　　　一系：

　　　　放字的旧法是，把字样剪成剪纸，放在灯前，影子投到墙上就是放大的，这就是光小物大的原理。"原景"第六条。然而此时光线发散行进，"原线"第二条。[影像面]是[圆锥的]垂直截面，中间密而往外逐渐稀疏，字样就变形了。所以此法必须采用多次放大，分几次逐渐延展，使偏差变得比较微小。这怎么比得上凸透镜那样通过圆光束展开[字样]，一次放到寻丈开外，而影像丝毫不差呢？

　　　　二系：

　　　　凸透镜顺展限[成像]能使1寸大小的灯光成为几尺大的倒像，呈现在墙壁上。既然如此，那么1寸大小的字样，写在平玻璃上，放在灯前，被灯光照亮后，前面设置一枚凸透镜，运用顺展限［成像］，就可以放大了。但凸透镜在平玻璃前面，如果拓展灯光，就不能拓展平玻璃上的字；如果拓展平玻璃上的字，就不能拓展灯光。虽然平玻璃也被灯光照射，但不能［像凸透镜那样］受光而使镜片充满光亮，那么投到墙上［的影像］就会比本来在灯旁［的玻璃片］显得稍暗，这是有玻璃影子的缘故。"原景"第九条。所以［正确的］方法是：

设置内凸，运用顺展限［成像原理］，把灯光彰显在墙壁上。凡是凸透镜把灯光彰显在墙壁上的情况，从墙壁处移开目光去看凸透镜，就会看见镜片充满光亮。"圆理"第九条。再设置外凸，运用顺展限［成像原理］，彰显内凸的通体亮光，必定形成放大的圆形光斑，此时如果字样位于内凸处，那么大圆光斑内就必定出现大字了。

三系：

书写字样另外采用玻璃，不写在内凸上，是为了便于更换。虽然外凸的顺展限正好处于内凸处就彰显清晰的光斑，正好处于玻璃处就彰显清晰的字样，势必难以同时彰显，但外凸彰显内凸的光，稍有出入时，即使光亮稍微逊色，仍然胜过原来的灯光，更何况对彰显字样的作用是没有妨碍的呢？但是玻璃最好要贴近内凸。用玻璃纸框比用玻璃好，是因为它的质地薄、没有玻璃差。"镜质"第二条和第七条。

四系：

凸透镜越深，展开字样固然越大。只是字迹不是写在内凸上，此时显光和显字既然已经不能兼顾，假使外凸又太深，那么［侧展］限稍有出入，效力必定就会相差很大。而且内凸太深，就会距灯太近，容易沾染烟煤。所以［两枚凸透镜的］深限以2寸、4寸为规定标准。

五系：

凸透镜度数深则深限短，度数浅则深限长。短则略有出入就导致力度悬殊，长则略有出入就导致力度稍减。所以内凸比外凸深的程度不足一倍时，灯距墙壁较近，取影也还清晰，这是由于深限虽短但镜筒伸长了的缘故；内凸和外凸都浅时，灯距墙壁较远，取影也还清晰，这是由于镜筒完全收缩后仍有一定长度的缘故；太远也就不清晰了。○一般所说的太远，都是指限距界而言。两枚凸透镜都浅，则有时想放大而办不到，这是由于距离太远导致影像变淡而不容易清晰的缘故；"圆凸"第十三条。外凸浅的程度不到内凸的一半，则有时想拉远却不清晰，这是由于太远就越出限距界的缘故。"圆凸"第十一条。然而当外凸深度相比内凸正好是一半的比率叫做［限长］2比1之率时，与其稍深，不如稍浅，这却是为什么？

假如内凸的深限为 2 寸，外凸的深限也是 2 寸，用外凸来彰显内凸时，外凸距灯正好 4 寸，恰好等于外凸的倍限。凡是倍限的情况，一旦灯距墙壁稍远，不符合顺均限，"圆理"第九条。就会造成黑影。"圆凸"第八条解。○如果内凸 2 寸，外凸也是 2 寸，那么外凸距灯必定是 4 寸，此时自然见到黑影。至于内凸 2 寸，外凸 3 寸，那么距灯必定是 5 寸，没有达到倍限，而光也有些暗，这是为什么？凡是两枚凸透镜紧贴，就会深度加倍而限长反而变短。只要是限短，那么有效力的就更加明晰，没有效力的就更加晦暗。所以，外凸深限 3 寸、倍限 6 寸、距灯 5 寸时，这个距离达不到倍限还有 $\frac{2}{12}$；与外凸深限 4 寸、倍限 8 寸、距灯 6 寸的情况相比，这个距离达不到倍限还有 $\frac{3}{12}$，当然是比不上了。这就只能显字，不能显灯光，所以不可用。如果外凸稍浅，只不过字形稍小，却没有不清晰的顾虑。

六系：

内凸距灯，外凸距字，分别按各自的顺展限设置，这是确定的标准。然而既然有两枚凸透镜，则内凸距灯光稍微超出时，可以收缩外凸来凑近；外凸距内凸稍微不够时，就把灯光拉远一些。此长彼消，也算体现了综合均衡的法则。

七系：

小字的结构与大字很有悬殊，笔画粗细也有不同的情势。但字体结构要的是庄重，方正不斜。侧笔自然不是不可以，但笔画粗细的差别，则有无可奈何的情况。假如是 1 寸大小的字，笔画有 1 分粗，空白有 1 分宽，已经属于肥体。相比于 1

丈大的字，则笔画有 1 尺粗的，已经属于瘦体；空白有 1 尺宽，就嫌疏阔，所以把古帖放大是不能合乎规格的。另外，1寸大的字，笔锋有 10 度的角度时，已经嫌它秃，而字大到 1丈，笔锋即使足有 90 度，还觉得太尖细，一定要笔锋如散落的彗星，才有苍古的笔意，这真是一件遗憾的事。办法应该是用粗秃的枯笔，这样放大之后才有正常效果。［尽管有上述缺憾］，但曾见过以往苦于不能作大字的书家大有人在，如果得到此法，他们能不喜出望外吗？

八系：

用凸透镜取影，对于火苗能取得它的光，对于墨迹能取得它的黑。由此可知，胭脂的红色、靛花的青色、黄连膏黄连浓煎晒干后使用。的黄色、靛青加藤黄的绿色，都能［用凸透镜取影模式］把它们的颜色取到纸上，于是用这些颜料画成人和物，作为娱乐器具，就是所谓的取影灯戏。见自序。用黄连膏做黄色，是因为它颜色深而鲜明。用藤黄作画，在灯光下看，已经像白色一样，更何况是取它的影像呢？"原色"第五条。有质之色［不透明］，"原色"第一条解。画在透明玻璃上，在灯光下透视，边缘虽然略微感觉有色彩，中间却是黑暗的，所以对于取影不可用。

九系：

放字镜可以和取影镜改进式合用一个匣子，分别制作各自的套筒，用时调换即可。灯适宜用水蜡烛，市场上有成品。或者为了方便就用诸葛灯里的油碗。如果是油盏，用一阵之后要侧一下；如果是蜡烛，用一阵之后就烧短，尺寸就不对了。

作 三 棱 镜

其式一。

【译文】

一种制式。

一

东洋人作三棱白玻璃镜一段，亦间有用五色者。长二三分，嵌入木片中，以娱小儿。透视外物，每见红绿彩色如虹霓，名曰"天人目镜"。想是彼国中语，未详何义。

【译文】

东洋人把白玻璃三棱镜做成一段，间或也有用有色玻璃的。长二三分，嵌入木片中，给小孩子玩。透过去看外面，总能看见虹霓一样的红绿彩色，名叫"天人目镜"。可能是他们国家的词语，意思不详。

二

三棱镜，其一棱必外出，自一棱至平面，是为由薄渐厚，掩映空明，自淡而浓，故生彩色。见《仪象志》。[1]原色四，镜形十六。此无大用，取备一理。

【注释】

　〔1〕《新制灵台仪象志》卷四"测空际异色并虹霓珥晕之象"一条中，论及日光透过三棱镜而映成彩色。原文甚长，但并未从折射角度讲清原理，只是说较厚部分所映之光较浓，较薄部分所映之光较淡，大意与此处同。南怀仁所述，为西方早期思辨性颜色学学说，认为一切色彩的区别仅在于浓淡。详见"原色"章有关条目及注。

【译文】

三棱镜，总有一棱向外突出，从这一棱到底面，情形是由薄渐厚，［于是不同程度地］掩映周围的光亮，使之从淡到浓，于是产生彩色。见《灵台仪象志》。"原色"第四条，"镜形"第十六条。这没什么大用，作为一种事理收录在此。

作 多 宝 镜[1]

其式一。

【注释】

〔1〕多宝镜：此处所指是一种玻璃制品，将平板玻璃镜子压制成多格，映照物体时，同一个物体在每一格中各有一个影像。

按：背面有图案的铜镜亦称多宝。

【译文】

一种制式。

一

通光玻璃，一面平，一面碾成多隔，每隔俱为平面，则照一物而每隔各见一物之景，成多景。名多宝镜。

【译文】

透明玻璃，一面平，一面压成多格，每隔都加工成平面，结果用来照一个物体时，每一格分别出现一个物体的影像，形成多个影像。这种器具叫多宝镜。

二

多宝镜或七隔，或十四隔，无定度。此无大用，取备一理。○黄履庄灯衢法或亦用之，详于后。

【译文】

多宝镜或七隔，或十四隔，没有限定。这个器具没什么大用，作为一种事理收录在此。○黄履庄的灯衢制式或许用到它，于后详解。

镜镜詅痴卷之五

作 柱 镜[1]

其式一。

【注释】

〔1〕柱镜：不同于现在用于矫正散光眼的同名光学元件，而是铜制的抛光圆柱体，把正常的画面照出变形的影像，把故意画得变形的图画照出正常的影像，是一种玩具。

【译文】

一种制式。

一

柱镜者，形如柱，以铜为之，磨以方药[1]。照景一之二。直处如平镜，故照物常称本形；横处如凸镜，故照物长者缩短。又，立柱镜如乙丙于案面如丁戊，人对视之目如甲自上而下至镜如甲乙一折如甲乙丙，[2] 则所含象为斜线。故有物象如丑寅卯辰，则寅丑直线入镜为子丑，虽稍缩短，其形仍直；至卯辰直线入镜则为己午，不但缩短，必成曲线。依显，画置案面，照常作为人物，则柱镜中象成形者必不成形矣；反之，画不照

图89

常作为人物，则柱镜中象不成形者亦可成形矣。[3]（图 89）

【注释】

〔1〕方药：见"作照景镜"第二条注〔1〕。

〔2〕此句指眼睛对柱镜乙丙的视线张角构成三角形乙甲丙，甲乙和乙丙构成折线。

〔3〕此处所言，犹如现在所谓"预畸变"，即某形状经过成像后发生变形，则预先对其进行逆向变形，再经成像反而变成没有畸变的正常形状。

【译文】

所谓柱镜，就是形状如圆柱，用铜制成，再用配剂打磨［抛光］。"作照景镜"第二条。它垂直的地方如同平面镜，所以照出的物像总是与原本形状相称；横的地方如同凸面镜，所以照出的物像长的变短。另外，把柱镜如乙丙立在桌面如丁戊上，观察者对着看的视线如甲自上而下，到了镜面如甲乙就有一个转折如甲乙丙，于是镜面里的影像成为以斜线［与眼睛相对］。因此，如果有物体形状如丑寅卯辰［映照入柱镜中］，那么寅卯直线映入镜面成为子丑，虽然稍微缩短，形状仍然是直的；而卯辰直线映入镜面就成为己午，不仅缩短，而且必定成为曲线。显然，如果把画册放在桌面上，图中的人和物按正常形状来画，那么本来成形状的东西在柱镜中的影像就必定不成形了；反过来，画册里的人和物不按正常形状来画，那么不成形状的东西在柱镜中的影像却是可以成形的。（图 89）

二

作画之法：

取柱镜，平分十余分，愈细愈妙。墨画作识。如甲、乙等识。次取洁白纸，作十字线。爰展规取镜半径之度，规于十字中心如辛。用其一象限[1]如壬癸子，作辛癸线。约人目距镜上边之度，如寅。取一点于丑，作丑寅线。任规一弧如酉戌，平分十余分，作识。自丑相望，移识于寅癸线上，俱规之如卯、辰等。又平分壬子弧十余分，作幅线[2]如亥、金等，为第一格子。

别取纸，作正方形如斗虚，从[4]横平分十余分，与第一格子同度，为第二格子。爰[3]纸蒙第二格子上，任意作画毕，倒置第一格子，蒙纸于上。视画，与第二格子从横相遇处，移于第一格子上画之，必不成形。然置镜于辛，稍移远之，目对镜视，无不成形矣。[5]（图90）

图 90

此无大用，取备一理。有作秘戏图[6]者。图隘只作八格。

一系：

辛为安镜之位，然镜心不可与辛同心，约移远于庚者，三分镜全径而得其一。盖镜本平圆，缘置目在镜上边，其视下边则生椭差[7]，故置镜心于辛，不但曲线之景仍觉渐曲，即直线近壬、子者亦带曲矣，稍移镜心则微差可以勿计。只取一象限，亦缘乎此。其实自界及镜，何止一象限也。

二系：

作第二格子又一法：用方玻璃画作格子，蒙画上求其尺寸，尤妙。又一法：刻版印红格备作备稿用更。

三系：

格子纵横本无定度，亦不必相等。视镜之长短粗细，如镜细而长，则横线可多设数规，以景中见方为度。但第一格子增一规，则第二格子亦加一横线，其外匡作长方形可也。

【注释】

〔1〕象限：此指四等分圆周的其中一份。

〔2〕幅线：即辐线，指连接圆心和圆周上任何一点的直线，如车轮的辐条。

〔3〕爰：通"援"，拿起。

〔4〕从：通"纵"。

〔5〕以上是详解预畸变的作图法。其中的光学原理是，凸面镜成像总是缩小，越远越小，所以斗牛女虚正方形的像变形为扇形。贴近镜面的边（如斗女）不缩小，只是弯曲；往外依次缩小，牛虚最小。用网格对应的作图法，预先把一幅正常的正方形图案画成变形的扇形图案（辛壬子）。把窄的一端贴近镜面，不被放大；远离镜面的散开部分被逐次缩小，扇形的镜像反而变成平直，画中人和物显得正常。

〔6〕秘戏图：男女淫亵之图，也称春宫、春册。

〔7〕椭差：指纵向直线在柱镜的镜像中变形为曲线，越接近左右边缘的部分越曲，乃至曲率超过正圆。

【译文】

作图法：

把柱镜平分成十多份，分得越细越好。画上墨线作为［刻度］标记。如甲、乙等刻度。继而取一张洁白的纸，画上十字叉。然后将圆规按柱镜的半径展开，以十字叉的中心如辛为圆心画圆。取其中一个象限如壬癸子，作辛癸线。估计眼睛距离柱镜上端的位置，［上端］如寅。取一点于丑，作丑寅线。任意画一段圆弧如酉戌，平分成十多份，作［刻度］标记。从丑看过去，把标记一一对应到线段寅癸上，每个刻度分别画弧如卯、辰等。然后平分壬子弧为十多份，分别作辐线如亥、金等，这是第一格子。

另取一张纸，画上正方形如斗虚，纵横各平分成十多份，份数与第一格子相等，这是第二格子。拿一张纸蒙在第二格子上，随意作好一幅画之后，倒置第一格子，蒙一张纸在上面，看画［上的各个部分］，位于第二格子各个网格交叉点的地方，［对应地］画到第一格子［的相应位置］上，［这样得到的图画］必定不成形状。然

而把柱镜放在辛处，稍微移远一点，眼睛对着柱镜看，形状全都正常了。（图 90）

这个器具没什么大用处，作为一种事理收录在此。有人用来作秘戏图。图狭窄只作出八格。

　　一系：
　　辛是安放柱镜的位置，但柱镜的中心不能与辛的圆心重合，大约移远一点，以［柱镜边缘的］庚点［为准］，［使之处于］柱镜直径的三分之一处。［这样做是］因为，镜体本来是正圆，但由于眼睛位于镜子的上边，看下边就会产生椭圆形变形，所以如果把柱镜的中心放在辛处，不仅曲线的镜像仍然觉得越来越曲，即使直线，接近壬、子［两边］的那些也都有点曲，稍微移动镜子中心，微小变形就可以忽略。只取一个象限，也是出于这个原因。实际上从［被映照范围的］边界到镜面，是不止一象限的。

　　二系：
　　制作第二格子有另一种方法：把格子画在一块方玻璃上，蒙在画上求取尺寸，这样更加巧妙。还有一种方法：刻版印刷红格子作为备用稿纸更换使用。

　　三系：
　　纵横格子不须规定多少，也不必等分。根据柱镜的长短粗细，如果柱镜细而长，那么横线可以多画几道圆弧，以镜像中呈方形为准。只是第一格子每增加一道圆弧，第二格子也要加一条横线，使外框呈长方形即可。

作万花筒镜

其式一。附式二：曰罗汉堂、曰灯衢。

【译文】
　　一种制式。两种附属制式：罗汉堂和灯衢。

一

取含光玻璃镜三条，一端稍杀之。_{如甲乙丁丙。}光面内向，并成三角镜_{如戊己}，装入筒内。筒_{如庚癸}略长于镜，约以寸_{如子壬}。筒之径适容三角镜而止。筒内口一端_{如庚辛}作木盖，中穿一孔，安通光玻璃。其孔宜小不宜大，取其不见内三角形。筒之又一端切三角镜处_{如子丑}，安通光圆玻璃镜。镜边切筒，无使露隙。镜外一节空处_{如子癸}，填以五色残玻璃及玻璃珠，不拘多寡。别作通光圆玻璃镜，涂粉，护以白纸，安于筒之外口，欲其透明而不见外物也。（图 91）

图 91

【译文】

取反光玻璃镜三条，一头稍微窄一点。_{如甲乙丁丙。}反光面向内，拼合成三角镜_{如戊己}，装入圆筒内。圆筒长度_{如庚癸}比镜片略长，差不多 1 寸_{如子壬}。圆筒的直径以刚好装下三角镜为准。圆筒的内口一端_{如庚辛}做一个木盖，中间穿一个孔，装上透明玻璃。这个孔宜小不宜大，为的是看不见内部的三角形。圆筒的另一端紧贴三角镜处_{如子丑}，装上圆形透明玻璃镜片。镜片边缘紧贴圆筒，不要露出缝隙。镜片外面那一节空处_{如子癸}，把彩色碎玻璃和玻璃珠填进去，不拘多少。另外制作一片圆形透明玻璃镜片，涂上粉，包上白纸，装在圆筒的外口，为的是让它透一点光但看不见外面的东西。（图 91）

二

万花筒，戏具耳。自其内口窥之，如五色玻璃札成六出花头[1]甚伙。筒动则变，万转万变，而无一重复花样。其想至奇，其制至易，而其理至精。虽无大用，当必存录。著论如左。

论曰：

作三角镜为等边形如甲乙丙。夫镜既照景，而镜各有景，原镜九。则甲角能反照作丁、戊等角，是一角见为六角，成六出一花头。而丙角又照甲角之花头，自成丙一花头。乙角照甲角亦然。而甲又照乙、照丙之景。此一玻璃珠必成六出一花，而一花必成多花，一动一变，所以无穷也。（图92）

图92

一系：

万花筒必用三角，取其省也，否或用六角亦可，然必用等边。盖三角等边者，俱六十度，故俱成六出。不然，设形如子丑寅三角不等，其子角为四十五度，视其反照之景，虽亦可合成八[2]出，而丑角与寅角设为六十七度半，则丑寅边景为丑寅午、子寅边景为子寅卯，而丑寅午所成者为寅午巳、子寅卯所成者为卯寅辰，此两形所辗转相照之景乃乱乃萃[3]矣，故无取焉。（图93）

图93

右本式。

【注释】

〔1〕六出花头：雪花。花分瓣为出，雪花六瓣，故以"六出"为其别名。花头，花朵。

〔2〕八：为"六"之误。

〔3〕萃：草丛生貌。

【译文】

万花筒是一种玩具。从它的内口去看，如同［看见］彩色玻璃札成大堆六瓣雪花。一转动圆筒就发生变化，转一万次变一万种，花样绝不重复。构思很奇妙，制作很容易，而道理很精微。虽然没有大用，势必应当收录。附加论说如下。

论：

三角镜要做成等边形如甲乙丙。镜子既照出［他物的］影像，又分别［被别的镜子］照出［自己的］影像，"原镜"第九条。于是甲角能反照成丁、戊等角，这样一来，一个角就呈现为六个角，形成一朵六瓣雪花。而丙角又照出甲角的花瓣，还自成丙的一个花瓣。乙角照甲角也一样。而甲又照出乙和丙的影像。这样一来，必然是每一个玻璃珠形成一朵六瓣雪花，而每一朵花必然变化出众多的花，动一下变一下，所以变化无穷。（图92）

一系：

万花筒必须采用三角形，为的是简便，否则用六边形也可以，但必须用等边形。等边三角形，[三个角]都是60度，所以一律形成[对称的]六瓣。不然的话，假设有形状如子丑寅的不等边三角形，子角为45度，看它反照出的影像，虽然也可以合成六瓣，但如果丑角与寅角设为67度半，那么丑寅这条边里的影像为丑寅午、子寅这条边里的影像为子寅卯，而丑寅午所成的影像为寅午巳、子寅卯所成的影像为卯寅辰，两形辗转相照所成的那些影像就乱成一堆了，所以万花筒不采用[不等边形]。（图93）

以上是关于万花筒基本制式。

三

附：罗汉堂[1]

制为六角木匣如甲丙。面安通光玻璃，内涂粉、衬纸，取其透外明而不见外物。如乙。六边俱安含光玻璃，光面内向。任取一边开孔如丁，露出玻璃处，去其衬锡，以便窥视。匣内作楣、桄、栏干[2]，底画墁砖[3]，装点佛堂，安金身罗汉三尊。窥之即如千门万户、百千罗汉矣。理同万花，不无蹈袭，却善夺胎[4]。（图94）

图94

【注释】

〔1〕罗汉堂：本为佛寺供奉罗汉的殿堂，此处为一种光学玩具。
〔2〕匣内作楣、桄、栏干：指制作玩具佛堂的建筑框架模型。楣，门框上

的横木或房屋的横梁。棁，梁上的短柱。干，古同"杆"。

〔3〕墁（màn）砖：即地砖。墁，以砖铺饰。

〔4〕夺胎：即"夺胎换骨"。原为道教语，谓脱去凡胎俗骨而换为圣胎仙骨。后用以喻师法前人而不露痕迹，并能创新。

【译文】

附：罗汉堂

制作一个六边形木匣如甲丙。上面装一块透明玻璃，玻璃内面涂粉并衬纸，为的是能透进外面的光亮但看不见外面的东西。[透明玻璃]如乙。六个侧面都装上反光玻璃，反光面向内。任意选择一边开孔如丁，露出玻璃处，去掉衬锡，以便窥视。匣子里面制作门楣、梁柱、栏杆之类，底面画上地砖，装点成佛堂的样子，放进去金身罗汉三尊。看进去就像有千万道门户、千百个罗汉。这个器具道理和万花筒相同，多少是因袭后者，但很有创意。（图94）

四

附：灯衢[1]

《黄履庄传》显微五。所作有灯衢之目，而未详其法。拟：

于斗室中安六座大屏风镜于四壁，施灯结彩，则坐室内者视若灯衢。外留一窗，安通光玻璃或多宝镜，多宝二。则窥户外者皆作灯衢观也。

右附式。

【注释】

〔1〕灯衢：本意是有路灯的街巷或广场，此处指黄履庄制作的模拟灯衢效果的光学设施。以下两处为灯衢的本意。

【译文】

附：灯衢

《黄履庄传》"作显微镜"第五条。记载有他的制作，其中有灯衢一项，但不清楚它的结构规范。现拟定：

　　在小屋子里靠四周墙壁安放六座大屏风镜，并张灯结彩，坐在屋子里的人就会觉得像看见真的灯衢一样。外面保留一个窗口，装上透明玻璃或多宝镜，"作多宝镜"第二条。那么朝屋外看时，也觉得看见了灯衢。

　　以上是关于万花筒附属制式。

作 透 光 镜[1]

其式一。

【注释】

　　〔1〕透光镜：西汉时期出现的一种青铜镜，作为镜子使用时正常，当其反射光投射到墙壁上时，光斑中会呈现类似背面图案的花纹，其原理涉及光学和力学。

　　按：此章价值极高，主要因为两点。一，郑复光查阅、援引了历史上讨论透光镜的大量文献，为今人的相关研究提供了丰富线索。二，郑复光在吸收前人成果的基础上，提出新的解释理论，方法严谨，结论正确，说理透彻，使这一传统课题达到全新高度，并给今人研究以重大启发。

　　透光镜的机理，是中国古代的一个著名传统光学问题。反复研讨、争论的时间长达一千多年。在郑复光之前，（北宋）沈括（《梦溪笔谈》），（南宋）周密（《云烟过眼录》和《癸辛杂识》），（元）吾衍（《闲居集》），（明）何孟春（《余冬叙录》及《铜仙传》引）、朗瑛（《七修类稿》），（明末清初）方以智（《物理小识》）、徐元润（《铜仙传》）、徐康（《前尘梦影录》）、费南辉（《野语》）、张眉大（《海南日钞》）等都提出过见解。今人将其分为三派。一派为沈括首倡，认为铸镜时背面图案薄处先冷、厚处后冷，由于冷却收缩程度不同而导致镜面"隐然有迹"，人眼不能识，但能在反射的影子中显现出来。这种解释被称为"加热法"。现代研究证实其中有一定合理性。第二派以吾衍为代表，认为是在正面刻出与背面相同的图案，再填上不同质地的铜，打磨后人眼不能识，但铜的清浊在反射的影子中显出明暗差别。这种解释被称为"补铸法"。上述各家多数赞成此说而反对沈括，后继者也提出不少有价值的实际验证。唯有郑复光明确支持沈括，并将其说加以发展，提出第三种解释，认为厚薄冷热不匀的镜面凸凹，在刮磨过程中，手上力道会因凸凹而生轻重，"故终有凸凹之迹"。此说被称为"磨刮法"。而日本现在制作这种"魔镜"用的就是磨刮法。郑复光在此条中用反射原理进行解释时，以水波作比喻："水静则平如砥，发光在壁，其光莹然；动则光中生纹，起伏不平故也。"英国物理学家布拉格

(W. H. Bragg, 1862—1942) 在解释透光镜时恰好也用了同样比喻:"我们用波纹水柜做实验的时候,投在屏上的水光波影,看起来十分明显……然而当我们注视水面,以观察这些波纹时,其本来面目并不容易看见。"(布拉格,《光的世界》,万有文库本。)此注部分内容参考王锦光、洪震寰著《中国光学史》。

【译文】

一种制式。

一

铜镜无通光之理,而有以透光名者。《埤雅》[1]云"镜谓之菱花……庾信赋'照日则壁上菱生'是也"[2]云云。今按:水静则平如砥,发光在壁,原光三。其光莹然;动则光中生纹,起伏不平故也。铜镜及含光玻璃,其发光亦应莹如止水,而不然者,玻璃质本吹成,镜质四。铜镜磨工不足,镜质三。故多起伏不平,照人不觉,发光必见。独有古镜背具花文,正面斜对日光,花文[3]见于发光壁上,名透光镜,人争宝焉,不知湖州所铸双喜镜,乃日用常品,往往有之,非宝也。然其作法未详,特原其理,以俟博雅。

【注释】

〔1〕《埤雅》:(宋)陆佃所作补充《尔雅》的著作。

〔2〕《埤雅·释草·菱》:"旧说镜谓之菱华。以其面平,光影所成如此。庾信《镜赋》云'照壁而菱华自生'是也。"庾信《镜赋》:"临水则池中月出,照日则壁上菱生。"陆佃转述庾信,字句有出入。郑复光转述陆佃,回到庾信原文。

〔3〕花文:花纹和铭文。

【译文】

铜镜不具备透明的性质,但却有号称透光的。《埤雅》中有"镜子叫做菱花……庾信赋'照日则壁上菱生'就是这个意思"之类的话。今按:静止的水面非常平坦,反光照到墙壁上时,"原光"第三条。光斑晶莹明净;但水面一动,光斑中就产生花纹,这是起伏不平的缘故。铜镜和玻璃反光镜,发出的反射光本来也应该明净如止水，而有时并非如此，原因在于，玻璃的质地原本是吹成的，"镜质"第四条。铜镜的打磨工夫不一定到位，"镜质"第三条。所以多半会起伏不平，照镜子时不觉得，发出反射光时就必定呈现出来。独特的是一些背面有图案铭文的古镜，正面斜对日光，图案铭文就出现在反光照到的墙壁上，人称透光镜，人们竞相珍藏，却不知道湖州铸造的双喜镜，属于日常用品，到处可见，并非宝物。但不清楚它的制作法，特地推究它的道理，以待渊博高明之人[参考指正]。

二

铸镜时，铜热必伸；镜有花纹，则有厚薄；薄处先冷，其质既定，背文差[1]厚，犹热而伸，故镜面隐隐隆起；虽工作刮磨[2]，而刮多磨少，终不能极平，故光中有异也。

论曰：

《梦溪笔谈》释透光镜云：人原其理，以为背文差厚，后冷而缩，然所见三鉴一样，惟一透光，意古人别自有术云云。[3]

愚按：沈氏盖疑，同样三镜，不应独不后冷而缩；不知磨至极平自无凸凹，则发光处莹然，花纹何有？惟夫刮力在手，随镜凸凹而生轻重，故终有凸凹之迹；其大致平处，发为大光；其小有不平处，光或他向，遂成异光，故见为花纹也。[4]又，热伸冷缩，自是势异理同，然铜为凝体，借火暂流，伸易于缩，故小易其说[5]。玻璃剖泡治平[6]，镜质四。故不能中准；又吹之成片，镜质四。故多泡多纹，求其无疵者，百或得一；求其砥平者，千不得一，然取其适用，姑可勿计，人自未察耳。又，水称至平，然流体凝体、流体，见《奇器图说》。[7]易动，动则发光处亦必有见，镜之发光不可借证乎？[8]

一系：

初见吴丈子野[9]，知所谓透光镜之说。后于鲍云樵嘉荫、墨樵嘉亨昆仲[10]处，见古镜一、双喜镜一。其双喜镜，景中喜字头其一稍偏；[11]其古镜则明白如画，求其理不得也。及见《笔谈》，恍然有悟。然欲实其证，思得一法：

取双喜镜，先铲其背，视发光处稍有变动，则真有透光之术；如毫无变动，则不关透光可知。复力磨其面极平，视发光处仍无变动，则虽非透光，然实别有其术矣。再别取一镜，先磨后铲其背试之，又可知其非方药在面矣。[12]如此试法甚妙，惜无力为之。鲍氏昆仲多闻好学，但属[13]其访之而已。

二系：

前说得之苦思，终未敢信者，以未能试也。[14]后晤鲍君，据云，闻湖州双喜镜，透光者倍价。余虽未深信，然参以沈氏所疑，颇有不能释然者。盖镜面既经刮磨，纵不砥平，见于发光中岂能清晰如画？况所见双喜镜，背正而光偏[15]，实非伸缩所能为也。想其造法，应是正面亦照背文铸之，然后刮去，俟平而仍隐有凸凹为度，[16]则诸疑皆可释然。信所谓别自有术也，容当访之湖州人耳。〇果如所拟，则由于凸凹之说确然无疑，而铜之伸缩实似是而非。盖热极虽伸，冷定仍缩；一伸一缩，略当相准，观寒暑表水理可验，则两说均非。夫薄处所伸自薄，厚处所伸较厚；冷定虽缩，亦自较有厚薄，其说亦不全非。[17]而此理较前两说为优[18]。姑存原稿，以见格物[19]之难。

三系：

近见《野语》湖州人所著小说，称"伏虎道场行者"，不著姓名。[20]一条云：

沈存中《梦溪笔谈》云，有透光镜，背铭廿字，承以日光，则背字皆透在壁上。周公谨《癸辛杂说》[21]亦云，对日映之，背上花草尽在景中。皆诧为异宝。今龙凤镜，铜质规制，止是常镜，并非珍物。而透光之故，售者终秘不言。余每见旧镜，虽无纤翳[22]，而灯光照之，倒景在地，有若星点、若水泡者，偶问之镜工，工曰，此镜病也，范铸初成，铜质不精，往往有砂眼，钉以紫铜磨治后，不见钉痕，惟镜光反映他处，钉痕必见。余因悟龙凤镜乃镜面錾[23]龙凤文，一如其背，嵌以紫铜，磨治光平，湛如秋水，不见嵌痕，而倒映之景，龙凤自见。沈、周二公所见透光镜，不外此法，平平无奇，非铜质真可透光也。前贤漫不审察，强以理格，反为俗工所嗤。

《野语》如此，由于镜工漏语，又加以参悟，而得询所谓别有术矣。然检周密《癸辛杂志续集》[24]，诚以为异，而所引《笔谈》，实未举其精要，沈未尝以为异宝也。

至于镜工钉砂眼用紫铜之说，原不为透光，殆取其铜质软熟耳。《野语》乃泥于"紫"字上，深信其色异故光异，遂以臆揣而云然，不知光之异由于凸凹，故能视镜无迹，而发光显著也。若泥于色，因紫故光显，则光显者色必更显矣，岂有视其色无迹而发为光反显著者乎？故愚特取其得自镜工之语以为有术之证，而辨其紫铜之误会尚非真知灼见也。

嗟乎！工艺之事，小术也。沈公实已窥其所以然[25]，而以事外之理反自疑；《野语》因与闻乎所当然，而以误会之处为灼见；则余之所拟者，虽皆有征据，尚未征诸实事，何据可自信乎？《诗》曰："人知其一，莫知其佗[26]。"信善哉！〇若果湛如秋水，则光中亦必无痕。观水晶眼镜，诚湛如秋水矣，试背书墨字，岂不色深于紫？况质更透明，正视且实有迹，而光中竟毫无景，不可为证乎？[27]故知《野语》之有误会者在也。

又，《余冬序录》明何子元孟春著[28]：吾子行[29]云，磨之愈明，盖是铜有清浊之故，假如镜背铸作盘龙，亦于镜面刻作龙如背，复以稍浊之铜填补削平云云。又言：吾子行亲见人碎此镜，如其言云。

复[30]谓：观此，则镜面之说，与所拟恰合；[31]而清浊之故，其误会与《野语》同。至谓亲见如此，或工匠实用此法，容当有之。而理乃在凸凹，不系清浊也。[32]

【注释】

〔1〕差：略微，比较。

〔2〕工作刮磨：精心地进行刮磨。工，细致，精巧。

〔3〕《梦溪笔谈》解释透光镜的一段文字言简意赅、思路精湛，宜引于此。其文云："人有原其理，以谓铸时薄处先冷，唯背文上差厚，后冷而铜缩多；文虽在背，而鉴面隐然有迹，所以于光中现。予观之，理诚如是。然予家有三鉴，又见他家所藏，皆是一样，文画铭字无纤异者，形制甚古，唯此一样光透；其他鉴虽至薄者，皆莫能透，意古人别自有术。"

〔4〕以上几句反映出郑复光研究透光镜超越前人之处，即所作分析基于对反射现象作大量实验观察后的充分认识，故能说理分明，区别平缓凸凹和细微凸凹的光路差异。正是基于这种认识，郑复光才认为沈括的"后冷而薄"说有一定道理但不足以解释反射光中的清晰图案，由此才提出"磨刮说"。

〔5〕小易其说：对沈括的说法作一些改动，言"小易"以示谦逊。此前论证了冷却收缩率不同产生的凸凹，可能导致反光不均匀，但反光中能出现清晰图案的理由不足；所以把冷却收缩率起主要作用改为刮磨机械力起主要作用。由此建立"磨刮说"。

〔6〕剖泡治平："镜质"第四条中记录了郑复光到玻璃作坊参观，亲见这种制作法。先将受热软化的玻璃吹成大泡，冷却定型后剖成片，形似瓦，再加热软化使之变平。

〔7〕《奇器图说》：又名《远西奇器图说》，德国传教士邓玉函口译、中国明代学者王征（1571—1644）笔述绘图，发行于1627年，为第一部系统地以中文介绍西方机械的专著。书中创造了一些科技术语，如此处提到的凝体、流体，"凝体"指"固体"。

〔8〕以上是以玻璃和水面为例，说明人眼不能识别的镜面不平，能导致反射光中有斑点或花纹，但不至于产生精细图案。然后反推到铜镜，以证明前人解释的不足和新解释的必要。

〔9〕吴丈子野：吴大冀（1769—1818），字云海，号子野，歙县人，清代书画家。丈，古时对年长男性的尊称。

〔10〕鲍云樵：鲍嘉荫，字泽之，号云樵，蜀源（今黄山徽州区蜀源村，原属歙县）人。石国柱等编《民国歙县志》卷十《方技》有传称："官玉泉场盐大使。天文、书、数、琴、画、医、卜、靡不精习。自制星球浑天仪、更鼓钟、月钟，皆具巧思。"　　鲍墨樵：鲍嘉亨，字中谦，号墨樵。《费隐与知录》记载郑复光曾与该兄弟二人一起讨论虹吸现象和引水原理。

〔11〕双喜镜：背铭"囍"字的铜镜。　　其一稍偏：指"囍"字两个头的其中一个稍偏。

〔12〕此处和以下，论证方法正如现在所谓"理想实验"。因透光镜价贵而稀少，实验"无力为之"，故用"拟"（设想）的方法进行。其中的逻辑推理和理论分析都很有道理，为典型的科学理想实验。

〔13〕属（zhǔ）：同"嘱"，托付，委托。

〔14〕理想实验的结论，未经实际验证，不可确信。这是科学研究必须的审慎态度。

〔15〕一系中说到有双喜镜的喜字头在影像中稍偏，如此细微之处也引起重视，并由此想到冷却收缩率的解释方案不够圆满。科学实验需要精细观察、发现异常，此处典型地体现这一研究素养。

〔16〕以上提出又一个理想实验。前提是两个疑点，一是镜面即使有凸凹，但毕竟打磨得极光滑，如何能反射出清晰图案；二是上面所说，镜背刻字不偏之处在反光中稍偏，"非伸缩所能为"。鉴于这两点，设想是先在正面铸成与背面相同的图案再刮去。这个理想实验将"磨刮法"推进一层。

〔17〕以上颠来倒去的分析很有道理。现代科学研究表明，冷却收缩率不同导致的凸凹，可以是产生"透光"效果的基础（"亦不全非"），但要配合其他精密的工艺，单靠加热冷却法是办不到的。参见上海博物馆、复旦大学：《解开西汉古镜"透光"之谜》，载《复旦学报》（自然科学版），1975 年第3 期。

〔18〕前两说：一为凸凹说，一为伸缩说。但凸凹说有"背正而光偏"之疑，伸缩说有似是而非之虑，故郑复光自认为此处通过理想实验推出的先铸后刮之说在理论上较佳，但未经实际验证仍须存疑。

〔19〕格物：推究事物的道理。

〔20〕《野语》：（清）费南辉编撰，笔记体小说，刊印于道光二十四年（1844）。费南辉，字星甫，湖州人，有"伏虎道场行者"、"西吴鄙人"等别号。

〔21〕周公谨《癸辛杂说》：即周密所撰笔记《癸辛杂识》。周密（1232—1298），字公谨，南宋文学家。

〔22〕纤翳（xiān yì）：细小的障蔽。

〔23〕錾（zàn）：雕，刻，凿。

〔24〕《癸辛杂志续集》：即《癸辛杂识·续集》。识（zhì），意为记录。

〔25〕"所以然"和后面的"所当然"为朱熹理学中的一对概念。此处郑复

光用前者指缘由，即所以如此的原因；以后者指猜测臆断，即应当如此的猜想。

〔26〕其佗（tuō）：别的。同"其他"。《诗经·小雅·小旻》："不敢暴虎，不敢冯河。人知其一，莫知其他。""其他"有些版本作"其佗"。

〔27〕再次通过思想实验反证法，证明反光花纹来自颜色差异的说法是不具备充足理由的。

〔28〕《余冬序录》：又作《余冬叙录》，何孟春所撰笔记。何孟春（1474—1536），字子元，号燕泉，郴州人，明代文学家。

〔29〕吾子行：吾衍（1268—1311），又名丘衍，字子行，号竹房、贞白，开化人，元代学者、篆刻家。

〔30〕复：郑复光自称。

〔31〕郑复光认为，镜面打磨之后，反光中的图案更清晰，这个说法恰好可以印证他前面提出的刮磨压力造成凸凹的解释。

〔32〕按：此段记录了一项典型的传统格物课题研究。其中的科学研究方法和精神值得注意，大量查典籍、访人物，仔细辨真伪、较短长；深入分析与精细观察并进，于细微处生疑问，析疑问而出见解。关于光的反射行为和规律，以及铜和玻璃之类的反光特性等，事先已经积累了较坚实的实验和理论基础，所以分析较为翔实，趋向近代科学的水准。在不能对贵重物品进行实验时，通过一系列思想实验，得到正确结论。其成就亦值得注意，此处提出的透光镜原理和制作法，已被现代研究证实，并有日本现存的制作法为佐证。

【译文】

铸造铜镜时，铜受热必定延伸；镜子上有图案铭文，就有厚薄不匀；薄处先冷却，当它已经冷却稳定时，背面的图案铭文比较厚，还有热度而继续延伸，于是镜面隐隐隆起；即使精心刮磨，但毕竟刮得多、磨得少，最终不能达到十分平，于是反光中出现差异。

论：

《梦溪笔谈》解释透光镜时说：有人探求它的道理，认为背面的图案铭文较厚，因此后冷而导致更多收缩，但所见三枚镜子，唯独一枚透光，猜想古人另有窍门。

愚按：沈氏疑虑的应该是，三枚相同的镜子，不应该有哪一枚特殊而不出现后冷而多缩的现象；却不知道磨到十分平，自然就没有了凸凹，反光照射处就晶莹明净，哪里来的花纹呢？

关键是刮擦力在于手劲，随着镜子的凸凹而轻重不同，所以最终镜面有凸凹的痕迹；结果大体平缓之处，反射成大的光斑；小有不平之处，光就可能改变方向，成为有差异的光，因此呈现为花纹。另外，热伸和冷缩，本来是道理相同的不同态势，但铜是凝体，靠加热暂时变成流体，延伸比收缩容易，因此对［沈括的］解释略加变化。还有，玻璃加工是将空心泡剖成片再处理平，"镜质"第四条。所以平整度不够标准；而且是吹成片状，"镜质"第四条。所以气泡和纹路比较多，想找到没有瑕疵的，一百件中也许找到一件；想找到绝对平滑的，一千件中也找不到一件，只不过目的在于适用，［稍微不平］姑且可以忽略，使用者只是觉察不到罢了。另外，水面被认为是最平，但属于流体凝体和流体［这些概念］，见《奇器图说》。而容易晃动，一旦晃动，反光照到的地方也必定有所反映，镜子的反光难道不能借此佐证吗？

一系：

初次会晤吴子野老丈时，得知所谓透光镜的名目。后来在鲍云樵名嘉荫、墨樵名嘉亨兄弟处，见到古镜一面、双喜镜一面。那面双喜镜，［反光］影子中的喜字头的其中一个头有点歪；那枚古镜［的反光图案］则清晰如画，其中道理一时想不出来。等看到《梦溪笔谈》，猛然有所领悟。希望能证实它，想出一个办法：

取一面双喜镜，先铲它的背面，只要发现反光照到的地方稍有变化，就说明真有透光的窍门；如果毫无变化，那么与透光无关就清楚了。再尽力把镜面打磨到极平，如果发现反光照射处仍然没有变化，那就说明虽然不属于透光，但的确另有窍门。再另外取一面镜子，先磨［正面］、后铲背面进行试验，就进而知道并非由于正面涂着别的配剂了。这样的试验法［虽然］很巧妙，可惜无力实施。鲍氏兄弟博闻好学，姑且委托他们代为寻求。

二系：

先前的解释来自苦苦思索，但始终不敢确信，是因为还没有验证。后来会晤鲍君，据他说，曾打听到湖州的双喜镜，透光镜的价格［也只不过比普通铜镜］翻一倍。我虽然没有太相信，但琢磨沈括的疑虑，很有疑团消解不掉之处。镜面既然经过刮磨，即使达不到绝对平滑，呈现在反光中的［图案］又怎么能够清晰如画呢？况且见过的那枚双喜镜，背面的［字样］是正的但反光中有一处是歪的，这实在不是伸缩的差异所能导致的。推想那制作法，应该是正面也依照背面图案铭文铸上去，然后再刮掉，［把握分寸］刮到平滑而仍然隐约有凸凹为止，这样各种疑团就可以解开了。看来另有窍门的说法是可信的，等有机会去湖州人士那里查访吧。○如果真像我设想的那样，那么原因在于凸凹的解释就是确然无疑的，而［原因在于］铜的伸缩［的解释］其实似是而非。温度极高时虽然延伸，冷却稳定之后仍然缩回［原状］；一伸一缩，应该差不多抵消，看温度计的水柱的态势就可以验证，于是两种解释都不对。薄处的延伸程度自然薄，厚处的延伸程度自然厚；冷却稳定后虽然回缩，也自然略有厚薄差异，［如此则先前的］那种解释也不全错。而这里提出的［先铸后刮］原理比前面的两个解释更好一些，姑且保留原文，以见证格物的艰难。

三系：

最近看到《野语》湖州人所著［笔记体］小说，［作者］号称"伏虎道场行者"，没有署姓名。其中有一条说：

沈存中《梦溪笔谈》说，有一种透光镜，背面有二十字铭文，承受日光照射时，背面的字都透射到墙上。周公谨《癸辛杂识》里也说，对着日光映照，背上的花草［图案］完全出现在影子中。他们都惊叹那是异宝。当今的龙凤镜，铜质的规范式样，只是平常的镜子，并非珍奇货色。而透光的原因，卖家始终保密不说。我常常发现某些旧的镜子，即使丝毫没有晦暗斑点，但用灯光去照它，倒影投到地上时，里面却有一些像星点、水泡一样的东西，偶然问起制镜的工匠，镜工说，这是镜子的毛病，模子浇铸刚成型时，如果铜的质地不纯，往往会有砂眼，钉上一点紫铜再加以打磨后，钉痕看不出来，只有当镜子的反光照到别处时，钉痕必定显现。我由此悟出，龙凤镜［的做法］其实是在镜面刻出龙凤纹，完全跟背面一样，再

［在刻痕中］镶上紫铜，打磨平滑，使之明澈如水，看不出镶嵌的痕迹，但倒映的影子里，龙凤［图形］自然呈现。沈、周二公见到的透光镜，不外就是这个法门，平平无奇，并非铜质真的可以透光。前贤疏忽大意、未加仔细考察，勉强从道理上来推究，反而被普通工匠讥笑。

《野语》［作者］这样说，似乎根据镜工泄露的话，又加以参悟，于是就得以打听到所谓的另有窍门了。然而翻检周密的《癸辛杂识·续集》，［他倒是］真的觉得珍奇，但［《野语》］援引《笔谈笔谈》的地方，实在没有举出其中的精要，沈括并不曾以为是异宝。

至于镜工关于用紫铜钉砂眼的说法，那本来就不是为了透光，只不过利用这种铜比较软熟的性质罢了。《野语》［作者］却拘泥于"紫"字，深信颜色的差异导致光的差异，于是凭主观猜测而如此议论，不明白光的差异来自凸凹，所以能看镜子不见痕迹，而反光明显［有差异］。如果拘泥于颜色，以为紫色导致其反光明显［有差异］，那么［反过来说］，反光明显［有差异］之处，其颜色必定更加明显［有差异］，哪有颜色本身看不出痕迹，而反射出去的光反倒明显［有差异］的事情呢？所以我特地拿他从镜工那里听来的话，［也就是他拿来］作为另有窍门的证据，来辨明其中关于紫铜的误解，还算不上真知灼见。

唉！手艺上的事情，不过是一些小技巧。沈公其实已经看到事情所以如此的缘由，却因无关的事理反而自己生疑；《野语》［作者］因与闻事情应当如此的说法，而以误解之处为灼见；那么我的那些设想，虽然都有佐证和根据，但还没有用实情来验证，又有什么可以据以自信的呢？《诗经》说："人知其一，莫知其佗。"（人只知道事情的一面，不知道还有另外的方面。）真是说得好啊！○如果真的明澈如水，那么反光中也必定没有痕迹。试看水晶眼镜，的确是明澈如水的了，要是在背面写上墨字，颜色难道不比紫色更深？何况质地更透明，直接看就着实有痕迹，反光中却毫无［墨字的］影子，这还不能证明吗？由此可知《野语》有误解的地方。

另外，《余冬叙录》明何子元孟春著里说：吾子行说，加以打磨后更加明显，总是铜有清浊的缘故，假如镜子背面铸成盘龙［图案］，就在镜子正面也依照背面［图案］刻上龙，然后以稍浊的铜填补削平。其中还说：吾子行亲眼看见有人打碎那面镜子，情形正如他所言。

我认为：从这些话看来，那么［事关］镜面的说法，正好符合我的设想；而以清浊为原因，误解之处与《野语》一样。至于说到亲眼看见是那样，或许工匠的确有那种方法，应当允许其可能性存在。但道理是在于凸凹，无关于清浊。

作 视 日 镜[1]

原名避光镜，今质[2]名之。其类有二，曰五色晶及玻璃，口熏黑玻璃。

【注释】

〔1〕视日镜：一种用于观察太阳的滤光片，由安在一个转轴上的一叠有色玻璃构成，可以调节使用的片数，可安装在望远镜的物镜上。

〔2〕质：朴素，单纯。

【译文】

原名避光镜，现在照实命名。类型有两种：有色水晶及有色玻璃［为一类］，熏黑玻璃［为一类］。

一

日光猛烈，不可逼视，《远镜说》云用青绿玻璃，《仪象志》云用熏黑玻璃。[1]法：

用浅深五色晶或玻璃数面不拘，但镶嵌作方匡如甲乙。一角作圆轴如乙，叠安轴座上。轴座如庚辛旁作两轴如丙、丁，中开槽如壬以受乙。轴座之一边下垂处作两孔如戊、己，安于方版角上如子。方版中心开孔如丑，作为套筒如癸，套远镜内口。相日光盛微，抽拨用之，绝不射目。(图 95)

图 95

右五色晶及玻璃。

【注释】

〔1〕《仪象志》所称实为"用五彩玻璃镜"，其卷一"地平仪之用法"一条中云："人之目与太阳正对，亦必射目，须用五彩玻璃镜以窥之。"《仪象考成》"测太阳时刻"条则提到用熏黑玻璃。

【译文】

日光猛烈，不能盯着看，《远镜说》说用青绿玻璃，《灵台仪象志》说用熏黑玻璃。制作法：

取深浅不同的有色水晶或玻璃若干片，只需镶嵌成方框如甲乙。在方框的一个角上做上圆轴套如乙，若干方框叠起来安装在轴座上。轴座如庚辛两旁分别做轴孔如丙、丁，两个轴孔之间开一道槽如壬用来容纳轴套乙。轴座的一边往下垂直弯折处打两个孔如戊、己，通过它们把整个轴座固定在一块方板上如子。方板中心开孔如丑，做上套筒如癸，套在望远镜的内口。根据日光的强弱，相应地把那些方框抽开或拨入来使用，就绝不会刺目了。（图 95）

以上是［关于］有色水晶及有色玻璃［视日镜］。

二

熏黑玻璃法：用白玻璃二片，取其一，灯烟熏遍。[1] 以视灯不可见为度。纸骨作匡夹之，以妨擦损。视日极明而不射目，不及前法可抽拨耳。

论曰：

烟有微质，熏乃细细敷上，必有微隙。故光小如灯，视之不见；光大如日，必可见也。若以墨涂玻璃则不可用，因其胶色混浊，使镜不明，且涂之则无隙故也。

右熏黑玻璃。

【注释】

〔1〕此处叙述过于简略，未说明两片玻璃的另一片作何用。大概是将两片玻璃叠合，将熏过灯烟的一面夹在中间，以免熏染层被擦掉或脱落。

【译文】

熏黑玻璃法：采用白玻璃两片，取其中一片，用灯烟熏遍。程度以隔着看不见灯光为准。用硬纸制作框架夹住玻璃片，以阻止擦伤。观察太阳效果很清晰而不刺目，在可抽拨这一点上不如前一式。

论：

火烟里面有微小颗粒，熏就是把颗粒细密地敷在［被熏物体］上，这样必定会有微小的缝隙。因此，像灯那样的弱光，隔着看就看不见；像太阳那样的强光，势必就能看见了。如果用墨去涂玻璃就没有作用，因为其中胶质的颜色混浊，导致镜片不明净，而且涂上去就没有缝隙了。

以上是关于熏黑玻璃视日镜。

作测日食镜[1]

原名倒光镜，今质名之。本法一，附疑一。

【注释】

〔1〕测日食镜：由凸透镜、套筒、带同心圆刻度的收像屏和遮光罩组成，利用凸透镜所成实像观察日食并测量食分的仪器。

【译文】

原名倒光镜，现在照实命名。基本制式一种，附存疑制式一种。

一

作丈许窥筒，径大五六寸。筒上口安浅凸，顺收限长与筒称配。日食时，高弧[1]安准，令稍可对日游移。筒下端作活套筒一节，安铜柱四根，端安版如甲乙。板糊洁白纸，上画十字线，平分十分，按分规作五环，外规二寸。本《远镜说》。[2]外作席[3]棚，遮暗如室。按：筒上端开孔，以受日光。（图96）

图 96

【注释】

〔1〕高弧：清代天文仪器上的一种座架，上面有可调节高度、可旋转的圆弧，将望远镜或其他瞄准仪器安装在上面，可以用来测量天体地平高度或通过

高低旋转调节对准天体进行观察。

〔2〕此处测日食食分的刻度圈的尺寸按《远镜说》"用镜测交食法"的规定。

〔3〕席：用草或苇编成的片，用于铺垫或张挂。

【译文】

制作一个一丈来长的窥筒，直径五六寸。筒的上口安装一枚度数较浅的凸透镜，顺收限长与筒长适配。日食时，将它在高弧上安装稳当，使之可以对着太阳稍微移动调整。在筒的下端制作活动套筒一节，装上四根铜柱，铜柱下端装上一块板如甲乙。板面糊上洁白的纸，画上十字线，平分为 10 份，逐份用圆规画成五个圈，最外面一圈的半径为 2 寸。根据《远镜说》。外面制作席棚，遮蔽成暗室一样。按：筒的上端要开一个孔，用来接受日光。（图 96）

二

筒上端安凸镜，所受日光恰合顺收限，取景虽清，日体则小。法：伸套筒使光渐大，恰合外规而止，则所食之分数[1]可验矣。

一系：

测食法闻之罗茗香士琳[2]者，其大概也。至于镜之作法、尺寸，皆愚所拟如此。然或用远镜或安两凸皆无不可。盖日光穿隙，必有圆辉，即日倒体也；但隙远光淡，难于真确；凸镜取景，加以黑暗，必真确矣。茗香又云，天文科[3]测验时，不知涂以何药。余揆[4]其理，殆恐凸镜取景或致生火，故以微色涂之邪？盖其慎也。又，《仪象志图》[5]内有一远镜形者，颇似测日食法。余以远镜试之，取其收光稍远处，与一凸镜同。故知或远镜、或一凸、或两凸，俱无不可。虽稍远光淡，然只用以验分秒，亦不必取乎光极浓也。

右本法。

【注释】

〔1〕所食之分数：日被食程度。将太阳的角直径等分为若干刻度，被食部分所占度数叫日食分数或食分。

〔2〕罗士琳（1789—1853）：字次璆，号茗香，安徽歙县人。清代数学家、天文学家。

〔3〕天文科：清代钦天监下属专业部门。另外还有漏刻科、时宪科等。

〔4〕揆：揣度，估量。

〔5〕《仪象志图》：南怀仁主编的《新制灵台仪象志》所附两卷插图，名为《新制灵台仪象图》。其"一百一十四图"中绘有一具望远镜，并图示其将太阳实像（圆形光斑）投射在平铺于地面的屏幕上。

【译文】

镜筒上端安装有凸透镜时，所接受的日光正好吻合顺收限［条件］，取影［成像］虽然清晰，但太阳［影像］的形状却偏小。［解决］方法：拉伸套筒使光斑逐渐变大，到正好与外圈重合为止，这样就可以测量被食的分数了。

　　一系：

从罗茗香名士琳那里了解到的测食法，是一个大概。至于该仪器的制作法和尺寸，都是我设想出来的。但采用望远镜或装上两枚凸透镜也都是可行的。因为，日光穿过孔隙，必定会产生圆形光斑，就是太阳的倒像；但缝隙［如果离像屏］远，光就淡，影像难于逼真准确；用凸透镜来取影，加上黑暗的环境，必定就逼真准确了。茗香还说到，天文科进行观测时，要［在镜片上］涂上不知道是什么东西的配剂。我从道理上推测，大概是担心凸透镜取影［聚光］也许会导致起火，于是稍微涂上一点颜色吧？应该是出于谨慎。另外，《灵台仪象志图》中有一件形如望远镜的仪器，很像测日食的制式。我用望远镜试过，在聚光稍远处量取，效果与一枚凸透镜相同。由此知道用望远镜、一枚凸透镜、两枚凸透镜，都是可行的。虽然距离稍远时光要淡一些，但只是用来测［食分的］分秒，也不必着重于光斑是否很浓。

以上是关于测日食镜的基本制式。

三

附：疑

叶东卿先生志诜[1]见示一镜，木圈二个如乙丙，合成一轴如甲，圈内各嵌一镜。镜本平光，似碾成棱如丁，共五层，平分五圈。不知何用，疑为测日月食分秒[2]也。[3]（图 97）

图 97

右附疑。

【注释】

〔1〕叶志诜（1779—1863）：字东卿，湖北汉阳人。清代书法家、书画收藏家。

〔2〕日月食分秒：见上条注〔1〕。分和秒为角直径单位。

〔3〕此处描述的光学元件应为菲涅尔透镜（Fresnel lens）。表面上看是在透镜上刻划一系列同心圆纹路，实际上可以视为一系列的棱镜按照环形排列。利用这种细密结构，可以将镜片制作得很薄，而达到与较厚镜片相同的光学效果。19 世纪 20 年代初，法国物理学家菲涅尔（Augustin-Jean Fresnel, 1788—1827）最早将这种透镜用于灯塔上。后来也用在投影仪等精度要求不高的仪器上。如图 98，菲涅尔透镜 a 等效于普通球面透镜 b。

图 98

【译文】

叶东卿先生名志诜给我看一种镜片，两个木圈如乙丙，连接于一个转轴如甲，木圈里各嵌着一枚镜片。镜片本身是平坦光滑的，好像被碾压出一些突起的条纹如丁，一共五道，为相间均匀的五个圆圈。不知道有什么用，怀疑是用于测日月食分秒。（图97）

以上是附录存疑。

四

乙巳[1]与茗香同上观星台，见有方房一间，上用席顶，四旁版门各四扇。内有仪一具，仪上有镜，约长三尺余，据云亦是象限仪[2]，茗香在监时所未有也。嗣与冯景亭太史桂芬[3]往观，乃得见其仪。但时未测用，未能一试观星月耳。询春、夏官正[4]杜氏昆仲熙英、熙龄[5]，据云，日中黑子未能见，其五纬[6]旁细星可见。盖即窥筒远镜之一也。见后远镜。长三尺余，而能力如是者，凡两凸皆较胜于四凸，但嫌其为倒象耳。况长三尺之凸，以作游览镜即可六尺，其能力故应如是矣。[7]

【注释】

〔1〕乙巳：道光二十五年（1845）。

〔2〕象限仪：中国古代天文仪器。将可转动象限环上的游表对准待测天体，观看游表所指的弧面上的刻度，即可测知天体的地平高度。

〔3〕冯桂芬（1809—1874）：字林一，号景亭，江苏吴县人。晚清思想家、散文家、著名洋务派官员。林则徐门生。曾任翰林院编修，故称太史。

〔4〕春、夏官正：春官正、夏官正，官名。钦天监有属官五官正（春官正、夏官正、秋官正、冬官正、中官正），负责天文观测和修订历法事物。

〔5〕在《仪象考成续编》的编撰者名单中有杜熙英领测或领算、杜熙龄分修等记录，其余事迹不详。

〔6〕五纬：金、木、水、火、土五星。

〔7〕按：以上几句为郑复光因未能查看该望远镜的结构和性能，而据自己的理解进行猜测分析。"窥筒远镜"是郑复光对简单开普勒式望远镜（即"两凸"，指两枚凸透镜构成）的称呼。"四凸"是在开普勒式望远镜组中间再加转像光组，即可使倒像变成正像，作一般户外望远镜用，所以郑复光称之为"游览远镜"。"两凸皆较胜于四凸"，两凸的窥筒远镜用于天文测量，不在乎成倒像，设计上可重在放大倍数；而四凸的游览远镜，设计上除考虑成正像外，还要考虑合适的视场和适眼距，放大倍数太大则亮度太低、抖动影响大、视场太小不利于寻找目标；所以仅就放大性能而言，郑复光认为两凸胜于四凸。"长三尺之凸，以作游览镜即可六尺"，两凸望远镜的两镜距为两枚凸透镜的焦距之和，郑复光称之为距显限，要成正像，就需要两次距显限成像，光组总长度就要翻倍；所以只用于天文观测的两凸如果长三尺，同样放大效果的游览镜就能达到六尺。一般来说，镜筒长度与放大性能有关，所以郑复光最后得出结论说，这么长的望远镜，是应该具有钦天监官员杜氏兄弟介绍的那种性能的。当然，这些说法是不太精确的。

【译文】

乙巳年与茗香一同上观星台，看见一间方形房子，席子做的屋顶，四面各有四扇板门。里面有一具仪器，仪器上有望远镜，长度约三尺多，据说也是象限仪，茗香在钦天监任职时还没有。稍后同冯景亭太史名桂芬前往参观，才见到那具仪器。但当时不在测量使用中，不能尝试用它观看一下星月。询问春官正和夏官正杜氏兄弟名熙英、熙龄，据他们说，太阳黑子没能看见，五纬旁边的小星可以看见。这大概就是某种窥筒远镜吧。见后面"作远镜"。三尺多长，而有如此能力的，凡是两枚凸透镜组合都胜于四枚凸透镜组合，美中不足的只是图像是倒的。何况两枚3尺长的凸透镜望远镜，用来做成 ［相应的］游览镜，就可以达到6尺，其能力自然应该如他们说的那样。

作测量高远仪镜[1]

其式一。○本用表[2]测，以与镜无关，故附于论，不别出。

【注释】

〔1〕测量高远仪镜：测量角高度和角距离的仪器的统称。此处论及两种：中国古代"重差术"所用的双表和西洋传来的八分仪。

〔2〕表：指窥表。此处论述的"测量高远仪"属于光学仪器，但同名、同功能仪器的古制用的是窥表。

【译文】

一种制式。○本为用窥表测量，因其与镜无关，所以附带论述，不再另作一章。

一

测量仪器向于仪镜边作两耳[1]，每耳上下作两孔，上孔略大，下孔极小。或别作两表，以螺旋安于仪上如一图。两表之孔相对，须与仪边为平行。先以上两孔睹其略，再以下两孔审其微。[2]此初法也。

迩来台仪[3]，两表高三寸二分、阔九分、厚一分。于靠目之表上开细孔，下开细缝，长一寸如二图；外表如三图上开大孔，径四分，中嵌铜片作十字；下开长缝，略阔之，中嵌铜片。较之细孔易于寻求矣。（图99）

图99

今洋制小仪，则变用镜测。又有用远镜者，其法尤妙，详后远镜篇。兹专取镜测，本用论于左。

【注释】

〔1〕分列两侧的附属物常称为"耳"，此处为仪器两边的部件，按下文可知是两个窥表。古代称仪器上竖立的尺状或杆状部件为表，如"圭表"。"测量仪器"泛指各种天文观测仪器，很多仪器上都有这种由两个窥表构成的部件。详下注。

〔2〕以上描述的是一种古代天文仪器上的瞄准器。其制式，一条长板叫做窥衡，两端竖起两小段垂直的板，板上有小孔，叫做窥表，当某天体与两个孔三点成一线时，可配合仪器上的坐标刻度盘进行多种测量。此处所指的测高远用法最简单，只需将窥衡安装在两脚规的一脚上，先使另一脚取地平，上下旋转窥衡使两孔对准天体，两脚间夹角即为该天体的高度角。同理可用于测量任意两个物体之间的角距离。《测量全义》卷十为仪器图解，其中三直游仪、象运全仪等多种仪器上都配有此种窥衡、窥表部件。

〔3〕台仪：观象台上的仪器。台，指钦天监观象台。

【译文】

测量仪器以往是在仪器的两头分别做成耳表，每只耳表上有一上一下两个孔，上孔稍大，下孔极小。或者单独制作好两个窥表，再用螺丝安装在仪器上如第一图。两表的孔相对［的射线］，必须与仪器的边平行。先用上面的两个孔观察大概，再用下面的两个孔搜寻细节。这是最初的制式。

近来观象台上的仪器，两表高3寸2分、宽9分、厚1分。靠眼睛一边的表上开有细小的孔，孔下面开细缝，长1寸如第二图；朝外的表如第三图上开大孔，直径4分，中间镶嵌做成十字叉的铜片；下面开长缝，让它稍微宽一点，中间嵌一条铜片。这种改进就比小孔更方便搜寻［目标］了。（图99）

如今西洋制造的小型仪器，改成用镜子进行测量。还有用望远镜的，形制更加精巧，详见后面"作远镜"章。现在专门讨论镜测法，原本的［表测］法附论如上。

二

镜测高远，即镜心测高之理。原线五。法：

用坚木为三角之弧[1]如甲子癸，弧合全周八分之一有奇。取其八分之一，平分九十度如癸子。两边放宽寸许，以便开孔，受两定表[2]如庚与丙戌。定表皆铜为之，一上端开细孔如庚，一上端嵌含光玻璃如丙戌。丙戌玻璃面向甲乙，背护以铜，中腰开一缝如己。缝之玻璃亦去其衬箔，使缝能通光。[3]甲辛为游表[4]。甲乙为含光镜，立游表上端之上，面向丙戌。[5]此器原名"野世丹地"[6]，未经译出，俗名量天尺[7]。曾于粤游时得之，已二十余年，不得其用。晋江丁君[8]寄图指示，稍有会悟。惟多一显微及壬丁事件，为图（图100）说其略于此。

图 100

一系：

此器专为行海测日而设。江河亦同陆，则无用。[9]盖海舟虽巨，不无动荡，难取地平，故用镜心测高之理。奎娄为表上含光镜，从镜心作井毕线，为中线。设日在虚，距毕高三十度，日景必在水下之室，而虚距室为六十度矣。设日在危，距毕高六十度，日景必在水下之壁，而危距壁为百二十度矣。作者见其然，故弧取四十五度之地，即足九十度一象限之用矣。[10]此法不必地平[11]，只将日与水中日景绾[12]定，而地平即寓其中，是其巧也。

其仪上大弧，析九十度，度析三格，每格合二十分。[13]次取其二十一格之地截于游表弧上，析为二十格，[14]其中线如午为指线[15]，以测度分。图阽展大如四图。

用时，执仪于丑三图，目从庚孔透窥己缝，水际既见日景，即视己缝上下含光处，有游表返照之日景否。如无所见，即进退游表，使恰见日，则执定游表，紧辰螺二图使勿动。[16]爰审午线指大弧何度分。或值大格，则得若干度。或值小格，则一格为二十分，二格为四十分，即所求。设午线值某度几十分，而有空处，是知有余分也，则从午右行，寻游表弟[17]几格与大弧线相值。如弟一格线与大弧线有相值者，即为余一分；弟二格相值，余二分；以至十格为未相值，卯亦必相值。即十分也。倘午至未皆无相值之线，卯亦必不相值。则从申右行寻之。如弟一格相值，即十一分；二格相值，即十二分；以至十格为午，即二十分，岂不恰合大弧小格每一格之数乎？此谓每度中弟一格也。若弟二格，则右为二十几分，左为三十几分。若在弟三格，则右为四十几分，左为五十几分矣。[18]

西洋丁氏[19]旧法，推算以求秒、微，其数极确。后人省算，改用对角分厘法[20]，所差极微，今"灵台八仪[21]"用之，然究有微差。此法析度颇稀，而求度既密，且为确数，盖又后来新术。灵台有镜之仪，象限半径不过二三尺间，实用此法矣。

二系：

丁君寄来之图，大弧取九度五十分，共小格五十九格之地，截游表上，析作六十格，[22]与愚所藏之器疏密相反。丁君之器，大弧五十九，游弧六十，是大弧疏而游弧密。愚所藏则大弧二十一，游弧二十，是大弧密而游弧疏也。推求其术：指线起于未，指得某度几十分，尚有空处，则自未左行。寻得弟一格，即为十秒；弟二格，即二十秒；至六格为六十秒而满一分，至六十格而满一度矣，与愚器理实相通，而一律挨次左行，术意尤显。惟指线不用午而用未者，盖甲乙镜安游表上，不当游表中线甲午，而稍偏于右，为甲土未耳。缘未见其器，故绘图从愚所藏也。又思，若愚所藏器，取大弧十九小格地，截游表上，析作二十格，则亦可左行一律矣。[23]

三系：

丁壬事件，本丁君图增补。但壬粘箸[24]游弧，丁须粘箸大弧。而丁壬可离合，则丁距壬一段中，在弧上必当有缝，图似未悉。盖丁与胃昴连体，辰与大弧稍滞，游表透丁之孔稍椭也。横径二三分可也。[25]

四系：

显微用螺丁如牛，可移角亢于女以审度分。筒亦作螺，可上下旋以配目力。[26]

【注释】

〔1〕三角之弧：从圆周上取下的两条构成某个角度的半径夹着一段圆弧的形状，即扇形。

〔2〕定表：固定安装的窥表。

〔3〕这是在一个反光镜上开一个透视窗，今称地平镜或定镜，其作用详后。

〔4〕游表：带游标的可移动指标臂。游标，可在主尺上滑动的测微标尺，用于读取主尺上不足一个分划的零数。

〔5〕这个反光镜在原理上是该仪器最核心的部件，今称指标镜或动镜，位于指标臂转动的支点处的平台上，可随指标臂的移动而偏转，作用详后。

〔6〕野世丹地：六分仪英文名 sextant 的音译。

按：根据文中"弧合全周八分之一有奇，取其八分之一"之语，所论实为六分仪的前身八分仪。两者各因刻度弧为圆周的六分之一和八分之一而得名。可能广东市面上因这两种仪器功能相同、形状相近而混称之。这类仪器最初是为航海时确定自身位置而发明，以太阳或某亮星为参考目标，通过测量其地平高度角而得知轮船所处的纬度。但仪器的工作原理决定了能测量任何角度的功能。以下郑复光根据一具实物和一份图纸，正确地还原出该仪器的原理和使用法。

〔7〕量天尺：中国古代一向将圭表、两脚规窥表之类称为"量天尺"，把这个俗称移植给八分仪的原因，如丁拱辰（见下注）所言："中华自凤未有此器，故无名号。人但见其行船海上，逐日测验太阳升高若干度，遂谓'西洋量天尺'。"

〔8〕晋江：地名，今福建晋江市。　丁君：丁拱辰（1800—1875），又名君轸，字淑原，号星南，福建晋江人，清代兵器研制专家，探究并介绍西方热兵器的先驱。

按：丁拱辰研究介绍八分仪的论著见《演炮图说辑要》卷四"西洋量天尺图解"。

〔9〕这个说法意思不太明确。八分仪因为轻便可手持，加上窥筒视场适当，太阳的影像只是所见区域中心的一个小圆点，不至于因船体颠簸而找不准太阳位置，所以便于航海测量，但在江河陆地上同样有用。只是在测纬度时，须对准水天线，这一点，丁拱辰讲得比较清楚："设非海水之均平，在陆在港，四面地有高低，或山林屋宇障蔽，无汪洋可视，则法为之穷。"

〔10〕以上几句是八分仪的基本原理。根据入射角等于反射角原理，太阳位置在虚，经指标镜（动镜）反射的出射光线射向室，在室的方向上有倾斜的地平镜（定镜）丙戊，光线经丙戊反射后沿水平方向射到窥筒庚。用几何光学反射定律极易证明，此时天体高度角等于地平镜与指标镜夹角的 2 倍。八分仪的刻度弧为八分之一圆周即 45°，但刻度标为 90°，结果两镜夹角虽为观测角的二分之一，但刻度为一度抵两度，所以直接读数即为观测角。

〔11〕不必地平：不需要先确定水平。两脚规之类的仪器，测量时要使一脚保持水平，另一脚通过转动对准测量目标。

〔12〕绾：盘绕，系结；联系，结合。

〔13〕此处描述的是一个读取弧度的刻度盘，全长 90°，每度分三小格，每小格为 20 分，即主尺最小读数为 20 分。大弧，即刻度弧，又叫分度弧。析，分开。

〔14〕此句描述游标（又叫测微轮）的制式。地，范围，区域。按现代术语，以主尺($n-1$)格的长度在游标上等分为 n 格，叫做顺读游标；以主尺($n+1$)格的长度在游标上等分为 n 格，叫做逆读游标。此处所述为读数范围三分之一度（20分）的逆读游标。即主尺一格长 20 分（$n=20$），以 21 分（$n+$

1）的长度在游标上等分为 20 格。

〔15〕指线：用来对准读数的指标刻线。

〔16〕以上描述八分仪的使用法。测量天体地平高度时，观测者手持六分仪，把视线通过窥筒和定镜透明部分对着水天线（此为该反光镜须带透视窗的原因）以取得地平基准，再转动指标臂使天体影像经两镜反射与水天线重合，在刻度弧上直接读出观测角。从上下文可断定，郑复光完全破解了这个仪器的原理和使用法，其关键就在于从窥表中看见水天线（"水际"）与被测天体的影像（"日景"）重合。

〔17〕弟：通"第"。

〔18〕以上描述用游标读取主尺上不足一个分划的零数的方法。当游标指标沿主尺刻度移动到某一分划之间时，根据指标位置可读出主尺刻度上的整数；再找出游标刻度与主尺刻度相重合的分划线的号数，乘以游标最小读数，即得不足一分划的零数；将零数加上整数，即为整个读数。

〔19〕西洋丁氏：指利玛窦的老师克拉维乌斯（Christoph Clavius），其德文原名 Klau 即"钉"之意，《几何原本》中称其为"丁先生"。《测量全义》卷十中提到丁氏发明的一种象限仪刻度盘及其读数法，云："西儒丁氏所创，能于一线所至，悉得度、分、秒、微，可谓巧思绝人矣。"该刻度盘读取精确零数的方法，在原理上与后来的游标有相通之处。秒，此处为 1 角分的六十分之一。微，此处为 1 角秒的六十分之一。

按：在克拉维乌斯的时代，象限仪尚未发明，上述刻度盘应该是用在星盘（与中国的简平仪同类）上，该仪器可以说是八分仪和六分仪的古老的前身。利玛窦和李之藻合译的《浑盖通宪图说》，底本就是克氏关于星盘的讲义。

〔20〕对角分厘法：一种比上述丁氏法简便的刻度盘分划和读数法，每个基本分划略呈长方形，在每个长方形上作对角线，以作为读取零数的辅助手段。《测量全义》称此法较旧法简便而"所差极微"。

〔21〕灵台八仪：经康熙批准，由工部令南怀仁绘制式样制造的一批天文仪器。1674 年完成后，八台仪器安置在钦天监观象台上，计有中国原有的简仪、浑仪，以及新制六仪：黄道经纬仪、地平经仪、赤道经纬仪、象限仪（地平纬仪）、纪限仪、天体仪。《新制灵台仪象志》中讲到象限仪和纪限仪的刻度盘分划及读数法，与《测量全义》所言相同，其卷二"新仪分法之细致"一条，对该法有详细说明。纪限仪就是六分仪的一种，与郑复光在此处论述的仪器，功能属于同类，区别只是用窥管还是用平面镜瞄准。郑复光能把这些出现在不同书中的相关知识放在一起讨论，将八分仪、六分仪（纪限仪）、象限仪等联系起来研究，说明他对当时输入的西学很熟悉，对这些仪器钻研得很深。

〔22〕丁拱辰的游标为读数范围 1 度（60 分）的顺读游标。

〔23〕由于掌握了游标读数法的原理，这个推论完全正确。

〔24〕箸（zhuó）：同"著"，附着。

〔25〕此段所述的"丁壬事件"是指标臂的微调滑动杆。

〔26〕此段叙述游标上有可旋转放大镜,为配合视力进行读数操作的配件。

【译文】

用镜子测量〔角〕高度和〔角〕距离,原理上就是先前说的"镜心测高"。"原线"第五条。制作法是:

用坚硬木材做一个扇形如甲子癸,弧长为整个圆周的八分之一多一点。取其中的整八分之一弧长,平分成90度如癸子。两条边要放宽到一寸来长,以便开孔,容纳两个定表如庚与丙戊;定表都用铜制作,一个定表的上端开小孔如庚,一个定表的上端嵌反光玻璃如丙戊。玻璃丙戊面向甲乙,背面包上铜,铜片中间横开一缝如己。开缝处的玻璃也要去掉衬箔,使这条缝能透光。甲辛是游表。甲乙是反光镜,立在游表上端〔的平台〕之上,面向丙戊。这个仪器原名叫"野世丹地",意思未经翻译出来,俗称量天尺。我游历广东时曾得到一具,二十多年过去了,还没有搞清它的用法。晋江丁君寄来图纸给予指点,稍微有了一些领悟。只是多了一个放大镜和一个零件壬丁。现在来作图解说这个仪器的大概。

一系:

这个仪器专门为航海时对日测量而设计。江河也同陆地一样,所以没用。海船虽然巨大,但还是有颠簸,很难让仪器保持地平,所以运用镜心测高的原理。奎娄是游表上的反光镜,从镜片中心作直线井毕,为中垂线。假设太阳位于虚,相对于毕的高度角为30度,那么太阳的影像必定位于水下的室,而虚距离室就有60度。假设太阳位于危,相对于毕的高度角为60度,那么太阳的影像必定位于水下的壁,而危距离壁就有120度了。设计者鉴于这种情况,就把弧的宽度取为45度,就够用来测量一个象限90度的范围了。这个仪器的方法不需要先取得地平,只要把太阳和水中的太阳影像保持对准,地平就包含在其中了,这是它的巧妙之处。

仪器上的大弧,分成90度,每度分成3格,每格为20分。然后把21格的宽度截取到游表弧上,分为20格,中间分划刻度线如午为指标刻度线,用来读取度分。因图纸狭窄而〔局部〕放大如四图。

使用时，在丑处握住仪器三图，眼睛透过庚孔看己缝，当水平线上出现太阳影像时，就看己缝上下的反光处，是否有游表［上的平面镜］反射过来的太阳影像。如果没看见，就前后转动游表，直到刚好看见太阳［影像］，此时就持定游表，把螺丝辰拧紧二图使游标不动。然后审视午线指在大弧的哪个度分。如果正好对齐大格，就得到［整］若干度。如果对齐小格，则一格为 20 分，二格为 40 分，就是所要读取的度数。如果午线对着某度几十分，在［两条刻度线之间的］空处，就知道还有零数，那就从午线开始向右，找到游标刻度与大弧刻度重合的是第几格。如果第一格刻度线与大弧刻度线的某一条重合，零数就是 1 分；第二格重合，零数就是 2 分；直到第十格，与未线重合，此时卯线也必定重合。零数就是 10 分。倘若从午到未都没有重合的刻度线，此时卯线也必定不重合。那就从申开始向右找。如果第一格重合，就是 11 分；第二格重合，就是 12 分；直到第十格，与午线重合，就是 20 分，这不就正好符合大弧上一个小格的数值了吗？这里说的是每度中的第一格。如果是第二格，则右边是二十几分，左边是三十几分。如果在第三格，则右边是四十几分，左边是五十几分。

西洋丁氏原来的方法，通过推算求取到秒、微，得数非常精确。后人为了计算简便，改用对角分厘法，相差倒是很微小。当今的"灵台八仪"用的就是这个方法，但毕竟还是有微小误差。此处的这种读数法，刻度分得比较稀，但读取度数不仅细密，而且是准确的数值，大概是后来出现的新方法。观象台上带有望远镜的那具仪器，象限半径只不过在二三尺之间，用的应该的确是这种方法。

二系：

丁君寄来的图纸上，取大弧上的 9 度 50 分，共有小格 59 格的宽度，截取到游表上，分成 60 格，和我收藏的仪器疏密相反。丁君的仪器，大弧 59，游弧 60，这是大弧疏而游弧密。我收藏的却是大弧 21，游弧 20，这是大弧密而游弧疏。推想出它的用法是：指标刻度线以未为起点，指到某度几十分，还有空处，就从未线向左移动。找到［重合处为］第一格，［零数］就是 10 秒；第二格，就是 20 秒；到第六格为 60 秒就满 1 分，到 60 格就满 1 度，这和我的仪器在原理上其实相通，只是一律依次向左，设计构思尤其明显。唯有指标刻度线不用午而用未这一点，大概是因为，安装在游表上的反光镜甲乙，不处在游表的中线甲午上，而稍偏于右边，成了处在甲土未线上。因为没有见到那具仪器实物，所以图示是依照我的藏品来绘的。又想到一点，如果我收藏的仪器，取大弧 19 小格的宽度，截取到游表上，分成 20 格，就同样可以向左读数了。

三系：

丁壬零件，根据丁君的图纸增补。如果壬黏附在游弧上，丁就必须黏附在大弧上。而丁和壬的距离如果可以调节，那么丁和壬之间的一段，在弧上一定该有一道槽，从图上看不出来。大概是丁与胃昴固定连接，辰与大弧之间稍有摩擦，丁穿过游表的孔稍呈椭圆。椭圆长径二三分即可。

四系：

放大镜用螺丝如牛 [连接]，可以把放大镜角亢移到 [游标读数窗] 女处以便审视度分。放大镜的镜筒也做上螺纹，可以上下旋转调节来适配视力。（图 100）

作 远 镜

俗名千里镜。其类有三：曰窥筒远镜、曰观象远镜、曰游览远镜。其取资有二：曰筒、曰架。

【译文】

俗称千里镜。类型有三种：窥筒远镜、观象远镜、游览远镜。配件有两件：镜筒和镜架。

一

远镜之类三，用各异，宜制造亦异。特各立名，分疏于后。

【译文】

三种类型的望远镜，用途不同，制作也要采取不同方式。特各立名目，分别说明如下。

二

两凸者，名窥筒远镜，象限诸仪以代两耳者也。法：

作筒长与仪边称，筒内口安深凸，外口安浅凸，其顺收限视仪之大小为则。设仪边足安一尺八寸之筒，则筒当一尺八寸，其外凸顺收限当一尺六寸，其内凸顺收限二寸为宜，所谓距显限之足距也。圆率三之四与五。夫距显限原无施不可，而此率则长，既与仪称，又恰是足距，与后游览镜通为一律，故著为定率[1]也。其求法，恒以仪体边之长，与外凸或内凸，四率求之。筒内安十字铜丝，以窥所测，使恰合十字中心。虽物见倒象，而物小者可大，物远者可近。窥寻既易，且得中景，原景十二。无嫌倒象也。

一系：

先求外凸。以定率九为一率、八为二率，今统长一尺八寸为三率[2]，推四率得一尺六寸，即为外凸顺收限。

二系：

求内凸。以定率九为一率、一为二率，今统长一尺八寸为三率[3]，推四率得二寸，即为内凸顺收限。

三系：

此窥筒远镜，不拘目力，不论远近，俱不须伸缩配之。

右窥筒远镜。[4]

【注释】

〔1〕著（zhuó）为定率：命其为定率。此处"定率"指一组规定的数值关系，即开普勒望远镜的物镜焦距为8，目镜焦距为1，两镜距为9。这个规定决

定了该式望远镜的无焦性和 8 倍放大倍数。著，命令。

〔2〕此句意为两镜距与物镜焦距之比的规定比率为 9：8,现已知实际两镜距 $L=1.8$,可通过比例式 $9：8=1.8：f_1$ 求出物镜焦距 $f_1=1.6$ 尺。定率九，指物镜焦距为 8、目镜焦距为 1 时，两镜距恒定为 9。

〔3〕与上同理，此句意为两镜距与目镜焦距之比的规定比率为 9：1, 现已知实际两镜距 $L=1.8$,可通过比例式 $9：1=1.8：f_2$ 求出目镜焦距 $f_2=0.2$ 尺。

〔4〕按：此章 20 条，专言望远镜制作。此第二条言窥筒远镜，第三至七条言观象远镜，第八至十二条言游览远镜，第十三至二十条言望远镜的其他相关问题。窥筒远镜和游览远镜都属于开普勒式望远镜，郑复光对其所作的研究，用力甚多，成就甚高。且循序渐进，条理分明。特总评如下：1.“圆凸”一章中很多关于单枚凸透镜的论述，是基础性研究，其中一些条目，直接成为后来论述望远镜的原理。2.“圆叠”第八条建立开普勒望远光组的基本原理，见该条注〔8〕按。3.“圆叠”第十六条探讨望远镜的设计，包括两镜搭配、十字叉丝和光阑等。4.“圆叠”第十七条讨论目镜组的调节。5.“圆叠”第十八、十九条，讨论谢尔勒式望远镜的设计意图和工作原理。6.“圆率”第四条，提出物镜、目镜焦距比为 8：1 的“足距”规定。以上提到的内容全是得自精细实验的正确结论，与现代结论相符。此章作为前述诸原理的应用，其合理性自然水到渠成。

【译文】

两枚凸透镜构成的望远镜，叫做窥筒远镜，在象限仪等仪器上用来取代两只耳表。制作法是：

制作长度与仪器边框相称的镜筒，镜筒内口装上较深凸透镜，外口装上较浅凸透镜，顺收限要根据仪器的大小来定。假设仪器边框足够安装 1 尺 8 寸长的镜筒，那么镜筒就应该有 1 尺 8 寸长，外凸顺收限应该 1 尺 6 寸，内凸顺收限以 2 寸为宜，这就是所谓的距显限的足距。“圆率”三之应用四与应用五。距显限本来可以随意搭配，但这个定率却比较长，既与仪器相称，又恰好是足距，与后面的游览镜贯通为一个规则，所以设为定率。［数据］推算法，总是以仪器边框的长度，以及外凸或内凸［顺收限］，按四率［比例计算］求取。镜筒内装上十字铜丝，用来窥测对象，使之恰好位于十字中心。虽然物体影像呈现为颠倒，但小的物体［影像］可以放大，远的物体［影像］可以拉近。既方便观察搜寻，又能获得影像中心位置，“原景”第十二条。像是倒的可以不在乎。

一系：

先求外凸［顺收限］。以定率9为一率、8为二率，当前总长度1尺8寸为三率。推算四率得出1尺6寸，即为外凸顺收限。

二系：

求内凸［顺收限］。以定率9为一率、1为二率，当前总长度1尺8寸为三率。推算四率得出2寸，即为内凸顺收限。

三系：

这种窥筒远镜，不拘视力是好是坏，不论物体是远是近，都不需要伸缩调节。

以上是关于窥筒远镜。

三

凡观象远镜，亦止用两镜，所谓一凸一凹者也。圆叠十八。小者长四五寸，胜于目力无几，殊不足用。而《远镜说》所极称妙者，亦是此种，但未明言其尺寸耳。盖用以观象，非大不可。观《远镜说》之图，筒用七节，又有架座，以此推之，至小当有八九尺。又戴进贤星图中言五纬旁细星，有"非大远镜不能窥视"之语。今常见大镜，径不过三寸，长不过五尺，不足以窥星。若倍其镜，径六寸，则长当一丈矣。然则此器非可用于寻常，故专属之观象焉。圆叠十八论。

一系：

小远镜曾见洋制两种：

一种，两节，伸长不过四寸，径寸半。

一种，长亦不过四寸，筒有十三节，径大二寸，缩之则扁，不过高三四分，可收贮于眼镜袋。二三丈外观人眉宇，如在目前。以饷短视，如获异珍矣。然欲制造，难为良工也。

【译文】

　　凡是观象远镜，也只用两枚镜片，就是所谓一凸一凹式。"圆叠"第十八条。小的长四五寸，胜过肉眼没有多少，没什么用。而《远镜说》极为称道的，也是这一种，但没有明确说出尺寸。既然是用来观测天象，应该非大不可。从《远镜说》的插图看，镜筒有7节，又有座架，据此推想，最小也应该有八九尺。另外，戴进贤星图中说到五纬旁边的小星时，有"非大远镜不能观测"的话。现在常见的大型望远镜，直径不超过3寸，长不超过5尺，不足以用来观测天体。如果镜片增大一倍，变成直径6寸，那么长度就要1丈了。如此则这种仪器不可能供平常使用，所以把它归到专门的天文观测仪器一类。"圆叠"第十八条论。

　　　一系：
　　　小型望远镜曾见过两种西洋制造的：
　　　一种，为两节，伸长时不超过4寸，直径1.5寸。
　　　另一种，长度也不超过4寸，镜筒有13节，直径2寸，收起来就成了扁圆筒，只有三四分高，可以放进眼镜袋里。二三丈外看人的面目，如在眼前。如果提供给近视眼，一定是如获珍宝了。但想要制作的话，工艺上很有难度。

四

　　观象远镜，两镜深浅，视物虽可不拘，然非相称则力不足。法：先以凸深定其长，如外凸限一丈，径至小必五六寸，径大益妙，然再大则难，小则不适于用。其两镜之距即一丈，如法求得单凹侧收限八寸三分有奇，可略浅，定为八寸四分可也。法见圆率五之一。

【译文】

　　观象远镜的两枚镜片的深浅，用来看物体时虽然可以不加限定，但如果不相称，能力就不够充分。制作规范是：先以凸透镜的深度确定镜筒长度，如果外凸顺收限为 1 丈，此时直径最小也得五六寸，直径更大就更好，只是再大就难制作，[再] 小则不适用。那么两镜距就定为 1 丈，按计算规则求得单凹透镜侧收限 8 寸 3 分多，可以再浅一点，定为 8 寸 4 分就行了。计算规则见"圆率"第五条应用一。

五

外凸顺收限欲长一丈，作之不易，则取浅凹并深凸法，用变浅限圆率四之三。求之。设有凸顺收限四尺，欲变浅为一丈。法：置凸顺收限四尺，以界率三圆率四。乘之，得一丈二尺；与欲变浅限一丈相减，余二尺；以凸限四尺加之，得六尺，为凹深限；爰以单率六除之，得一尺，为单凹侧收限，即所求。

【译文】

如果想要外凸顺收限长到 1 丈，不容易制作，那就采用浅凹透镜加深凸透镜法，用变浅限计算法"圆率"第四条应用三。求解。设某凸透镜顺收限为 4 尺，想要把它变浅为 1 丈。计算法为：设定凸透镜顺收限 4 尺，用界率 3 "圆率"第四条。乘它，得 1 丈 2 尺；与想要达到的变浅限 1 丈相减，剩余 2 尺；加上凸透镜顺收限 4 尺，得 6 尺，为凹透镜深限；然后用单率 6 除它，得 1 尺，为单凹透镜侧收限，即为要求的结果。

六

内凹侧收限欲长八寸，作之不易，则取浅凸并深凹法，用变浅限，圆率四之四。凸凹互易求之。设有凹侧收限三寸，欲变浅为八寸。法：置凹侧收限三寸，以界率三圆率四。乘之，得九寸；与欲变浅限八寸相减，余一寸；以凹限三寸加之，得四寸，为单凸侧收限；以单率六乘之，得二尺四寸，为单凸顺收限，即所求。[1]

论曰：

远镜初出，只凹凸一种。其大者虽未之见，然诸书已称其观象之胜。迩来佳制，俱是纯凸一种，而反不能观象，弃简就繁之疑，诚不能释然。然颇疑纯凸之制必亦可以观象，但游览者无取其大耳。今思弃简就繁，更有一说：

盖器大，则外凸限必一丈以外，作之不易。而凹凸之制外凸一丈，纯凸之制外凸只须五尺；[2] 若并一凹，则外凸限可二三尺便足，且外凸之径又不须过大，斯亦妙用。弃简就繁之意，或有取乎此也。

【注释】

〔1〕前面几次提到，因不能实测凹透镜焦距，郑复光对伽利略式望远镜的定量研究有两个问题，一是凹透镜深力的计算套用凸透镜换算率，导致偏大；二是以物镜焦距为镜筒长，比无焦两镜距偏大。现在郑复光用三条文字给出一种望远镜的定量设计，我们可以用现代公式检验一下，按郑复光的规定，得出的是一个什么样的望远镜。1. 按第五条，物镜为两枚透镜合并，其中凸透镜焦距为 $f_{物凸} = 4$，凹透镜焦距为 $f_{物凹} = 6$，后者按郑复光规定的虚拟换算率折合侧收限为 1，但这是不对的，平凹透镜的深限和侧收限之比是 4：1 而非 6：1，则侧收限为 1 的凹透镜，实际焦距为 4，与焦距为 4 的凸透镜合并则变成深力为零（焦距无穷大），这是不可能的，所以我们先不管这个折算的凹透镜侧收限值，就按其深限值进行计算，组合焦距为 $F_{物} = \dfrac{f_{物凸} f_{物凹}}{f_{物凹} - f_{物凸}} = \dfrac{4 \times 6}{6 - 4} = 12$(尺)。2. 按第六条，目镜也是两枚透镜合并，凹透镜侧收限 0.3，其焦距的现代理论值为 $f_{目凹} = 1.2$，凸透镜焦距为 $f_{目凸} = 2.4$，则组合焦距为 $F_{目} = \dfrac{f_{目凸} f_{目凹}}{f_{目凹} - f_{目凸}} = \dfrac{2.4 \times 1.2}{1.2 - 2.4} = -2.4$(尺)。3. 这个望远镜的放大倍数为 $\dfrac{12}{2.4} = 5$(倍)；其理论两镜距为 12-2.4=9.6 (尺)，合 32 厘米；郑复光规定为 1 丈，合 33 厘米。口径为 5 至 6 寸，大约 17 到 20 厘米。综上所述，这是一个很正常、很合理的伽利略望远镜。现代设计一般也在 3 到 12 倍之间。

〔2〕此句从字面上难以看出逻辑关系。可能，郑复光很清楚伽利略望远镜的放大倍数很难做得高，而开普勒式相对要容易一些，所以如果把开普勒式的放大倍数降低到与伽利略式一样，它的物镜焦距可以缩短。

【译文】

如果想要内端凹透镜侧收限短到 8 寸，不容易制作，那就采用浅凸透镜与深凹透镜合并的方法，用变浅限 [计算法]，"圆率"第四条应用四。凸透镜和凹透镜互换来求解。设某凹透镜侧收限为 3 寸，

想要把它变浅为 8 寸。计算法为：设定凹透镜侧收限 3 寸，用界率
3 "圆率" 第四条。乘它，得 9 寸；与想要达到的变浅限 8 寸相减，剩
余 1 寸；加上凹透镜侧收限 3 寸，得 4 寸，为单凸透镜侧收限；
用单率 6 乘它，得 2 尺 4 寸，为单凸透镜顺收限，即为要求的
结果。

论：

望远镜最初出现时，只有一凹一凸式一种。大型的虽然不
曾见过，但相关的书中都称道过它用于观测天象的优越性能。
近来的精良制式，都是多枚凸透镜一类，却反而不能用来观测
天象，为什么要弃简就繁的疑问，实在是消除不掉。但我倾向
于估计，多枚凸透镜的制式必定也可以用来观测天象，只不过
用于游览时不需要大罢了。现在来思量弃简就繁的原因，又得
出一种解释：

仪器要大，则外凸顺收限必须要一丈以上，不容易制作。
而一凹一凸式的外凸顺收限要 1 丈时，多枚凸透镜式的外凸顺
收限只需 5 尺；如果叠加一枚凹透镜，那么外凸顺收限只要二
三尺就足够了，而且外凸的直径也不必太大，这也算一种巧妙
的运用。弃简就繁的意图，恐怕是有这些考虑的吧。

七

观象远镜，两镜之距设定为一丈，则多不过四节，少不过
二节。四节则每节可三尺，大小相套。每相衔之榫五寸，取其
稳固。伸足可八尺。最内一筒三尺余，多一尺以为伸缩，配所
测之远近。如欲作二节，则外筒八尺、内筒三尺可也。内筒
之内安一木隔，中心开孔，名为束腰[1]。孔之大小须称外
凸，以恰见外凸镜边为度。孔大则伸远，孔小则缩近，进退
求之。筒宜用木。外口安凸，内口安凹，皆活之，以便易拆
去垢。

一系：

《远镜说》图用七节，取其灵便。然缩之至三尺，则收

贮已便。若七节，亦须一尺五六，终非俊物。故八尺虽大，然稳固简易。观象之用，固非所嫌。

二系：

束腰之法，《远镜说》未著其名。今远镜皆有之。虽于视远无关，盖欲使筒内遮黑，令目居暗视明也。今洋制束腰用铜，并髹[2]令黑，恐受光碍目耳。

三系：

观象镜外凸虽大，内凹能使之小，故外凸必宜大，而筒亦不能细矣。[3]

四系：

远镜之筒，或用铜，或硬楮加漆焉。今器体既大，楮难坚久；如用铜，则良工不易；薄则嫌柔，厚则嫌重，故不如用木为良。

右观象远镜。

【注释】

〔1〕束腰：望远镜镜筒内的光阑。后面"二系"专门解释这种光阑的作用和设置法。作用为"使筒内遮黑，令目居暗视明"，相当于一种简易的消杂光光阑。孔的大小和位置"以恰见外凸镜边为度"，即该光阑正好完全遮住镜筒内壁但不改变系统的视场。

〔2〕髹（xiū）：以漆漆物。

〔3〕伽利略望远镜需要较大的相对孔径，原因在此前已多次论及，即放大倍数、视场和亮度之间的适配关系问题。相对孔径正比于物镜直径、反比于焦距，伽利略望远镜的有效放大倍数本就不大，所以物镜焦距不宜太小，只能通过增大物镜口径来解决问题，这是望远镜设计的正解。在"圆叠"章中涉及这个问题的各处（见"圆叠"第十一条注〔6〕、第十三条注〔4〕、第十五条注〔1〕、第十七条注〔5〕、第十八条注〔8〕），都属于原理探讨，此处将其总结为设计原则。

【译文】

观象远镜的两镜距如果设定为 1 丈，那么最多不过 4 节，最少不过 2 节。如果是 4 节，那就每节大约 3 尺，大小相套。每个衔接的接头为 5 寸长，为的是稳固。完全拉开时大约有 8 尺长。最靠内的一节镜筒长三尺多，多加 1 尺用来伸缩，适配测量目标的远近。如果要做成 2 节，那就外筒 8 尺、内筒 3 尺即可。内筒里面装上一个木头隔片，中间开孔，名叫束腰。孔的大小要和外凸相称，以恰好看见外凸的边缘为准。孔过大就伸远一些，孔过小就缩近一些，通过进退调整找准位置。镜筒宜用木料。外口装凸透镜，内口装凹透镜，都要活动安装，以便拆下来除污。

一系：

《远镜说》插图中的望远镜采用 7 节，为的是灵便。但收缩到 3 尺，已经方便存放。即使 7 节，也得有一尺五六，终究不属于美观的物品。所以 8 尺长虽然较大，但是既稳固又简便。既然是用在天文观测上，体积大自然不是问题。

二系：

束腰的模式，《远镜说》中没有提到这个名目，但现在的望远镜里都有。虽然不牵涉望远性能，但其作用大概是要使镜筒内部被遮黑，让眼睛从暗处看亮处。现在的西洋制品中的束腰是铜做的，并把它漆黑，以免反光妨碍眼睛观察。

三系：

观象镜虽然外凸较大，但内凹能使它显得小，所以外凸一定要大，这样镜筒也就不能细了。

四系：

望远镜的镜筒，［向来］也就是用铜或者硬纸板上漆。现在器物既然大了起来，用硬纸板就难做到坚固耐用；如果用铜，又不容易做到加工精良；薄了就会嫌软，厚了就会嫌重，所以不如用木材为好。

以上是关于观象远镜。

八

游览远镜，不拘大小皆妙。而《远镜说》独取两镜者，疑是初制，否则为其易作耳。今以收之则小，展之亦不必过大，既便携带，于用已足，约取大小两种，为游览专属焉。

【译文】

游览远镜，无论大小都很不错。而《远镜说》只提到［一凹一凸］两镜式，可能因为那是最初制式，要么就是因为它方便制作。现在从收起来就小，展开来也不一定太大，既方便携带，性能又已经够用等几个因素来考虑，精选出一大一小两种，作为游览专用。

九

作游览镜，外用浅凸，与观象镜同。或一浅凸、或一深凸与一凹并而为一，均可内用。深凸自三面至五六面均可。或同深、或稍有浅深亦均可。今以洋制佳者，内多用三凸，间四凸或六凸，稍有深浅，外多用一凸一凹相并，六凸以上则未之见，故只以此种为说，余可类推。内镜、外镜多种，应各立名，内镜以天干，外镜以地支，使不混淆。圆叠十。

【译文】

制作游览镜，外口用浅凸透镜，与观象镜相同。要么一枚浅凸透镜、要么一枚深凸透镜与一枚凹透镜并成一个，都可以用于内口。深凸透镜从三枚到五六枚［合并］都可以。或者深度相同，或者深浅稍有不同也都可以。现在考虑到，那些上乘的西洋制品，内口多半采用三枚凸透镜，间或有四枚或六枚，深浅稍有不同，外口大多用一凸一凹合并，六枚以上凸透镜则从来没见过，所以只拿［三枚］这一种立论，其余可以类推。内镜和外镜多种［组合中的各枚透镜］，应该各立名目，内镜［中的各枚］用天干［命名］，外镜［中的各枚］用地支［命名］，以保证不会混淆。"圆叠"第十条。

十

外凸深浅与内凸深浅宜相称。其定率，约以外凸限八倍内凸限为足距。外可略深，内可略浅。盖外深内浅，不过不足距，见物象稍小而光愈明显；若过距，虽物象稍大而景反暗，不可用矣。[1]

然内凸同深，固以八倍为外凸定率。如不同深，法：取甲、乙、丙并得总限数，以三除之，为平得之内凸；以八乘之，得外凸。若四凸者，以四平之。五、六凸者，仿此一律求之。○又法：三凸者，并其两距，得大光明限，即内筒[2]之长。圆叠十七。倍之，为外凸限。若四凸者，并其三距，倍之。五凸并四距，六凸并五距，仿此一律求之。○凡纯凸之制，三凸者，两距皆为距显限，大光明限即是两距显限之并，理最明显，法亦靡贷[3]者也。至四凸以上，法必缩短。虽不必有一定之度，而大致总相去不远。故今立法：

以三凸之大光明限为主，而四凸、五凸、六凸皆缩短，使与之准。其差数，则四凸者，各取其距显限一五除之；即六六六折，盖三分之二也。五凸者五折，六凸者四折，则其大光明限皆通为一律，理足而法亦无失也。

至于外凸，既与内凸相应，而内凸不必同深，平之未免轇葛[4]。今即以大光明限为主，倍之，即得。

至于筒长，又与观象之外限数即长数殊科，且用时又有伸缩，今以外凸限为主，倍之，为极长之数，视筒酌增其相衔之榫，如筒三节则两衔榫，四节则三衔榫，每增一寸及五六寸，视器大小酌之可也。[5]

【注释】

〔1〕放大倍数和亮度的矛盾（参见本章第七条注〔3〕），对开普勒式望远镜同样存在。由此条可以明显看出，郑复光的"足距"概念，不仅只是规定镜筒长，同时还规定放大倍数，更确切地说，是规定放大倍数和亮度的均衡值。

〔2〕内筒：指目镜镜片组的镜筒。

〔3〕靡贷：没有宽限。

〔4〕轇葛（jiāo gé）：又作"轇轕"，纠葛，纠缠。

〔5〕按：带转像光组的开普勒式望远镜，是郑复光在原理上研究得最透彻

的光学仪器之一（见本章第二条注〔4〕），对其各种结构和性能的关系均有正确结论。此条总结了这种望远镜在设计上的三大原则：一是两镜距取距显限，以获得无焦性；二是调和放大倍数与亮度的矛盾；三是针对镜筒太长的特点对之进行适当的折叠，以便存放和携带。

【译文】

外凸的深浅和内凸的深浅要相称。比例的定率，约定以外凸深限8倍于内凸深限为足距。外凸可以略深，内凸可以略浅。因为，外深内浅，只不过达不到足距，看到的物像稍小而亮度却越加显著；如果超过足距，虽然物像稍大但影像反而变暗，这就不可用了。

然而内凸如果各枚深度相同，自然以［其中一枚深度的］8倍为外凸的定率；要是深度不同，那么计算法为：把甲、乙、丙［的顺收限］加起来得到总限数，用3除它，得到平均的内凸深限，用8乘它，得到外凸深限。如果是4枚凸透镜［组合］，就用4去平均。5枚、6枚凸透镜［组合］，一律仿照这个规则求取。○另一种计算法：3枚凸透镜［组合］，把两个两镜距加起来，得大光明限，_{即内筒的长度。"圆叠"第十七条。}将它翻倍，为外凸深限。如果是4枚凸透镜［组合］，就把3个两镜距相加，翻倍。5枚凸透镜［组合］就把4个两镜距相加，6枚凸透镜［组合］就把5个两镜距相加，一律仿照这个规则求取。○凡是多枚凸透镜的制式，3枚凸透镜［组合］，两个两镜距都是距显限，大光明限就是这两个距显限之和，道理最明显，规则也很严格。到了4枚凸透镜以上，必定采取缩短的规则。虽然不必有一定的尺度，但大致总相差不多。所以现在来确定一个规则：

以3枚凸透镜［组合］的大光明限为基准，而4枚、5枚、6枚凸透镜［组合］，总长一律缩短，使它与基准相当。相差的数值，则4枚凸透镜［组合］，用1.5除各个距显限；即6.66折，也就是三分之二。5枚［组合］5折，6枚［组合］4折，这样所有大光明限就全部贯通为一个规则，道理充分而规则也不缺失了。

至于外凸深限，既然与内凸相配合，而内凸又不一定深度相等，要将它们平均起来计算未免多找麻烦，现在就以［内凸组合的］大光明限为基准，将它翻倍，即得所需结果。

至于简长，却又与观象远镜的外凸深限数值也就是简长数值很不相同，而且使用时又有伸缩，现在就以外凸深限为基准，将它翻倍，作为长度的上限，然后根据镜筒酌情增加衔接的接头，如果镜筒有 3 节则两个接头，4 节则 3 个接头，每个接头增加 1 寸到五六寸，视器具大小酌定即可。

十一

作游览镜，极小者长可一尺余，内凸顺收限浅不可过寸，至深可半寸。然筒取其短，宜用深者。今约其恰好之数为式[1]：

甲凸深限　五分
乙凸深限　六分 ＞距显限一寸一分　一距七分三之一
丙凸深限　七分 ＞距显限一寸三分　二距八三之二 ＞大光明限二寸五分三之一
丁凸深限　七分 ＞距显限一寸四分　三距九三之一
子凸深限　五寸
统长一尺

　　若是者，可制五筒，每筒约二寸七分，共长一尺三寸五分。[2]收之不及三寸，用之亦佳，携带最便也。

【注释】

　　〔1〕下式各个数据的意义为，甲、乙、丙、丁是目镜组，每个距显限是每相邻两个凸透镜焦距之和，"一距"、"二距"、"三距"是目镜组里的三个两镜距，各为对应的距显限除 1.5。子是物镜。镜筒总长取物镜焦距乘 2，以保证物镜距目镜的距离不短于二者的焦距之和。

　　〔2〕上式中各长度为镜距，此处为实际镜筒长，须加上接头，故每节增至 2.7 寸，总长 1 尺增至 1.35 尺。

【译文】

　　制作游览镜，最小的可以做成一尺多长，内凸顺收限最浅不能超过 1 寸，最深可以半寸。但镜筒要短，最好用深一点的。现在配定各个恰好的数值列为下式：

```
甲凸深限　5分
乙凸深限　6分 ＞距显限1寸1分　一距7又3分之1分
丙凸深限　7分 ＞距显限1寸3分　二距8又3分之2 —— 大光明限2寸5又3分之1分
丁凸深限　7分 ＞距显限1寸4分　三距9又3分之1
子凸深限　5寸
总长1尺
```

像这样的样式，镜筒可以做成 5 节，每节约 2 寸 7 分，共长 1 尺 3 寸 5 分。结果收起来不到 3 寸，使用起来效果也不错，携带起来则最为方便。

十二

作游览镜，大者长可三尺余，内凸顺收限深不可过寸半以下，至深一寸半。然力求其胜，宜用浅者。今约其恰好之数为式：

```
　　　　　尺寸分　　　　寸分　　　　寸分
甲凸深限　一五
乙凸深限　一九 ＞距显限三四　一距二二三之二
丙凸深限　二四 ＞距显限四三　二距二八三之二 ＞大光明限七二三之二
丁凸深限　一六 ＞距显限三二　三距二一三之一
子凸深限一四五
统长三尺
```

丙深限二寸四分，加丁限一寸六分，当得四寸，而不然者，距显限必内深外浅，今内浅外深，故只用丁限倍之，得三寸二分，为距显限。[1] 载此以备变例之一格。余悉同上。若是者，可制五筒，每筒约长八寸，收之不及尺，携带亦便，游览大胜矣。

一系：

内镜、外镜必称为宜。但观象虽稍不称，或凹浅，不过不足于[2]距；或凸浅，不过不尽其距，凸浅即凹深，凹深应出距，出距则象倒，不可用矣。必须稍缩就之，故曰不尽其距也。[3]
二者犹胜于目。独游览镜，其内镜合数凸成一大光明如凹，
乃是借其倒法而得，若有不称，即失其理。故内镜浅，则
目距子尚在初清，犹可；至外镜稍浅，则去初清处已远，
视物虽大，如云如雾，甚则如漆，但照见睫毛如韭，不可
用矣。[4]

二系：

观象远镜，外凸之径宜大；游览远镜，外凸之径则不
妨小。故广制有用残片为外镜者，洋镜有镜质本大反作小
孔于外者。缘内用凹，则视前镜小；内用凸，其视前镜有
显微理，故觉大也。[5]若制配时或见子甚小者，是丁距丙
远，乃丁出甲乙丙显微限外之故，法当缩丙丁而伸甲乙或
乙丙可也。[6]用残片必宜近心，若近边则凸欹侧，不合度矣。

三系：

内镜无论多寡，相距长则力深，相距短则力浅，以目
切甲为合度。倘目必离甲犹嫌远，是内镜相距太短也；倘
目既切甲犹嫌深，是内镜相距太长也，法当消息伸缩之。[7]

四系：

目能切甲，固征浅深合度，然汗气易于熏蒸，亦足为
累。宜略缩内镜，使目去甲寸许，既免熏蒸，且内稍浅与
外稍浅正相反，外稍浅者如云如雾，内稍浅者必加明矣。

五系：

凡求限之法，最难准确。兹立一法：先求初清，次求初
昏，取两数并而半之以为限，则较准确矣。凡有一限，皆
有其初处。如求距显限，一凸切目，一凸渐离，必由昏而
清，又由清极渐昏是也。如求顺收限，取日之光于片板上，

渐离之，必由大渐小，又由极小渐大是也。余可类推。○
此系为求诸限准确通法，不可不知也。

六系：

游览镜，内凸三面已足，或加多至六面，亦未见其较
胜也。[8]惟见所见佳制皆是四面，而其中往往有丙、丁不
动，外别有甲、乙数筒，可以调换。[9]曾见一具，匣内别有
甲、乙筒五具。据译言，是大远、中远、小远、视日、视
月、视星。其视日加墨晶宜也，视星加蓝晶，或专视金星
邪？至视月只蓝晶一面，或是残失矣。[10]若大远、中远、小
远之说，岂能视大远者反不能施之中远、小远乎？疑是因
时制宜，备此三种，如物小而天气清则用深者，或物大而
天气昏则用浅者，[11]译者不能深究其故耳。惟四凸方能调
换，此所以三凸之用已足，而必设四凸之意与？

七系：

《皇朝礼器图》[12]有"摄光千里镜[13]"图说，缘未见其
器，故未明其说。顷见钞本《仪器总说》一函，盖官书样本，
亦非全帙。[14]载有此种，外多一图，乃恍然有悟。兹特增入。
其原说曰："筒长一尺三分，接铜管二寸六分。镜凡四
层。管端小孔内施显微镜，相接处施玻璃镜，皆凸向外。
筒中施大铜镜，凹向外，以摄景，镜心有小圆孔。近筒端
施小铜镜，凹向内，周隙通光，注之大镜而纳其景。筒外
为钢铤螺旋[15]贯入，进退之以为视远之用。承以直柱三足，
高一尺一寸五分。"[16]（图101左）
按：《礼器图》原说止此，《仪器总说》略同，又言：
"长一尺三分，其功可抵长一丈。[17]千里镜之用，其法：外
筒上下两端有二镜，皆铜而凹；上端之镜小，居筒中而周
遭空之，凹面向内；下端之镜大而中穿一孔，凹面向外；
内筒上下两端皆玻璃而凸，人目从下端测视日、月、诸星，

日、月、星从外筒上口周遭空隙照入外筒。如后图：物景从奎娄[18]周隙通光处，摄入大凹镜如虚女之面，返照入小凹镜如危室；人目自下两显微如斗与牛，穿孔注视小凹中所照大凹摄受物景，而得外象也。"

据此，则原说甚明。夫内筒玻璃两凸斗与牛相叠，必是取距显限。而含光凹与通光凸同理，圆凸二十八。盖以斗当甲，以牛当乙，而以外筒之危室小凹当内筒之丙凸，以女虚之大凹当外筒之子凸也，不即与四凸之制同邪？[19]然玻璃究胜于铜，殆一凹一凸之初改为耳。嗣又改为纯凸，则更胜之，故今不复有是制矣。而此谓足抵一丈者，亦指胜一凹一凸言之耳。[20]

又，危室小凹居内筒中央，须令周隙通光，何以生根，原书未曾论及。或作十字架空，想无不可。或安于平玻璃中心，再将玻璃嵌入筒口，更无丝毫遮碍矣。原书钞写颇有误字，特本其意删改之。(图101右)

图101

右游览远镜。

【注释】

〔1〕先前定义的距显限系特指无焦两镜距，此时用以泛指两镜距。现在这

个两镜距小于标准距显限，并无太多物理意义，略微调整目镜光组的内部距离，结果只是略微改变放大率和视场。

〔2〕于於：原刻如此，其中一字应为衍文。

〔3〕以上对伽利略式望远镜成像特点的论述稍嫌含混，原因如前所述，郑复光对凹透镜的研究逊于凸透镜，在"圆理"部分未能确定凹透镜的焦距，在"圆率"第二条中，直接套用凸透镜的侧三限和顺收限换算比例，算出的焦距值一律偏大（见"圆率"第二条注）。这直接导致在"圆叠"第十三条中未能确定伽利略无焦系统的精确规则，以物镜的焦距为两镜距，比实际无焦系统多出一个目镜焦距。所以此处的"凹深应出距"，实际情况是目镜焦距过短而两镜距偏长时，物镜所成倒像没有落在目镜之后而在之前，于是眼睛透过目镜所见仍为倒像（"出距则象倒"）。但由于这种望远镜结构简单，原理上的不精确并不太影响实际的制作使用，因此郑复光的"变显限足距"规定的两镜距不体现无焦性，只是一个实用上的镜筒长度，具体制作使用时要缩短，由于目镜焦距很短，所以所缩也不多（"稍缩就之"）。

〔4〕此处再次论述放大率与亮度的关系这一重要问题。参见本章第七条注〔3〕。

〔5〕以上是对望远镜口径的正确总结。由于开普勒式望远镜容易获得较大视场，所以物镜口径无须太大，有时还要将其遮住一圈，以限制轴外光束，减少眩光和像差，提高成像质量。通过伽利略望远镜看见物镜缩小的像，是出射光瞳位于目镜前方的缘故，也是视场小的原因；而开普勒式望远镜的出射光瞳位于目镜后面，因而视场大，此处解释为是由于目镜成物镜的放大像，在今天看来属于牵强。

〔6〕此句中的"显微限"，指目镜透镜组起放大镜作用的范围，即物体位于物方焦距以内。前方镜片在此范围内，被目镜组成放大像；处于这个范围之外，成缩小像（"见子甚小"）。"缩丙丁"则使前方镜片重新回到显微限内，"伸甲乙或乙丙"则增大后面凸透镜组的放大率。

〔7〕此处指出望远镜设计和使用调节的一个重要法则，伸缩镜筒不仅改变放大倍数和视场，还可调节适眼距。一般来说，目镜的焦距越短，适眼距也就越短。凡此类正确认识，必来自事先周密实验，"圆凸"第十九条最后就论及这一规律，本条一系中的"内镜浅，则目距子尚在初清"也涉及这一现象。

〔8〕可能有些望远镜里设有场镜或消色差镜片，这方面的知识当时在中国应该还没有出现。

〔9〕很明显，丙丁是固定的转像光组，几套不同的甲乙是目镜光组。

〔10〕蓝晶的作用应为滤色片。

〔11〕这是基于一贯对望远镜的放大倍数和亮度具有正确认识而做出的必然判断。

〔12〕《皇朝礼器图》：即《皇朝礼器图式》，见"圆叠"第十八条注〔10〕。

〔13〕摄光千里镜：清朝对格雷戈里式反射望远镜的称呼。该望远镜由苏格兰数学家兼天文学家格雷戈里（James Gregory，1638—1675）于 1663 年发明。

〔14〕官书：官府收藏、编撰或刊行的书籍。　　帙（zhì）：布帛制成的书、画封套；也指书卷，书册。

按：笔者曾于 1985 年在首都图书馆见过这类官书，书名《仪器总说》，黄色绣缎封面，书名下有"清内府钞本"等字，无卷次、目录，无编撰者名单和时间。内容确系仪器图说，但其中未见摄光千里镜，应是书有多册而另载他处。据下文，该书中除载有与《皇朝礼器图式》相同的图（图 101 左）文外，还多出镜筒内部侧剖面光路图（图 101 右）和一段讲解光路的文字（见下文）。如此看来，该书很有价值。

〔15〕钢铤螺旋：此处指钢铁制的螺栓。铤，金属块料。

〔16〕以上引《皇朝礼器图式》卷三之"摄光千里镜"一条全文。开头省"本朝制摄光千里镜"等字，"四层"原为"四重"，"景"原为"影"。

〔17〕反射望远镜的主要优点之一就是镜筒较折射式短。开普勒式望远镜中每增加一枚凸透镜，镜筒都要相应增长；反射式则以中间透孔的凹面镜，使光线在镜筒内折叠。

〔18〕图 101 中在"娄"的对称位置上漏刻"奎"字。

〔19〕以上对格雷戈里式反射望远镜的光路和原理分析是完全正确的，这体现了郑复光对凹面镜和凸透镜性质的把握程度。以"圆凸"第二十八条中关于凹面镜与凸透镜"同理"之说为依据，郑复光识别出反射望远镜的主镜（大凹）在光路上等同于折射望远镜的透镜物镜，副镜（小凹）等同于带转像光组的目镜中的一枚。即格雷戈里式反射望远光组和谢尔勒式折射望远光组，都可以分解成两个最简单的无焦光组（郑复光的距显限光组）。但格雷戈里本来的设计意图是想通过非球面凹面镜来消除球差和色差，这种认识当时还未传入中国。格雷戈里也因工艺水平的限制而未能实现自己的设计。

〔20〕对民用望远镜，郑复光因能接触实物，研究较为深入。他也多次自承对天文望远镜的实物缺乏观摩。这导致他对天文望远镜的巨大口径和巨大筒长的必要性认识不足，因此对反射式望远镜的必要性也产生一定误解，将改进设计猜测为被淘汰的早期设计。

【译文】

　　制作游览镜，大的可以做到三尺多长。内凸顺收限的深度不能到 1.5 寸以下，最深就是 1.5 寸。但为了取得最佳性能，最好用浅一点的。现在配定各个恰好的数值列为下式：

尺寸分		寸分		寸分	
甲凸深限 15					
乙凸深限 19	距显限34	一距22又3分之2			
丙凸深限 24	距显限43	二距28又3分之2	大光明限72又3分之2 [分]		
丁凸深限 16	距显限32	三距21又3分之1			
子凸深限 145					
总长3尺					

丙的深限为2寸4分，加丁的深限1寸6分，应该得4寸，而实际上不取这个数，是因为距显限［组合］必定是内深外浅，现在是内浅外深，所以只用丁的深限乘2，得3寸2分，作为距显限长。记录在这里作为一种变通的条例。其余一切同上。对于上述尺寸，镜筒可以做成五节，每节长约8寸。结果收起来不到1尺，携带同样方便，用于游览却大为优胜。

一系：

内镜和外镜一定要相称才好。不过观象镜即使稍微不相称，要么凹透镜偏浅，只不过没有达到规定距离；要么凸透镜偏浅，只不过没有完全发挥规定距离［的性能］，凸透镜偏浅就是凹透镜偏深，凹透镜偏深应该超出规定距离，超出规定距离则像是倒的，这就无法使用了。必须稍微缩短去将就，所以说没有完全［发挥］规定距离［的性能］。两种情况都还胜过肉眼。唯独游览镜，它的内镜是把几枚凸透镜组合出大光明［的性质］而类似于凹透镜，这个结果是通过它能成倒像的属性而来，如果两镜深浅不相称，就丧失了这种作用的机理。因此，如果内镜偏浅，则眼睛距离子［凸透镜］还处在［看见像］刚开始清晰的位置，还可以；至于外镜稍微偏浅，则离刚开始清晰的位置已经较远，看东西虽然觉得放大，但如云如雾，甚至漆黑，只是映照出韭菜一样的睫毛，这就无法使用了。

二系：

观象远镜，外凸的直径要大；游览远镜，外凸的直径则不妨小。因此，有些广东制品，用残片制作外镜；有些西洋望远镜，镜片本来较大却反而在外面作一个［露］小孔［的盖子］。这都是因为，内端用凹透镜，就看见前方镜片变小；内端用凸透镜，［透过］它看前方镜片就有放大作用，所以觉得大。如果制配时［从内镜］看到子［凸透镜］太小，是由于丁距丙过远，于是丁超出了甲乙丙的显微限之外的缘故，理当缩短丙丁并伸长甲乙或乙丙。用残片一定要［取］靠近中间［的部位］，如果靠近边缘则凸［球面］歪斜，［形状］就不标准了。

三系：

内镜不论［由］多少［枚组成］，彼此相距长则力度深，相距短则力度浅，［深浅要］以眼睛贴近甲［能清楚观察］为标准。如果眼睛离开甲还嫌远，这是内镜相距太短；如果眼睛已经贴近甲却嫌深，这是内镜相距太长，理当增减伸缩这些距离。

四系：

眼睛能贴近甲［清楚观察］，固然表明深浅合适，但汗气容易熏染镜片，也足以成为麻烦。应该稍微收缩内镜，使眼睛离开甲一寸左右，首先是避免了熏染，而且内镜稍浅与外镜稍浅正相反，外镜稍浅时［所见］如云如雾，内镜稍浅时却必定增加明亮。

五系：

测量限的方法，一般最难做到准确。现在提出一个方法：先测定刚开始清晰［的位置］，再测定刚开始模糊［的位置］，把两个数值加起来除 2 作为［要测量的］限［的数值］，就比较准确了。但凡有一个限，都有它的初始位置。比如测距显限，使一枚凸透镜贴近眼睛，另一枚逐渐远离，［所见图像］必定从模糊到清晰，再从最清晰而逐渐模糊，这就是［例子］。又比如测顺收限，［用镜片］把日光收取到一片平板上，［使镜片和板］逐渐离开，［光斑］必定从大逐渐变小，又从极小开始逐渐变大，也是［例子］。其余可以类推。○这条系，是准确量取各种限的通用法则，不可不知。

六系：

游览镜有 3 枚内凸就足够了，有的增加到 6 枚，也不见得性能更好。[我] 只发现，见过的上乘制品都是 4 枚，而其中往往有丙、丁 [两枚镜片] 是固定的，之外另有几个甲、乙 [镜片组成的] 镜筒，可以用来调换。[还] 曾经见过一具，盒子里另有五具甲、乙 [镜片组成的] 镜筒。据翻译说，是大远、中远、小远、视日、视月、视星。其中的视日 [镜] 加了墨晶 [镜片] 是恰当的，[而] 视星 [镜] 加了蓝晶 [镜片]，莫非是专门 [用来] 观察金星的吗？还有视月 [镜] 只有蓝晶一片，可能是有所残缺。至于大远、中远、小远的说法，难道能 [用来] 看大远的却反而不能用于中远和小远吗？猜想是因时制宜，而配备这三种。如果物体小而天气清朗就用深一些的，要是物体大而天气昏暗就用浅一些的，译者不能深究其中的缘故罢了。只有四枚凸透镜构成的才能调换，难道这就是三枚凸透镜的效用已经充分，还一定要设置四枚凸透镜的意图所在吗？

七系：

《皇朝礼器图式》里有"摄光千里镜"图说，由于没有见过这具仪器 [的实物]，所以不太明白其说明文字 [的意思]。不久之后，见到一函钞本《仪器总说》，大概是官府收藏的样书，而且不是完整的卷册。载有这种 [仪器]，额外多一幅插图，[看了之后] 才猛然有所领悟。特 [将其] 增补进来。

[《皇朝礼器图式》] 原本的说明称："筒长 1 尺 3 分，连接有 2 寸 6 分的铜管。镜片共有 4 层。管口的小孔里安置放大镜，[与镜筒] 相接处安置玻璃镜，一律凸面向外。筒中安置大铜镜，凹面向外，用来摄取影像，镜面中心留有小圆孔。靠近筒口处安置小铜镜，凹面向内，周边空隙可以让光通过，射到大镜上而 [由它] 承接影像。筒外用钢螺栓穿入，前后调节以配合望远镜的使用。[仪器] 由三足直柱作为支撑，[此脚架] 高 1 尺 1 寸 5 分。"

按：《皇朝礼器图式》原本的说明就是这些，《仪器总说》也大致相同，[但其中] 还说道："1 尺 3 分长，其功效抵得上 1 丈长。千里镜的结构原理是：外筒上下两端各有一面镜子，都是铜制且呈凹形；上端的镜子较小，位于筒的中央且周围留空，凹面向内；下端的镜子较大且中间穿一个孔，凹面向外；

内筒上下两端都装有玻璃并呈凸形，人眼从下端观测日、月、诸星，日、月、星［的光］通过外筒上口的周边缝隙射入外筒。如下图：物体影像通过奎娄一圈缝隙的透光部位，被摄入大凹镜如虚女的镜面，反射进小凹镜如危室；人眼通过下面的两个放大镜如斗与牛，透过孔注视小凹镜上映出的、由大凹镜摄取的物体影像，从而获得外面物体的图像。"

据上述，《皇朝礼器图式》原本的说明就很清楚了。内筒里两片凸面玻璃斗与牛相叠，［相距］必定是取距显限。而由于凹面镜与凸透镜同理，"圆凸"第二十八条。［这个模式］大致就是以斗代替甲，以牛代替乙，而以外筒的危室小凹镜代替内筒的丙凸透镜，以女虚大凹镜代替外筒的子凸透镜而已，这不就是与四枚凸透镜的制式一样吗？然而玻璃毕竟优于铜，这大概是一凹一凸式初期的一种变化。随后又改成多枚凸透镜制式，性能就更加出色，所以现在不再有这种制式了。而上面所谓足可抵得上 1 丈的说法，恐怕也只是指胜过一凹一凸式而言罢了。

另外，危室小凹镜位于内筒中央，得让周围的空隙透光，靠什么来固定，原书没有提及。要么是制作一个十字叉把它架住，想来没什么不可以。要么安在平玻璃中间，再把玻璃嵌入筒口，就更加没有丝毫遮挡了。原书的誊写很有一些错字，特根据它的意思作出删改。（图 101）

以上是关于游览远镜。

十三

《远镜说》所见《崇祯历书》中者，多残缺；所见《艺海珠尘》[1]中者，亦有不全。兹取其用镜各条原文，作为八系，附载于此。其管见所及，为笺注一二，加按字为别。

一系：

镜筒相宜以视二百步[2]为则。若视二百步以内，物形弥近，筒镜弥长；逐分伸长，物相明亮即为限止。大要：伸缩宜缓而不宜急。按：此言制筒长之度。

二系：

太阳、金星光射明烈，须于近镜上。按：此指靠眼镜也。近字下疑脱一字。[3]再加一青绿镜，少御其烈。按：此已详视日一。镜筒再伸分寸许[4]，则光相[5]不眩。

三系：

用以视地形物色。前镜[6]勿对日光，以日光照镜，则镜与相反昏也。按：今外镜有多一活短套筒[7]者，殆恐临时对日，则伸短筒，使日不能射，得居暗视明之理。〇原光九。

四系：

借照作画。室中全闭门窗，务极幽暗。或门或窗开一孔，大小与前镜称，安镜。以白净纸如法对之，则外像入纸。[8]西士所谓"物像像物"者也。按：此即取景法单用一凸也。

五系：

前后二镜各加一积[9]楮圈，圈心开圆孔，按：此疑即束腰。[10]露镜而以周掩镜边。盖惟边掩，而心孔摄聚星象益加显著故也。孔之大小视镜光力。前圈孔之大以尽视月径为率，月径约三十分，[11]依此为孔。以求两星相距，或相凌犯[12]远近分数[13]，举目可得。其法：

先以镜向月心，目向镜心，一窥而尽得月左右边际，是可准而用也。乃即用以窥星：倘亦一窥之中两星并见，则知彼此相距必在三十分内矣；于是移筒使一星切居镜边，以求此星与彼居中星相距之远近，或当月径之半而赢，或当月径之半而缩，其为几何分数，岂不了然可辨乎？

然所谓一窥尽月径者，远镜之短者也。若其长者，所见转狭，[14]一窥不尽，必数移窥乃尽焉。按：据此，则今之远镜，视月去镜边甚远，岂一窥止尽月径乎？一窥尽月径犹是短者，则其长者可知。其法：

先用镜定向月心，目则左右任移，以尽见月边为率。次以镜切月边，平行径内某景[15]月有多景。止，记之。又以此景切分[16]为边，平行某景止，记之。如是数窥，必尽月径，即可得每窥满圈所容之分数几何。于是用以测星或亦再三移窥，则并移窥所得分数总计之，即是两星相距之分数矣。

六系：

视太阳有两法：

一加青绿镜，如上所云。按：本篇二系。

一只以筒、镜两相合宜，以前镜直对太阳，以白净纸置眼镜下，按：当云"靠眼镜下"。远近如法，撮其光射，则太阳本体在天，在纸丝毫不异。[17]按：上下左右但不能不易位耳。若用硬纸尺许，中剪空圆形，冒靠后镜上，[18]则日光团聚，下射纸面，四暗中光，黑白更显，体相更真矣。若依稀云雾，太阳本体居明暗[19]中，用目视更快也。

七系：

用镜测交食法。安器于本架，筒伸缩令得宜，用以直对太阳或太阴焉。余法与视太阳前二法同。按：即本篇六系。外取用净纸，预画一线成圈，圈中画径线一，平分之。径线上画短线，十平分之。圈线之大，约以二寸为率，过大与过小皆足碍光。临测时，务使纸与镜直对平行，毋[20]少敧侧。其相去远近，以光满圈为率。镜一面向纸，一面向日或月。按：当云凹向纸，凸向日。当其初亏[21]，止见光劣[22]，有似游气[23]，后乃黑景渐侵，边内明缺，此时务使圈之径线，正与缺当，乃视短线，即得交食分数[24]。按：据此，则今所用测食即远镜也。

八系：

视镜止用一目，目力乃专。按：此与《仪象志》说异，不足为通论也。[25]

衰目、短视亦可用。盖筒内后镜伸长，能使易象于前镜者，仍平行线入目；按：此言前镜得力。[26]缩短，能使易象于前镜者，反以广行线入目。[27]按：此言后镜得力。[28]又，短视人仍加本眼镜照之亦可。按：此则不须缩筒矣。

【注释】

〔1〕《艺海珠尘》：丛书名，清嘉庆年间吴省兰辑，所收包括经学、小学、舆地、掌故、笔记、小说、天文、历法、诗文等著作。其中收录了一批由早期来华耶稣会士和中国学者合作翻译的科学著作。

〔2〕二百步：明清计量以 5 尺为 1 步，200 步大约为 300 多米。

〔3〕未必脱字。《崇祯历书》本和《艺海珠尘》本以及日本早稻田大学所藏钞本均同。"近镜"犹如郑复光自己所称的"内镜"。

〔4〕分寸许：泛指一点点长度。

〔5〕光相：即通过望远镜看到的发光天体的像，为一个圆形光斑。

〔6〕前镜：即郑复光所称"外镜"，望远镜的物镜。

〔7〕活短套筒：活动安装、可取下的短套筒，显然是遮光罩。所以后面对其作用的猜测是正确的。

〔8〕此处对原文有所省略。原文"大小与前镜称"之后为："取出前镜，置诸孔眼，以白净纸如法对置内室，则镜照诸外像入纸上，丝毫不爽。"

〔9〕积：量词，用于堆积或层叠之物。

〔10〕郑复光称光阑为束腰（见本章第七条）。《远镜说》中提到的这种遮住透镜边缘的光阑，主要作用是阻挡轴外光束，只让近轴光束参与成像。因为质量不太高的透镜，边缘本身的不规则和远轴光线的偏折会同时导致影像边缘部分的种种像差和色差。参见上条注〔5〕。

〔11〕月径约三十分：是指月球的视直径大小。

〔12〕凌犯：古代天文术语，指行星运行进入某一恒星范围，与恒星相距 3 分以内称"凌"，1 度以内称"犯"，同度称"掩"。也泛指两星光芒相触及。

〔13〕分数：指长度有几分。

〔14〕望远镜的长短，主要由物镜焦距决定，物镜焦距越长（短），放大倍数越高（低），视场越小（大）。

〔15〕景：此处指望远镜里看到的月球上的斑点。

〔16〕切分：指某个标记点分割月径的分数，即位置。

〔17〕此法是指将白纸蒙在目镜上以减弱直射光的强度。

〔18〕此处所述为一种简易的目镜遮光罩。将一张硬纸中间剪出镜筒大小的圆孔，套在镜头上，挡住前方直射过来的光，以免观察者的眼睛被直射光所炫。冒，盖上，罩住。

〔19〕明暗：指半明半暗。

〔20〕母：古同"毋"。《远镜说》原文作"毋"。

〔21〕初亏：日（月）食初亏是指太阳（月亮）刚接触月亮（地球）本影，刚刚开始被遮挡出阴影缺口。

〔22〕劣：指微弱。

〔23〕游气：浮动的云气或微弱的呼吸，此处指前者。

〔24〕交食分数：见"作测日食镜"第二条注〔1〕。

〔25〕《仪象志》之说见"原目"第八条。

〔26〕望远镜镜筒伸长时，影像比先前放大，如同前端的凸透镜起主要作用。

〔27〕望远镜的出射光为平行光束时，两镜距是确定的，而不是"伸长"。《远镜说》此处的原意应该是说，镜筒缩短时，出射光束发散，中和了近视眼对光线的过度会聚。但语气未免含混。

〔28〕望远镜镜筒缩短时，影像比先前缩小，如同后端的凹透镜起主要作用。

【译文】

在《崇祯历书》中见到的《远镜说》，〔文字〕多有残缺；在《艺海珠尘》中见到的，也有不全。现在选取其中关于望远镜应用的各条原文，作为八条系，附录在这里。以我有限的水平想到的一些见解，对原文略加笺注，加按字以区别于原文。

一系：

镜筒〔长度〕适宜以观察200步远为基准。如果看200步以内，那么物体越近，筒镜就要越加伸长。一步步逐渐伸长，直到物像明亮为止。大要：伸缩〔操作〕要平缓而不能急促。按：这是说制作镜筒长度的标准。

二系：

太阳和金星发出的光很强烈，必须在近镜上。按：这是指靠眼镜。"近"字下疑脱一字。再加一枚青绿色镜片，用来稍微抵御光的强烈。按：这一点在"作视日镜"第一条中已详细解释。镜筒再伸长一点点，看见的光斑就更加清晰。

三系：

用来看地面上的景物。前镜不要对着日光，因为日光照射镜片，则镜片逆光而［导致图像］昏暗。按：现在有些外镜上多出一个活动的短套筒，大概是为了碰到对着太阳的情况时，就伸出短筒，使日光不能直射［镜头］，符合在暗处看亮处的道理。○"原光"第九条。

四系：

借助映照［的影像］作画。室内门窗要全部关闭，务必做到十分幽暗。在门或窗上开一个孔，孔的大小与前镜相称，把镜片安上。用白净的纸张，以适当方式去对准，外面景物的图像就映到纸上了。这就是西洋人士所说的"物像像物"。按：这就是单用一枚凸透镜的取影模式。

五系：

前后两枚镜片各加一层纸圈，圈心开圆孔，按：这可能就是束腰。用来露出镜面而以外圈遮住镜片边缘。这样做是因为，只有把边缘遮住，才能让中心的孔把天体影像收摄会聚得更加显著。孔的大小视镜片的光力而定。前圈孔的大小以刚好看见整个月球为准，月球［视］直径约30分，就按照这个尺度开孔。然后用来求两星之间的距离，或者相凌犯的尺度，举目一看就得出结果。方法如下：

先让望远镜对着月心，眼睛对着镜心，如果刚好同时看见月球的左右边际，就表明可以对准使用了。然后就可以用来测星：如果也是一眼看去就同时看见两星，就知道彼此相距必定在30分之内；于是移动镜筒使其中一星碰到镜边，由此测出这颗星与位于［镜片］中间的那颗星之间的距离，它要么位于月球半径多出一些，要么位于月球半径缩进一些，相距是多少分，岂不清清楚楚？

但所谓刚好看见整个月球，是指较短的望远镜。如果是较长的，看见的范围变窄，一次看不全，就得移动数次才能看全了。按：据此，则现在的望远镜，看见的月球离镜边很远，一次看见的何止整个月球？这里说一次看见整个月球［的望远镜］还算是短的，那些长的

［有多长］就可想而知了。移动测量的方法如下：

先用望远镜瞄准月心，眼睛则左右任意移动，以完全看见月边为准。下一步使镜边与月边重合，然后平移到直径上的某个黑影月球上有很多影。停住，把分数记下来。再以这个黑影的位置为边，再平移到某个黑影停住，把分数记下来。像这样测量数次，最终必然测完整个月球直径，就可以得出，每次看见的一个满圈所包含的分数是多少。由此可知，用来星有时也要多次移动窥测，最后把各次移动窥测所得的分数加起来，就是两星相距的分数。

六系：

观察太阳有两种方法：

一种，如上所说，加青绿镜片。按：本章二系。

另一种，［不加青绿镜片］，只靠镜筒和镜片配合适当，让前镜直对太阳，把白净纸放在眼镜下方，按：应该称"靠眼镜下方"。适当调整距离，把光束收取到纸上，结果太阳本体在天上，［影像］在纸上丝毫不差。按：上下左右却不能不颠倒。如果用约一尺见方的硬纸，中间剪出空圆形，套在后镜上，则日光会聚，往下射到纸面，四周暗而中间亮，黑白［对比］更明显，形象就更逼真了。如果有隐约的云雾，太阳本体处于半明半暗之中，直接用眼睛观察就更爽利了。

七系：

用望远镜测交食法。把仪器安在本来的支架上，伸缩调节镜筒到恰当的位置，就可以用来对准太阳或月亮了。其余要领与上述观察太阳的两种方法相同。按：即本条六系。另外取一张干净的纸，预先画一个圆圈，圈中画一条直径线，把圆周平分成两半。在径线上画短线，把它十平分。圆圈直径的长度，大约以 2 寸为准，过大和过小都足以妨碍光线。临到测量时，务必使纸面和镜面平行正对，不要有稍微的歪斜。纸和镜之间的距离，以光斑充满圆圈为准。镜片一面对着纸，一面对着日或月。按：应该说凹镜对着纸，凸镜对着日。当初亏的时候，只能见到微弱的光，有如浮动的云气，接着黑影就逐渐侵入，圆圈里面的明亮区域出现缺口，此时务必使圆圈的径线，正好对准缺口，然后去看那些短线，就可以得出交食分数。按：据此，那么现在就是用望远镜测［日月］食了。

八系：

用望远镜观察时，只用一只眼睛，目力才会专注。按：这与《灵台仪象志》的说法不同，不能作为一般结论。

弱视和近视也都能使用望远镜。因为，镜筒里的后镜伸出，能使影像移到前镜时，［光线］仍然是以平行线进入眼睛；按：这是说前镜起主要作用。［后镜］缩进，能使影像移到前镜时，［光线］反而是以广行线进入眼睛。按：这是说后镜起主要作用。还有，近视的人仍旧戴上本来的眼镜去看也可以。按：这就无须收缩镜筒了。

十四

凡作远镜，内镜与外镜距固以外镜顺收限为定度，然又因乎所视之远近、目力之优劣而生差。物近宜伸，顺均限理也。[1]近过其度则不能用。[2]〇圆凸十。物远宜缩，顺收限理也。[3]远到其度则不须缩。[4]〇圆凸十及十一。短视宜缩，若加本人所用之凹镜则不须缩。〇上条八系。内镜得力，凹理也。老花宜伸，外镜得力，凸理也。[5]故必较定度加长，作套筒以便伸缩之用。

【注释】

〔1〕望远镜物距变短时，须伸长镜筒才能聚焦，结果类似于顺均限成像（$f<u<2f$ 时，影像放大）。

〔2〕望远镜都有最短聚焦距离的极限，即能清晰成像的最短物距，理论值是物镜的焦距，达到焦距时即为平行光出射而不成像。

〔3〕望远镜物距变长时，须缩短镜筒才能聚焦，结果类似于顺收限成像（$u>2f$ 时，影像缩小）。

〔4〕望远镜的物距远到一定程度之后，入射光束越来越接近平行光，无须继续缩短镜筒也能清晰聚焦。可以视为近似平行光的最小物距，在"圆凸"第十一条中被规定为常数"限距界"。

〔5〕以上两句是近视眼和远视眼通过望远镜进行观察时的正确调节法。参见上条注〔26〕、〔28〕。

【译文】

　　大凡制作望远镜，内镜和外镜之间的距离固然以外镜的顺收限为确定尺度，但又由于观察距离的远近、视力的好坏而产生差别。景物近就要伸长，这是顺均限的道理。近得超过确定限度就会无效。○"圆凸"第十条。景物远就要缩短，这是顺收限的道理。远得达到一定限度就不须再缩。○"圆凸"第十条和第十一条。近视眼观察时应该缩短，如果戴上本人所用的凹镜则不必缩短。○上条八系。此时是内镜起作用，表现为凹透镜的性质。老花眼观察时应该伸长，此时是外镜起作用，表现为凸透镜的性质。所以镜筒长必须比确定尺度更长一些，做成套筒以便用来伸缩。

十五

　　远镜数节，伸时各有定处。其伸缩以配目力及物之远近，则在第一节、第二节相接处，[1]其法宜缓。本篇十三之一系。洋制佳者，有用转轴，于伸缩最宜，未详其制。今拟之，法：

　　用铜条如甲乙，上有齿，安内筒之外。别作齿轮如丙丁，中心作轴，贯于外筒之外，轴端作无齿轮如戊。转戊，则丙丁轮齿拨甲乙齿，而筒伸缩矣。[2]（图 102）

图 102

　　又法：

　　转轴如壬癸子只作花轴[3]，内筒上不须加条，只开一缝如庚寅。任于一边如丑寅开齿花[4]，轴插入缝中发[5]之，更简便也。

（图103）

图103

又法：

外筒开长缝，露内筒处安铜条，上作斜沟[6]。别作厚铜盖[7]如子丑，又作螺旋转轴[8]如卯，使卯恰嵌寅凹处，以两螺钉固于外筒之外。转转轴，则螺旋如卯自发铜条斜沟如午未，而筒伸缩矣。但远镜所伸如极长二寸，则铜条须长二寸，而缝如辰巳须倍之，方得伸足。否则铜条藏于外筒之内，而外筒只开一孔以受转轴之螺旋如卯亦可。但外筒之内又必别安铜片，开缝以嵌铜条，使管住内筒不左右转方得。[9]（图104）

图104

一系：

《皇朝礼器图》"摄光千里镜"云"外为钢铤螺旋贯入，进退之以为视远之用"，盖伸缩之又一法也。

二系：

易五兄曾见一器，亦是伸缩之法。如图（图105）：

图105

柱上甲乙为牡螺[10]，丙作一丁[11]，入外筒子缝内；其丙背面亦作一丁，入外筒背面丑缝内，使缩住柱不得左右转。戊为短筒，内作牝螺，与甲乙配。戊边有齿，入外筒上端。外筒之内起壬及辛墙两道[12]，缩住短筒，不得上下。外筒上口近边安庚轮，其轴穿入外筒内，作己齿轮，以发戊齿，则短筒转而不能上下，柱随短筒螺欲转，而为丙与背面之两丁所碍，只得伸缩以就之矣。[13]

【注释】

〔1〕第一节是目镜镜筒，套在物镜镜筒（第二节）内，郑复光在此前已经分析清楚，根据物体远近不同，要适当伸缩这节镜筒，才能调出清晰图像，即现在所谓对焦。同时远视和近视的观察者还要相应适当伸缩。

〔2〕这个机械联动装置完全等同于现在的齿条和小齿轮传动机构。

〔3〕花轴：压制有齿轮条纹、螺纹或其他花纹的转轴。此处为齿轮转轴。

〔4〕齿花：即齿牙。

〔5〕发：启动，带动。

〔6〕斜沟：齿轮和齿条都有直齿和斜齿两种齿牙，此处"斜沟"为斜齿齿条上齿牙之间的沟纹。

〔7〕盖：覆盖、遮盖、包裹之物。此处为转轴的外层包裹，也就是转轴的固定轴套和支架。

〔8〕螺旋转轴：用作转轴的螺纹杆。

〔9〕本来固定在内筒上的齿条透过外筒上的沟槽露出到外筒外面，沟槽自然起到卡槽的作用，把齿条夹住，使内筒不会左右旋转；如果把齿条藏在外筒之内不露出来，就失去了卡槽，内筒就会旋转；此时就必须在外筒内再做开有

沟槽的铜片把齿条套住，使齿条只能前后滑动而不能左右转动。

〔10〕牝螺：即螺栓，外螺纹金属圆杆。下文中的"牝螺"为螺母，即内螺纹。

〔11〕丁："钉"的古字。此指起连接或固定作用的销钉。

〔12〕此指镜筒内两片垂直于筒壁的圆环，用于上下夹住短筒戊。

〔13〕这是丝杆和齿轮联动机构。齿轮带动螺母，当螺母只能旋转不能移动、丝杆只能移动不能旋转时，螺母的转动就被转化成丝杆的直线运动。

按：在仅存的几条关于郑复光的生平史料中，几处提到他除了光学研究之外，还善于制作其他机械设备，而他对机械构造的把握程度，从这类条目中是能反映出一二的。

【译文】

望远镜的几节〔镜筒〕，拉伸时各有一定位置。用来配合视力以及物体远近的伸缩调节处，则在第一节和第二节的相接处，〔调节〕手法要平缓。本篇第十三条一系。上乘的西洋制品中，有用转轴的，最方便伸缩，但不清楚其中构造。现在来草拟一下，方法：

取一个铜条如甲乙，上面有齿，安在内筒的外面。另外制作一个齿轮如丙丁，在其中心做一根转轴，穿透外筒而出，转轴〔穿出〕的一端做成没有齿的轮如戊。旋转戊，则丙丁轮的齿就拨动甲乙的齿，筒就伸缩了。（图102）

另一方法：

只要把转轴如壬癸子做成花轴〔而无须带有齿轮〕，内筒上也不必加齿条，只要开一条沟槽如庚寅，在任意一边如丑寅做成齿牙，转轴插入沟槽中带动它，此法更简便。（图103）

另一方法：

在外筒上开一条长条沟槽，露出的内筒部位上安一个铜条，铜条上做成斜的直沟纹。另外制作一个厚的铜包皮如子丑，再制作一个螺纹转轴如卯，使卯刚好嵌在寅处的凹槽里，用两颗螺钉〔把子丑〕固定在外筒外面。转动转轴时，螺旋如卯自然带动铜条的斜沟如午未，筒就伸缩了。但如果望远镜的最大伸长量为2寸，那么铜条也得长2寸，沟槽〔长度〕如辰巳还要加倍，才能充分伸长。如果不像上述那样做，也可以把铜条藏在外筒里面，而外筒上只要开一个孔用来支撑转轴上的螺纹杆如卯也可以。但外筒里面又必须另外安上铜片，并〔在铜片上〕开槽让铜条嵌入，用来套住内筒使它不能左右转动才行。（图104）

一系：

《皇朝礼器图》"摄光千里镜"中说到"筒外用钢螺栓穿入，前后调节以配合望远镜的使用"，大概是伸缩调节的又一种构造。

二系：

易五兄曾见过一具器件，也属于伸缩调节机构。如图（图105）：圆柱体的上部甲乙为丝杆，丙处做一个销钉，嵌进外筒的子槽里；丙的背面也做一个销钉，嵌进外筒背面的丑槽里，用来套住圆柱使它不能左右转动。戊是一个短的［空心］圆筒，内表面做成螺母，与［螺杆］甲乙配套。戊的边缘一周上有齿牙，套进外筒的上端。外筒里面连接着壬和辛两道套圈，固定住短筒，使它不能上下移动。外筒的上口靠近边缘处安装一个转轮庚，庚的转轴穿进外筒里面，轴上有齿轮己，用来带动戊的齿牙，此时短筒转动但不能上下，圆柱［丝杆］随短筒螺母有旋转的趋势，却被丙处和背面的两个销钉限制，就只能通过伸缩来迁就了。

十六

作筒用硬楮法。用裱心纸[1]裱就，约每十层为一张，则厚薄恰好。干透，任以圆木为胚胎，裹硬楮于上，为第一筒。使一端稍杀，粘好以烙。烙干再裹二筒，以次为三、四、五筒，自能相套恰好。每裹一筒，均宜稍松，干时方可抽出。一端稍杀，则伸足自能吃紧不脱。筒制造如法，然后漆之。

【注释】

〔1〕裱心纸：即敬神或祭祀时用的黄表纸。以毛竹为主要原料，通过碓舂、踩融、放水和匀、搅拌、捞去粗长纸筋、下姜黄粉染黄、耙紧、边搅浮边舀、榨干、焙干等多道繁重手工工序，制成的纸粗糙而有韧性，易折叠不易脆裂。

【译文】

制作镜筒采用硬纸制作法。硬纸用裱心纸裱成，大约每十层做成一张，则厚薄恰好。干透之后，随意选取圆木为模坯，把硬纸裹在上面，做成第一个筒，让其中一头稍微缩小，粘好之后进行熨烫。熨干之后再裹第二筒，依次制作第三、四、五筒，自然可以彼此恰好套接。每裹一筒，都应该裹得稍微松一些，干燥之后才抽得出来。一头稍微缩小，则完全拉伸时自然能衔接紧密不脱开。纸筒依照程序做好，然后上漆。

十七

作筒用木，令圆则难，作六角或八角可也，细作[1]木工优为之。

【注释】

〔1〕细作：一指密探或间谍。一指精巧的工艺，精巧的工艺制品，有精巧工艺的人。此指精巧工艺。

【译文】

如果用木材制作镜筒，要想圆加工就很难，可以做成六边形或八边形，由细作木工精加工制成。

十八

作筒用铜最为精致，洋制有两种：

一种即稍杀其一端者也。本章十六。

一种，每筒粗细各均，其外口俱出边[1]分许，内口别作一短筒，长寸许，其内口出边，冒[2]外筒内口上，以牡螺与外筒内口牝螺相接；短筒内粘薄皮如纸，套内筒外口上，收放极吃紧，而活便[3]稳固。[4]〇易五兄一具则不用皮，其短筒上刳两个方筐[5]形于两边为簧[6]，此又一法也。如图（图106）：

图 106

甲子为短筒，乙丙丁戊为簧，就筒本身上刳一方筐之缝，乙戊相连，丙丁离空，自可作簧。用[7]其背面仿此。

【注释】

〔1〕出边：即翻边。圆筒口子上翻出一圈垂直于筒壁的边。

〔2〕冒：指套接。此处为在筒上套一个垂直于筒壁的环形边。

〔3〕活便：灵活，方便。

〔4〕上述套筒衔接法为，在两筒接头处再用一节短筒从外面同时裹住两筒筒口，短筒与前一节筒用螺丝吃紧固定连接，与后一节筒活动相套，可伸缩，并由粘在短筒内壁上的皮来增大摩擦、保持衔接稳固。

〔5〕筐：通"框"。"筐"、"框"古字同为"匡"。《康熙字典》："筐，方也。"

〔6〕簧：簧片。有夹紧固定作用的弹性薄片。

〔7〕用：此处指运用背面筒壁本身作簧片，与正面的制作法一致。

【译文】

用铜制作的镜筒最为精致，西洋制品有两种：

一种就是稍微缩小一头的那种。本章第十六条。

另一种，每筒粗细均匀，外口都翻出一分来宽的边，内口处另外制作一个短筒，长一寸左右，[该短筒] 内口翻边，外口套在外筒内口上，用螺栓与外筒内口上的螺孔衔接；短筒的内壁上粘上纸一样薄的皮，套在内筒外口上，伸缩时吃得很紧，而且既灵便又稳固。○易五兄的那一具则不用皮，它的短筒上，两边各挖了一个方框形作为簧片，这又是一种方法。如图（图106）：

甲子为短筒，乙丙丁戊为簧片，就在筒壁上挖出一个方框形的开口，乙戊 [与筒体] 相连，丙丁 [与筒体] 分离而有空隙，自然可以作为簧片。背面的制作照此进行。

十九

安镜之法，须易装易拆，以便临时擦拭。洋制安镜全用螺丝，工力极繁，工匠所不能作。今取简便法：

于外筒外口之内寸许作一隔墙[1]，安镜平稳。别作一短套筒，筒边开曲尺缝[2]。外筒外口安一丁，将短筒套入，转之即稳。但恐仍有走动，或将曲尺缝开于外筒之口内，短筒上安一丁，丁略放长，使入曲尺缝中稍透出外筒。其外筒之外，再加一外套筒，上开长缝，用时将外套筒退上，安镜，装内套筒入曲尺缝中转足，再将外套筒捋下，使外套筒缝夹住内套筒之丁，则各筒俱不能动而稳固矣。[3]

各筒无论用木、用铜，短筒必须用铜。

外套筒套外筒上，亦必绾住。其法，于外筒上亦钉一丁，嵌入外套筒上方妙。若外筒是六角，则此法不可用矣，以内套筒必须用圆才能转入也。法须将外六角筒端一段改圆。在作者斟酌之。

其内筒第一节安甲凸处，或亦如此，否则用铜或钢一条，要奘而有力[4]，屈成圈，将甲凸安入即收圈装好放之。[5]

余筒中各镜法：于第一筒之底起墙，安丙凸，其丁丙等两距[6]俱作硬楮短筒隔之，均宜略宽[7]。

又法：

安镜筒口内作一钩，钩上有丁[8]，钩要奘而有力如簧管[9]。镜短筒外起飞边[10]，内边有孔，装入则钩住不动，按丁则钩开可抽出。如今铜烟盒之盖式工优为之。即时辰表[11]壳之法也。[12]

又法：

短铜[13]边安锁簧，外筒口内起边，入短筒则簧锁住。外筒内亦有簧，簧上安一丁[14]，露出外筒，如表壳法，按丁则锁簧收而短筒可出。[15]

或又有双开锁一种，法：

其簧端错出[16]一榫，长出短筒之口。如图（图107）：

图 107

甲乙为簧，丁为榫，丙安一帽[17]。外筒口内起边开缝，容丁之榫。入短筒则簧开，而丁榫入缝，甲肩阔处管住不出，拨帽收簧则短筒可出矣。[18]

　　一系：
　　易五兄云：
　　洋器精巧，由制器之器精也。作筒口螺丝法，则有螺车[19]。车轴为螺架[20]，以月牙[21]斜顺其丝，有物管住[22]，别有长缝夹刀[23]，使可上下伸缩而不摇动。于是右踏则下刀顺旋，而进以成丝；左踏则上刀逆转，而退以回轴。[24]至其作牝螺法，则刀有弯铁[25]，入而车之。见广人作此，甚易也。

　　右镜筒。

【注释】
　　〔1〕隔墙：此处指连接在镜筒内壁上的一圈圆环，用来把镜片放在上面。
　　〔2〕曲尺缝：一直一横呈直角的卡槽。从下文看，这是一种滑槽卡口机构。销钉先进入直槽到底，转动一下进入横槽，被连接体（此处的短套筒）就失去了纵向自由度。这个安装法的确简便，镜片下面被圆环托住，上面被短套筒卡住。
　　〔3〕曲尺形滑槽使连接在销钉上的里层活动短套筒失去纵向自由度，外层套筒上的直滑槽再卡住销钉，使之失去横向自由度。于是总自由度为零（"俱不能动"）。
　　〔4〕奭而有力：指弹性。
　　〔5〕这个固定连接机构是用弹簧圈代替前面的短套筒。弹簧圈可握紧放入筒内，松开即卡紧。
　　〔6〕丁丙等两距：此处可能文字有误。全书中一般都以一枚物镜（子凸）和三枚透镜组合的目镜组（甲、乙、丙）为典型范例，如果是甲、乙、丙、丁四枚，那就有甲乙、乙丙、丙丁等三段距离，而不是文中所称"两距"。故应为"乙、丙两距"，即指甲乙、乙丙两距。另外，前面说"于第一筒之底起墙，安丙凸"，如果还有"丁凸"，则丙不可能在底部（以甲为顶部）。本章第十三条的图101右上角，画出了这种结构：

图 108

〔7〕略宽：是指用来支撑镜片的纸筒距镜筒内壁要留出一个缝隙，才撑得住镜片。

〔8〕丁：此有销钉兼按钮的作用，见下注〔12〕。

〔9〕簧管：指弹簧丝，即有弹性的细圆柱形金属丝。

〔10〕起飞边：指圆筒口子上翻折出一圈垂直的边沿。

〔11〕时辰表：钟表，此处特指翻盖怀表。

〔12〕此处及以下，描述了三种固定连接法，均为弹簧片和卡销连接机构。因缺少图示，不能确定具体样式。猜测样式如下：

图 109

短筒的外飞边挤开弹簧钩进入外筒，弹簧钩套进飞边内侧的孔，以向外的弹力将飞边勾住。向内按住销钉时，短筒可抽出。

〔13〕短铜：或为"铜制短筒"的简称，未必是讹字。

〔14〕丁：此为凸头按钮。

〔15〕上述连接机构的可能样式猜测如下：

图 110

内筒套入时，簧片 A 被挤压，套入后弹开挤住外筒内壁 C 处，同时卡住外筒的内飞边 B。C 处有簧片，平时将按钮 D 撑向外，向内按压 D 时，压力从 C 传到 A，A 收扁，短筒可抽出。

〔16〕错出：解释为"锉出"或"错开伸出"均可，意思也一致，今取后者。

〔17〕帽：指帽形物，此处为提钮。

〔18〕上述连接机构的可能样式猜测如下：

图 111

簧片甲乙固定连接在短筒外壁上，外筒内飞边上有沟槽让榫头丁进入。短筒套进外筒时被挤压的簧片，在进入外筒后弹开，挤住外筒内壁，起到固定连接作用。拉起提钮（丙帽），簧片收扁，内筒可出。

〔19〕螺车：指螺纹加工机床。

〔20〕车轴为螺架：指车轴上有固定器具的支架。从文意上看不出被固定的是工件还是刀具。

按：此段为口头描述的转述，而非对着实物解说，所以表意不明确，以下也有类似情况。

〔21〕月牙：从文意上不能完全确定是指刀口为月牙形的外螺纹车刀还是凹槽为月牙形的夹具。从"斜顺其丝"看应指前者，因为夹具不存在要顺着螺纹的问题。

〔22〕有物管住：指车床上的夹具把工件或刀具固定住。从文意上看不出是工件还是刀具。

〔23〕长缝夹刀：指夹具上的一种用于夹住圆柱形工件或刀具的卡爪，属于螺旋式定心夹紧机构，卡爪上有 V 型钳口（长缝）。

〔24〕此处描述外螺纹车床的工作方式，动力形式为脚踏，右踏带动车刀的轴向进给运动进行螺纹车削，左踏带动回退运动而卸下工件。

〔25〕弯铁：内螺纹车刀（现在又叫丝锥）的头部是弯折的刀头，故称。

【译文】

安装镜片的方法，必须易装易拆，以便随时擦拭。西洋制品中镜片的安装全部都用螺丝，做工非常复杂，工匠做不出来。现在取简便法：

在外筒外口内壁距口边约 1 寸的地方做一圈圆环，把镜片平稳地放在上面。另外制作一个短套筒，筒壁上开曲尺形沟槽。外筒外口［内壁］安一颗销钉，将短筒［的沟槽］套进这颗销钉，转动一下就稳固了。如果还担心有松动，也可以把曲尺形沟槽开在外筒口的内壁上，短筒［外壁］安一颗销钉，销钉略微放长一点，使它进入曲尺形沟槽之后还稍微透出外筒。外筒的外部，再加一个外套筒，上面开长条沟槽，使用时将外套筒往上推，放好镜片，把内套筒卡入曲尺形沟槽中转到底，再把外套筒抹下来，使外套筒上的直槽夹住内套筒上的销钉，这样各个镜筒都不能转动，于是就稳固了。

各个镜筒不论用木头还是用铜，短筒都必须用铜。

外套筒套在外筒上，也必须固定住。方法是，在外筒上也钉一颗销钉，嵌进外套筒上，这样才好。如果外筒是六边形，这个方法就不能用了，因为内套筒必须采用圆柱形才能转进［卡槽里去］。解决的办法，得把六边形筒的头上一段改成圆柱形。用哪一种由制作者自己斟酌。

内筒第一节安放凸透镜甲处，要么也采用这种安装法，否则用铜或钢一条，要软而有力，弯曲成圆圈，将凸透镜甲放好之后，收缩弹簧圈装入镜筒然后放开。

其余镜筒中的各枚镜片安装法：在第一筒的底部做一个圆环，安放凸透镜丙，凸透镜甲和凸透镜乙之间、凸透镜乙和凸透镜丙之间的两段距离，都用硬纸短筒来间隔，［纸筒离镜筒内壁的距离］都要略微宽一点。

另一种方法：

安装镜片的筒口内壁上做一个钩，钩上有销钉，钩要像弹簧管一样软而有力。镜的短筒朝外翻折出一圈边沿，边沿内侧有孔，装进去就会钩住不动，按住销钉时钩就开启，可以抽出［短筒］。现在加工铜烟盒盒盖构造的工匠能精良地制作。就是翻盖怀表表壳的模式。

另一种方法：

短筒的外边安有锁簧，外筒口向内折一圈边，将短筒套入，簧片就锁住了。外筒内壁上也有簧片，簧片上安有一粒凸头按钮，露出到外筒外面，就像表壳［按扣］的构造，按下按钮时锁簧就会收起，短筒就可以抽出了。

还有一种双开锁，方法是：

簧片的一端错开伸出一个榫头，长出到短筒的筒口外面。如图（图107）：

甲乙为簧片，丁为榫头，丙处安有一个提钮。外筒口向内折一圈边并开一道槽，容纳丁处的榫头。将短筒套入，簧片就会弹开，同时榫头丁进入槽内，甲处两肩宽出的部位［被沟槽］卡住出不来，提起提钮、收起簧片，短筒就可以抽出了。

一系：

易五兄说：

西洋器具做工精巧，是由于制作器具的机器精密。制作筒口螺纹的方法，则用螺车。车轴上有支架，用月牙斜着顺从螺纹的纹路，有部件将其固定住，另有长条形凹槽的卡爪，使其可以上下伸缩而不摇动。于是，右踏则车刀向下顺旋，从而沿轴前进，车削出螺纹；左踏则车刀向上逆转，从而回退车轴。至于制作螺母的方法，则车刀上有弯勾形的铁刀头，伸进内表面进行车削。曾看见广东人如此加工，非常方便。

以上是关于望远镜镜筒。

二十

远镜作架，大者尤为要著。洋镜用铜为之，但高尺余。若大者，可用坚木。下作曲尺插[1]或三足[2]，撑干身两节。下节空其中，方之，口安螺挺。上节为方柱，恰入其中。用时伸缩高下既定，转螺固之。若镜重大，螺挺细，或挤不住，则于下节柱上每寸作一孔，加横拴托住上节，然后转螺可也。上节上端圆之，以套圆管，令可移而左右。或仍其方，上套之铜管则作上圆下方，再套圆管。

圆管上作架[3]。轴管之相套必密相切合，柱端之径必寸余，方不摆动。管端架令可俯仰，轴亦宜径寸余而密相切合，方不敧坠。轴上作托如仰瓦，以承镜筒。托上安带，令缚镜筒稳固。

一系：

曲尺插与三足宜活安，使可调换。砖石而地宽利于足，沙泥而地窄利于插，相其宜用之。

二系：

凡轴欲其可游移而不脱，必轴与孔[4]密合而相切也。法：

用铜或铁先为之孔，再作轴。轴长而粗于孔，稍杀其一端。油濡而转之使入，出屑如泥。则以轴身治轴孔，即以轴孔治轴身，圆乃至圆，而切乃至切矣。本《仪象考成》。[5]

轴宜大而不宜小，大则活而不脱；宜铜铁而不宜木，木则涩而易变。变者，燥则缩、湿则伸也。如器大或作木者，则轴孔两面必嵌铜版，铜板中心为之孔，铜片作管为空心轴可也。

一图：轴三层[6]，轴丁[7]粗而与轴孔密切，即可游移而不坠，然非良工不能。

承筒之托过长，则仰瓦式太笨，亦可止用铜条，安月牙托于两端，观图自明。

二图：轴用两筒相套密合，托安内筒之一端，筒径二寸许，实能游移而不坠。

三图：柱端开缝，托下作半周有齿之轮，夹入柱端。半轮周下藏小齿轮或花轴[8]，轴穿出柱，其端作无齿之轮，以便手转则高下任转，必无下坠之虞矣。

四图：小巧之镜架，轴只须径稍大，多用几片夹紧，或五片至七片足矣，自可不坠。径大丁亦不必过粗，圆界自能吃紧。铜片不可太薄。[9]（图112）

图一　图二　图三　图四

图 112

右架座。

【注释】

〔1〕曲尺插：形状如下（采自《皇朝礼器图式》）：

图 113

　　〔2〕三足：三脚架。见本章第十二条"七系"图101。

　　〔3〕架：此处指整个支架最上端的部分，既直接支撑镜筒，又可旋转调节，今称"云台"。

　　〔4〕孔：指起轴承作用的枢孔。

　　〔5〕以上之"法"，为转述《仪象考成·卷首上》中"两径合度"条的内容。

　　〔6〕轴三层：从图112"一图"中看，该转轴为轴杆和套管的套接模式，套管由三层圆环片紧密叠合而成。

　　〔7〕轴丁：转轴两端穿进枢孔的部位，通常截面尺寸比轴体稍小呈凸头状。

　　〔8〕花轴：见本章第十五条注〔3〕，此处为齿轮轴。

　　〔9〕以上四图，为四种不同的云台。

【译文】

　　为望远镜制作支架，对于大型的来说，尤其是一项重要措施。西洋望远镜［的支架］用铜制成，但高度只有一尺多。如果要做得更大，可以用坚硬木材。底部做成曲尺插或三脚架，撑住两节杆体。下节中间为空心，做成方形，口上安螺栓。上节为方柱，恰好插入下节之中。使用时，通过伸缩调节好高度之后，拧紧螺栓加以固定。如果望远镜又重又大，螺栓较细，或许挤压不住，那就在下节柱上每隔1寸打一个孔，加横插销托住上节，然后拧紧螺栓即可。上节的上端做成圆柱形，用来套上圆管，使之可以左右移动。或者依旧保持方形，上面套接的铜管则做成上圆下方，再套上圆管。

　　圆管上是支撑头，［由转轴和撑托两部分构成］。轴管的互相套接必须紧密贴合，柱端的直径必须有一寸多，才不会摆动。要使管端的支撑头可以俯仰，转轴也得是直径一寸多并紧密贴合，才不会歪斜倒下。转轴上是撑托，形状如朝上的瓦片，用来托住镜筒。撑托上有带子，用来缚住镜筒使之稳固。

　　一系：

　　曲尺插和三脚架要活动安装，以便调换。宽敞的砖石地面有利于三脚架，狭窄的泥沙地面有利于曲尺插，要看情况选择合适的一种。

二系：

凡是想使转轴可以游移却不脱落，就必须让转轴和枢孔紧密贴合。方法如下：

先用铜或铁做成枢孔，再制作转轴。转轴为长条并且比枢孔粗，使其一头稍微收细。用油沾湿而旋转进去，磨出的屑像泥一样出来。这样就是用轴体整治枢孔，就是用枢孔整治轴体，这样该圆的就十分圆，该紧密的也就十分紧密了。根据《仪象考成》。

转轴宜粗而不宜细，粗才能既活动又不脱落；宜用铜铁而不宜用木，木材摩擦大而且容易变形。所谓变形，就是干燥时收缩、受潮时膨胀。如果有时因为仪器太大而用木材，那么枢孔的两面必须镶嵌铜板，铜板的中心打孔，用铜片卷成圆管作为空心轴即可。

一图：转轴有3层，轴头要粗并且与轴孔紧密贴合，就能游移而不下坠，但只有能工巧匠才能做到。

支撑镜筒的撑托如果太长，那么仰瓦式就过于笨重，也可以只用铜条，在两端安上月牙形撑托，看图自然明白。

二图：转轴采用两筒相套紧密贴合［的模式］，撑托安在内筒的一头，筒的直径二寸左右，就能游移而不下坠。

三图：柱顶上开一道直槽，撑托下做成半圈有齿牙的转轮，夹入柱顶［直槽中］；半圆转轮下面隐藏一个小齿轮或花轴，转轴穿出柱外，头上做成没有齿的转轮，以便用手旋拧时［镜筒随之］上下任意转动，这样就一定没有下坠的顾虑了。

四图：小巧的望远镜支架，转轴只要直径大一些，多用几片夹紧，大致五到七片就足够了，自然可以不下坠。虽然直径大但是轴头也不必太粗，圆周之间自然能吃紧。铜片不能太薄。（图112）

以上是关于望远镜架座。

火轮船图说附

曩见图说[1]甚略，不能通晓。嗣见小样[2]船约五六尺，其机具在外者已悉。兹来都中，见丁君心斋[3]处传来之图，止是在内机具，盖别一用，而火轮船[4]之法备矣。因为之图说。其尺寸则就小样约之。其质多用铜，大舟未必尽然，阅者勿泥。

一曰架：

铜为之。下为槛[5]，凡四根，长短各二，连成长方以为底。上为梁，亦如之。四角各竖一柱，而架成矣。其近前梁处加一横梁，从上而下，直穿三孔，中一旁二。其后槛居中处亦穿一孔。其两旁长槛当横梁处各穿一横孔。其大小称船之舱。

二曰轮：

后轮有二，命为支轮。此轮小于前轮，取其支架令平，可行陆而就舟也。形如轿车[6]轮式，而轴中竖一短柱，柱端亦为轴，入后槛直孔中，则两轮可前后转以便左右也。轮在舟内。

前轮有二，命为飞轮。名本《奇器图说》。缘轮体重而形圆，则一周之轻重如一，故其未动也，似多一重，而其既动也，则多一力，所谓已似无用而能以其重助人用力者也。轮心方孔，轴圆而榫方，定置轮上，如大四辆[7]而有辐也。近榫处作两曲拐以转轮，曲拐外入旁槛横孔中。轮在舟内而槛外。

外轮有二，命为行轮。轮周双环，如水碓之轮。连之以板。板无定数，八片以及十余片皆可。用以拨水如桨然。在舟外两旁。毂[8]孔亦方。

三曰柱：

曲拐有二，运之以柱[9]，命为边柱。下端各作圆孔以受曲拐，两柱上穿横梁两边孔。其中孔别穿一柱，命为中柱。三柱上出，贯以横拴，连合为一，使上下齐同也。中柱下短，入气筒[10]中。气筒颇粗，筒面有盖，盖中心有管，恰受中柱下端，松而不宽。松以便柱下上之利，不宽欲其气不甚泄也。气动中柱，则边柱同动，而曲拐运轮矣。[11]

附气筒机具：

甲乙为总管[12]，藏在锅[13]内。气从甲下行至乙，则分为二。上由丙入己，下由丁入庚。作铁条[14]如辛，即如中柱。筒盖开孔如子，即如管与铁条密合，以出入不甚泄气为度。条端安托版[15]如戊[16]，径与筒密合。别作一管如壬[17]，上通丁，下通癸[18]。原说谓癸为盘，其式不类，殆是筒也，内气化水则入于此。疑癸外更有盘贮冷水，浸癸于内，恐滚气过盛使化气为水，不致迸裂机器也。[19]乙内有舌[20]如门扇，轴安左方，上下开阖如风箱。气从乙入，为舌所碍，不能两管并进，必寻隙而行。假隙在丙，舌必下而掩丁，气全入己，则戊为之下矣。迨戊下已足，气来不止，必寻隙入丁，舌自上而掩丙，气全入庚，则戊为之上矣。[21]夫己、庚相等则势均力齐，因子稍泄气，癸能化水，自生呼吸，[22]所以上下甚活。中柱上下带动边柱，而曲拐运转矣。原说不甚详备，稍修饰之。[23]

但曲拐之转，因柱上下，未免可左可右；然飞轮一动，重助其势，则左之必左，右之必右，自有顺无逆，[24]理甚微妙。此心斋所说也。

又"己、庚相等"云云，疑舌下则不复能上故。以意解之，理诚有然。（图114）

嗣又得晋江丁君星南[25]《演炮图说》[26]一图，增一角、亢、尾等事件，亢、氐、尾皆重而下坠。女虚为圆管，内有危室、箕心。其危室亦为圆管，下开孔如娄，旁开孔于奎。其室端作曲拐如箕心。心端系亢尾线。横拴[27]随三柱上，则心箕为亢尾拽平，斯[28]孔与斗对，而牛孔闭，气从胃入室，上行压昴使下矣。横拴若下，则箕心为亢、氐、尾诸

图 114

重坠下，斯斗孔为管所闭，而娄孔与牛对，则气下行，托毕使上矣。其生根在角而不在房者，角房与心箕同长，亢拽心平，则亢尾恰合地平垂线故也。此必后来加增益妙者也。[29]

（【图 115 中文字】虚危筒入虚女筒，密切而可转。斗孔上通，牛孔下通。心下垂时，斗闭，而牛与娄通，气从危入，则下达矣。及心为亢拽，与箕相平，则牛孔开，而奎与斗通，则气上达矣。）

四曰外轮轴枢[30]：

机内枢用铜版，厚一分，阔七八分，长视前轮径稍杀；中作方孔，受轴之内端；版片两端各立短柱，入前轮两辐之间，辐动则拨两柱，而轴随之转矣。外轮之轴，内端方而外圆，连内方处又圆之，入舟弦；连外圆处又方之，入轮毂；方端入内枢，圆端入外枢。外枢亦用铜版，其厚、阔与内枢等；长视外轮径稍盈，则向内一折，使足函外轮也；又向外一折，各作两孔，用两螺丁固于舟舷；版片中心作圆孔，受轴之外端，所以管轮而利轴转也。

五曰外轮套[31]：

径足函外轮而止，内外两层。外为正面，全圆之；内为背面，半圆之。连合以墙[32]，亦半圆而止。所以围外轮而关其水，使水上不致旁倾也。背面下边安两合页，用两螺丁固于舟墙之上。

六曰锅灶[33]：

形如剃发匠担之锅。下安灶[34]，后开火门[35]。锅上有盖，旁立两柱夹之。柱端上安横梁，中开牝螺孔，以螺丁固其盖。前安灶突[36]以出烟。锅上边旁有管横出而曲上，端如碗，以入水。[37]碗底接管处有闭气柄[38]横出，右推则开以入水，左推则闭不泄气。此管以下，次第安两出水管，各有闭气柄。水齐上管则水足，过多则无以容气；水齐下管则水少，不增则无以敌火，宜斟酌消息之。[39]锅灶置架内后半，气筒在前横梁下。[40]别有长管从锅顶内下垂，曲赴气筒以达滚气也。[41]曲拐柱下别有下垂一管，亦安闭气柄，想是与气筒相通，或为泄气以泊舟，兼俟气化以出水之用也。[42]（图 115）

七曰桅：

大木两截，参差相接。下截高过于架，端作长方架如栅栏，长约尺半，阔八寸。上可栖人以窥远，并用炮下击也。上截安栅栏上，为张帆之用。

八曰绳梯：

上结栅架，下结船边。

图 115

九曰破风三角篷[43]：

有木如桅，卧安船头，长四五尺，突出船头者三尺余。端系两绳，一附于木，系桅根；一斜迤而上，系下截桅顶，成三角形，大约合句四股三之度。上安三角布篷，斜边及下边安铜圈无算，套两绳上。逆风张之以破风，不逆则收之。然收必解绳，方不窒碍。用铜圈者，为一捋则收，折如扇耳。

十曰破浪立版[44]舵附：

版立舟底，约高及尺，厚二三分，前齐舟底，后杀于底者寸余。别附一木，高称之，阔约寸余，为之舵。舵干上入舟处，有木套[45]套之，似石碑形，藏其机[46]于内。高及胸上端，横出一轴，轴端有加版轮[47]名出《奇器图说》。顺旋则舵左，逆旋则右。

十一曰全图：

原传图说[48]言，篷虽设而不用，逆风日行二千里。图说俱不明了。晋江丁君《演炮图说》云"夹版船[49]大，顺风日夜行六百里；火轮船顺逆风、顺逆流亦行六百里。以表与脉较准，一呼一吸为一秒，二船皆行二丈一尺"云云，似属征[50]实，非空谈也。然日一周八万六千四百秒，以二丈一尺乘之，里法[51]一百八十丈除之，得一千八里，与六百里不合，则所据推算之殊，不足异也。[52]至原传图说所谓篷设而不用，则何必设？又画有法条[53]，实为无用。其图故不足据。或谓风力可以飞石移山，并其逆风能行者，疑

图 116

之窃恐未然。夫飞石移山，即顺风亦不可行。盖所谓逆风，原不指此。殆谓他舟袖手，此可径行，若风稍顺，亦自张帆，则诸疑可释。其巧在三角篷以破风，立版以破浪，行船之巧在飞轮，运轮之巧在曲拐。夫风浪之力所以大者，气法也，水火之力亦气法也。破风、破浪则气之力失势，用火、用水则气之力得势。彼失此得，其增损之比例，诚有不可拟议者矣。逆风能行，何渠[54]不信？日二千里，不无夸张。然海中固当别论。且制造之工，薪火之费，亦甚不赀[55]。假无妙巧，谁为为之哉？（图 116）

受业杨尚志校字[56]

【注释】

〔1〕曩见图说：昔日所见的图说。现在可见的较早在中国详细介绍蒸汽机的文献，为德国来华传教士郭士立（Karl Friedrich August Gützlaff, 1803—1851，又译郭实腊）所办杂志《东西洋考每月统记传》甲午（1834）五月号上的"火蒸水气所感动之机关"。其中的气缸示意图与图 114 左上所示基本相同，文字说明与郑复光所述意思基本相同。但锅炉和联动机构方面则不相同，且《东西洋考每月统记传》所述要简略得多；后文中还几次提及"原说"，其文字亦不见于该文，所以还不能肯定郑复光最早参考的图说的来源。

按：这篇《火轮船图说》不仅是一份研究报告，也记录了研究的艰苦过程。纵观全文，郑复光研究蒸汽机经历了较长时间。最初是"曩见图说甚略，不能通晓"。第二步是见到一个轮船模型，了解了轮船露在外边的机器和部件。第三步是看到丁守存提供的图纸，于是据此对各个构造细节进行分析，初步作出图说，其中对曲拐连杆机构和飞轮、外轮、支架等"内在机具"的阐释，据目前资料看来，为当时国内最详尽者，有些细节已经达到施工说明的程度；对气缸的构造和工作原理，也作出基本正确的解释，但与丁拱辰在《演炮图说》中的解说相比，稍微不够准确；对冷凝器的构造和作用的猜测有正确之处也有不合理之处。第四步是看到《演炮图说》，内有气缸和曲拐连杆全图，以及滑阀配汽机构的分解图（图 115 下注"以上演炮图式"），于是进一步分析其构造和作用，基本获得正确把握，但细节上还有不清楚之处。第五步是写信向丁拱辰请教上一步中存留的疑惑。继而因有新的研究心得而修改图说，并将改稿附于《镜镜詅痴》准备付印。刻版已定之际，丁拱辰寄赠配汽滑阀模型。郑复光再次进行研究，订正了一些错误，参考《演炮图说》，重新作图作说，增补于书后。丁守存最初所寄图与丁拱辰图的主要区别除了配汽滑阀不同之外，还有一为水冷式、一为非水冷式。为当时实情所限，郑复光未能区别出这是两种不同的蒸汽机，对于前一式中的冷凝器，也最终未能完全破解。这份研究报告同时记录了三位科学家之间的合作交流事迹。1844年，郑复光还与丁守存合作，为丁拱辰《演炮图说辑要》一书作详细订正，并将结果寄给丁拱辰。见《演炮图说辑要》卷首"陈庆镛跋"和"郑浣香来札"。《火轮船图说》后由魏源收入《海国图志》，字句略有调整。

〔2〕小样：模型。

〔3〕丁君心斋：丁守存（1812—1886），字心斋，号竹溪，山东日照人。清代科技专家，尤以火器研制著名。

〔4〕火轮船：汽船即蒸汽机轮船的旧称。

〔5〕槛：一般指栏杆。此处指横档构成的框。

〔6〕轿车：供人乘坐的老式车子，双轮，车厢外套帷幔，用骡马或人力拉着走。（明）宋应星《天工开物·车》："其驾牛为轿车者，独盛中州。两傍双轮，中穿一轴。其分寸平如水。横架短衡，列轿其上，人可安坐，脱驾不敧。"

〔7〕大四辆：不详。疑为实心车轮的四轮马车。

〔8〕毂：轮子中心有孔的部位，孔内可插轮轴，外缘连接辐条。

〔9〕柱：此处指传动机构中的连杆。一头连接曲拐，一头连接活塞，将活塞的往复运动传递给曲拐转化为飞轮的圆周运动。又叫活塞杆。

〔10〕气筒：即蒸汽机的汽缸。

按：以下出现的"气"字，多数时候指"汽"，即水蒸气。但"汽"的这种用法属于现代物理学中文表达的创设，古代并无此意。

〔11〕此段描述了直立式曲拐连杆机构。根据的是丁拱辰《演炮图说》中期修改稿中的图纸，与后面根据最终改定稿重绘的式样不同，这说明丁拱辰方面的研究也是不断订正而进展的。此处活塞杆与两侧连杆被固定在同一根横梁上，这使得连杆只有上下一个自由度，实则连杆还得有一个前后摆动的自由度，才能作悬臂运动，带动曲拐。最终编定的《演炮图说辑要》中的图正是后一种。但前一种也未必错，也许在连杆和横梁的连接处另有转动机构，而在流传的图纸中未画出。

〔12〕总管：总管道，指连接锅炉和汽缸的总进汽管。

〔13〕锅：指锅炉。

〔14〕铁条：即活塞杆。

〔15〕托版：后文作"托板"，即活塞。

〔16〕图中似漏刻"戊"字，该字应标在活塞旁边以表示之。

〔17〕壬：以"壬"标示的这个管为冷凝器的凝汽管。

〔18〕癸：这个"癸"就是蒸汽机的冷凝器。详见下注。

〔19〕据此描述，这是水冷式蒸汽机的冷凝器。郑复光关于冷凝器浸在冷水中的猜测是正确的。实际上冷却水还须采用流动的舷外水，将热量排到船外的水中。但对于其作用为"恐滚气过盛使化气为水，不致迸裂机器"的猜测不太合理。其实际工作原理是，汽缸中做功后的高温高压废汽在冷凝器中冷却，同

时在汽缸内由活塞分隔的两个空间的当前连通空间中造成真空，配合另一空间中的膨胀蒸汽推动活塞运动，废汽以低温低压水流的形式回流到锅炉再次加热为蒸汽，实现循环工作。但这些知识当时尚未传入中国，郑复光也不可能凭一个简略示意图就完全猜测出来。

〔20〕舌：舌状物。此处为阀门片，即蒸汽机的叶片式汽阀。

〔21〕此处对双作用式汽缸的工作方式作出描述，即蒸汽在活塞的两个面上交替施力。

〔22〕这几句涉及双作用式汽缸及其冷凝器的原理，此处的化水生呼吸之说比前面的防止机器迸裂之说合理，但叙述稍显含混。

〔23〕以上是郑复光根据前人图说，对立式双作用水冷蒸汽机工作原理作出的基本正确的解说。对照《东西洋考每月统记传》原文，郑复光经过钻研之后的描述，的确比原说详尽。

〔24〕此处解释了曲拐连杆机构转动方向的惯性原理。连杆作垂直上下运动，推动曲拐时，曲拐的每一周转动本来都有顺转或逆转的可能，但由于惯性作用，实际上不会发生这种现象，飞轮只会按已经发生的运动趋势运转。这一点在《演炮图说辑要》中说得更清楚，其中说，开始时"用力推进"或"用力推退"即可决定转向。（在最后的订正中，郑复光也采用了"力推"之说。详后。）上文中"重助其势"四字，属于尚未引进"惯性"一词的情况下，对该概念的较佳表达。前面讲飞轮时所言"故其未动也，似多一重，而其既动也，则多一力，所谓已似无用而能以其重助人用力者也"一句，也是对惯性的描述。

〔25〕晋江丁君星南：即丁拱辰，见"作测量高远仪镜"第二条注〔8〕。

〔26〕《演炮图说》：丁拱辰的《演炮图说》刊行于 1841 年。此后至 1843 年，又续写、重编、重辑出《演炮图说后编》（将原《演炮图说》改为前编）、《演炮图说续后编》、《演炮图说前后编》（以上三书合并）、《演炮图说辑要》等书。郑复光阅读过这个系列的中期和最终版本。

〔27〕横拴：指由"角"、"亢"标示的悬臂。

〔28〕此处疑脱一"奎"字。

〔29〕以上是郑复光通过研究滑阀室的图示（图 115 右），对旋转式滑阀的构造原理及其与活塞连杆机构联动的方式作出的分析说明。大部分结论都是正确的。其原理为：

旋塞上的小曲拐由一根垂直线牵引，上端系在连接于连杆架的悬臂上，可随连杆向上；下坠重物，在向上牵引消失时可自然下垂，由此带动旋塞旋转。旋塞旋转时，其上的有孔部位和无孔部位，把两个分离的进气口交替地阻住一个、接通一个。

因图示不够清楚，郑复光对阀芯即圆锥形旋塞的构造的猜测，与后来得到的实物模型相比有出入。但他的设计其实也可以实现斗孔和牛孔交替通气。只不过，如果往一个方向（如顺时针方向）旋转 90°完成交替，那么往相反方向就要转 270°才能完成交替，导致两个过程不均衡。还有，猜测直孔和阀芯均为空心管（"女虚为圆管……其危室亦为圆管"）也与实际不符。这些问题在后面的进一步研究中被订正。

另外，此处图示中的符号有标示不明之处。比如，按文字，"危室"为阀芯，但图中右边标"危"，左边并无"室"；而"室"却又标为进气管"胃室"的进气口。

〔30〕外轮轴枢：外轮的轮轴和两个枢孔，包括与转轴相连的传动机构。据以下描述，整个机构分为舷外和舷内两部分。外枢孔的固定架是一条铜板，两头垂直弯折后固定在船舷上，向外凸出，长度稍大于轮的直径，将轮包在其中；铜条中心为圆形枢孔，轮轴的一头为细圆柱形，穿入孔中。紧接细圆柱的是一段方柱，穿入轮毂的方孔中。紧接方柱是一段较粗圆柱，穿入船舷上的圆孔。铜条上的小圆孔和船舷上的大圆孔是真正起定位和可旋转作用的枢孔。以上是舷外部分。转轴的较粗圆柱段穿过船舷进入舱内，紧接一段方柱，穿进一条铜板的方孔中。郑复光称这条铜板为内枢，但其作用并非枢孔，而是传动部件。其上有两根拨条，伸进直接由蒸汽机带动的飞轮的辐条之间。飞轮动则拨辐条，轮轴随之运动，带动外轮转动划水。

〔31〕外轮套：按下文描述，为轮船的挡水板。

〔32〕墙：此书中把垂直竖起的面都叫做墙，此处为两个圆面构成的扁圆柱的边。

〔33〕锅灶：今名锅炉。

〔34〕灶：锅炉内进行燃烧和传热的空间，今称炉膛。

〔35〕火门：指燃料入口。

〔36〕灶突：烟囱。

〔37〕锅炉顶部的这个带漏斗口的直管是注水口。

〔38〕闭气柄：锅炉加热产生蒸汽的过程中，要关闭所有阀门以防漏气，所以郑复光一律称之为闭气柄。此处为注水口上的注水阀，作用正如郑复光所述，注水时打开，加热时关闭以防蒸汽泄漏。柄，是指转动阀门的手柄。

〔39〕这是两个水位监控阀门，作用正如郑复光所述，水位达到上面一个监控出水口为正好，再多则上方蒸汽空间不足；水位处于下面的监控出水口则水太少，必须加水。

〔40〕此处描述锅炉与上述汽缸、曲拐连杆等部件的位置关系，从"全图"（图116左）中可以看出，锅炉位于方形框架（相当于机房）的后半部，前半部为汽缸和连杆等。

〔41〕这是从锅炉通向配汽滑阀室的送汽管。

〔42〕此处所述不详。从文字描述看，似乎指的是排气阀，但图中并无排气阀部件。从图中看，锅炉一共有三个出水口，最上一个为"水足"，下面一个为"水竭"，这两个已作出说明；最下面还有一个，在锅炉底部，应为排水阀，长时间不用或检修、清理时，用以将水排干。

〔43〕破风三角篷：一种用于逆风航行的三角形风帆。当风向、船头指向和帆面三者之间互成一定角度关系时，风施加于帆面的压力可分解为斜向后和斜向前两部分，斜向后部分被水流的巨大阻力抵消，于是船身斜向前，通过交替拨转船头，使帆面以左右角度交替受风，船即可呈 Z 字形前进。三角帆和方帆的主要区别在于，后者动力大但机动性差，不能灵活转向；前者动力虽小，但适宜于需要不停转向的逆风航行。逆风航行又俗称抢风航行，相当于此处所谓"破风"。

〔44〕破浪立版：指船底的纵向龙骨。这是中国古代船舶技术方面的一项重大发明。该龙骨首先是作为加强筋增强船体纵向强度，其次是造成必要的吃水深度和侧面面积，既有抗阻作用，又起到稳定船身、防止倾斜和侧转的作用，还能配合帆向产生动力，俗称"破浪能力"。

〔45〕木套：一个木箱，按下文，里面隐藏着舵轴以上、方向盘以下的各种转向传动机件。据此处描述，这是一个由舵叶、舵轴、舵销构成的平板悬挂式船舵系统。

〔46〕机：指方向盘架内的转向传动机件。

〔47〕《奇器图说》第五十六款为各种形状的轮辋命名，其中"加版轮"指轮辋一周带有若干拨片的转轮，为利用风力、水力而设。郑复光因得到的图纸绘图不精，认为方向盘貌似加版轮。其实轮辋上应为若干握柄而非拨片。

〔48〕原传图说：如注〔1〕所述，郑复光研究蒸汽机轮船一共参考过四份图纸，第一份即开篇所谓"曩见图说"亦即此处"原传图说"，后面三份得自丁守存和丁拱辰。此条对第一份图纸的语焉不详之处有所诟病，但书中唯独没有出现这份图说，以致其中几个说法的确切意思不可考。

〔49〕夹版船：据《演炮图说辑要》"西洋战船"条描述，这是一种用两层木板将龙骨和横向加强筋包起来的中型炮舰。

〔50〕征：验证过的，有证据的。

〔51〕里法：里的换算规则。

〔52〕按：这些数据的确不可较真，当时中外都有多种里制并行。

〔53〕法条：不详。可能是"原传图说"中画有某个部件，但没有说明。

〔54〕何渠：表示反问。相当于"如何"，"怎么"。

〔55〕不赀（zī）：又作"不訾"。不可比量，不可计数。形容十分贵重。赀，计量。

〔56〕杨尚志：见"题词"注〔12〕。

按：原刻每卷卷末均有此项署名，今只留此处。

【译文】

　　昔日所见的图说太简略，不能完全明白。随后见到大约五六尺长的模型船，露在外面的机具已经知晓。如今来到京城，见到丁心斋君处传来的图，只有内部的机具，大概另有用途，而火轮船的制造法就齐备了。就此给它作一个图说。尺寸则按照模型来估计。模型的材质大多用的是铜，大船未必完全如此，读者请勿拘泥。

第一项是架：

用铜制成。下面是横档，一共四根，长短各二，连接成长方形作为底框。上面是梁，也是一样的作法。四个角上分别竖一根柱，架就做成了。靠近前梁处加一根横梁，从上到下，穿三个垂直的孔，中间一个，两旁各一个。后横档居中处也穿一个孔。两边长横档上正对横梁处各穿一个横向的孔。框架的大小要与船舱适配。

第二项是轮：

后轮有两个，命名为支轮。这对轮比前轮小，是为了让它支撑框架使之较平，可以在陆地上行进以便运输到船里面。式样如同轿式拉车的车轮，但轮轴中间竖一根短柱，柱头也做成圆轴，穿进后横档的直孔中，这样两轮就可以前后转动以便左右转向。该轮在船内。

前轮有两个，命名为飞轮。该名称来自《奇器图说》。由于轮体分量重而形状圆，于是一圈的轻重是均匀的，因此，当它未动的时候，似乎多出一分重量，而当它动起来时，就多出一分力量，这就是所谓好像已经无用却能以其重量助人使力的情形。飞轮的中心有方孔，轮轴为圆柱形但榫头为方形，固定安装在轮上，就像大四辆的车轮但是有辐条。靠近榫头处做成两个曲拐，用来推动轮子运转，曲拐轴［的轴头］伸出外面，穿进两侧横档的横孔中。该轮在船内但是在框架外面。

外轮有两个，命名为行轮。轮的外围一圈是双圆环，如同水碓的轮。［圆环之间］用板连接。板的数量不拘多少，八片以至十几片都可以，用来像桨一样拨水。［外轮］安置在船外两侧。毂孔也是方形。

第三项是柱：

带动两个曲拐的是柱，命名为边柱。［边柱的］下端分别打圆孔让曲拐穿入，两根柱往上穿入横梁的两个边孔中。横梁的中孔另外穿入一根柱，命名为中柱。三根柱往上出头，用横拴连贯，结合为一体，使它们的上下运动整齐一致。中柱的下端［比边柱］短，进入气筒中。气筒很粗，筒的上面有盖，盖的中心有圆管，恰好容纳中柱的下端，松活而缝隙不宽。松活是为了便于柱作上下运动，缝隙不宽是要让气不过多泄漏。气推动中柱，边柱就协同运动，从而曲拐带动飞轮运转。

附气筒机具：

甲乙为总［进气］管，藏在锅炉内。气流从甲往下行进到乙时，就分为两路。上一路从丙进入己，下一路从丁进入庚。制作一根铁条如辛，就按中柱的规格。筒盖开孔如子，规格是使圆管和铁条紧密贴合，以气流出入时泄漏不要太多为准。铁条头上连接托板如戊，其粗细与气筒紧密贴合。另外制作一根管如壬，上面通到丁，下面通到癸。原来的图解上说癸是一个盘，式样似乎不像，大概是筒，内部的气化成水就进入这里。猜想癸外面还有贮冷水的盘，让癸浸在里面，可能是为了滚烫的气太盛导致气化成水时，不至于迸裂机器。管道乙里面有形如门扇的舌片，其转轴安装在左边，可以像风箱一样上下开合。气从总进气口乙进入，受到舌片的阻碍，不能从两个管道同时行进，必然要寻找缝隙通行。假如缝隙在丙处，舌片必定翻朝下而挡住进气口丁，气全部进入气筒的己空间，戊就因此而向下运动了。等到戊已经充分往下，气还不停地进入，就必定会寻找缝隙而进入丁，舌片自然朝上而挡住丙，气全部进入庚区，戊就因此而向上运动了。按说己、庚相等就会势均力敌，但因为子处稍微泄漏气体，癸能把气化成水，自然产生呼吸，所以上下非常灵活。中柱上下带动边柱，曲拐就运转了。原说不太详尽，稍微加以修饰。

但是，曲拐的转动来自柱的上下，［转动方向］不免可左可右。然而，飞轮一旦启动，自身重量增进运动趋势，结果一旦向左就必定一直向左，一旦向右就必定一直向右，自然［每个方向都］只有顺转没有倒转，道理非常微妙。以上是心斋所作的解释。

另外，"己、庚相等"之类的说法，可能是舌片朝下之后就不能重新朝上的缘故。揣摩分析一下，的确有道理。（图114）

随后又得到晋江丁星南君《演炮图说》中的一幅图，增加了一个角、亢、尾等［组成的］部件，其中亢、氐、尾都是下坠的重物。女虚为圆管，里面有危室、箕心。其中危室也是圆管，下面开孔如娄，侧面开孔于奎。室的头上做上一个曲拐如箕心。心这一头系上亢尾线。当横拴随着三根柱往上时，心箕就被亢尾拽平，于是［奎］孔与斗孔对准，同时牛孔关闭，气从胃进入室，朝上行进压迫昴使之往下。横拴如果往下，箕心就被亢、氐、尾等重物坠下，于是斗孔被圆管遮蔽，同时娄孔与牛孔对准，气就往下行进，托住毕使之往上。［横拴］的固定处在角而不在房，原因在于，角房与心箕长度相等，当亢把心拽平时，亢尾恰好是地平的垂线。这一定是后来增设的更巧妙之处。

（【图中文字】虚危圆筒套进虚女圆筒，紧密贴合并可以转动。斗孔通到上面，牛孔通到下面。心［曲拐］下垂时，斗孔关闭，而牛孔与娄孔相通，气从危孔进入，就送到下面了。等到心被亢牵引，与箕点相对水平，则牛孔打开，而奎孔与斗孔相通，气就送到上面了。）

第四项是外轮轴枢：

机内枢用铜板制作，厚1分，宽七八分，长度比前轮直径稍短；中心做成方孔，容纳转轴的内端；板片的两端分别制作一根直立的短柱，各自伸进前轮的两根辐条之间，辐条转动时就拨动两根短柱，转轴就随之转动了。外轮的轮轴，内端为方柱、外端为圆柱；与内端方柱相连处，又做成一段圆柱，穿进船舷；与外端圆柱相连处，又做成方柱，穿进轮毂；方柱头部穿进内枢［方孔］，圆柱头部穿进外枢［圆孔］。外枢也用铜板制作，它的厚度和宽度与内枢相等；长度比外轮直径稍长，使它［两头分别］向内一折时，足以包住外轮；［内折部分］再向外一折，分别打一个孔，用两颗螺钉固定在船舷上；板片的中心打一个圆孔，容纳转轴的外端，用来使轮子定位同时让转轴转动。

第五项是外轮套：

直径以足够包住外轮为准，内外两层。外层是正面，做成全圆；里层是背面，做成半圆。［两面］用一条边连接起来，

[边]也是半圆就够了。[轮套]是用来围住外轮,挡住它的水花,使水花不会往上四处飞溅。背面的下边装上两个合页,用两颗螺钉固定在船舷外壁上。

第六项是锅灶:

形状像剃发匠挑担上的锅。下面安置火炉,后面开火门。锅上有盖,两侧各有一根立柱夹住。立柱顶部安装上横梁[相连],横梁中间开螺母孔,用螺钉将盖子固定。火炉前面安置烟囱用来排烟。锅筒上部的侧边有横着伸出再弯曲朝上的管道,端口呈碗形,用来注水。碗底连接水管处有闭气[阀门]手柄横着伸出来,往右推则打开可以注水,往左推则关闭使之不漏气。这个管道的下面,依次装有两个出水管,各带闭气[阀门]手柄。水面与上一个出水管平齐就表示水量已经充足,再多就没有足够的空间来容纳气;水面与下一个出水管平齐就表示水量不足,不添加就抵挡不住火势,所以要酌情增减水量。锅灶安置在框架内的后半部,气筒在前横梁下面。另外有一根长管从锅内的顶部下垂,弯曲地接通气筒,送出滚热的气。曲拐柱下面另有一根下垂的管,也带有闭气[阀门]手柄,猜想是与气筒相通,一来是为了停船时放气,二来是等气变成水时用来排水。(图115)

第七项是桅杆:

用大木料两截,高低错开连接在一起。下截桅杆高出[机房]框架,顶端为形如栅栏的长方形框架,长约1.5尺,宽8寸。栅栏可供人站在上面瞭望,也可以架设火炮往下轰击。上截桅杆安置在栅栏上,用来张挂风帆。

第八项是绳梯:

上头绑扎在栅架上,下头绑扎在船边。

第九项是破风三角篷:

用一根桅杆一样的木头,横着安放在船头,长四五尺,伸出船头的部分有三尺多。横木头上系两根绳,一根附着于木头,系到桅杆根部;一根斜拉着朝上,系在下截桅杆的顶部,构成三角形，底边和高之比大约为 4 比 3。绳框上面装上三角形布篷，布篷斜边和底边装上铜圈若干，套在两根绳上。逆风时张开，以便抢风航行，不逆风时就收起来。但收的时候非得解开绳索，才不会有阻碍。采用铜圈的原因，是为了一抹就收拢，把布篷像扇子一样折叠起来。

第十项是破浪立板附舵：

板［向下］竖在船底，大约高 1 尺，厚二三分，其前端对齐船体底部，后端比底部缩进一寸多。［在这一寸多的位置上］另外依傍着一块木板，高与［破浪立板］相称，宽约一寸多，作为船舵。舵干朝上进入船体内的地方，有木套套住，木套形状像一块石碑，机关都藏在里面。木套上端高度齐于胸部处，横着伸出一根转轴，转轴头上有一个加板轮名称来自《奇器图说》。顺旋该轮则船舵向左，逆旋则向右。

第十一项是全图：

最初传来的图说中说，虽然设有风帆但即使不用，也可以逆风日行 2 千里。图和解说都不明了。晋江丁君《演炮图说》说"夹板船［体量］大，顺风一日一夜行 6 百里；火轮船顺逆风、顺逆流也行 6 百里。因钟表和脉搏可以对准，一呼一吸就是 1 秒，［可以测算出］两种船都能［每秒］行 2 丈 1 尺"等等，似乎属于真凭实据，而非空谈。但是 1 周天有 86 400 秒，用 2 丈 1 尺乘它，用里的换算值 180 丈除它，得 1 008 里，与 6 百里不合，这倒是属于所依据的推算有某些差异，不足为怪。至于最初传来的图说中所谓虽然设有风帆但是不用，那又何必要设呢？还有图上画有法条，其实无用。所以那个图不足以作为依据。又说到风力可以飞石移山，以及能逆风航行之类，设想一下觉得未必尽然。要是飞石移山，就算顺风也不能航行。可能所谓的逆风，并非这个意思。可能是说，别的船束手无策时，这种船却能径直前行，如果风向稍顺，自然也会张帆。这样的话，各种疑问都可以消除。其巧妙之处在于三角篷可以破风，立板可以破浪，推动船行的巧妙在于飞轮，运转飞轮的巧妙在于曲拐。风浪的力量之所以大，是由于气的法则，水与火的力量也属于气的法则。破风、破浪则气的力量失去势头，用火、用水则气的力量发挥优势。此得彼失，其中增益和亏损的权衡，实在是有不可揣度的之处。能逆风航行，为何不能相信？日行 2 千里，却未免夸张。然而在海上自然又当别论。再说制造上的工程量，燃料的耗费，也都［大得］不可计量。要是没有高超精巧之处，谁会去制作它呢？（图 116）

受业杨尚志校字

岁丁未[1]二月，刻《镜镜詅痴》既讫，附入《火轮船图说》。先是丁君星南寄到《演炮图说》，所载有微异处，未能明晰，作札相讯。嗣稍有会悟，即改稿付刊工毕，而丁君又寄来转动入气机具[2]小样。订图说补于后。如图（图 117）：

图 117

作娄木觜毕立方形为实心，共有六面。丁君名方车。从柳达参作一通心孔。又从井达鬼、从尾达奎，亦俱作通心孔。自六面视之，各皆有一孔。次作实心圆短柱形，丁君名圆锥[3]，初拟为空心管者，误也。其圆径恰如立方柳及参孔为度，键之使可转动而不脱。圆柱上下刻作缺隙如翼及軫。曲拐端金为寒暑线[4]吊上，则軫缺渐转向井露隙。井孔外接室胃之管，则滚水之气从荒孔而入，浮托板黄辰天，使中柱乾上行，掣匏、革同上，提轴坎及离之曲拐使上，而气筒昃盈上半空处之气宿即逼从洪出尾孔，向翼隙至鬼而外出矣。托板上至顶不可上，则金为来暑重下坠，斯翼缺渐转向井露隙。井孔外接室胃之管，则通滚水之气，从尾孔而入，抑托板宇地，使中柱下行，带匏、革俱下，案[5]轴之曲拐使下，而气筒昃盈下半空处之气辰即逼从荒出奎孔，向軫隙至鬼而外出矣。气一入一出如呼吸然，所以托板一上一下，其行甚速，而运轮甚疾矣。[6]此丁君寄来机具之大旨也。

盖气有入必有出，方得活泼流行，否则必多滞碍矣。前窃疑之，因心斋先生传图有癸事件，故以滚水化气之说为解。今得此，则知癸事件尚是初制，而所见小样，窃恐未尽如法也。

至其运轴拐作匏甘与革云两事件，而别作两柱丝日与竹月安定气筒盖上如日与月，柱端上联横梁丝竹者，盖欲使进前，法用力推右，则甘、云偏右，大轮左转，而舟前行；欲使退后，法用力推左，则甘、云偏左，大轮右转，而舟退后矣。至于托板宇黄地天，圆径必与气筒密相切合，方不泄气。然非国工[7]不能。故法于周边绕棉纱小带，涂以脂膏，使滑而密也。

又，气微行迟，则闭出气管[8]，俟气满开之，则行速。此皆前说未备，详见《演炮图说》。故亦补于此。

【注释】

〔1〕丁未：道光二十七年（1847）。

〔2〕转动入气机具：即前面"气筒机具"第二段描述的滑阀室，以旋转式配汽滑阀为核心部件。

〔3〕旋塞（阀芯）形状应为圆锥形而非"圆短柱形"。《演炮图说辑要》中明显画作圆锥形。

〔4〕寒暑线：此处以《千字文》起首数句"天地玄黄宇宙洪荒日月盈昃辰

宿列张寒来暑往……"中的各个字为图示标记符号,"寒暑线"即从"寒"点到"暑"点的线段。以下"荒"孔,浮托板"黄辰天",气筒"昃盈","洪"孔,"来"、"暑"重物,托板"宇地"或"宇黄地天"等皆属此类。

〔5〕案:同"按"。

〔6〕对丁这个滑阀室的说明,《演炮图说辑要》中还提到"来"、"暑"两个小方块的作用,它们分别在曲拐"金"朝下和朝上时将其挡住,使之不能垂直而呈45°倾斜,在这个位置,阀芯才能将两个进气孔关闭一个、开启一个。这一点郑复光没有提及。

〔7〕国工:举国之中技艺超群的人。《周礼·考工记·轮人》:"故可规、可萬、可水、可县、可量、可权也,谓之国工。"郑玄注:"国之名工。"孙诒让正义:"谓六法皆协,则工之巧足擅一国者也。"

〔8〕出气管:对于锅炉来说是出汽管,对于汽缸来说是进汽管。今又称送汽管。

【译文】

丁未年二月,《镜镜詅痴》刻版已经完工,《火轮船图说》作为附录编入。此前丁星南君寄来《演炮图说》,内容略有〔觉得〕奇怪之处,未能明晰,于是写信去向丁君求教。随后稍有领悟,就修改书稿交付刻印完工,而丁君又寄来转动入气机具的模型。于是订正图说,增补于书后。如图(图117):

制作一个娄木觜毕立体形状为实心,共有六面。丁君称之为方车。从柳到参穿一个通心孔。还有从井到鬼、从尾到奎,也一律穿通心孔。从六面看上去,每面都各有一孔。然后制作一个实心短圆柱,丁君称之为圆锥,起初设想为空心管是错误的。它的圆〔截面〕直径以正好适合立方体上从柳到参的孔为准,用插销固定使它可以转动而不脱出。在这个圆柱的上下各刻一个缺口如翼及轸。曲拐的头部金被寒暑拉绳往上吊时,轸缺口就逐渐转向井孔露出缝隙。井孔外接室胃管道,于是滚水的气从荒孔进入,浮起托板黄辰天,使中柱乾往上行进,拉着匏、革一同向上,提起转轴坎及离的曲拐使之往上,而气筒昃盈上半部分空处的气宿就被迫从洪口排出到尾孔,朝着翼缝隙到鬼孔而排出到外面。托板上到顶不能再上,则金被来、暑等重物往下坠,于是翼缺口逐渐转向井孔露出缝隙。井孔外接室胃管道,于是接通滚水的气,从尾孔进入,压下托板宇地,使中柱往下行进,带动匏、革一同向下,按压转轴的曲拐使之往下,而气筒昃盈下半部分空处的气辰就被迫从荒口排出到奎孔,朝着轸缝隙到鬼孔而排出到外面。气一入一出像呼吸一样，所以托板一上一下，这样的［往复］运动很迅速，从而就带动转轮高速运转了。以上就是丁君寄来的机具的大要。

气有入就必须有出，才得以流畅通行，否则一定多有滞碍。先前心里有所疑惑，由于心斋先生传来的图中有癸部件，所以以滚水化气的说法作为解释。现在得到这个模型，就明白了癸部件还属于早期制式，而曾见过的模型，恐怕也不完全合乎规范。

至于其中带动轴拐的是匏甘和革云两个部件，而又另外制作两根柱丝日与竹月固定安装在气筒盖上如日与月，柱的上端连接着横梁丝竹，这样做的原因大概是要使船前进，就适当用力向右推，甘、云就会偏右，于是大轮左转，船就前行；要使船后退，就适当用力向左推，甘、云就会偏左，于是大轮右转，船就后退了。至于托板宇黄地天，它的圆［截面］直径必须与气筒紧密贴合，才不会漏气。但不是国手巧匠是做不到的。所以办法是在托板周边缠绕棉纱条，涂上油脂，使之润滑而紧密。

还有，如果气微弱、运行迟缓，就关闭出气管，等到气充足时再将它打开，速度就能变快。这些都是先前的解说中没有的，详见《演炮图说》。所以也补在这里。